원자 폭탄 만들기

원자 폭탄을 만든 과학자들의 열정과 고뇌 그리고 인류의 운명

2

THE MAKING OF THE ATOMIC BOMB

The Making of The Atomic Bomb
by Richard Rhodes

Copyright ⓒ 1986 by Richard Rhodes
All rights reserved.

Korean Translation Copyright ⓒ 1996, 2003 by ScienceBooks Co., Ltd.

Korean translation edition is published by arrangement with the original publisher, Simon & Schuster, Inc. through KCC.

이 책의 한국어 판 저작권은 KCC를 통해
Simon & Schuster, Inc.와 독점 계약한 (주)사이언스북스에 있습니다.

저작권법에 의해 한국 내에서 보호를 받는 저작물이므로 무단 전재와 무단 복제를 금합니다.

THE MAKING OF THE ATOMIC BOMB

원자 폭탄 만들기

원자 폭탄을 만든 과학자들의 열정과 고뇌 그리고 인류의 운명

2

리처드 로즈 지음
문신행 옮김

옮긴이의 말

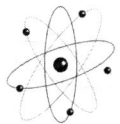

『원자 폭탄 만들기』는 그 내용의 풍부함과 중요성에 있어서 윌리엄 샤이러(William L. Shirer)의 『제3제국의 흥망』과 비교될 만큼 찬란하게 빛나는 역사책이다.

리처드 로즈(Richard Rhodes)는 20세기 초 원자 내부에 갇혀 있는 거대한 에너지의 발견에서부터 일본에 첫 번째 폭탄이 투하될 때까지의 연구와 개발 과정을 인간적이고 정치적인 그리고 과학적인 관점에서 풍부하고도 완전한 스토리로 엮어냈다.

위대한 발견들 중에서 이렇게 재빠르게 발전되었거나 또는 오해를 받은 것들은 매우 드물다. 실험실과 강의실에서 토론된 핵에너지의 이론이 트리니티의 빛나는 섬광으로 나타나는 데까지는 25년이 채 걸리지 않았다. 단지 하나의 흥미롭고 모험적인 물리학 문제로 시작된 것이 맨해튼 프로젝트로 성장하였고, 그리고 무서우리만큼 빠른 속도로 폭탄 제조로 치달았다. 동료로만 알려져 있던 과학자들 —— 실라르드, 텔러, 오펜하이머, 보어, 마이트너, 페르미, 로렌스, 노이만 —— 그들이 상아탑에서 역사 무대의 조명 속으로 걸어나오는 데는 10년도 걸리지 않았다. 리처드 로즈는 우리를 이 여정으로 안내하여 우리에게 인간의 가장 무서운 발견과 발명에 대한 정확한 이야기를 들려준다.

그 과정에서 로즈는 원자 폭탄 개발을 둘러싼 많은 신화적인 이야기들을 깨부순다. 이 책에서 트루먼은 폭탄 투하에 대하여 많은 과학자들보다도 확신이 없었고, "나는 기계가 도덕보다도 수세기 앞서 나가고 있어서 걱정한다. 아마도 도덕이 따라잡을 때에는 그 기계가 필요한 이유가 사라질 것이다"라고 말하면서 우리가 알고 있는 것보다도 훨씬 더 복잡한 감정이 병존하는 상황 속에서 고민했다. 로즈는 미수에 그친 일본과 독일의 핵개발 계획을 자세히 밝혀낸다. 무엇보다도, 그는 한걸음 한걸음마다 그리고 순간순간마다 어떻게 과학, 기술 그리고 정치가 피할 수 없는 것(원자 폭탄)을 만들어 내도록 협력하였는가를 보여준다.

어떤 소설 작가라 할지라도 더 많은 인물을 등장시킬 수는 없었을 것이다. 생각하는 사람들에서 정치가들까지, 군인들, 엔지니어들 그리고 반역자까지도……. 맨해튼 프로젝트는 제2차 세계대전 중 가장 큰 비밀 프로젝트였지만, 세부 사항들이 프로젝트의 중심부로부터 직접 소련으로 새 나갔다.

우리는 세계를 구하기 위하여 동분서주하는 실라르드, 버클리 연구실에서 원폭에 필요한 우라늄의 양을 계산하는 오펜하이머, 덴마크 청중에게 우라늄이 거대한 에너지를 방출하지만 현재의 기술로는 이 물질을 분리해 낼 수 없다고 이야기하는 보어, 그리고 연구실 창문 너머로 뉴욕 시가지를 내려다 보며 주먹만 한 우라늄 덩어리가 모든 것을 사라져 버리게 할 것이라고 혼잣말을 하는 페르미를 만나게 된다.

보어가 로스앨러모스를 방문하였을 때, 그의 첫 질문은 "그것이 충분히 큽니까?"였다. 충분히 크다는 의미는 세계가 갈등을 해결하는 방법에 변화를 강요할 수 있을 만큼 그렇게 큰 것인가 또는 이 전쟁을 끝낼 수 있을 만큼 큰 것인가 하는 것이었다. 그것은 양자를 모두 성취할 수 있을 정도로 큰 것이었지만, 전자의 것은 그때 겨우 명백해지기 시작하였다.

이것이 『원자 폭탄 만들기』의 주제이다. 리처드 로즈는 아마도 인류 역사상 가장 요란하게 지축을 뒤흔든 과학적이고 정치적인 사건을 궁극적으로 설명하는 고전을 썼다.

그것은 서술력의 승리가 찬란하게 빛나는 대걸작이기도 하면서 심오한 주제 의식을 뿜어내는 강력한 문서이기도 하다.

맛도 색깔도 그리고 냄새도 없이 편리한 대로 추정되어 온 원자의 개념이 어니스트 러더퍼드의 핵과 닐스 보어의 원자로 실체를 드러내면서 뉴턴의 기계론적인 우주관이 종말을 고하고 새로운 양자론의 세계가 펼쳐진다. 러더퍼드가 그토록 아끼던 핵이 태초의 에너지를 인류에게 안겨주고, 인간이 이 에너지를 인간을 살상하는 데에 사용하고, 그리고 그 과정 속의 과학자들, 정치가들, 국가들이 서로 얽힌 이야기를 리처드 로즈는 딱딱한 과학이 아닌 한 편의 소설로 엮어냈다.

동서 냉전의 시대가 종말을 고하고 화해와 번영의 새로운 세계 질서가 눈앞에서 재편되어 가는 이 시점에도 남태평양의 산호초와 중국의 내륙 지방에서는 핵실험이 자행되고 있고 핵무기를 개발하겠다는 북한을 가까스로 으르고 달래고 있다. 이제 핵은 신비롭고 무섭기만 한 남의 이야기가 아니고 우리의 일상생활에 직접적인 영향을 미치는 힘으로 우리에게 다가와 있다. 레오 실라르드가 그렇게 안달을 했고 닐스 보어가 그토록 걱정했던 문제들을 21세기의 과학 공화국은 어떻게 풀어나갈 것인지…….

　참으로 오랜 시간이었다. 무더운 여름날과 긴긴 겨울밤들을 세 번이나 넘기면서 오늘에 이르렀다. 오랫동안 잘도 참아준 아내에게 감사한다.

문신행

차례

옮긴이의 말 • 5

신세계의 문턱에서 • 11

물리학과 사막 • 71

완전히 다른 동물 • 117

폭로 • 153

이 시대의 재앙 • 199

삼위일체 • 265

죽은 자의 세계 • 345

산 자의 세계 • 419

신세계의 문턱에서

19 41년, 컬럼비아 대학교의 페르미 팀은 정부가 숙고에 빠져 있는 동안에도 열심히 연구를 진행했다. 페르미, 실라르드, 앤더슨 그리고 많은 젊은 물리학자들은 하마터면 '고아'가 될 뻔했던 것도 모르고 있었다. 버클리에서 플루토늄을 분리해 냄으로써 그들의 우라늄-그라파이트 실험이 갖는 잠재적인 군사적 응용 가능성이 확인됐지만, 그런 것이 아니더라도 필요한 연구비가 주어진다면 페르미는 기본적인 물리 실험과 역사적 가치를 위하여 이 연구를 계속 추구했을 것이다. 그는 알루미늄 박지의 두께 때문에 핵분열의 발견을 놓쳤다. 그는 다른 사람이 원자에너지의 최초의 지속적인 방출을 먼저 밝혀내도록 방관하지는 않을 것이다. 아서 콤프턴의 덕택으로 그의 연구는 계속해서 지원을 받았다.

국방연구위원회로부터 물리 상수 측정을 위한 4만 달러의 연구비가 조달되자, 실라르드는 1940년 11월 1일부터 그의 특수한 재능을 살려 원활하게 연구를 진행시키기 위하여 정제된 우라늄과 그라파이트를 획득하는 문제를 담당했다. 그가 미국의 그라파이트 제조업자들과 주고받은 서신 기록은 두꺼운 책을 만들 수 있을 정도였다. 제조업자들이 가장 순수한 물질이라고 생각했던 것들이 사실은 형편 없이 많은 보론(Boron)을 함유하고 있어서 실망을 안겨다 주었다. 실리콘과 비슷하고 원자 번호가 5번인 보론은 중성자의 흡수 단면적이 너무 커서 마치 독약과도 같았다. "당시 실라르드는 순수한 물질을 공급받기 위하여 초기단계에서부터 단호하고도 강력한 조치들을 취했다. ……그는 훌륭하게 이 일을 해냈고, 나중에 더 강력한 조직이 이 일을 인수했다"라고 페르미는 말했다.

  8월과 9월에 컬럼비아팀은 지금까지 보지 못한 가장 큰 우라늄-그라파이트 격자를 쌓을 준비가 됐다. 자연 우라늄의 저속 중성자에 의한 연쇄 반응도, 우라늄 235의 고속 중성자에 의한 연쇄 반응과 마찬가지로 임계질량이 필요하다. 즉 표면적을 통하여 외부로 도망가는 중성자들의 손실에도 불구하고 중성자의 지속적인 증식에 필요한 충분한 체적의 우라늄과 감속재가 필요하다. 아무도 정확한 임계부피는 알고 있지 않았지만 적어도 수백 톤은 필요했다. 스스로 지속되는 연쇄 반응을 얻는 방법 중의 하나는 우라늄과 그라파이트를 계속 쌓아 나가는 방법이다. 그러나 이 방법은 실험자에게 반응을 통제할 수 있는 방법을 가르쳐 주지 못할 뿐 아니라 자칫하면 통제 불능의 재난을 가져올 수 있다. 페르미는 이 문제를 해결하기 위하여 단계적인 일련의 준임계상태 실험을 통하여 필요량과 통제 방법을 찾아내는 방안을 제안했다.

  페르미는 언제나 지난번 일을 거울 삼아 다음 일을 계획해 나갔다. 그와 앤더슨은 중성자원에서 그라파이트 기둥을 통하여 확산되는 중성자를 측정하여 탄소의 흡수단면적을 계산했다. 실험이 진행됨에 따라 기둥의 높이를 차츰 높여 나갔다. 30톤의 그라파이트와 8톤의 산화우라늄을 벽돌 같이 쌓아 나가며 일정한 간격으로 우라늄을 배치했다. 페르미는 이 구조물을 "파일"이라고 불렀다. 대부분의 핵물리학 표준 학술용어는 이때 사용하던 표현들이다.

페르미는 새로운 구조물을 만들기 시작했다. 산화우라늄은 20cm×20cm×20cm의 정육면체 깡통에 넣었다. 모두 288개였다. 각 통에는 60파운드의 산화우라늄이 담겨져 있다. 이 통의 각 면에 40cm 정도 두께로 그라파이트 벽돌을 둘러쌓았다. 우라늄을 구각의 형태로 배치하는 것이 더 효과적이겠지만 초기의 실험에서는 우선 조사치를 얻는 것에 더 관심이 있었다. 또한 10cm×10cm×13cm 크기의 그라파이트 벽돌을 자를 필요도 없었기 때문이다. 비록 이 구조는 최적의 형상은 아니었지만 최대한 빨리 예비정보를 얻을 수 있고, 또한 결과가 좋으면 위원회의 추가 지원도 얻을 수 있기 때문이었다.

페르미는 연쇄 반응을 평가하기 위하여 기본적인 '재생인자 k'를 정의했다. k는 무한대 크기의 파일에서 최초의 한 개의 중성자가 평균적으로 만들어 내는 이차 중성자의 수이다. 0세대의 중성자 한 개는 1세대에서 k개가 된다. 제2세대에서는 k^2개로, 제3세대에서는 k^3개가 될 것이며 이와 같은 방식으로 계속 증가할 것이다. 만일 k가 1.0보다 크면 이 숫자는 계속 증가하고 연쇄 반응은 지속될 것이고 중성자의 수도 무한대로 늘어날 것이다. 만일 k가 1.0보다 작으면 중성자의 수는 결국은 0이 되고 연쇄 반응은 중지될 것이다. k는 파일에 사용된 소재의 질, 양과 배치효율에 의하여 결정되는 숫자이다.

1941년 9월, 컬럼비아에서 쌓아올린 육면체 격자형 파일에서 외삽법에 의하여 얻은 k값은 실망스럽게도 0.87이었다. 1보다 0.13이 적다. 연쇄 반응을 일으키기 위한 최소치보다 13퍼센트가 작은 값이다. 페르미는 추가적인 0.13 또는 그 일부라도 보상받을 수 있는 방법을 찾기 시작했다. 우라늄을 담은 통은 철로 만들어졌다. 철은 중성자를 흡수한다. 그러므로 깡통을 제거하여야 한다. 또한 육면체는 구형보다 효율이 떨어진다. 그러므로 다음 번에는 우라늄 가루를 작은 구형으로 압축해야 된다. 소재 자체에도 불순물이 포함되어 있다. 실라르드는 순도가 더 높은 소재를 확보해야 된다. 이때에 진주만 공격이 있었다.

   아서 콤프턴은 부시, 코난과 점심을 같이 했던 12월 6일부터 이제는 S-1 프로그램이라고 불리는 계획의 새로운 지도자들의 첫 모임이 있는 18일까지 약 2주 남짓한 기일 내에 계획서를 작성해야 했다 (S-1은 OSRD의 한 부서로 코난이 관리하게 됐다. NDRC는 더 이상 직접적인 관련을 맺지 않게 됐다. 폭탄계획은 연구단계에서 개발단계로 넘어갔다). 12월 18일, 분위기는 흥분에 휩싸였다. 이 나라는 이미 9일 동안 전쟁을 하고 있었고 S-1 프로그램의 확장은 이미 결정된 것이나 다름없었다. 열정과 낙관이 분위기를 장악했다. 콤프턴은 그의 계획을 다음날 부시에게 제출했다. 그가 지휘하게 된 프로그램들은 컬럼비아, 프린스턴, 시카고 그리고 버클리 등 전국에 흩어져 있었다. 그는 당분간은 그대로 두기로 했다.

   전쟁이 시작되자, 프로젝트 지도자들은 비공식적인 암호를 사용하기 시작했다. 플루토늄은 구리, 우라늄235는 마그네슘 그리고 우라늄은 영국 사람들이 쓰는 말로 튜브 알로이(Tube alloy)로 통했다. "현재의 데이터에 근거하면 '구리'의 폭발장치는 '마그네슘'을 사용하는 폭발장치의 반 정도의 크기이며 사전 폭발을 방지할 수 있다." 그렇지만 플루토늄을 추출하기 위한 원격조종 화학공장을 건설하는 것이 어렵기 때문에 콤프턴은 사용 가능한 양의 '구리'를 생산하는 것이 마그네슘의 생산보다 시간이 더 걸릴 것이라고 생각했다. 콤프턴이 제시한 계획은 다음과 같았다.

연쇄 반응 조건에 대한 지식   1942. 6. 1
연쇄 반응 성취   1942. 10. 1
구리 생산용 시험공장   1943. 10. 1
사용 가능한 양의 구리 생산   1944. 12. 31

그의 계획은 플루토늄이 전쟁의 결과에 영향을 줄 수 있는 시간 내에 생산 가능하다는 것을 보여주려는 목적을 가지고 있었다. 진주만 공격 이후 코난은 전보다 더 과격하게 시간 문제에 집착하게 됐다. 그러나 우라늄-그라파이트 연구는 아직도 콤프턴에게조차도 자신감을 주고 있지 못했다. 만일 그라파이트가 별로 실용성이 없다는 것이 밝혀지고 중수가 준비된 뒤에나 구리의 생산이 가능하다면 콤프턴의 계획은 6개월 내지 18개월 정도 뒤로 밀리게 될 것이다 (해럴드 유리는 캐나다에 있는 공장에서 즉시 중수를 뽑아야 된다고 주장했다). 그렇게 된다면 그것은 전쟁에 사용하기에는 너무 늦을 것이다.

콤프턴은 다음 6개월 동안 컬럼비아, 프린스턴 그리고 시카고에서 원자로 연구에 59만 달러의 재료비와 618,000달러의 인건비 및 지원비가 소요될 것이라고 계산했다. "나는 1년에 2000~3000달러 정도 소요되는 연구 업무에 익숙해 있었기 때문에 이 숫자는 나에게 너무 큰 것 같아 보였다." 콤프턴은 1월 중에 자기와 관계되는 그룹

지도자들을 세 차례나 시카고로 불러 각 그룹이 하고 있는 일을 검토했다. 그들 사이에 중복되는 일도 있고, 의견의 차이도 있어서 적어도 연쇄 반응 연구와 플루토늄 화학연구는 한 장소에 모아야 되겠다는 생각이 들었다. 페그램은 컬럼비아 대학교를 주장했다. 그들은 프린스턴, 버클리, 클리블랜드 그리고 피츠버그에 있는 산업체 연구소들까지 고려했다. 콤프턴은 시카고를 제안했다. 그러나 아무도 옮기기를 원치 않았다.

1월 24일 토요일에 있었던 세 번째 회의는 콤프턴이 독감에 걸린 관계로 그의 집 3층에 있는 큰 침실에서 열렸다. 실라르드, 로렌스 그리고 앨버레즈 외에 몇 명이 더 참석했다. "각자는 자기가 있는 곳의 장점에 대하여 이야기했고, 모든 곳이 다 좋은 조건이었다. 나는 시카고의 경우에 대하여 이야기했다." 그는 이미 대학 당국자의 지원을 약속받았다. "이 전쟁을 이기는 데 필요하다면 우리는 대학의 어디라도 제공하겠다"라고 부총장이 맹세했다. 이것이 콤프턴의 첫 번째 논리였다. 두 번째는 중서부에는 아직도 많은 과학자들이 있으므로 연구를 위한 인력 충원이 용이하다는 것이다. 이미 동부와 서부의 교수와 대학원생들은 다른 전시 연구에 모두 참여하고 있고 남은 사람이 별로 없었다. 세 번째는 시카고가 중앙에 위치하여 모든 사람들의 교통이 편리하다는 것이었다.

그러나 아무도 설득시키지 못했다. 실라르드는 컬럼비아에 40톤의 그라파이트를 갖고 있었다. 논의는 계속됐으나 결단력이 없기로 유명한 콤프턴은 참을 수 있을 만큼 오랫동안 이들의 공격을 받아냈다. "마침내, 지칠 대로 지쳤지만 단호한 결정을 내려야 했으므로 나는 그들에게 시카고가 이 프로젝트의 장소라고 선언했다." 로렌스가 비웃었다. "당신은 이곳에서 연쇄 반응을 얻지 못할 것입니다. 시카고 대학교의 일하는 방식 자체가 너무 느리기 때문입니다."

"우리는 금년 말까지 여기에서 연쇄 반응을 만들어 내고 말 것입니다." 콤프턴이 장담했다.

"나는 실패하는 것에 1000달러를 걸겠소." 로렌스가 말했다.

"좋소! 나도 걸겠소. 여기 있는 사람들이 증인입니다." 콤프턴이 대답했다.

"그러면, 내기 돈을 5센트짜리 여송연으로 합시다." 로렌스가 빠져나갈 구멍을 만들었다.

"좋소!" 평생 여송연을 피우지 않았던 콤프턴이 대답했다.

사람들이 떠난 뒤, 콤프턴은 간신히 서재로 내려가 페르미에게 전화를 걸었다. 페르미는 시카고로 옮기는 데 즉시 동의했다. 페르미는 동의하기는 했지만 이 결정에 약간의 부담을 느꼈다. 그는 다른 실험을 계획하고 있었고, 또한 크기와 구성 면에서 꼭 알맞은 그룹을 갖고 있었다. 그는 마음에 드는 집도 갖고 있었다. 그와 로라는 노벨상 상금을 납 파이프 속에 넣어 지하실 석탄 창고의 콘크리트 바닥 속에 감추어 두었다. 그들은 적국인이었으므로 그들의 자산이 동결될 가능성에 대비했던 것이다. 로라 페르미는 "레오니아를 제2의 고향으로 삼을 작정이었다. 그래서 다시 이사해야 된다는 생각을 몹시 싫어했다. 그들은(나는 그들이 누군지 모른다) 시카고에서 그 일에(나는 그 일이 구체적으로 무엇인지도 모른다) 집중하기로 결정했고 크게 확장시키기로 했다." 그것은 페르미가 컬럼비아에서 소수의 물리학자들과 시작했던 일이다. "작은 그룹이 훨씬 더 효과적으로 일할 수 있다"라고 자서전에 기록했다. 그러나 이 나라는 전쟁 중이었다. 페르미는 4월 말까지는 기차로 왔다갔다 했고 그 후에는 시카고에 계속 머물렀다. 6월 말, 로라는 감추어 두었던 보물을 캐내어 시카고로 뒤따라갔다.

실라르드는 회의가 있던 다음날 뉴욕으로 돌아갔다. 콤프턴은 그에게 감사의 전보를 보냈다.

컬럼비아의 사정을 설명하기 위하여 이곳을 방문해 준 것에 감사드립니다. 이제 시카고에 OSRD의 금속연구소를 설립하는 문제에 도움이 필요합니다. 이사 문제와 조직에 관한 자세한 토의를 위하여 위그너 그리고 페르미와 같이 수요일 아침까지 이곳을 방문해 주시기를 요청합니다.

MIT의 복사연구소(Radiation Laboratory)와는 다르게 금속연구소는 위장명칭을 사용할 필요가 없었다. 누가 이 연구소의 목적이 지구상에 없는 금속으로 야구공 크기의 폭발물을 만들기 위하여 원소를 변환시키는 것이라고 상상이나 할 수 있겠는가?

폭탄 프로그램이 확정됐던 1941년 12월 6일, 주코프(Georgi Zhukov) 장군 휘하의 소련군은 모스크바 교외 30마일 거리에서 눈과 영하 35도의 추위에 얼어붙은 독일 육군에 대항하여 200마일의 모든 전선에 걸쳐 반격을 시작했다. "100년 전에 이 길을 걸었던 군사의 대천재처럼, 히틀러도 이제 러시아의 겨울이 무엇을 뜻하는지 알게 됐다"라고 처칠은 나폴레옹을 상기시켰다. 잘 먹고 따뜻하게 입고 겨울철 전투를 위해 완전무장한 주코프의 100개 사단은 굶주림과 추위에 지친 궤멸 상태의 독일군을 크렘린이 보이는 거리까지 밀고들어 왔다. 히틀러는 전격전을 시작한 이래 처음으로 실패했다. 겨울은 다가왔고, 전쟁이 장기화될 것은 확실했다. 히틀러는 육군 참모총장을 해임하고 자기가 직접 전투를 관장했다. 3월 말까지 동부전선에서 부상자를 포함한 희생자는 120만 명이었다.

베를린에서는 독일 경제가 한계에 도달했다는 것이 확실해졌다. 독일의 군수장관은 미국에서 코난이 고집했던 것과 유사한 원칙을 수립했다. 제국의 군사연구 책임자는 이 원칙을 우라늄을 연구하고 있는 물리학자들에게 통보했다. "앞으로 가까운 장래에 도움이 될 것이 확실한 연구에만 지원할 수 있을 것이다." 육군성은 원칙을 검토한 후에 우라늄 연구의 대부분을 베른하르트 루스트(Bernhard Rust)가 맡고 있는 교육부로 넘겼는데 이 때문에 우라늄 연구의 우선순위가 크게 낮아지게 됐다. 루스트는 과학에는 문외한인 SS 요원이며 지방학교 교사 출신이었다. 그는 1938년 오스트리아 합병 후 마이트너의 이민 신청을 거부했던 사람이다. 물리학자들은 육군에서 벗어나는 것은 좋아했으나, 나치당의 날품팔이가 관리하는 교육부에 속하게 되는 것에 대해서는 몹시 분개했다. 루스트는 그의 권한을 제국의 연구협의회에 이관시켰다. 이 조직은 제국 표준국의 일부였다. 카이저 빌헬름 연구소의 물리학자들은 물리학 부서 책임자 에소(Abraham Esau)를 무능한 사람으로 평가하고 있었다. 결과적으로 독일의 우라늄 계획은 과거의 미국 우라늄위원회 수준으로 떨어졌다.

연구협의회는 제국의 최고위급 지도자들에게 지원을 직접 호소하기로 했다. 상세한 설명 준비를 했고 헤르만 괴링(Hermann Göring), 마르틴 보르만(Martin Bormann), 하인리히 히믈러(Heinrich Himmler), 해군 참모총장 에리히 라에더(Erich Raeder) 제독, 야전군 원수 빌헬름 카이텔(Wilhelm Keitel) 그리고 히틀러가 칭찬하는 귀족 건축가이며 무장과 전시생산부 장관 알베르트 슈페어(Albert Speer) 등 고관들을 초청했다. 하이젠베르크, 한, 보테, 가이거, 클루시우스 그리고 하르텍 등이 2월 26일 루스트가 참석하는 모임에서 설명하기로 예정되어 있었다. 그리고 인조 버터로 조리된 냉동식품과 콩가루로 만든 빵 등이 제공되는 실험적 점심을 같이 할 계획이었다.

그러나 불행히도 초청장 발송을 담당한 비서가 다른 강의의 프로그램을 보내 버렸다. 같은 날 육군 병기창이 주관하는 비밀 과학회의가 열리게 되어 있었다. 이 프로그램에는 25편의 고도의 기술적인 과학논문들이 목차에 실려 있었다. 제국의 지도자들이 잘못 받은 프로그램이 바로 이것이었다. 히믈러는 그날 베를린에 있지 않을 예정이라며 미안해 했고, 카이텔은 너무 바빠서 참석하지 못했고, 라에더는 대리인을 보내겠다고 했다. 지도자들은 한 명도 참석치 않았다.

하이젠베르크가 말하려고 했던 내용은 그들을 놀라게 했을 것임에 틀림없다. 그는 동력원으로서의 원자에너지를 강조했지만 또한 군사적 사용에 대한 것도 토의했다. "순수 우라늄 235는 상상할 수 없을 정도의 폭발력을 가진 폭약이다"라고 참모 수준의 참석자들에게 이야기했다. "미국인들은 이 연구를 특별히 강조하여 최우선적으로 수행하고 있는 것 같아 보인다. 우라늄 반응로 내부에서는 새로운 원소가 만들어지고……이것도 순수 우라늄 235만큼 강력한 폭약으로 사용될 수 있는 가능성이 있다." 같은 시간에 카이저 빌헬름 연구소의 하르낙 하우스, 옛날에 실라르드가 가방을 꾸려놓은 채 숙박했던 곳에서 육군의 지휘관들은 강의를 듣고 있었다. "무게가 10kg 내지 100kg이 되는 이 폭약 두 덩어리를 합쳐놓기만 하면 상상도 할 수 없는 엄청난 폭발이 일어날 수 있다."

원자 폭탄에 이르는 기본 지식은 모두 갖고 있었다. 단지 부족한 것은 돈과 물자였다. 2월 26일 회의는 교육부의 지원을 얻는 것으로 끝났다. 하이젠베르크는 1942년 봄에서야 비로소 큰 연구비가 지급

됐다고 전후에 기억했다. 그러나 이 금액도 그간의 연구비에 비하여 약간 증액됐던 것이지 결코 충분한 것은 아니었다. 10kg 정도의 우라늄 235나 플루토늄을 생산하기 위해서는 수십억 제국마르크가 필요했으나 이런 돈은 슈페어가 지원할 수 있는 것이지 루스트가 지원할 수 있는 돈은 아니었다.

슈페어는 전쟁이 끝난 뒤 2월 26일의 초청을 기억하지 못했다. 그는 그의 회고록에서 예비군 사령관 프리드리히 프롬(Friedrich Fromm) 장군과의 사적인 정기 점심 모임에서 처음으로 원자에너지에 관해서 들었다고 말했다. "1942년 4월 말 점심 모임에서 프롬 장군은 전쟁을 이길 수 있는 단 하나의 방법은 전연 새로운 무기를 개발하는 것이라고 했다. 그는 전 도시를 날려버릴 수 있는 무기를 연구하는 과학자 그룹과 접촉하고 있다고 말했다. ……프롬은 이 사람들을 방문하자고 제안했다." 슈페어는 또한 그해 봄에 카이저 빌헬름 학회 회장으로부터 우라늄 연구의 지원이 부족하다는 이야기를 들은 적이 있다. "1942년 5월 6일, 나는 이것을 히틀러와 토의하고 괴링을 제국연구 협의회 회장으로 임명하여 그 중요성을 강조해야 된다고 제안했다."

독일 공군을 지휘하고 히틀러가 후계자로 지명한 뚱뚱한 제국원수가 회장으로 임명된 것은 단지 상징적으로 격상됐음을 뜻하는 것이었다. 더 중요한 것은 6월 4일 하르낙 하우스에서 열렸던 회의였다. 슈페어, 프롬, 자동차 및 탱크 설계가 페르디난트 포르셰(Ferdinand Porsche)와 다른 군사 및 산업계 지도자들이 참석했다. 이번에는 하이젠베르크가 군사적인 측면을 강조했다. 카이저 빌헬름 학회의 간사는 매우 놀랐다. "이 회의에서 사용된 '폭탄'이란 단어는 나뿐만 아니라 참석했던 많은 사람들에게, 그들의 반응을 통해 알 수 있듯이, 전혀 새로운 것이었다." 그것은 슈페어에게는 새로운 것이 아니었다. 하이젠베르크가 참석자들로부터 질문을 받자 슈페어의 보좌관 중의 한 명이 한 도시를 파괴할 수 있는 폭탄이 얼마나 큰지 질문했다. 하이젠베르크는 페르미가 푸핀 홀에서 맨해튼 섬을 내려다보며 그랬듯이 두 손을 오므려서 합쳤다. "파인애플만 한 크기이다"라고 그는 말했다.

설명이 끝나자 슈페어는 하이젠베르크에게 직접 질문했다. "어떻게 핵물리학이 원자 폭탄 제조에 응용됩니까?" 독일의 노벨상 수상자는 자신이 직접 관련되는 것을 피하는 것 같아 보였다. "그의 대답은 결코 고무적인 것이 아니었다"라고 슈페어는 기억했다. 그는 확실히 선언했다. "과학적인 해답은 이미 찾았으나 제작을 위한 기술적 문제는 몇 년이 더 걸릴 것입니다. 최대한의 지원이 있어도 빨라도 2년은 걸립니다." 독일에 사이클로트론이 없어서 곤란하다고 하이젠베르크가 말했다. 슈페어는 사이클로트론을 제작하라고 권유했다. "미국에 있는 것과 같은 것이든 아니면 더 큰 것을" 제작하라고 제의했다. 하이젠베르크는 머뭇거리며 독일 물리학자들은 커다란 사이클로트론은 제작한 경험이 없으므로 작은 것부터 시작하여야 된다고 말했다. 슈페어는 과학자들에게 "핵 연구에 필요한 수단, 예산 그리고 원자재에 대하여 나에게 알려달라"라고 말했다. 몇 주일 후 그들은 필요한 것들의 내역을 알려왔으나 수십억 마르크를 사용하는 데 익숙한 제국장관에게는 보잘것없는 요구로 보였다. 그들은 "수십만 마르크와 소량의 강철, 니켈 그리고 다른 금속들을 요청했다. …… 문제의 중요성에 비하여 너무 겸손한 요구에 오히려 난처해져서, 나는 그들에게 100~200만 마르크와 부합되는 더 많은 양의 소재를 요구하라고 일렀다. 그러나 현재로는 더 많은 양을 사용할 수도 없는 것 같아 보였다. 어쨌든 나는 원자 폭탄이 전쟁의 진행에는 아무 의미가 없다는 인상을 받았다."

슈페어는 정기적으로 히틀러를 만났으므로 6월 회의에서 있었던 이야기들을 보고했다.

> 히틀러는 언젠가 나에게 원자 폭탄의 가능성에 대하여 이야기한 적이 있었으나, 이 아이디어는 그의 지적 능력으로는 이해하기 힘든 것이었다. 그는 핵물리학의 혁명적인 본질을 파악할 수 없었다. 히틀러와 나의 회의는 2,200회나 있었지만, 핵분열 문제는 단 한 번 나왔고 그것도 아주 간단히 언급됐다. 히틀러는 그것의 전망에 대하여 언급했으나 이 문제에서 별로 얻는 것이 없을 것이라는 관점을 갖고 있었다. 실제로 하이젠베르크 교수는 성공적인 핵분열은 확실히 통제될 수 있는 것인가 혹은 연쇄 반응으로 그대로 계속되는 것인가 하는 나의 질문에 대해 최종 답변을 제시하지 않았다. 히틀러는 그의 통치 하에 있는 땅이 불타는 별로 바뀔 수 있다는 가능성에 대하여 별로 즐겁게 생각하지 않았다. 때때로 그는 과학자들이 지구에 불을 지를지도 모른다고 농담했다. 그러나 의심할 바 없이 그때까지는 많은 시간이 걸릴 것이며 자기는 그것을 볼 수 있을 때까지 살지 못할 것이라고 말했다.

그 후 슈페어에 따르면, "핵물리학자들의 제안에 따라 우리는 원자 폭탄을 개발하는 프로젝트에 허둥대기 시작했다. ……그 후 나는 그들에게 일정에 대해서 다시 질문했다. 그리고 내가 들은 대답은 3년 혹은 4년 이내에는 아무것도 기대할 수 없다는 것이었다." 중수 원자로에 대한 연구는 계속됐다. 1947년, 하이젠베르크가 전쟁기간 동안 일어난 일들을 요약해 《네이처》에 기고한 글에는 독일 물리학자들이 결국에는 원자 폭탄을 만드는 일에 목적을 둘 것이냐 말 것이냐 하는 결정에서 제외됐다고 기록되어 있다. "1942년, 여러 가지 상황들로 인해 핵에너지의 이용 문제가 자연스럽게 그들이 해야 할 일로 결정됐다"고 말했다. 그러나 연합국 측은 이에 대해서는 모르고 있었다.

"우리는 이미 경쟁 상태에 돌입했는지도 모릅니다." 1942년 3월 9일, 부시는 루스벨트에게 서면으로 보고했다. "그러나 만일 그렇다고 하여도 나는 적의 프로그램 진행 상황에 대한 정보도 없고 그리고 그것을 알아내려는 어떤 조치도 취하지 않았습니다." 왜 부시가 좀 더 호기심을 갖지 않았는가는 수수께끼로 남아 있다. 이민자들은 말할 것도 없고, 코난, 로렌스 그리고 콤프턴도 독일이 폭탄을 만들 수 있는 가능성 때문에 계속 초조해 왔었다. 그것이 미국이 폭탄을 가져야 한다고 주장하는 주된 이유였다. 루스벨트와 부시, 두 지도자는 독일의 위협에는 방심하지 않았으나, 그것을 평가하는 데에는 놀라우리만치 무관심했다.

부시는 보고서에서 5내지 10파운드의 "활성 물질"이 "거의 확실히" TNT 2,000톤과 맞먹는 폭발 위력을 갖는 것 같다고 했다. 과학원의 11월 보고서 내용보다 600톤이 증가한 위력이다. 보고서는 2000만 달러의 비용으로 원심분리 공장을 건설할 것을 건의했다. 이 공장의 생산 능력은 한 달에 한 개의 폭탄을 만들기에 충분한 우라늄235를 분리해 낼 수 있으며 1943년 12월까지 완성될 수 있다고 했다. 가스확산 공장은 소요예산이 명시되지 않았으나 1944년 말까지 생산물을 공급할 수 있을 것이다. 로렌스가 담당하고 있는 전자기 처리공장에 대한 내용이 가장 많은 관심을 끌었다. 부시는 이것이 가장 빠른 방법이며 6개월 이상 시간을 절약하여 1943년 여름까지 "완전히 실용적인 양"을 공급할 수 있다고 보고했다. 요약하여, "현재의 생각으로는 성공적인 개발이 가능한 것 같습니다. 그래서 이것은 매우 중요하게 생각해야 될 문제이며, 전쟁의 결과를 결정할 수 있을 것 같습니다. 또한, 만일 적이 먼저 결과를 얻는다면 그것은 굉장히 심각한 문제가 될 것입니다. 만일 적절한 노력을 기울일 수 있다면 1944년 이내에 완성될 수 있을 것으로 봅니다."

루스벨트는 이틀 후 회신했다. "나는 모든 일을 개발의 관점에서 뿐만 아니라 시간의 관점에서 밀고 나가야 된다고 생각합니다. 이것이 요체입니다." 돈이 아니라 시간이 원폭 개발에 있어서 제한요소가 되고 있었다.

5월 23일, 모든 프로그램 책임자들이 코난과 만나 폭탄을 만드는 몇 가지 방법 중 어느 것이 시험공장과 산업화 단계로 옮아갈 수 있는가를 토의하는 회의를 개최했다. 원심분리법, 가스 장벽 확산, 전자기 그리고 그라파이트 또는 중수 우라늄 원자로 등 모든 방법이 엇비슷한 가능성을 가지는 것으로 여겨졌다. 전시 품귀현상 및 예산 우선 순위를 고려했을 때 어느 방법을 더 우선적으로 개발해야 하는가? 코난은 결정을 위한 평가방법에 군비경쟁 논리를 사용했다.

다섯 가지 방법이 모두 비슷한 정도로 전망이 있어 보이지만, 10여 개 정도의 폭탄을 생산하는 데 걸리는 시간이 똑같지 않으리라는 것은 확실하다. 왜냐하면 6개월 또는 1년 정도의 차이를 발생시킬 수 있는, 예기치 않은 사정이 언제든지 생길 수 있기 때문이다. 그러므로 지금 한 가지, 두 가지 혹은 세 가지의 방법을 채택하지 않고 포기한다면 무의식 중에 느린 말에 내기를 거는 것과 같은 결과를 가져올 수도 있다. 나의 생각에는 우리의 노력을 어떠한 방식으로 투자할 것인가 하는 결정은 만일 어느 한 편이 10 내지 20여 개의 폭탄을 먼저 갖게 되면 무슨 일이 일어날까 하는 군사적 평가에 따라 결정되어야 한다고 생각했다.

이런 생각으로 코난은 독일의 폭탄 계획의 증거들을 검토했다. 독일이 1톤의 중수를 확보했다는 영국의 정보, 카이저 빌헬름 연구소의 동료들이 열심히 연구하고 있다는 18개월 전에 미국에 도착한 데베이어의 보고, 최근에 미국에 있는 독일 첩자에게 보낸 지시 등을 통해서 볼 때 그들도 미국 못지않게 관심을 갖고 있다고 판단됐다. "만약 그들이 열심히 일한다면 1939년부터 시작했으므로 우리보다 그리 뒤떨어져 있지 않을 것이다. 아직도 많은 유능한 과학자들이 독일에 남아 있다. 그러므로 그들은 우리보다 1년쯤 앞섰을 수도 있다. 하지만 그렇다 하더라도 1년 이상은 아닐 것이다."

만일 돈이 아니고 시간이 중요한 문제라면, 또한 충분한 양의 새로운 무기를 보유하는 것이 전쟁을 결정하는 중요한 요인이라면, 3개월의 지연은 치명적인 것이다. 다섯 가지 방법 모두를 즉시 밀어붙여야 된다. 핵문제에 대한 나폴레옹식의 접근방법을 시작하는 데에는 아마도 5억 달러의 자금과 상당량의 기계들이 필요할 것이다.

글렌 시보그는 1942년 4월 19일 일요일 오전 9시, 그의 생일날에 기차로 시카고에 도착했다. 기차역에 도착하면서부터 시카고가 버클리보다 춥다는 것을 느낄 수 있었다. 봄날의 아침 기온이 4도 정도였다. 신문 가판대의 태평양 전쟁에 대한 머리기사가 눈에 들어왔다. 미국의 항공기가 도쿄과 혼슈의 다른 세 도시를 폭격했다. 이것은 남서 태평양 사령관 더글라스 맥아더 장군이나 워싱턴에서도 모르는 기습공격이었다(미 항공모함 호네트(Hornet)에서 발진한 16대의 B-25가 일본을 가로질러 공격하고 중국에 착륙한 것이다. 둘리틀(Jimmy

Doolittle) 장군이 사기를 북돋우기 위하여 지시한 공격이었다). 시보그는 일기 형식의 회고록에 기록했다. "나의 생애에 전환점을 맞고 있다. 내일부터 시카고 대학교의 금속연구소에서 94 화학그룹의 책임을 맡게 됐다."

연쇄 반응로에서 우라늄238을 플루토늄으로 변환시키는 것도 어려운 일이지만, 우라늄에서 플루토늄을 추출하는 것도 매우 어려운 일이다. 콤프턴이 계획하기 시작한 커다란 반응로는 100만 대 250의 비율로 새로운 원소를 만들어낼 것이다. 이것은 방사성 우라늄 2톤 속에 10센트짜리 은전 크기의 플루토늄이 섞여 나온다는 뜻이다. 시보그의 일은 이 10센트 크기의 플루토늄을 찾아내는 것이었다.

그는 이미 플루토늄의 화학적 성질을 연구하기 시작했다. 산화제는 원자의 전자를 떼어내는 화학물질이다. 반대로 산화제를 제거하면 원자에 전자를 추가해 주게 된다. 플루토늄을 산화제로 처리하면 환원제를 사용할 때와는 다르게 응결하는 것 같이 보였다. +4 산화상태(전자를 4개 잃은 상태)의 플루토늄에 불화란탄(Lanthanum fluoride) 같은 복합물을 체전체로 사용하면 용액에서 함께 응결되어 나온다는 것을 발견했다. 같은 플루토늄을 +6 상태로 산화시키면 응결되지 않았다. 체전체는 결정으로 변하지만 플루토늄은 용액 속에 그대로 남아 있었다. 이 사실을 시보그는 추출의 기본적인 접근 방법으로 사용할 계획이었다.

우리는 산화-환원 순환의 원리를 생각했다. ……이 원리를 응용하면 특정한 물질을 이용하여 산화 상태의 플루토늄을 추출할 수 있다. 예를 들면, 어떤 체전체는 한 가지 산화 상태에 있는 플루토늄만을 분리할 수 있는데 이 성질을 이용하여 산화 상태의 플루토늄을 우라늄과 다른 분열 생성물로부터 분리한다. 그리고 나서 체전체와 플루토늄(이제는 고체 크리스털 상태이다)을 용해시키면 플루토늄의 산화 상태가 변화되어 체전체만 다시 응결하고 플루토늄은 용액 속에 남게 된다. 플루토늄의 산화 상태를 다시 변경시키고 이 과정을 반복한다. 그러면 플루토늄과 화학적 성질이 거의 유사한 물질이 약간의 오염물질과 함께 남게 된다. 즉, 실질적으로 정제된 플루토늄을 얻게 된다.

4월 23일부터 위그너, 유리, 프린스턴 이론가 윌러 그리고 금속연구소에 이미 채용된 많은 화학자들이 모여 이틀 동안 화학회의를 열었다. 과학자들은 플루토늄을 우라늄에서 분리하는 일곱 가지 방법에 대하여 토의했다. 그들은 원격조정 조작방법을 적용할 수 있는 네 가지 방법을 선호했다. 응결방식은 제외됐다. 새로 합류한 시보그는 동의하지 않았다. 그는 응결방식의 사용을 자신 있게 주장했다. 결국 그들은 제안된 일곱 가지 방식을 모두 조사하기로 했다. 이 일에는 화학자 40명이 필요하게 된다. 앞으로 몇 개월 동안 시보그가 해야 되는 일 중의 하나는 사람을 구하는 일이었다. 그는 걱정이 됐다. "때때로 나는 사람을 초청하는 일이 걱정이 됐다. ······사람들은 안정된 대학의 직장을 버리고 금속연구소에서 일해야 된다. 그들은 미래를 걸고 도박을 하는 셈이며 얼마나 오랫동안 이 일을 해야 될지 아무도 모르고 있었다." 그러나 아무도 얼마나 오래 이 일을 계속해야 되는지 몰랐지만, 대부분의 사람들이 그것은 어떤 것보다도 중요한 일이라고 믿기 시작했다.

지금까지 시보그는 체전체 속에 희석된 소량의 방사능을 찾아내는 방법으로 플루토늄을 연구했다. 이것은 한, 페르미 그리고 졸리오-퀴리가 사용한 트레이서 화학(물질의 변화를 추적하는 데 동위원소를 쓰는 방법)과 같은 것이다. 그러나 희석 정도에 따라 다른 화학반응이 나타나는 경우도 있다. 추출 과정이 산업적인 규모에서도 성공할 수 있다는 것을 확인해 둘 필요가 있었다. 평화시라면 시보그는 우라늄 반응로가 건설되고 난 후 적어도 1그램 정도의 플루토늄을 생산할 때까지 기다리겠지만, 그런 정상적인 방법은 폭탄 프로그램에서는 생각할 수조차 없는 사치였다.

대신 시보그는 '파일'이 없이도 플루토늄을 생산할 수 있는 방법을 생각하기 시작했다. 그는 세인트루이스 워싱턴 대학교에 있는 45인치 사이클로트론을 기억해 냈다. 그는 300파운드의 UNH(Uranium Nitrate Hexahydrate)를 한번에 수주 동안 또는 몇 달씩 중성자로 포격하기 시작했다. 긴 시간 동안의 집중적인 포격은 100만분의 수백 그램 정도의, 눈에도 보이지 않는 양의 플루토늄을 만들어 낼 수 있다. 그 다음에 혼합하고, 측정하고 그리고 분석하는 기술을 고안해 내야 된다.

시보그는 이 달 초 강의를 하기 위하여 뉴욕에 갔다가 퀸스 대학교의 안톤 알렉산더 베네디티 피클러(Anton Alexander Benedetti Pichler) 교수를 만났다. 그는 극소량 화학(Ultramicro Chemistry)의 개척자이다. 극소량 화학은 매우 적은 양의 화학물질을 조작하는 기술이다. 피클러는 자세한 설명과 함께 필요한 장비의 목록을 보내주겠다고 약속했다. 시보그는 피클러에게서 배운 화학자를 한 명 채용하여 같이 극소량 화학 실험실 계획을 수립했다. "우리는 미세 저울을 사용할 수 있는 진동이 없는 방을 구했다. 전에는 암실로 사용됐던, 콘크리트 벤치가 있는 존스 실험동 405호실을 찾아냈다."

또 다른 극소량 화학 전문가 폴 커크(Paul Kirk)는 버클리에서 강의하고 있었다. 시보그는 최근에 커크 밑에서 공부한 버리스 커닝햄(Burris Cunningham) 박사와 대학원생 루이스 워너(Louis B. Werner)

를 채용했다. "나는 언제나 내가 키가 큰 사람이라고 생각했다." 그러나 워너는 키가 거의 2m에 가까웠고 시보그보다 10cm나 더 커서 작은 실험실에 간신히 드나들었다.

초마이크로 화학의 특수 장비를 가지고 젊은 화학자들은 10분의 1마이크로그램의 희석되지 않은 화학 물질을 조작할 수가 있다(1그램은 100만 마이크로그램이다). 그들은 배율 30배의 쌍안 현미경을 사용했다. 세공 유리 대롱을 시험관과 비이커 대용으로 사용하고 피펫은 모세관 현상에 따라 자동으로 용액이 채워진다. 미세조작기에 설치된 피하 주사기는 시약을 원심분리기의 미세 원추체에 넣거나 제거하는 데 쓰인다. 소형 원심분리기는 응결된 고형물질을 액체와 분리시킨다. 화학자들이 사용한 최초의 저울은 석영 섬유의 한쪽 끝을 마치 강둑에 꽂혀 있는 낚시대처럼 유리상자 안에 고정시켜 놓은 것이었다. 유리상자는 공기의 미동을 막아주는 역할을 한다. 아주 작은 양의 무게를 측정하려면 백금 박지 조각으로 만든 접시(눈에 잘 보이지도 않는 크기)를 석영 섬유의 다른 한쪽에 올려놓고 섬유가 어느 정도 휘는가를 측정한다(구부러지는 정도는 미리 표준 무게를 사용하여 알아둔다). 버클리에서 개발한 좀 더 튼튼한 저울은 석영 섬유 양 끝에 접시를 부착하고 미세 버팀 지주용 섬유의 중간을 받치는 천칭과 비슷한 것이다. 시보그는 눈에 보이지 않는 양을 눈에 보이지 않는 저울로 무게를 측정한다고 말했다.

금속연구소의 업무 이외에도 시보그는 아직도 버클리에서 수행하고 있는 우라늄과 플루토늄의 기초 과학적 연구에도 관여했다. 6월 초, 그는 동료들도 만나고 로렌스의 비서와 결혼하기 위하여 캘리포니아로 갔다. 6월 6일, 시카고로 돌아오는 길에 로스앤젤레스에 들려 부모님도 뵙고 네바다에서 결혼식을 올리기 위하여 서둘렀다. 그들은 네바다의 캘리엔티에서 기차를 내려 역에 있는 전보 기사에게 짐을 맡기고 시청을 찾아가는 길을 물었다. 그러나 이곳에는 시청이 없었으므로 결혼허가서를 얻기 위해서는 25마일 북쪽에 있는 피오체라는 마을로 가야 했다. 운 좋게도 캘리엔티에서 여행 안내소를 운영하고 모든 문제를 해결하는 부보안관이 버클리 화학과의 6월 졸업생이었다. 그는 교수와 그의 신부 헬렌 그리그스(Helen Griggs)가 피오체로 가는 우편 트럭을 탈 수 있도록 주선해 주었다. "우리는 청소부와 친절한 시청 서기에게 결혼 증인이 되어 달라고 부탁했다. 우리는 4시 30분에 떠나는 우편 트럭을 타고 캘리엔티로 돌아와 시골 호텔에서 첫날 밤을 보냈다."

  6월 9일, 시카고에 도착하자 시보그는 캘리포니아로 떠나기 전에 빌려놓은 아파트에 아내를 남겨두고 사무실로 나갔다. 우편함에는 에드워드 텔러가 유진 위그너 밑에서 일하기 위하여 시카고로 온다는 소식이 도착해 있었다.

  이틀 후 오펜하이머가 시카고에 나타나 시보그를 만나러 들렸다. 그들은 옛 친구였지만 사교적인 방문만은 아니었다. 그레고리 브라이트(Gregory Breit)는 위스콘신 주에 있는 우라늄 위원회 위원이었고 고속 중성자 연구책임을 맡고 있었다. 그는 보안규정이 지켜지지 않는데 항의하여 폭탄 프로젝트에서 사임했다. "나는 콤프턴 박사의 프로젝트에서 보안상황이 만족스럽지 못하다고 생각한다." 그는 브리그에게 5월 18일 편지를 보냈다. 그가 예를 들어 말한 것은 좀 지나친 면이 있었다. "시카고 프로젝트 내의 몇 명은 보안에 강하게 반대하고 있다. 예를 들면, 그중의 한 명은 내가 출장을 간 사이에 나의 비서를 감언으로 꾀어서 나의 금고 속에 있는 공식적인 보고서를 훔쳐 보았다. …… 그는 많은 사람들이 듣는 곳에서도 조심성 없이 떠들어 댄다. ……나는 그가 모든 부분의 일들이 서로 매우 밀접히 관계되므로 전체가 함께 토의하는 것이 바람직하다는 원칙를 주장하는 것을 들은 적이 있다." 브라이트가 누구라고 이름을 거명하지는 않았지만, 위험한 인물이란 바로 페르미였다. 콤프턴은 브라이트 자리에 오펜하이머를 임명했다. 오펜하이머는 시보그가 관리하고 있는, 버클리에서 진행 중인 고속 중성자 연구에 대한 이야기를 들으러 왔다. 고속 중성자 반응에 대한 연구는 원자 폭탄 설계에 필요한 것이다. 오펜하이머는 1층에 있는 사무실을 사용했다. 6월 17일, 워싱턴 대학의 4.5인치 사이클로트론은 300파운드의 UNH를 변환시킬 준비가 됐다. UNH는 한 달 동안 시간당 5만 마이크로암페어로 포격될 예정이다. 아직 연쇄 반응이 증명되지 않았고 아무도 플루토늄을 본 사람이 없지만 시보그가 관계하는 여러 금속 연구소의 회의에서는 이미 파운드 단위의 신물질을 생산할 25만 kW 생산로의 설계와 위치 문제를 토의하고 있었다. 페르미는 플루토늄 생산설비는 안전을 위하여 폭이 1마일, 길이가 2마일 정도 되는 지역이 필요하다고 생각했다. 콤프턴은 미시간 호와 테네시 계곡을 생각하고 있었다.

    결국에는 제기될 문제이겠지만 어떤 다른 문제보다도 심각한 것은 커다란 '파일'을 어떻게 냉각하느냐는 것이었다. 금속연구소를 조직하던 초기에 콤프턴은 이 문제를 엔지니어링 협의회에서 고려하도록 임무를 부여했다. 이 협의회에는 엔지니어와 화공학자들 이외에 앨리슨, 페르미, 시보그, 실라르드 그리고 윌러 등이 위원으로 포함되어 있었다. 6월 말에는 냉각제에 대한 토의가 이루어졌다. 헬륨이 유망한 냉각제 중의 하나였다. 공기가 새지 않는 강철 구조물 속을 고압으로 통과시켜 열을 흡수하게 한다. 헬륨은 전혀 중성자를 흡수하지 않는다는 장점을 가지고 있었다. 물도 생각할 수 있는 냉각제 중의 하나였다. 엔지니어들이 가장 많이 사용하는 열교환 물질 중의 하나였지만 우라늄을 부식시키는 문제점이 있었다. 세 번째로 고려할 수 있는 냉각제는 비스무트였다. 이 금속은 섭씨 271도에서 녹으므로 퓨즈나 화재경보기에 사용된다. 액체 상태에서 헬륨이나 물보다 더 효과적으로 열을 운반한다. 실라르드는 액체 비스무트 냉각 시스템을 주장했다. 왜냐하면 그와 아인슈타인이 발명했던 자력펌프 냉장고의 원리를 그대로 사용할 수 있기 때문이었다.

엔지니어링 협의회는 액체 냉각방식은 제외시켰다. 왜냐하면 잠재적인 화학반응의 가능성과 새나가는 위험이 있는데다가 산화물에서 열을 전달받는 과정이 어렵기 때문이었다. 대부분이 헬륨 사용에 동의했다. 유진 위그너는 이 문제에 관심을 갖고 있었고 화공학 지식이 많음에도 불구하고 이 회의에 초청받지 못했다. 위그너는 강력하게 수냉식을 주장했다. 왜냐하면 수냉식은 짧은 시간에 제작될 수 있기 때문이었다. 시보그는 위그너가 독일 폭탄에 대해 계속 심하게 걱정하고 있음을 확인했다.

콤프턴과 위그너는 여러 차례 독일의 연구계획에 대하여 토의했다. 우리와 같이 그들도 처음 분열이 발견된 이후 폭탄을 준비할 수 있는 시간이 3년 정도 있었다. 그들도 플루토늄에 대하여 알고 있다고 가정하고, 그들이 중수로를 10만 kW 출력으로 두 달 동안 운전한다면 6 kg의 플루토늄을 얻을 수 있다. 1942년 말까지는 6개의 폭탄을 제조할 수 있는 양의 플루토늄을 확보했을 것이다. 반면, 우리는 1944년 초나 되어야 폭탄 생산에 들어갈 수 있다.

콤프턴은 위그너의 그룹에게 수냉식 파일을 설계하도록 격려했으나 상세한 엔지니어링 연구는 헬륨을 사용하는 시스템으로 하라고 지시했다.

기술적인 논쟁 뒤에 숨어 있는 기본적인 문제는 통제에 관한 것이었다. 실라르드는 그들이 체계적으로 통제권을 미국정부에 넘기고 있다는 것을 알아차렸다. 6월 27일, 회의에서 알력이 표출됐다. 이날, 부시는 대통령에게 보낸 최신 상황보고에서 개발업무와 궁극적인 생산업무를 OSRD와 미육군 공병이 나누어 맡는 방안을 제안했다. 육군은 공장을 짓고 운영을 맡는다. 루스벨트는 부시가 보낸 설명문 표지에 "OK. FDR"이라고 서명하고 즉시 돌려보냈다. 같은 날 공병 사령관은 시라큐스 공병 지구의 제임스 마셜(James C. Marshall) 대령을 워싱턴으로 오도록 명령했다. 그는 웨스트포인트 출신으로 공군기지 건설 경험이 있었다. 마셜은 보스턴에 있는 건설회사 스톤 앤드 웹스터(Stone and Webster)를 폭탄 프로젝트의 주계약자로 선정했다. 6월 27일, 콤프턴은 조직 개편에 대한 보고를 하기 위하여 그룹의 지도자들과 계획위원들을 소집했다. 앨리슨, 페르미, 시보그, 실라르드, 텔러, 위그너 그리고 진 등이 참석했다. 시보그는 이날의 회의 내용을 다음과 같이 회상했다.

"콤프턴은 격려하는 이야기로 회의를 시작했다. 우리에게 전력을 다해 전진해 줄 것을 당부했다. 그는 지난 반년 동안 우리의 목표는 원자 폭탄을 만들 수 있는 가능성을 조사하는 것이었다. 이제 우리는 그것이 가능하다는 가정 아래 군사적인 관점에서 추진해 나갈 책임이 있다. 그리고 우리는 전 전쟁 기간 동안 우리가 해야 될 일이 있다고 생각해도 좋다." 콤프턴은 살금살금 새로운 준비를 해나가고 있었다. 그는 이 계획의 비밀유지도 당부했다. "미 육군에서는 단지 여섯 명만이 진행중인 일에 대하여 알고 있다"라고 말했다. 콤프턴은 건축전문가들이 해야 할 일을 설명했고 그리고 마지막으로 새로운 소식을 전했다. "계약자가 생산공장의 책임을 맡아 줄 것을 희망한다." 이미 계약자가 선정됐다.

콤프턴의 발표는 부정적인 영향을 가져왔다. 시보그는 계속해서 말했다. "참석했던 몇몇 사람들이 일하는 환경이 달라지게 되므로 계약사를 위하여 일하는 것에 대하여 커다란 우려를 표시했다." 콤프턴은 아직 확실하지 않지만 더 악화될 수 있는 상황에 대해서도 이야기했다. "우리를 육군이 흡수하는 문제에 대해서도(즉 장교로 입대시키는 방법에 대해서도) 상당한 이야기가 있었다." 이것의 장단점이 이야기됐지만 참석했던 대부분의 사람들이 강력히 반대했다.

이 문제는 여름 내내 곪아서 가을에 다시 터졌다. 실라르드는 비망록에서 이 문제에 대해 기술했다. "업무가 민주적인 방식이 아니고 약간 권위주의적인 방법으로 조직됐기 때문에 문제가 발생했다"라고 말했다. 헝가리 물리학자는 과학이 명령으로 되는 것이 아니라고 믿었다. 그는 냉각 문제와 계약자 문제가 있기 이전에 1939년에 부시에게 편지를 보냈다. "미 합중국 정부에게 천우신조의 특별한 기회가 주어졌다. 그러나 이 기회를 놓쳤다. 이제는 아무도 독일 폭탄이 미국의 도시들을 쓸어버리기 전에 준비할 수 있다고 이야기할 수 없다. 독일에 대하여 우리가 갖고 있는 부족한 정보로는 안심할 수 없다. 확실히 이야기할 수 있는 것은 만일 우리가 지금 겪고 있는 어려움이 제거된다면, 우리는 적어도 두 배는 더 빠르게 움직일 수 있다는 것이다."

7월 27일, 세인트루이스로부터 300파운드의 피폭된 UNH(암염과 같은 노란 결정)이 시카고에 도착했다. 시보그의 젊은 화학자들이 플루토늄 239를 추출해 내기 위하여 에테르가 담긴 큰 병과 씨름하며 무거운 3리터짜리 깔대기를 납 차폐막 뒤에서 손으로 받쳐들고 작업을 하는 사이에 커닝햄과 워너는 좁은 405호실에서 플루토늄을 분리하는 작업을 했다. 시보그는 Pu를 플루토늄의 약자로 선정했다. Pl은 백금 Pt(Platinum)와 혼동되므로, 주의를 환기시키기 위하여 Putrid(악취가 나는 물건의 옛 속어)의 Pu를 사용하기로 했다.

극초마이크로 화학장비를 사용하여 느리고 지루한 작업을 계속했다. 8월 15일 토요일, 그들은 희토류 세륨(Cerium)과 란탄(Lanthanum)을 체전체로 용액에 집어넣은 다음 약간 증발시킨 후 체전체와 Pu를 불화물 상태로 응결시켰다. 그들은 응결된 결정을 황산에 녹인 다음 용액이 1cc 정도 남을 때까지 증발시켰다. 그들은 체전체를 섞어넣었던 용액을 조사해 본 결과 알파 입자 방출을 발견할 수 없었다. 즉, 알파를 방출하는 모든 Pu가 희토류 원소와 같이 결정으로 분리됐다는 증거이다. 이것은 하루가 꼬박 걸린 일이었다. 그들은 결정을 녹인 용액을 잘 보관해 놓고 집으로 돌아갔다.

8월 17일, 월요일 커닝햄과 워너는 Pu의 산화 상태를 바꾸기 위하여 산화와 환원작업을 여러 번 반복했다. 저녁 때 원심분리기의 미세한 원추체에 작은 방울의 액체가 남아 있었고 1분에 5만 7,000개의 알파 입자를 방출했다. 그들은 더 농축시키기 위하여 그것을 작은 고온로 속에 넣어 두었다.

화요일, 그들은 농축된 용액을 더 농축시키기 위하여 백금 접시에 담았다. 그것이 한 쪽으로 쏠리기 시작했다. 그것을 잃어버리지 않으려고 손에 들고 있던 큰 접시로 옮겼다. 그런데 큰 접시는 란탄으로 오염되어 있었다. 이 일로 인하여 다시 정제하는 데 하루가 걸렸다.

그들은 수요일 아침 다시 작업을 시작했다. 그것은 아직도 칼륨

(Kalium) 계열 복합물과 은으로 오염되어 있었다. 커닝햄과 위너는 그것을 희석시키고 은을 염화물로 만들어 뽑아냈다. 그들은 5마이크로그램의 란탄을 첨가하고 Pu를 란탄과 같이 응결시켜 뽑아냈다. 그들은 응결물을 용해시킨 다음 다시 한번 산화시켜 Pu의 산화 상태를 바꾸어 준 뒤에 란탄을 뽑아냈다. 용액에는 순수 플루토늄만 남아 있었다. 하루만 더 작업하면 용액 속의 플루토늄을 끄집어 낼 수 있을 것이다.

1942년 8월 20일 목요일, 시보그는 다음과 같이 기록했다.

아마 오늘이 내가 금속연구소에 온 이래 가장 흥분되고 스릴이 있는 날일 것이다. 우리의 마이크로 화학자들이 순수 원소 94를 처음으로 분리해 낸 날이다. 오늘 아침 커닝햄과 위너는 약 1마이크로그램의 플루토늄 239를 포함하고 있는 용액에 불화수소산(Hydrofluoric)을 첨가하여 환원된 94가 체전체가 섞이지 않은 불화물로 추출됐다. 이 응결된 94를 현미경은 물론 육안으로도 볼 수 있었다. 그것은 희토류 불화물과 비슷한 것 같아 보였다. 원소 94를 맨눈으로 본 것은 처음이었다.

오후에 우리 그룹은 축제 분위기에 휩싸였다. 공기에 몇 시간 동안 노출되자 응결된 플루토늄은 분홍색을 띠기 시작했다. 윗층에서 큰 병과 납 벽돌을 나르던 연구원들이 모두 내려와 작은 분홍색 먼지를 현미경을 통하여 들여다보았다. 누군가 작은 실험실에 있는 커닝햄과 위너의 기념사진을 찍었다.

1942년 여름, 오펜하이머는 그가 선각자라고 즐겨 부르는 작은 이론물리학자 그룹을 버클리에 불러 모았다. 그들의 일은 원자 폭탄의 실제 설계에 관한 문제를 생각하는 것이었다.

한스 베테는 36세로 매우 존경받는 코넬 대학의 물리학 교수였다. 그는 폭탄의 실현 가능성을 의심했기 때문에 폭탄계획에 참여하지 않았다. "나는 원자 폭탄을 별 가망이 없는 것으로 생각했다. 그래서 이와 관련된 일을 모두 거절했다. ……이렇게 무거운 원소의 동위원소를 분리하는 일은 명백히 매우 어려운 것이다. 나는 결코 성공하지 못하리라고 생각했다." 그러나 베테는 오펜하이머가 초청하려고 하는 선각자들의 명단에 맨 처음 올라있었다. 1942년, 이 코넬의 물리학자는 이미 일급 이론가로 명성을 날리고 있었다. 그의 가장 뛰어난 업적은 별의 에너지 생산과정을 밝힌 것으로 이것으로 인해 1967년 노벨 물리학상을 수상했다. 수소, 질소 그리고 산소 등이 관계되고 탄소가 촉매작용을 하는 열핵반응 주기는 헬륨을 만들어 낸다. 1930년대 베테가 한 중요한 일 중의 하나는 핵물리에 관한 3편의 긴 회고논문을 쓴 것이다. 이 분야에서 최초의 종합적인 조사논문이다. 하나로 묶어진 세 편의 권위 있는 논문은 '베테의 성경'이라고 불리게 됐다.

그는 나치에 반대하는 일을 하기를 원했다. "프랑스가 넘어가자, 나는 무엇인가 하기를 갈망했다. 전쟁 노력에 약간이라도 공헌을 하고 싶었다." 처음에는 탱크의 장갑 관통에 대한 이론을 개발했다. 캘텍의 카르만(Theordor von Kármán)의 추천으로 그는 텔러와 같이 1940년 충격파 이론을 확장하고 명료하게 발전시켰다. 1942년, 레이더에 관한 일을 하기 위하여 MIT의 복사연구소에 합류했다. 이곳에서 오펜하이머의 눈에 띄게 됐다.

오펜하이머는 에드워드 텔러도 초청했다. 1939년, 베테는 슈투트가르트의 물리학 교수 에발트(Ewald)의 매력적이고 지적인 딸 로즈(Rose)와 결혼했다. 베테의 가장 가까운 친구라고 자처했던 텔러 부부가 결혼식에 참석했다. 1942년 7월 초, 베테 가족은 시카고에 들려 텔러 가족과 함께 버클리로 갔다. 텔러는 베테에게 페르미의 최신 '파일'을 보여주었다. "그는 스태그 운동장의 한쪽 스탠드 밑에 있는 스쿼시 코트에 거대한 그라파이트를 쌓았다. 그때 나는 원자 폭탄 계획이 실제로 진행되고 그리고 성공할 것도 같다는 생각이 들었다"라고 베테는 말했다.

여름 연구에 참가한 다른 선각자들은 반 블렉(van Vleck), 스위스 태생의 스탠퍼드 이론가 펠릭스 블로흐(Felix Bloch), 오펜하이머의 제자이며 가까운 협력자 로버트 서버(Robert Serber), 인디애나 주에서 온 젊은 이론가 에밀 코노핀스키(Emil Konopinski) 그리고 다른 두 명의 박사학위 취득 후의 연수과정에 있는 연구자들이었다. 코노핀스키와 텔러는 금년 초 거의 같은 시기에 금속 연구소에 입소했다. "우리는 시끌벅적한 연구소에 새로 온 신참이었다. 그리고 며칠 동안 할 일도 주어지지 않았다." 그래서 텔러는 코노핀스키에게 원자 폭탄을 사용하여 이중수소의 열핵반응을 일으킬 수 없다는 것을 증명하는 그의 계산을 같이 검토하자고 제안했다.

코노핀스키가 동의했다. 그래서 우리는 그것이 일어날 수 없다는 것을 확실히 보여주기 위한 보고서를 쓰는 일을 시작했다. …… 그러나 우리가 검토를 진행하면 할수록 페르미의 아이디어를 거부하기 위하여 내가 설정했던 장애물들의 높이가 그렇게 높지 않다는 것을 알게 됐다. 우리는 그것들을 하나하나 넘기 시작했다. 그리고 우리는 실제로 원자 폭탄이 중수에 불을 붙여 거대한 폭발이 일어날 수 있다는 결론을 얻게 됐다. 이때쯤 우리는 캘리포니아로 떠나게 됐다. …… 우리는 정확하게 어떻게 하면 되는지 알고 있다고 생각했다.

에드워드 텔러는 그것을 감추어 둘 뉴스로 여기지 않았다.
"우리는 캘리포니아행 열차의 칸막이 객실에 탔으므로 자유롭게 이야기 할 수 있었다. ……텔러는 분열폭탄은 현재 잘 진행되고 있으며 성공할 것이 확실한 것이라고 이야기했다. 실제로는 일은 거의 시작도 되지 않았다. 텔러는 결론으로 뛰어 넘기를 좋아한다. 그는 우리가 정말로 생각해야 되는 것은 분열무기를 이용하여 이중수소에 불을 붙일 수 있는 가능성(슈퍼 폭탄)이라고 말했다."

버클리의 선각자들이 오펜하이머의 연구실에서 만났다. "그 연구실은 오래된 르 콩트(Le Conte) 홀의 4층 북서쪽 모퉁이에 있었다. 다른 방들과 마찬가지로 발코니로 통하는 밖으로 열리는 프랑스식 문이 있었다. 발코니에는 튼튼한 줄로 만든 망이 쳐져 있어 긴급시에는 이것을 타고 대피할 수 있었다. 오펜하이머만 이 문의 열쇠를 갖고 있었다. 오펜하이머가 없을 때 화재가 발생한다면, 그것은 비극일 것이다." 그러나 그 여름에 불은 아직도 이론적인 것이었다.

이론물리학자들은 텔러의 폭탄에 관심을 기울였다. 그것은 굉장히 새로운 것일 뿐만 아니라, 그들 스스로가 새로운 사실을 아는데 대하여 강박관념을 가진 사람들이었다. "분열폭탄의 이론은 서버와 그의 젊은 동료 두 명이 알아서 잘하고 있었다. 그것은 큰 문제가 없는 것 같아 우리는 별로 할 일이 많은 것같이 생각되지 않았다. 고속 중성자 분열은 확실한 것이며 이론보다는 실험이 더 필요했다. 원로급들은 그들의 집단적인 지적 능력을 융합 문제로 돌렸다. 그들은 아직 우라늄과 플루토늄 폭탄의 이름도 짓지 않았다. 그러나 새로운 폭탄에는 이미 '슈퍼'라는 이름을 붙였다."

텔러는 이중수소의 원자핵을 더 무거운 것으로 융합시키고 동시에 결합에너지를 방출시키는 두 가지 열핵반응에 대하여 조사했다.

두 반응 모두 척력으로 작용하는 핵의 전기적 장벽을 극복하기 위하여 굉장히 뜨거운 이중수소 원자핵을 필요로 한다(뜨거운 핵은 높은 에너지를 갖고 있으며 격렬한 운동을 하는 핵이다). 당시의 생각으로는 최소 필요 에너지가 최소 3만 5000전자볼트며 온도로 환산하면 약 4억도가 된다. 이런 온도가 주어진다면——지구 상에서는 원자폭탄으로서만이 이런 온도를 실현할 수 있다——두 열핵반응은 같은 확률을 가지고 일어날 것이다. 첫 번째 반응은 두 개의 이중수소 핵이 충돌하여 헬륨 3이 되고 한 개의 중성자를 방출한다. 이때 320만 전자볼트의 에너지가 방출된다. 두 번째 반응은 같은 충돌이 트리튬(삼중수소로 수소의 동위원소이며 한 개의 양자와 두 개의 중성자로 구성되어 있고 자연적으로는 존재하지 않음)을 만들어 내고 한 개의 양자와 4.0 MeV의 에너지를 방출한다.

 D+D(이중수소+이중수소) 반응은 3.6 MeV의 에너지를 방출하지만 질량으로 따져보면 분열반응의 170 MeV보다 약간 적다. 그러나 융합은 본질적으로 열반응이므로 열을 가해야 점화된다는 점에서 보통 불과 크게 다를 바 없다. 이것은 임계질량이 필요없으므로 잠재적인 제한이 없다. 한번 점화되면 공급된 연료의 양에 따라 그 위력이 결정된다. 유리가 발견한 이중수소는 중수의 한 성분이므로 수소와 분리해 내는 것은 우라늄 238에서 우라늄 235를 분리하거나 플루토늄을 얻어내는 것보다 훨씬 용이하고 비용도 적게 든다. 1 kg의 중수소는 8만 5000톤의 TNT와 동등한 위력을 갖고 있다. 이론적으로 12 kg의 액체 중수소가 원자 폭탄으로 점화되면 100만 톤의 TNT와 동등한 힘으로 폭발하게 된다. 지금까지 오펜하이머와 그의 그룹이 알고 있는 원자 폭탄 500개와 맞먹는 것이다.

 '슈퍼'를 어둠 속에서 약간 끄집어 낸 사고활동으로 이번 여름을 헛되이 보냈다고는 말할 수 없게 됐다. 텔러는 그밖에도 다른 것을 생각해 냈다. 열핵반응에는 D+D 이외에도 여러 가지가 있다. 베테는 거대한 별의 에너지 공급원을 연구하면서 몇 가지의 반응에 대하여 조직적으로 조사한 적이 있었다. 텔러는 분열 또는 슈퍼폭탄이 무심코 격발시킬 수 있는 몇 가지 반응에 대하여 이야기했다. 그는 선각자들에게 그들의 폭탄이 지구의 대양 또는 대기에 불을 붙이는 결과가 될지도 모른다는 가능성을 제안했다. 히틀러가 알베르트 스페어에게 농담으로 말했던 내용과 똑같다.

텔러의 D+D 슈퍼에는 중대한 문제가 있었다. 반응 속도가 너무 느려 분열 폭발이 모든 것을 날려버리기 전에 점화되지 못했다. 코노핀스키가 구호활동에 나섰다. 코노핀스키는 이중수소 이외에 가장 무거운 수소인 삼중수소의 반응을 조사해 보라고 제안했다. 그 당시에는 이에 대해 단지 대화로만 주고받았다고 텔러는 설명했다. 흥미로운 삼중수소 반응은 이중수소 핵과 융합하여 헬륨 원자핵이 만들어지고 중성자와 17.6 MeV의 에너지를 방출하는 것이다. D+T(이중수소+삼중수소) 반응은 5,000 eV의 에너지로 가능하다. 즉, 4000만 도 정도의 온도에서 반응이 일어나게 된다. 그러나 삼중수소는 지구상에 존재하지 않으므로 이것을 별도로 만들어 내야 된다. 중성자가 리튬(Litium)의 동위원소 리튬 6을 때리면 이 경금속의 일부는 우라늄 238이 플루토늄으로 변환되듯 트리튬(삼중수소)으로 변환된다. 그러나 이렇게 많은 양의 중성자를 얻을 수 있는 곳은 아직도 실증되지 않은 페르미의 '파일'뿐이다. 그러므로 선각자들은 폭탄에 리튬 이중수소 화합물(Litium deuteride)을 사용하여 '슈퍼' 내에서 삼중수소를 만들어 내는 방법을 생각하기 시작했다. 그러나 자연 리튬에도 필요한 동위원소 함유량은 극히 적으므로 리튬 6을 분리해 내야 된다. 리튬은 주기율표에서 원자 번호 3번으로, 분리해 내는 일은 우라늄에 비하여 훨씬 쉽다. ……이런 식으로, 토론은 여름 내내 계속 진행됐다. "우리는 계속해서 새로운 재주를 배워 나가고 있었다. 계산하는 방법을 찾고, 그리고 계산 결과에 근거하여 대부분의 찾아낸 재주를 다시 버렸다. 나는 직접 오펜하이머의 엄청난 지적 능력을 확인할 수 있었다. ……이 지적 경험은 영원히 잊지 못할 것이다"라고 베테가 말했다.

여름이 끝날 무렵, 서버 팀과 종합토의가 이루어졌다. 선각자들은 결론으로 원자 폭탄을 개발하기 위해서는 주요 과학적 그리고 기술적 노력이 필요하다고 동의했다. 시보그는 9월 29일 시카고에서 열린 기술협의회에서 오펜하이머가 여름 연구결과에 대하여 보고하는 것을 들었다. "고속 중성자 연구(폭탄 설계, 실험 및 제작하는 일)는 아직 장소가 선정되지 않았다." 오펜하이머는 장소를 물색하고 있었다. 그는 신시내티나 테네시를 생각했다.

제임스 코난은 버클리의 여름 연구에 대한 보고를 1942년 8월 말경 S-1 실행위원회에서 들었다. 그는 메모지에 "폭탄 현황"이라고 적어넣었다. 그는 선각자들에 의하면 분열폭탄은 전에 계산됐던 것보다 150배의 위력으로 폭발한다고 썼다. 그러나 불행히도 임계질량이 전에 계산했던 것보다 6배나 큰 우라늄235 30 kg이었다. 12 kg의 우라늄235는 폭발하기에 충분한 양이지만 효율이 2퍼센트 정도밖에 안 됐다. '슈퍼'에 대한 소식이 국방연구위원회 의장을 깜짝 놀라게 하여 그가 쥐고 있던 연필을 떨어뜨리게 만들었다.

5~10 kg의 액체중수를 폭발시키기 위하여 30 kg의 우라늄235가 필요하다. 만일 2~3톤의 액체 삼중수소와 30 kg의 우라늄235를 사용하

면 1억 톤의 TNT와 동등한 위력을 낼 수 있다. 예상되는 파괴지역은 1,000평방킬로미터이다. 방사능은 폭발 지역에 며칠 동안 치명적인 수준으로 남아 있을 것이다.

코난은 굵은 줄을 긋고 그 밑에 서명을 했다. 그는 "S-1 실행위원회는 상기 사항이 가능하다고 생각한다. 중수는 가능한 한 최대로 생산하고 있다. 100 kg의 D가 1943년 가을에는 생산완료될 것이다"라고 나중에 적어 넣었다.

실행위원회는 공식적인 상황보고를 부시에게 올렸다. 보고서는 1944년 3월까지 실험을 위한 충분한 분열물질을 생산할 수 있을 것으로 예측했다. 또한 우라늄 235 30 kg 폭탄의 파괴효과는 10만 톤의 TNT와 동등하다고 추산했다. 앞서 계산됐던 2,000톤보다는 훨씬 더 위력적인 것이다. 그리고 '슈퍼'에 대한 내용을 드라마틱하게 보고했다.

만일 이 우라늄 235 장치를 사용하여 400 kg의 액체 이중수소를 폭발시킨다면, 파괴 효과는 1,000만 톤의 TNT와 동등할 것이다. 이것은 100평방마일 이상의 지역을 완전 파괴할 수 있다.

브리그, 콤프턴, 로렌스, 유리, 머피 그리고 코난은 폭탄 프로그램이 무엇보다도 중요하다고 판단하면서 결론을 맺었다. "우리는 적보다 먼저 이 프로그램을 성사시키는 것이 전쟁의 승리에 필요하다는 것을 확신한다. 우리는 또한 만약 전쟁이 성공하기 전에 종결되지 않는다면 이 프로그램의 성공이 전쟁을 이기게 할 것으로 믿는다."

8월 29일, 부시는 이 내용을 육군성 장관에게 보고했다. "실행위원회의 물리학자들은 이 커다란 부가적인 것(슈퍼)을 획득 가능한 것으로 모두 믿고 있습니다. …… 잠재적 가능성은 전에 보고한 것보다 훨씬 더 큰 것으로 생각되고 있습니다."

이와 같이 하여 수소 폭탄은 미국에서 1942년 7월부터 개발되기 시작했다.

실라르드가 "시카고의 트러블(파일 냉각설계 및 다른 일들의 권한과 책임문제)"이라 불렸던 문제가 9월에 금속 연구소에서 다시 터졌다. 육군이 고용한 스톤 건설회사는 여름 동안 플루토늄 생산에 대하여 공부했다. 레오나 우드는 그들을 고전적인 엔지니어라고 불렀다. "교량, 구조물, 운하, 고속도로 등의 건설기술은 알고 있지만 새로운 핵 산업에 필요한 것은 거의 아무것도 모르는 사람들이다." 이 회사는 생산공장에 대하여 금속 연구소(Met Lab)의 지도자들에게 설명하기 위하여 최우수 엔지니어 중의 한 명을 보냈다. "과학자들은 입을 꽉 다물고 조용히 앉아 있었다. 보고자는 아무것도 몰랐다. 그는 모든 사람을 분노케 하고 걱정하게 만들었다."

격노한 콤프턴의 제자 윌슨(Voleny Wilson, 젊은 물리학자로 파일의 장비개발 담당)은 어느 날 저녁 성토회의를 소집했다(학생 시절 윌슨은 헤엄치는 물고기의 모습을 분석하고 돌핀이라고 불리는 수영 방법을 창안했다. 1938년 이 수영법으로 올림픽 출전 선수 선발전에서 출전자격을 얻었으나, 이 스타일이 새로운 것이고 따라서 승인을 얻지 못했다는 이유로 자격을 박탈당했다. 올림픽 심판들의 우둔함이 윌슨의 권위에 대한 태도에 영향을 주었는지도 모른다). 윌슨과 같이 일했던 우즈가 잘 기억했다.

우리(60내지 70명의 과학자)들은 에카르트 홀의 집회실에 모였다. 너무 습하고 더워 창을 열어놓았으나 바람은 거의 없었다. 사람들은 말 없이 앉아있었다. 마치 퀘이커 교도의 모임 같았다. 마침내 콤프턴이 성경을 들고 들어왔다. …… 콤프턴은 윌슨이 소집한 모임의 주제가 플루토늄 생산을 대규모 산업체가 담당하게 할 것이냐 혹은 과학자들이 통제해 가며 수행해야 될 것이냐 하는 문제라고 생각했다. 나에게는 주된 문제가 스톤 건설회사를 제외시켜 버리는 것이라고 생각됐다.

콤프턴은 직접적으로 의견을 표하지는 않았다. 그는 『구약성서』 「사사기」 7장 5절에서 7절까지 읽었다. 콤프턴이 읽기를 마치고 자리에 앉았다. 모든 사람은 조용히 침묵을 지키고 있었다. 그리고서 윌슨이 일어나서 스톤 건설회사의 무능에 대하여 이야기하기 시작했다. 많은 사람들이 보스턴 엔지니어들을 반대하는 이야기를 했다. 잠시 후 좀 조용해지더니 마침내 모든 사람들이 일어나서 흩어졌다. 육군은 얼마 지나지 않아 플루토늄 생산책임을 스톤 건설회사보다 좀 더 경험이 많은 회사에게 넘겨주겠다고 했다. 콤프턴은 이 제안을 기꺼이 받아들였다.

실라르드는 금속 연구소에서 발생한 사태에 대하여 분노가 치솟았다. 그는 9월 말경 그의 동료들에게 보낼 문안의 초안을 썼다. 이 글은 구체적으로는 금속 연구소의 문제에 관한 것이지만 더 깊은 문제인 과학자들이 져야 할, 스스로의 일에 대한 책임문제도 함축하고 있었다. 그는 콤프턴의 지도 역량에 대하여 칭찬과 비판을 동시에 했다. "콤프턴과 이야기할 때에는 나는 예민한 악기를 연주하는 것 같은 느낌을 자주 받습니다. 만일 콤프턴의 권한이 OSRD에서 나오는 것이 아니고 우리 그룹에서 나온 것이라면 일은 많이 달라질 것이라고 생각합니다."

그는 이후 완성된 글에서 자세히 설명했다.

콤프턴이 스스로를 우리의 대표로 생각하고 프로젝트를 성공적으로 진행하기 위해 필요한 것들을 우리의 이름으로 요청했다면 상황은 달라졌을 것이라고 생각합니다. 그는 우리의 일에 영향을 주는 문제를 결정하기 전에 우리와 상의할 수 있을 때까지 보류할 수도 있을 것입니다. 이런 관점에서 보면 우리들의 일에 대한 우리의 좌절감은 모두 우리 탓이라는 것이 명백해집니다.

권위주의적인 조직이 민주적으로 시작된 일을 인수하려고 들어왔다. 또는 들어오도록 허용됐다. "여기저기에 민주주의적인 요소가 보이기는 하지만, 그들은 좋은 기능을 발휘할 수 있는 적절한 네트워크가 되지 못한다." 실라르드는 권위적인 조직은 과학을 하는 방법이 아니라는 확신을 갖고 있었다. 위그너도 그랬고 이러한 문제에 별로 무관심한 페르미도 그랬다. 실라르드는 페르미가 한 말을 기억하고 있다. "만일 우리가 이미 만들어진 폭탄을 은쟁반에 담아서 갖다 준다면 그들이 그것을 망가뜨릴 확률은 반반이다." 실라르드는 주 계약회사와 냉각 방법에 관한 것 이외의 다른 문제에 대해서도 계속 반발했다.

이 일을 성공시킬 책임을 대통령이 부시 박사에게 부여했다. 그것은 다시 부시에 의하여 코난에게 부여됐다. 코난 박사는 다시 콤프턴에게 필요한 권한의 일부를 넘겨주었다. 콤프턴은 우리 각자에게 각각 특정한 일을 맡겼고 우리는 우리의 의무를 수행하는 중 매우 즐거운 생활을 할 수 있다. 우리는 아름다운 도시의 쾌적한 지역에서 서로 즐거운 동반자로 살고 있고 우리가 소망하는 가장 존경하는 우두머리 콤프턴 박사를 모시고 있다. 우리가 행복해야 될 모든 이유를 갖고 있다. 그리고 전쟁이 계속되고 있는 중이므로 우리는 기꺼이 과외시간에도 일을 한다. 반대로 이 무서운 무기를 처음으로 생각해 낸 사람들 그리고 이것의 개발에 물질적으로 공헌한 사람들이 신과 이 세계 앞에서 그것이 적당한 시간에 적절한 방법으로 사용될 수 있도록 하는 의무를 가지고 있다. 나는 우리 각자가 이제 어디에 그의 책임이 존재한다고 느끼는지 결정해야 된다고 믿는다.

실라르드는 과학자들이 자치적인 조직을 만들어 원폭의 개발과 사용정책의 결정까지도 주도해야 된다는 생각을 가지고 있었다.

육군은 6월부터 폭탄 프로젝트에 관계하고 있었다. 그러나 공병대 마셜 대령은 이 프로젝트를 다른 군사적 우선 순위 업무보다 더 빨리 추진해 나갈 수가 없었다. OSRD와 육군 사이에서 잘못하면 길을 잃을 것같이 보였기 때문이다. 부시는 부분적으로 업무를 민간인에게 맡기되 활동적인 장교를 임명하여 그가 총괄 지휘하도록 하고 그를 지원하는 방법이 좋겠다고 생각했다. 그는 다른 전쟁 노력에 약간의 방해가 되는 한이 있어도 이 모든 일이 결말이 날 때까지는 아무것도 이 일을 가로막아서는 안된다고 제안할 생각이었다.

부시는 이 문제를 육군 군수책임을 맡고 있는 브레혼 솜머벨(Brehon Somervell) 장군과 협의했다. 솜머벨 장군은 별도로 자기 자신의 해결책을 강구했다. 그는 모든 책임을 자기 휘하에 있는 공병대가 맡도록 했다. 이 프로그램에는 강력한 지도자가 필요할 것이다. 그는 한 사람을 생각하고 있었다. 9월 중순 그를 불렀다. "어느 날 내가 원자 폭탄을 만들어 내는 프로젝트를 지휘하게 됐다는 것을 알았다. 아마 나는 전 미국에서 가장 화가 난 장교였을 것이다"라고 알바니 태생 레슬리 리처드 그로브스(Leslie Richard Groves)는 말했다. 그는 미 육군사관학교 출신이며 1942년에 46세였다. 그는 왜 화가 났는지 설명했다.

1942년 9월 17일 오전 10시 30분이었다. 나는 소식을 듣고 이 날 정오에 새로운 해외근무 제안을 수락하겠다고 전화했다. 나는 육군 공병 대령이었다. 대부분의 업무가 100억 달러가 넘는 군 공사관계 업무를 지휘하는 골치 아픈 일이었다. 나는 워싱턴을 빨리 벗어나기를 원했다. 하원 군사위원회에서 건설 프로젝트에 대한 나의 증언이 끝나자마자, 나의 최고 상관인 솜머벨 장군을 복도에서 만났다. "해외 근무건에 대해서 당신은 그들에게 '노'라고 대답해야 되겠네." 솜머벨 장군이 말했다.
"왜 그렇습니까?"하고 물었다.
"육군성 장관이 자네가 매우 중요한 임무를 맡도록 결정했네."
"어디입니까?"
"워싱턴."
"나는 워싱턴에 있기 싫습니다."
"만일 당신이 맡은 일을 잘 수행한다면 승리에 크게 공헌할 수 있네." 솜머벨 장군이 조심스럽게 말했다.
사람들은 수년이 지난 후 그들 생애에서 중요하거나 역사적인 순간들을 회고하기를 좋아한다. …… 나는 이날 솜머벨 장군에게 내가 했던 말을 너무도 뚜렷이 기억하고 있다. 나는 말했다. "오!"

전 미군의 건설담당 부책임자 그로브스는 폭탄 계획에 대하여 알 만큼은 알고 있었고 그의 새로운 보직에 대하여 크게 실망했다. 그는 이제 막 그의 생애에서 가장 주목받을 만한 펜타곤 건설 임무를 끝냈다. 그는 S-1 예산을 살펴보았다. 총액이 그가 일주일에 사용했던 돈보다도 적었다. 그는 부대를 지휘하는 임무를 원했다. 그러나 그는 직업군인이었고 거의 선택의 여지가 없다는 것을 이해했다.

그는 포토맥 강을 건너 솜머벨의 참모 스타이어(Wilhelm D. Styer) 준장 사무실이 있는 펜타곤으로 갔다. 스타이너는 일은 잘 진행되고 있으므로 쉬울 것이라고 말했다. 두 장교는 솜머벨이 서명하게 될 명령서를 작성했다. 그로브스가 전 프로젝트의 완전한 책임을 맡는다는 내용이다. 그로브스는 일종의 보상으로 그가 며칠내에 준장으로 승진하게 된다는 것을 알았다. 그는 승진할 때까지 공식적인 임명을 연기해 달라고 요청했다. "나는 많은 과학자들과 관계하는 일에 어떤 문제가 있을 수 있다고 생각했다." 그는 초기에 자기의 무지에 대하여 기억했다. "그래서 나는 처음부터 그들이 나를 진급이 예정된 대령이 아니라 장군으로 생각하게 한다면 나의 입장이 강화되리라고 생각했다." 스타이어도 동의했다.

그로브스는 180 cm 정도의 키에, 밤색 곱슬머리 그리고 튀어나온 턱을 가지고 있었다. 군용 허리띠로 꽉 조인 배가 불룩하게 나왔다. 푸른 눈에 드문드문 콧수염을 길렀다. 레오나 우드는 그의 몸무게가 135 kg은 되리라고 생각했다. 그의 실제 체중은 90 kg 정도였고 계속 살이 찌고 있었다. 그는 1914년 워싱턴 대학교를 졸업하고 2년 동안 MIT에서 공부한 후 육사로 진학하여 1918년에 4등으로 졸업했다. 공병학교, 참모학교 그리고 전쟁대학 등을 거치며 1920년대와 30년대에 폭넓은 군관계 교육을 받았다. 그는 하와이, 유럽 그리고 중앙아메리카 등지에서 근무했다. 그의 아버지는 법률가였으나 목사로 전직한 후 시골교구와 도시 노동계급의 교회에서 목사로 일했다. 클리블랜드(Cleveland) 대통령 시절 육군성 장관의 종용으로 군에 입대하여 군목으로 서부에서 근무했다. "웨스트포인트에 입학함으로써 나는 가장 큰 포부를 달성했다. 나는 육군 속에서 자랐고 전 생애를 군부대에서 살았다. 나는 내가 아는 장교들의 인물 됨됨이

과 의무에 대한 뛰어난 헌신에 감명받았다." 이 활동적인 엔지니어는 결혼하여 열세살 난 딸과 웨스트포인트 1학년에 재학중인 아들을 두고 있었다.

그의 부하 중의 한 명은 그를 "굉장히 외로운 늑대"라고 불렀다. 그로브스를 직속상관으로 모셨던 케네스 니콜스(Kenneth D. Nichols) 중령은 그를 존경했다. 니콜스는 대머리에 안경을 썼고 1942년에 34세였다. 그도 웨스트포인트를 졸업하고 아이오와 주립대학교에서 수력공학 박사학위를 받았다.

내 생애에서 만났던 가장 나쁜 ×자식이지만 또한 가장 유능한 사람이다. 그는 누구에게도 지지 않는 고집을 가졌고, 지칠 줄 모르는 에너지를 갖고 있었다. 그는 체격이 크고 뚱뚱한 편이지만 결코 피곤한 것 같아 보이지는 않았다. 그는 자기의 결정에 절대적인 자신감을 가졌고 일을 완수하기 위한 접근방식은 무자비했다. 그러나 이것이 그와 함께 일하기가 좋은 이유였다. 결정이 내려졌는가 또는 그것이 무엇을 뜻하는 것인가에 대하여 결코 걱정할 필요가 없었다. 사실, 만일 내가 나의 역할을 다시 한번 해야 된다면 나는 그로브스를 상사로 선택할 것이다. 나뿐만 아니라 모든 사람들이 그의 배짱을 싫어했지만 우리는 그것을 이해하는 우리대로의 방식이 있었다.

니콜스의 전임 상사 마셜 대령은 맨해튼에 있는 사무실에서 일했다. 8월에 그는 폭탄 프로젝트의 위장 명칭을 맨해튼 공병 지구(Manhattan Engineer District)라고 정했다. 그러나 전시에 우선순위와 공급에 대한 결정은 맨해튼에서가 아니라 혼란스런 워싱턴 사무실에서 이루어졌다. 이 문제에 대응하기 위해 마셜 대령은 능력 있는 니콜스를 데려왔다. 그로브스는 사업이 그가 걱정했던 것보다 더 나쁜 상황에 처해 있다는 것을 알게 됐다. 그로브스는 부시를 만나기 위해 니콜스를 데리고 P 가에 있는 카네기 연구소를 방문했다. 솜머벨은 그로브스를 임명하기 전에 부시와 상의하는 것을 간과해 버렸다. OSRD 책임자는 진노했다. 그는 퉁명스럽게 그로브스의 질문을 회피했으므로 그로브스는 이상하게 생각했다. 그로브스와 니콜스가 떠날 때까지 화를 참고 있던 부시는 스타이어를 찾아갔다.

    나는 솜머벨 장군에게 말했다.
    (1) 최선의 방법은 군에서 먼저 권한을 위임하고 다음에 정책을 수행할 사람을 찾는 것이다.
    (2) 그로브스 장군을 잠시 만나보았지만 나는 그가 이 일을 할 만큼 충분히 요령이 있는 사람인지 의심스럽다.
    스타이어는 (1)에 동의했다. 나는 그가 내 제안을 이해했는지 확실히 하고 싶었다고 말했다. (2)에 관해서는, 그도 그로브스가 무뚝뚝한 것은 알지만 그러나 그의 남다른 자질이 그 점을 보상하고도 남는다고 생각한다고 말했다. …… 나는 우리가 곤경에 처하게 되지 않나 두려워졌다.

부시는 며칠 내에 생각을 바꾸게 됐다. 그로브스가 가장 어려운 문제를 공략하여 해결했던 것이다.

그로브스가 니콜스와 같이 뛰어든 첫 번째 문제는 광석의 공급이었다. 충분한 양의 우라늄을 확보하고 있는가? 니콜스는 그에게 최근에 우연히 발견한 사실를 이야기해 주었다. 1940년, 유니언 광석회사가 독일인의 손에 닿지 않도록 약 1,250톤의 특별히 순도가 높은 우라늄 광석(65퍼센트 산화우라늄)을 벨기에령 콩고의 신콜로브웨 (Shinkolobwe) 광산으로부터 미국으로 수송했다. 1939년, 졸리오와 티저드가 각각 별도로 독일의 위험에 대하여 벨기에에 경고한 적이 있었다. 이 광석들이 스태튼 아일랜드의 리치먼드 항구에 2,000개의 강철 드럼에 넣어져 그대로 야적되어 있었다. 벨기에 사람들은 6개월 동안 미국 정부에 대하여 광석이 도착했다는 것을 알리려고 노력했다. 금요일, 9월 18일 그로브스는 그것을 구입하도록 니콜스를 뉴욕으로 급파했다.

토요일, 그로브스는 전시 생산국의 민간인 책임자 도널드 넬슨(Donald Nelson) 앞으로 맨해튼 공병 지구를 1급 우선순위 AAA로 지정하도록 요구하는 편지를 썼다. 그로브스는 직접 그 편지를 넬슨에게 가지고 갔다. "그의 반응은 완전히 부정적이었다. 그러나 내가 대통령에게 전시 생산국의 비협조적 태도로 인하여 이 프로젝트를 포기해야 된다고 보고하겠다고 말하자 그는 재빨리 입장을 바꾸었다." 넬슨이 입장을 바꾼 것은 그로브스의 협박 때문만은 아니었다. 그는 아마도 부시와 스팀슨 장관으로부터 이야기를 들었을 것이다. 그는 편지에 서명했다. "우리는 거의 1년 동안 우선순위 때문에 어려움을 겪지 않았다"라고 그로브스는 말했다.

같은 날 그로브스는 그의 전임자 책상에서 여름 동안 낮잠 자고 있던 동부 테네시 주 클린치 강변의 5만 2000에이커의 땅 구입을 지시하는 문서를 승인했다. 금속 연구소에서는 그곳을 "X"라고 불렀다. 마셜은 연쇄 반응이 증명될 때까지 땅의 구입을 미루고 있었다.

9월 23일, 그로브스는 준장으로 진급됐다. 그는 제복에 계급장을 달 시간도 없이 육군성 장관 사무실에서 열리는 회의에 참석해야 했다. 이 회의는 부시가 주장한 군사정책위원회에 관한 문제를 토의하기 위하여 소집됐다. 육군참모총장 조지 마셜, 부시, 코난, 솜머벨, 스타이어 그리고 한 명의 제독이 참석했다. 그로브스는 그의 운영방침에 관하여 설명했다. 스팀슨은 감독하기에 편리하도록 위원수를 9명으로 할 것을 제안했다. 그로브스는 추진력을 갖기 위해서는 3명으로 해야 한다고 주장했으며 그대로 받아들여졌다. 토의는 계속됐다. 갑자기 그로브스가 X지역 조사차 테네시로 가는 기차를 타야 된다고 자리를 뜨는 것을 허락해 달라고 요청했다. 장관은 깜짝 놀랐으나 허락해 주었다. 레슬리 리처드 그로브스, 맨해튼 공병 지구를 정리할 새 빗자루는 유니언 정거장으로 떠났다. "당신이 나를 100만 달러같이 보이게 했어." 솜머벨은 그로브스가 워싱턴으로 돌아오자 칭찬했다. "내가 그들에게 당신이 책임을 맡으면, 일이 정말 잘 돌아가게 될거라고 했거든." 일은 시작됐다.

1942년 5월, 페르미는 스태그 운동장 서편 스탠드 밑에 그의 팀이 만든 축소형 '파일'의 k값이 0.995를 기록하자 실제 크기의 연쇄 반응 파일 건설을 계획했다. 금속 연구소는 고순도 그라파이트를 찾고 있었고 산화물보다 밀도가 큰 금속 우라늄 생산을 지원하고 있었다. 이 외에도 다른 개선책들을 준비하고 있었으므로 k값은 1.0 이상으로 증가하게 될 것이다.

토요일 오후, 시카고의 남서쪽 20마일 거리에 있는 카운티 산림 보호 지역에서 말을 타던 아서와 베티 콤프턴은 한적하고 경치 좋은, 원자로 건설에 적당한 장소를 발견했다. 육군의 니콜스는 군 당국과 토지 사용에 관한 협의를 시작했고 스톤 건설회사는 건설 계획을 작성했다.

페르미 가족은 전시업무로 워싱턴으로 이사가는 사업가의 집에 세들었다. 그들은 적국 국민이었으므로 단파방송을 청취할 수 있는 라디오를 소유할 수 없었다. 그는 스스로 모든 주파수를 수신할 수 있는 그의 라디오를 장거리 주파수는 수신할 수 없도록 개조했다. 그렇지만 이 라디오는 계속하여 파티가 있을 때마다 3층의 사교실에 댄스 음악을 공급했다. 페르미는 그의 우편물이 뜯어져 있는 것에 항의했다. 그들은 검열을 중단했다(그리고 더욱 기술적으로 검열했다). 콤프턴은 새로 오는 사람들을 환영하기 위하여 자주 파티를 열었다. 파티 때마다 영국 영화「가장 가까운 친척(Next of Kin)」을 보여주었다. 그것은 나태와 부주의의 결과가 어떠한 것인지를 보여주는 것이었다. 공공장소의 바닥에 놔 둔 손가방을 스파이가 훔쳐간다. 영국 군사계획이 적에게 알려지고 그 결과로 폭격, 민간인 가정의 파괴 그리고 전선에서 필요 없는 사상자 수가 증가하게 된다. …… 그들은 기꺼이 이 암시를 받아들이고 자연히 사회 활동도 내부인끼리만 하게 됐다. 콤프턴은 자신을 중요한 일을 아내와 상의하는 사람 중의 하나로 분류하고 그의 아내도 보안검증을 받도록 주선했다. 다른 부인들은 아무도 남편의 일에 대해서는 모르고 있었다. 로라 페르미도 전쟁이 끝난 다음에야 비로소 알 수 있었다.

8월 중순 페르미 그룹은 k값이 1.04라고 보고할 수 있었다. 그들은 제어봉을 설계하는 한편 파일 속에 중성자를 흡수하는 공기를 제거하기 위하여 풍선 섬유를 쓰는 방안을 검토했다. 섬유를 쓰는 방안은 앤더슨이 제안했다. 앤더슨은 오하이오 주 애크론에 있는 굿 이어 고무회사에서 한 변이 7.5 m가량 되는 정육면체 고무풍선을 주문했다. 굿이어 사는 비행선과 고무보트 제작 경험이 풍부했다. 이것으로 k값을 1퍼센트 정도 향상시킬 수 있을 것이다.

9월 15일부터 11월 15일 사이에 앤더슨, 월터 진 그리고 다른 사람들이 도착하는 물품들의 순도를 검사하기 위하여 계속해서 16개의 파일을 쌓았다. 물리학자들은 트럭으로 도착하는 벽돌과 깡통들을 나르느라고 매우 분주했다. 진은 그라파이트 벽돌의 면을 가공기계로 다듬고, 길이를 맞추어 자르고 제어봉이 드나들 수 있는 구멍도 뚫었다.

10월 5일, 그로브스 장군이 처음으로 금속연구소에 나타나 그의 견해를 발표했다. 기술협의회는 냉각시스템을 다시 토의하고 있었다. 시보그는 앞으로 모든 사람들이 외우게 될 그로브스의 공식을 정리했다. "육군성은 이 프로그램을 중요하게 생각한다. 결정이 잘 못됐더라도 빠른 결과가 나오면 아무 이의가 없다. 만일 두 가지 방법 사이에 한 가지를 선택하여야 되는 경우, 그것들이 완전히 가능성이 없는 것이 아니라면 두 가지를 다 선택한다." 토요일 저녁까지 냉각시스템의 결정을 콤프턴에게 전달할 것을 그로브스는 요구했다. 그날은 월요일이었다. 그들이 수개월 동안 토론하고 있었던 문제였다.

그로브스는 버클리로 떠났다. "나는 플루토늄이 폭탄을 만드는 데 더 확실한 방법 같아 보인다는 느낌을 갖고 시카고를 떠났다. 연쇄 반응에 의한 원소변환 작업은 새로운 것이었지만, 화학적 분리는 불가능할 것 같아 보이지는 않았다"라고 자기의 인상을 기록했다.

다음달 초, 그로브스 장군은 델라웨어 주에 있는 화학 및 폭약제조회사 듀퐁 사에게 플루토늄 생산 파일의 건설 및 운용을 맡도록 요청했다. 그는 듀퐁의 산업화학자들이 플루토늄 생산의 전공정을 맡아 달라고 했다. 듀퐁사는 위험성, 핵물리 분야의 무경험, 공정의 실현 가능성에 대한 많은 의문, 증명된 이론의 결핍 그리고 필수적인 기술적 설계 데이터 전무 등을 이유로 내세워 이 일을 맡지 않으려고 했다. 듀퐁 사는 11월에 8명의 검토팀을 시카고로 파견했다. 그들은 진행 중인 몇 가지 프로젝트 중 플루토늄이 가장 성공확률이 적고 실패할 수도 있다고 판단하고, 이런 경우 회사의 평판이 나빠질 것을 우려했다. 또한 듀퐁 사는 제1차 세계대전 시 미국이 참전하기 전에 영국과 프랑스에 포탄을 판매한 것에 대하여 사람들의 저주를 받았던 것을 아직도 기억하고 있었다. 그러므로 비밀 대량 살상 무기와 관계되는 것 자체를 꺼려했다. 그로브스는 듀퐁 사의 중역 회의에 참석하여 독일이 이 일에 열중하고 있으며 독일의 원폭에 대한 유일한 방어 수단은 미국의 원자 폭탄이라고 말했다. 그리고 그가 결론을 짓는 어투로 자신이 생각한 것을 추가했다. "만일 우리가 시간 내에 성공한다면, 우리는 전쟁을 단축시킬 수 있고 수많은 미국의 젊은이들의 생명을 구할 수 있다." 11월 둘째 주 듀퐁 사는 1945년까지 정상적인 생산 가능성을 인정하고 임무를 맡기로 했다(군수 상인이라는 오명을 피하기 위하여 스스로 이익을 1달러로 한정했다).

스톤 건설회사의 건설 노동자들이 파업에 들어갔다. 10월 20일까지 완성하기로 계획된 파일 건설은 무기한 지연되게 됐다. 페르미는 파일 제어의 위험성 계산이 끝날 때까지 이 문제를 참고 지냈다. 11월 초 페르미는 콤프턴의 사무실에서 그의 팀들이 실험 파일들을 건설했던 스쿼시 경기장에 파일을 건설하자고 제안했다. 1.0보다 큰 k값은 1.0보다 작은 경우와는 차원이 다른 위험요소가 내재되어 있다. 그러므로 콤프턴은 두려운 결정을 해야 했다. "우리는 진짜 핵폭발이 어떤 것인지 모르고 있다." 콤프턴은 당시에 느꼈던 것보다는 훨씬 침착하게 썼다. "파일 속에 있는 방사능 물질의 양은 어마어마하고 그리고 이런 장소에서 과도한 방사능 물질을 제어할 수 없게 된다면 상상도 할 수 없는 일이 벌어질 것이다." 그는 페르미에게 제어 가능성에 대한 분석을 요구했다.

페르미는 파일에 사용할 수동식과 자동식 제어봉에 대하여 설명했다. 그러나 계산에 의하면 저속 중성자 분열이라고 할지라도 1,000분의 수초 이내의 시간에 증식되므로 기계적인 제어 시스템이 제 위치에 찾아 들어가기 전에 열과 방사선이 위험한 수준을 넘어서게 될 것이다. 연쇄 반응이 통제될 수 있다는 확신을 우리에게 주는 가장 중요한 사실은 1939년 보어의 핵분열 발견 발표 후 카네기 대학교의 지구자기학과에서 리처드 로버트 팀에 의하여 발견된 것이었다. 콤프턴의 말에 따르면 "분열과정에서 나오는 일부 중성자들은 즉시 방출되는 것이 아니고 분열이 일어난 후 수초 뒤에 방출된다는 것이다." 파일의 k값이 1.0을 약간 상회하는 수준에서 가동된다면 지연중성자들을 조정할 수 있는 충분한 시간을 가질 수 있을 것이다.

콤프턴은 제어가 가능하다는 확신이 서자 페르미에게 CP-1을 서쪽 스탠드 안에 건설하도록 허락했다. 그는 시카고 대학교의 총장 로버트 허친스(Robert Hutchins)에게는 알리지 않기로 했다. 왜냐하면, 핵물리학 문제를 판단하기 위하여 변호사에게 물어볼 수는 없는 일이기 때문이다. "그가 해줄 수 있는 답변은 안 된다는 것일 것이다. 그리고 그 답변은 틀린 것이 될 것이다. 그래서 내가 직접 책임지기로 했다." 페르미에 의해 창안되는 과정에 있는 원자로공학에 아직 '노심의 용해(Meltdown)'라는 단어가 등장하기 전이었다. 복잡한 도시 한가운데의 작은 체르노빌(Chernobyl)을 걱정했던 것이다. 페르미는 놀라우리만큼 유능한 엔지니어였다.

11월 중순 페르미는 그의 팀을 두 개의 반으로 나누었다. 주간반은 진이 이끌고, 야간반은 앤더슨이 맡았다. 이들은 12시간 교대로 일했다. 1942년 11월 16일 월요일 아침, 원자로 건설이 시작됐다. 페르미는 스쿼시 경기장의 발코니에서 육각형의 진한 회색 풍선을 설치하는 일을 지휘했다. 그것은 실내에 꽉 찼다. 밑면은 바닥에 펼치고 윗면과 세 개의 측면은 천장에 매달았으며 나머지 한 측면은 발코니를 향하여 차일처럼 걷어올렸다. 누군가가 바닥 면에 그라파이트 제1층을 놓을 자리를 표시했다. 한 층은 그라파이트 벽돌을 그대로 깔고 다음 두 층은 5파운드 무게의 구형 우라늄 덩어리를 집어넣을 수 있도록 홈이 파진 그라파이트 벽돌을 쌓았다. 이런 식으로 모든 우라늄 덩어리 주위에 그라파이트가 둘러 싸고 있다.

목조 구조물은 물레방아를 만드는 목수 거스 크너스(Gus Knuth)가 담당했다. 청사진도 없으므로 그는 그때그때 줄자로 재어가며 목재를 잘라 만들었다. 그라파이트, 산화우라늄 그리고 우라늄 금속은 순도가 여러 가지이므로 최대의 효과를 낼 수 있는 방법으로 배치했다. 벽돌의 한 층이 동서로 배치되면 다른 층은 남북으로 놓이도록 배열했다. 물리학자 벽돌공들은 열 개의 제어봉이 자유롭게 드나들 수 있도록 틈새가 막히지 않도록 조심했다. 제어봉은 나무 판자에 카드뮴 판을 씌우고 못질을 한 것이었다. 길이가 4m 가량 되는 제어봉은 손으로 집어넣고 뺄 수 있도록 했다. 카드뮴의 저속 중성자 흡수 단면적은 매우 크다.

15층을 쌓았을 때, 진과 앤더슨은 파일의 중심 부근의 일정한 위치에서 제어봉을 제거한 상태로 근무 교대 때마다 중성자의 세기를 측정하기 시작했다. 그들은 레오나 우드가 만든, 가이거 계수기와 같은 원리로 작동하는 3불화보론(BF_3) 계수기를 사용했다. 페르미는 지난 10월 세그레에게 전화로 물리학을 연구하고 있다고 불평했다. 이제 그는 실제적인 일에 좀 더 가까워졌다. 앤더슨은 다음과 같이 말했다. "매일 우리는 건설 진척상황에 대하여 에카르트 홀에 있는 페르미의 연구실에서 페르미에게 보고했다." 파일이 저속 중성자 임계질량에 가까워지자 자연분열에 의한 중성자들은 그들이 흡수되기 전에 점점 더 많이 증식되기 시작했다. 예를 들면, $k=0.99$에서 각각의 중성자들은 연속적인 이차 생산이 소멸될 때까지 평균 100세대씩 증식해 나갔다. 페르미는 파일 반지름의 제곱을 인듐으로 측정된 방사능 세기로 나누었다. 이 숫자는 파일이 임계 상태에 접근함에 따라 0으로 감소한다. 이 나눈 몫을 카운트다운(Count down)이라 부른다. 15층에서 카운트다운은 390이었고 19층에서는 320으로 떨어졌다. 그것은 25층에서 270 그리고 36층에서 149였다.

겨울이 되자 난방 시설이 없는 서쪽 스탠드는 매우 추웠다. 그라파이트 먼지가 벽, 바닥, 복도, 실험복, 얼굴 그리고 손 등을 모두 까맣게 만들었다. 흰 이빨만 빛났다. 파일을 쌓고 있는 사람들은 수 톤의 재료를 운반하느라 추위를 몰랐으나 문과 출입구의 경비를 서고 있는 사람들은 꽁꽁 얼어붙었다.

페르미는 원래 76층까지 구형 파일을 설계했다. 약 250톤의 순도가 높은 그라파이트를 사용하여 중성자 흡수를 줄였고 아이오와 주립대학교의 스페딩(Frank Spedding)이 만든 2.25인치 원통형 우라늄 금속으로 우라늄 산화물의 일부를 대체했다. 그래서 k값이 상당히 증가하게 됐다. 페르미는 측정치와 계산값을 근거로 하여 굳이 풍선을 사용할 필요도 없을 뿐더러 20개 층을 줄일 수 있으리라 판단했다. 카운트다운은 k가 1.0일 때 56층 또는 57층에서 0이 됐다. 그러므로 파일은 구형이 아니라 달걀 모양이 됐다. 상하의 높이는 6.1m이고 좌우 최대폭은 7.6m가 됐다.

12월 1일 저녁, 앤더슨 조가 벽돌 쌓기를 마무리지었다.

그날 저녁 건축작업은 통상대로 진행됐다. 모든 카드뮴 제어봉은 제자리에 꽂혀 있었다. 57층이 완성되자 그 전날 오후 페르미와 토의한 결과에 따라 나는 작업을 중지시켰다. 카드뮴 제어봉을 한 개만

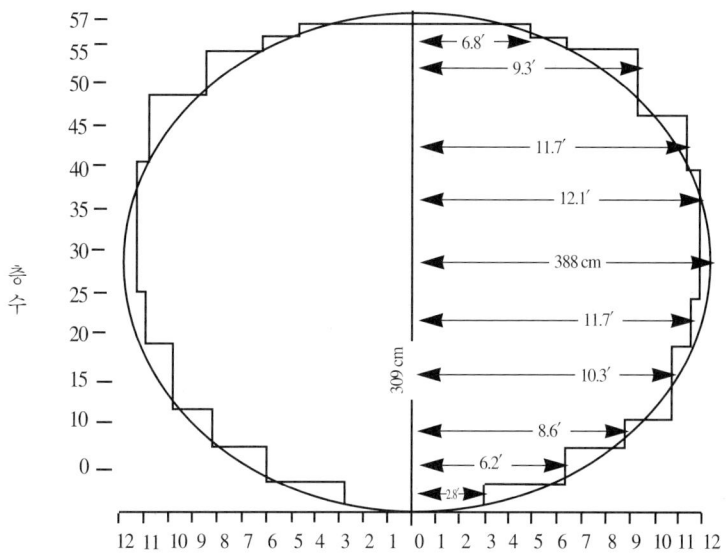

남기고 모두 빼냈다. 표준절차에 따라 중성자의 수를 측정하여 보니 나머지 한 개의 제어봉만 제거하면 파일은 임계상태에 도달할 수 있었다. 나는 마지막 제어봉을 뽑아버리고 파일의 연쇄 반응을 최초로 만들고 싶은 커다란 유혹을 느꼈다. ……페르미는 이런 충동을 미리 예견하고, 측정을 한 다음 결과를 기록하고 모든 제어봉을 제자리에 다시 넣고 열쇠로 잠가버린다는 약속을 어제 내게 받아냈다.

앤더슨은 약속을 지키고 집에 돌아가 잠자리에 들었다. 어둡고 추운 시카고의 겨울밤 중성자와 플루토늄이 증식을 기다리고 있는 파일에는 77만 1000파운드의 그라파이트, 8만 590파운드의 산화우라늄 그리고 1만 2400파운드의 우라늄 금속이 사용됐다. 자재와 건축 비용은 100만 달러가 소요됐다. 움직이는 부분은 단 하나, 제어봉뿐

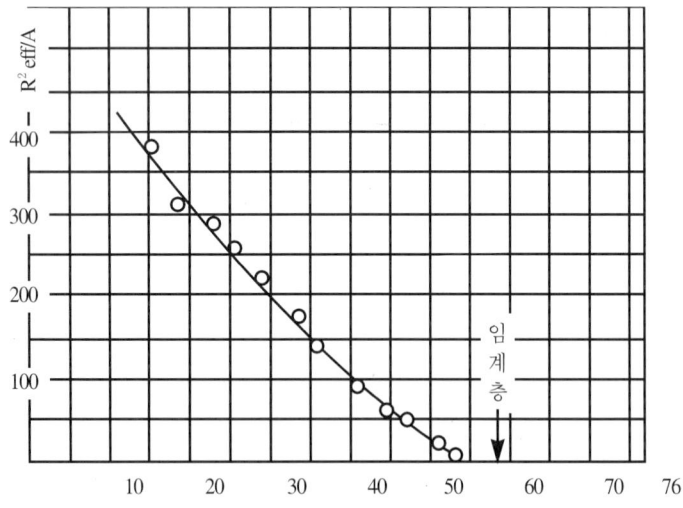

이었다. 만일 페르미가 동력 생산을 계획했다면 그것은 강철과 콘크리트 구조물 속에 설치되고 분열에 의해 발생된 열을 물, 헬륨 또는 비스무트를 사용하여 펌프로 뽑아내고 전기생산을 위한 터빈을 돌렸을 것이다. 그러나 CP-1은 전적으로 연쇄 반응을 증명하기 위한 물리학 실험이었다. 차폐나 냉각장치도 없고 출력은 0.5와트 정도로 통제될 것이다. 손전등에 사용되는 전력량보다도 적은 것이다. 페르미는 건설 기간 중 17일 동안 매일 조금씩 k값을 1.0에 접근시키며 예측치와 실험치를 비교 검토했다. 그는 연쇄 반응이 발생하면 제어할 수 있다는 자신이 있었다. 만일 그가 틀렸다면 어떻게 하겠는가? 젊은 연구원 한 명이 그에게 물었다. 그는 지연 방출되는 중성자들에 의한 제동효과를 생각하고 있었다. "나는 천천히 걸어 나갈 것이다"라고 대답했다.

레오나 우드는 운명적인 날 1942년 12월 2일을 기억했다. "이날은 기온이 영하로 내려가 매우 추웠다. 페르미와 나는 바스락거리는 눈을 밟으며 스탠드로 갔다. 그리고 BF$_3$ 계수기로 중심부의 중성자 세기를 반복 측정했다." 페르미는 카운트다운 숫자를 그래프에 표시했다. 새로운 데이터는 전에 측정했던 값으로부터 예측한 것과 정확하게 일치했다. 카운트다운 0은 57층에 약간 못미치는 지점에서 이루어졌다. 페르미 이날의 일정을 진, 윌슨과 협의했다. "그때 잠이 덜 깬 허브 앤더슨이 나타났다. …… 페르미, 허브 그리고 나는 여동생과 같이 쓰고 있는 아파트로 무엇인가 먹으러 갔다(아파트는 스탠드에서 가까운 거리에 있었다). 나는 팬 케이크를 만들었는데 밀가루를 너무 성급하게 개서 완전히 풀리지 않은 덩어리가 있었다. 기름에 부쳐내자 이것들이 이빨 사이에서 바스락거리며 부서졌다. 허브는 내가 호두나 땅콩을 반죽에 섞었다고 생각했다."

밖에는 바람이 몹시 불었다. 휘발유 배급제가 실시되기 시작한 다음날, 시카고 사람들은 전차와 기차에 몰려들었다. 사람들은 대부분 자동차를 집에 놔두고 공공 교통기관을 이용했다. 국무성은 이날 아침 200만 명의 유대인들이 유럽에서 죽었고 500만 명 이상이 위험에 처해 있다고 발표했다. 독일은 북아프리카에서 반격을 준비하고 있었다. 미국 해병대와 일본군은 과달카날(Guadalcanal, 남태평양 솔로몬 군도에 있는 섬 중의 하나) 지옥에서 싸우고 있었다.

우리는 추위 속에서 미끄러지며 돌아왔다. …… 57번가는 이상하게도 텅 비어 있었다. 서쪽 스탠드의 실내는 실외만큼이나 추웠다. 우리는 실험복을 걸치고 관중석이 있는 발코니로 올라갔다. 발코니는 원래 스쿼시 선수들의 게임을 관전하는 곳이었지만, 지금은 제어장비와 계측장비들의 전구들이 깜빡거리고 있었다.

장비들 중에는 보론 계수기와 이온 상자가 포함되어 있었다. 작은 전기 모터에 의하여 작동되는 자동 제어봉이 파일의 윗면에 설치되어 있었다. 만일 중성자의 세기(단위시간당 단위면적을 통과하는 중성자의 수)가 이온 상자에 미리 설정된 값보다 커지면 모터가 작동되고 제어봉은 중력에 의하여 파일 속으로 떨어지게 된다. 또 다른 안전장치로 카드뮴 황산염 용액을 병에 담아 천장 가까이에 있는 엘리베이터에 매달아 두었다. 병을 지지하는 로프를 발코니의 난간에 묶어두고, 만일 모든 것이 실패하면 도끼로 로프를 찍어 병이 파일에 떨어지게 한다. 그러면 용액이 파일에 스며들어 반응을 중지시키게 된다. 바텐베르크(Wattenberg)는 실수로 병을 떨어뜨리면 모든 것이 못쓰게 된다고 불만이 대단했다. 컬럼비아 시절부터 같이 일했던 바일(George Weil)이 페르미의 명령에 따라 제어봉 하나를 손으로 잡아당길 준비를 했다. 페르미는 보론 계수기와 원통형 펜 기록계 앞에 앉아 있었다. 그는 계산을 하기 위하여 6인치 계산자를 사용했다. 계산자를 오늘날의 휴대용 전자 계산기처럼 사용했다.

페르미는 중요한 실험을 시작했다. 먼저 제어봉 한 개만 남기고 나머지 것은 모두 밀어내도록 했다. 그러고는 전날 밤 앤더슨이 측정한 값과 일치하는지 측정치를 비교했다. 페르미는 미리 바일이 뽑아내게 될 마지막 제어봉의 위치에 따른 중성자의 세기를 계산해 놓았다.

모든 준비가 끝나자 페르미는 바일에게 마지막 제어봉을 반만 끄집어내도록 지시했다. 아직 임계상태에는 도착하지 않았다. 중성자의 세기는 증가하기 시작했고 한동안 계수기의 찰칵찰칵거리는 속도가 빨라지다가 일정한 속도를 유지했다. 이것은 예상했던 대로였다. 페르미는 계산자를 이용하여 증가율을 계산했다. 그는 다시

6인치를 더 뽑아내라고 지시했다. "다시 중성자의 세기는 증가하다가 일정 수준을 유지했다. 파일은 아직도 임계상태에 도달하지 않았다. 페르미는 그의 작은 계산자를 이리저리 움직이며 바쁘게 계산했다. 그는 그의 계산 결과에 만족해 하는 것 같아 보였다. 매번 중성자의 세기는 일정하게 유지됐다. 그리고 그가 미리 계산해 놓은 값과 거의 일치했다."

조심스럽고 시간이 걸리는 조사가 아침 내내 진행됐다. 사람들이 발코니에 몰려들기 시작했다. 실라르드, 위그너, 앨리슨, 스페딩 등이 도착했다. 25 내지 30명의 사람들이 발코니에 몰렸다. 대부분은 파일 건설에 참여했던 젊은 물리학자들이다. 아무도 이 광경을 사진으로 찍어 놓지는 않았지만 전쟁 전 물리학의 전통에 따라 아마도 대부분 양복에 넥타이를 매었을 것이다. 스쿼시 경기장의 온도가 거의 영화 18도에 가까웠으므로 그들은 코트와 모자, 스카프와 장갑을 착용했을 것이다. 파일은 중반부까지 목재로 쌓여 있고 상반부는 그라파이트가 그대로 노출되어 있으므로 상자 속에 들어 있는 벌통 같아 보였다. 중성자는 이리저리 날아다니는 벌이다.

페르미는 다시 6인치를 더 뽑아내도록 했다. 중성자의 세기는 일부 장비의 측정가능 범위 이상으로 증가한 후 다시 일정 수준을 유지했다. 윌슨 팀은 장비의 측정범위를 조정했다.

장비가 조정된 후 페르미는 바일에게 다시 6인치를 더 뽑아내도록 했다. 파일은 아직도 임계 이하였다. 세기는 천천히 증가하고 있었다. 그때 갑자기 크게 충돌하는 소리가 났다. 안전장치용 제어봉이 자동적으로 떨어졌다. 중성자의 세기가 이온화 상자에 임의로 설정된 수준을 넘어섰으므로 모터가 자동으로 작동하여 제어봉을 떨어뜨렸다. 이 때가 오전 11시 30분이었다. 페르미가 "배가 고프다. 점심

먹으러 가자."라고 말했다. 다른 제어봉들을 다시 제자리에 끼워넣고 열쇠로 잠갔다.

오후 2시에 그들은 실험을 다시 시작했다. 콤프턴도 나왔다. 그는 키가 크고 미남인, 듀퐁에서 파견된 크로퍼드 그린월트(Crawford Greenewalt)도 데리고 왔다. 42명이 모여들었다.

페르미는 제어봉 한 개만 남기고 모두 뽑아내도록 지시했다. 그는 바일에게 마지막 제어봉을 오전에 실험했던 위치에 놓으라고 요청했다. 그러고는 오전의 측정치와 비교했다. 측정치가 같게 나오자 그는 오전의 마지막 위치와 같게 하라고 지시했다. 약 7피트가 뽑혀나와 있었다.

k값이 1.0에 가까워지면 가까워질수록 중성자의 세기의 증가율은 점점 떨어졌다. 페르미는 또다시 계산했다. 파일은 거의 임계상태에 도달했다. 페르미는 안전용 제어봉을 밀어 넣으라고 요청했다. 중성자의 카운트가 줄어들었다. "이번에는 제어봉을 12인치 더 밀어내게!" 바일이 제어봉을 잡아당겼다. 페르미는 고개를 끄덕였다. 그리고 안전장치용 제어봉도 끌어올리라고 부탁했다. "이제 됐다." 페르미는 콤프턴에게 말했다. 플루토늄 프로젝트 책임자는 페르미 옆에 서 있었다. "이제 스스로 연쇄 반응을 지속할 것이다. 기록계는 계속 위로 올라갈 것이다. 그것은 어떤 수준에 계속 머물러 있지는 않을 것이다."

허버트 앤더슨은 눈으로 직접 본 증인 중의 한 명이었다.

처음에는 중성자 계수기의 소리를 들을 수 있었다. 찰칵, 찰칵, 찰칵, 찰칵, 그리고 나서 이 소리는 점점 더 빨라졌다. 잠시 후 이 소

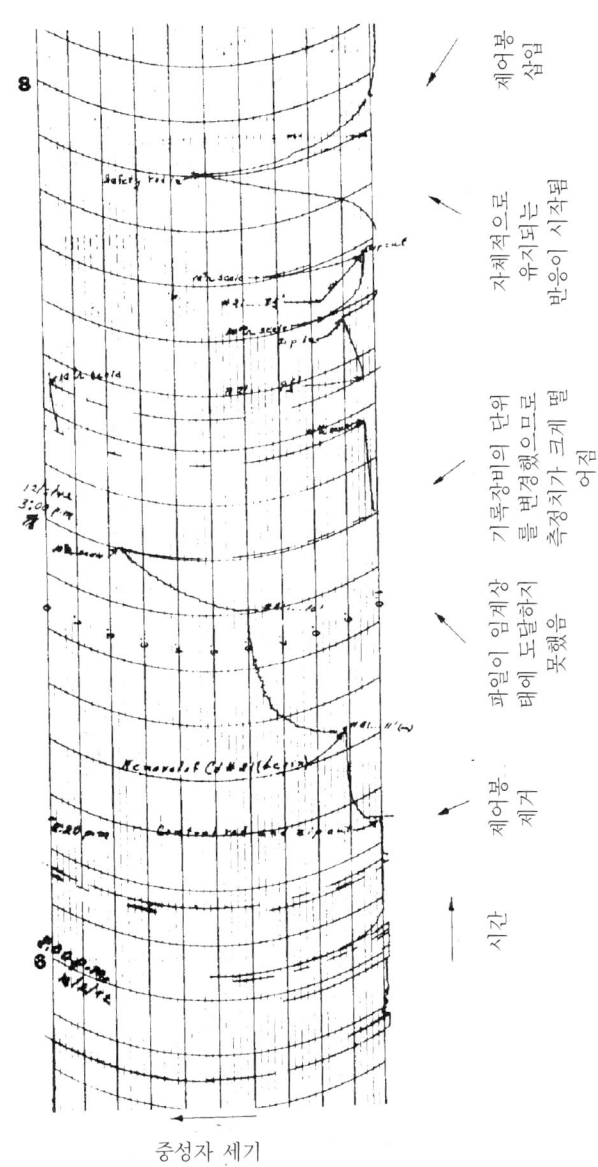

차트 기록계에 기록된 파일 내의 중성자의 세기

신세계의 문턱에서 67

리는 합창 소리처럼 들렸다. 더 이상 계수기가 따라갈 수 없었다. 기록계의 스위치를 켰다. 이 순간 모든 사람들이 쥐죽은 듯이 조용한 속에서 기록계의 펜만 쳐다보고 있었다. 무서우리만치 조용했다. 중성자 계수기로는 측정할 수 없을 만큼 세기가 강했다. 여러 번 반복하여 기록계의 스케일을 조정해 주어야 했다. 중성자의 세기는 점점 더 빠르게 증가하고 있었다. 갑자기 페르미가 손을 들고 임계상태에 도달했다고 선언했다. 현장에 있던 사람은 아무도 그것을 의심하지 않았다.

페르미는 이빨을 드러내며 웃었다. 그는 다음날 기술협의회에서 1.0006의 k값을 얻었다고 보고하게 될 것이다. 중성자는 세기는 2분마다 배로 증가하고 있었다. 제어하지 않은 상태로 1시간 30분만 그대로 놔둔다면 100만 kW의 에너지를 방출했을 것이다. 오래지 않아 실내에 있는 모든 사람은 죽게 되고 녹아내리기 시작할 것이다.

모든 사람들이 왜 페르미가 파일 가동을 중단시키지 않는지 이상하게 생각했다. 앤더슨이 말했다. "페르미는 너무도 침착했다. 그는 1분 또 1분 기다렸다. 참을 수 없을 만큼 걱정이 될 때까지 기다리다가 안정 제어봉을 떨어뜨리라고 명령했다." 이때가 오후 3시 53분이었다. 페르미는 파일을 4분 30분 동안 0.5 W 출력으로 가동시켰다. 수년에 걸친 발견과 실험이 마침내 결실을 맺었다. 인간이 원자핵으로부터 에너지를 방출시키고 통제했다.

연쇄 반응은 이제 더 이상 헛소리가 아니다.

유진 위그너는 어떻게 느꼈는가?

굉장한 볼거리는 아무것도 없었다. 움직이는 것은 하나도 없고 파일 자체도 아무 소리도 내지 않았다. 그렇지만 제어봉을 밀어넣자 끼릭 하는 소리도 죽어버렸다. 계수기의 언어를 이해하는 우리 모두는 갑자기 실망감을 경험했다. 비록 우리는 실험의 성공을 기대했지만 성취되고 나자 깊은 충격을 받았다. 한동안 우리는 거인을 곧 풀어놓게 된다는 것을 알고 있었지만, 우리가 실제로 그것을 했다는 것을 알게 되는 순간 등골이 오싹한 느낌을 피할 수가 없었다. 추측컨대 모든 사람이 자기가 한 일이 예측할 수 없는 큰 영향을 미치는 결과를 가져온다는 것을 알아채게 됐을 때의 감정을 느꼈다.

수개월 전 전쟁으로 이탈리아 포도주의 수입이 끊기게 된다는 것을 알고, 위그너는 시카고의 술판매 가게를 뒤져 키안티 몇 병을 사두었다. 그는 포도주 병을 누런 종이봉투로 싸서 페르미에게 주었다. "우리는 종이컵에 조금씩 나누어 조용히 페르미를 쳐다보며 마셨다. 누군가가 페르미에게 병을 싸고 있는 종이에 서명을 하라고 말했다. 그가 서명한 후, 다른 사람들에게 돌렸다. 위그너만 제외하고 모두 서명했다."

콤프턴과 그린월트는 윌슨이 전자장비들을 정리하기 시작하자 자리를 떠났다. 시보그는 에카르트 홀의 복도에서 좋은 소식을 외치고 다니는 듀퐁의 엔지니어를 만났다. 콤프턴은 사무실에 돌아와 코난에게 전화를 걸었다.

내가 말했다. "당신은 이탈리아인 항해사가 방금 신세계에 상륙했다는 것을 알면 흥미가 있을 것입니다." 내가 S-1 위원회에서 파일이 완성되려면 일주일 또는 약간 더 걸릴 것이라고 말했기 때문에 조금 미안했지만, "지구는 그가 예측했던 것만큼 크지 않아서 예상보다 더 빨리 신세계에 도착했습니다"라고 말했다. "그래요?" 코난의 흥분한 반응이었다. "본토인들은 친절했습니까?" "모든 사람이 안전하고 행복하게 상륙했습니다."

실라르드는 예외였다. 그가 혼자서 처음 생각해 냈던 것을 페르미와 같이 성취한 추운 12월 오후, 작은 키에 뚱뚱한 실라르드는 오버 코트를 입고 발코니에서 서성거리고 있었다.

구세계가 신세계에 의하여 종식됐다.

그는 원자에너지가 전쟁 대신 인간을 좁은 지구로부터 또 다른 우주로 운반할 수 있을 것이라고 꿈꾸어 왔다. 원자에너지가 전쟁을 더 파괴적으로 만들고, 인간을 더 깊은 두려움의 궁지에 빠뜨린다는 것을 그는 이제 알고 있다. 그는 안경 쓴 눈을 껌뻑거렸다. 그것은 시작의 끝이다. 그것은 끝의 시작일 수도 있다. "사람들이 몰려있다가 빠져나가고 페르미와 나만 남았다. 나는 페르미와 악수를 하며 오늘이 인류 역사의 불행한 날로 기록될 것이라고 생각한다고 말했다."

물리학과 사막

19 42년, 로버트 오펜하이머는 서른여덟 살이었다. 이미 그때 그는 대단히 많은 연구 업적을 쌓았다. 그는 물리학계에서 이론가로 알려져 있었고 존경을 받고 있었다. 그러나 버클리에서 여름 연구를 할 때까지는 그의 동료들이 그가 결정적인 지도자의 능력을 갖고 있다고 생각한 것 같지 않았다. 그는 1930년대에 걸쳐 여러 면에서 원숙해졌지만 그의 버릇, 특히 빈정대는 듯한 말투 때문에 동료들의 눈에는 그가 여전히 미숙한 것으로 비쳤던 것 같다. 하여튼 1930년대에 그는 이제부터 도전하는 일을 위하여 스스로를 가다듬었다.

그의 특별한 외모를 친구들이 기억했다. 버클리의 프랑스 문학 교수이며 번역가인 슈발리에(Haakon Chevalier)는 다음과 같이 묘사했다.

오펜하이머는 키가 크고, 소심하고 그리고 열성가였다. 그의 걷는 모습은 이상했다. 터벅터벅 걸으며 사지를 많이 흔들고 머리는 언제나 한쪽으로 약간 기울어져 있으며 한쪽 어깨가 다른 쪽보다 올라가 있었다. 그러나 가장 유별난 것은 머리였다. 숱이 적고 검은 곱슬머리, 잘 생긴 뾰족한 코 그리고 특히 눈은 놀랍게도 푸른색이며 신비한 깊이와 강렬함이 있었다. 그러나 솔직함이 나타나 있어 이 모든 것이 붙임성 있게 보였다. 그는 어린 아인슈타인 같아 보였다. 그리고 너무 성숙한 합창단 소년 같기도 했다.

슈발리에의 초상화는 오펜하이머의 소년다움과 감수성은 표현했지만 그의 나쁜 버릇은 놓쳐 버렸다. 줄담배, 계속되는 기침에 대한 무관심, 다 삭은 이빨, 빈 속에 마티니를 마시고 양념이 많은 음식을 좋아하는 것 등이다. 오펜하이머는 깡말라서 남과 어울리는 것을 싫어했다. 그의 신체는 빈약해서 옷을 벗고 해변에 나서는 것을 싫어했다. 학교에서는 회색 양복과 파란 와이셔츠, 잘 닦은 검은 구두를 신었다. 집에서는(처음에는 작은 아파트였으나 결혼 후에는 버클리 언덕 위에 있는 훌륭한 집에서 살았다. 그는 이 집을 한번 보고 그날로 수표를 써주고 구입했다) 청바지와 파란색 줄무늬 작업용 셔츠를 즐겨 입었다. 청바지를 좁은 엉덩이에 걸쳐 입고 넓은 서부식의 버클 혁대를 사용했다. 30년대에는 그리 흔하지 않은 스타일이었으나 그가 뉴멕시코에서 보고 배운 것이다. 이것이 그가 다르게 보이게 한 또 하나의 이유이다.

여자들은 그를 잘생기고 멋있다고 생각했다. 파티가 있을 때는 자기의 데이트 상대는 물론 친구의 상대에게까지도 가데니아 꽃을 보냈다. "그는 파티에서 훌륭했고, 여자들은 그런 그를 좋아했다"라고 노년기에 사귄 그를 아는 여자가 말했다. 그의 세심함이 이런 경탄을 이끌어냈는지도 모른다. "그는 항상 눈에 나타나지 않는 노력으로 방 안에 있는 모든 사람을 알아차리고 응대해 주었으며 그리고 늘 이야기하지 않아도 원하는 것을 챙겨주었다."

에드워드 텔러는 1937년에 오펜하이머를 처음 만났다. 텔러는 저녁에 버클리에서 학술 강연을 하기로 되어 있었다. 오펜하이머는 그를 멕시코 식당으로 데리고 갔다. 텔러는 발표 연습을 하지 않아 약간 불안해하면서 뜨겁고 매운 멕시코 음식을 먹었다. 오펜하이머의 개성은 저항할 수 없는 압도적인 것이라는 느낌을 받았다. 텔러의 목이 잠겨 목소리가 나지 않을 정도였다. 세그레는 오펜하이머가 때때로 서투른 것 같아 보이고 그리고 신사인 체한다고 말했다. 세그레는 오펜하이머를 자기가 지금까지 만났던 사람들 중에서 가장 빨리 생각하고, 기억력이 뛰어나다는 점 등의 재기발랄하고 확실한 장점들을 갖고 있다고 생각했지만 중대한 결함도 발견했다. 때때로 거만하고 동료들의 가장 민감한 부분을 쏘아댔다. "오펜하이머는 사람들을 바보같이 느끼게 만든다"라고 베테는 간단하게 말했다. "그는 나도 그렇게 만들었지만, 나는 개의치 않았다." 그러나 로렌스는 그것을 싫어했다. 그 둘은 버클리에 함께 있는 동안 서로 맞지 않았다. 오펜하이머는 로렌스가 물리를 모른다고 느끼게 만들었다. 오펜하이머는 그의 동생 프랭크에게 보낸 편지에서 자기 습관을 인정했다. "누구든 또는 무엇이든 말로 을러대고 싶은 욕망에서 벗어나는 것은 적어도 나에게는 쉬운 일이 아니다." 그는 이 행동을 스스로 "잔인함"이라고 불렀다. 그에게는 친구가 없었다.

오펜하이머의 어머니는 백혈병으로 오래 고생하다 1931년 말경에 죽었다. 그때 그는 윤리학 선생님이었던 허버트 스미스에게 자신을 "세상에서 가장 외로운 사람"이라고 말했다. 그의 아버지는 갑자기

심장마비로 1937년에 죽었다. 이 두 죽음은 그가 이 세상을 새롭게 발견하는 계기가 됐다. 뒤에 그는 이 발견에 대하여 증언했다.

패서디나와 버클리에 있는 나의 친구들은 대부분 과학자, 고전학자, 그리고 예술가 등이었다. 나는 아서 라이더(Arthur Ryder)와 산스크리트(Sanskrit)에 대하여 읽고 공부했다. 나는 폭넓게 독서를 했다. 대부분 고전, 소설, 희극 그리고 시 등이었으며 다른 분야의 과학에 대해서도 읽었다. 나는 경제와 정치에 관한 것은 읽지도 않았고 흥미도 없었다. 나는 이 나라에서 일어나고 있는 일들과는 전적으로 무관하게 지냈다. 나는 신문을 읽지 않았고 《타임》 또는 《하퍼(Harper)》 같은 잡지도 읽지 않았다. 나는 라디오도 전화도 갖고 있지 않았다. 1929년 가을의 증권시장의 폭락도 오랜 시간 뒤에 알게 됐다. 내가 처음으로 선거에 투표한 것은 1936년 대통령 선거 때였다. 많은 친구들한테는 내가 현세에 관심이 없는 것이 기묘한 것으로 보였다. 그리고 내가 너무 지식인인 체한다고 잔소리를 했다. 나는 사람들과 그들의 경험에 흥미가 있었다. 그리고 나의 과학에 깊은 흥미를 갖고 있었다. 그러나 나는 사람과 사회의 관계는 이해하지 못하고 있었다. 1936년말부터 나의 관심은 바뀌기 시작했다.

오펜하이머는 변화에 대하여 세 가지 이유를 말했다. "나는 독일의 유대인에 대한 처우에 대하여 계속적으로 끓어오르는 분노를 가지고 있었다. 나는 그곳에 친척이 있었다. 나는 나중에 그들을 구출하여 이 나라로 데려왔다." 그들은 그의 아버지가 돌아가신 지 며칠 뒤에 도착했다. 그와 프랑크는 그들을 돌보아 주었다. 두 번째는 경제공황이 미친 영향이었다. "나는 공황이 나의 학생들에게 미치는 영향을 보았다." 젊은 이론물리학자들 중 가장 재치가 있던 사람 중의 한 명이고, 소아마비에, 가난했던 필립 모리슨(Philip Morrison)은

"매우 진지하고, 매우 깊이 있는 물리학자, 모든 것에 대한 사랑을 가졌던 사람"이라고 오펜하이머를 기억했다. 오펜하이머는 그의 훌륭한 제자를 저녁 식사에 초대할 수는 있었지만 일자리를 구해 줄 수는 없었다. 그는 증언했다. "그들을 통하여 정치와 경제가 사람의 생활에 얼마나 깊이 영향을 줄 수 있는지 나는 이해하기 시작했다. 나는 지역 사회의 생활에 좀 더 적극적으로 참여해야 될 필요를 느끼기 시작했다." 그는 아직 방법을 찾지 못하고 있었다. 한 여인이 그를 도와주게 된다. 그녀와의 만남이 그가 사회에 참여하게 되는 세 번째 이유이다. 반유대주의자인 버클리의 중세 연구가의 딸, 진 태틀록(Jean Tatlock)은 상냥한 여자였다.

"1936년 가을, 나는 그녀를 만나기 시작했고 점점 더 가까워졌다. 우리는 적어도 두 번이나 결혼할 뻔했다." 태틀록은 밝고 정열적이며 동정심이 많고 자주 우울해지는 성격이었다. 그들의 관계는 폭풍의 바다였다. 태틀록의 다른 활동도 그랬다. "그녀는 나에게 자기가 공산당원이라고 고백했다. 그녀는 가입하고, 탈퇴하고, 다시 가입하는 등, 공산주의는 그녀가 찾고 있는 것을 제공해 주지 못하는 것 같았다. 우리 두 사람은 좌익 친구들을 만나기 시작했다. ……나는 새로운 교우관계를 좋아했다." 그는 스페인 내전의 반프랑코 측의 주장과 캘리포니아의 계절 노동자(멕시코인)들을 좋아했고 시간과 돈을 제공했다. 그는 엥겔스, 포이에르바하 그리고 마르크스를 읽고 그들의 어조가 자기의 취향만큼 강하지 않다는 것을 발견했다. "나는 결코 공산주의자들의 주장이나 이론을 받아들이지 않았다. 실제로 내가 보기에 그것은 사리에 맞지 않는 것 같았다."

그는 아내 키티(Kitty)를 1939년 여름에 패서디나에서 만났다. 그녀는 몸집이 작고, 넓고 높은 이마에 갈색 눈을 가졌으며 광대뼈가 나왔고 입이 컸다. 실연의 상처를 입은 반발로 태틀록은 젊은 영국 의사 스튜어트 해리슨(Stewart Harrison) 박사와 결혼했다. 해리슨은 리처드 톨맨스(Richard Tolmans), 찰스 로릿센스(Charles C. Lauritsens) 및 다른 캘리포니아 공대의 교수들과 친구이며 연구동료였다(해리슨은 암을 연구했다). "나는 그녀가 그전에 조 달레(Joe Dallet)와 결혼했고, 그가 스페인에서 싸우다 죽었다는 것도 알았다. 그는 공산당 간부였으며 그들의 1~2년 동안의 짧은 결혼 생활 동안 그녀도 공산당원이었다. 내가 그녀를 만났을 때 그녀는 전 남편을 극진히 생각하고 있었다. 그녀는 모든 정치적 활동을 떠났고, 공산주의가 그녀가 한때 생각했던 것이 아니라는 데 실망과 경멸을 느끼고 있었다." 그들의 관계는 매우 뜨거워졌다.

부인의 격려도 있었겠지만 확실히 그 자신의 판단으로 오펜하이머는 정치적 관여에서 손을 떼었다. "나는 진주만 공격 전날 밤 스페인 사람들의 구호를 위한 파티에 갔다. 그리고 다음날 전쟁이 시작됐다는 뉴스를 듣고 나는 스페인과 관련된 일은 그 정도로 충분하다고 생각했다. 다른, 좀 더 급한 세계의 위기가 있었다." 그는 이와 같이 증언했다. 그리고 원자 폭탄을 독일보다 먼저 만들도록 도와야 된다는 로렌스의 주장에 미국 과학자 협회 일도 스스로 집어치웠다.

처음 강의를 할 때 오펜하이머는 그의 학생들의 수준보다도 훨씬 어려운 양자이론을 꺼내는 서투른 교수였지만, 이때쯤에는 버클리를 미국에서 지금까지 보지 못한 가장 훌륭한 이론물리학 학교로 만들어 내는 능력을 보였다. 이 변화에 대한 베테의 설명은 뒤에 오펜하이머가 보이게 될 그의 관리능력을 보여주는 것이다.

아마도 그의 강의에 있어서 가장 중요한 요소는 그의 섬세한 취향이었다. 그의 강의 내용 선정에서 보여주는 바와 같이, 그는 언제나 무엇이 중요한 문제인가를 알고 있었다. 그는 해답을 얻기 위해 노력하며 이 문제들과 살았다. 그리고 그가 생각하는 바를 학생들에게 전했다. …… 그는 모든 것에 흥미를 가졌다. 그래서 어느 날 오후에 학생들과 양자이론, 전자기학, 우주선, 전자와 양전자의 생성 그리고 핵물리 등을 두루 토의했다.

오펜하이머는 그로브스가 1942년 10월 처음으로 버클리를 방문했을 때 그를 만났다. 그들은 총장이 초대한 오찬에 같이 참석했고, 그 후에 서로 이야기를 나눌 기회를 가졌다. 오펜하이머는 이미 9월 29일 금속연구소의 기술협의회에서 고속 중성자 연구부서의 필요성에 관하여 설명한 바 있다. 그는 기본적인 분열 연구보다는 더 많은 일을 생각하고 있었다고 전후에 증언했다.

다른 사람들도 그랬지만, 나는 폭탄 자체에 관한 일에 대폭적인 변화가 필요하다고 생각했다. 우리는 자유로이 이야기할 수 있고, 이론적 아이디어와 실험적 발견이 서로 영향을 줄 수 있어서 서로 격리된 연구에서 발생할 수 있는 좌절감, 오류 그리고 낭비를 방지할 수 있는 연구 체제 하에서 폭탄에 관한 연구를 수행하여야 된다. 그렇게 함으로 해서, 지금까지 별로 고려되지 않았던 화학공학, 금속공학과 병기공학의 문제들이 해결될 수 있을 것이다.

처음 만남에서 오펜하이머는 그로브스가 소중히 생각하는 구획화 방식을 제거하는 문제는 거론하지는 않았던 것 같다. 이와는 반대로 두 사람은 중요한 사람들을 장교로 임관시키는 방안을 생각했고, 그로브스는 버클리를 떠나기 전에 임관 수속을 시작하기 위하여 근처의 군 관련 기관을 방문했다.

그로브스는 오펜하이머의 집중적인 중앙연구체제 방식이 좋은 아이디어라고 생각했다. 그는 폭탄설계 작업이 즉시 시작되어 적어도 한 분야에서만이라도 앞장 서서 나가는 것이 좋겠다고 생각했다. 그가 걱정하는 것은 지도력이었다. 그는 방향타를 최적임 인사에게 맡기면 아무리 험한 파도에도 항해할 수 있으리라 믿었다. 로렌스가 가장 적임자가 될 수 있었으나, 장군은 그를 대신하여 전자기 동위원소 분리 작업을 해낼 수 있는 사람이 없다고 판단했다. 콤프턴은 시카고의 일에 매달려 있었고 유리는 화학자였다. "현재 프로젝트에 관여하지 않은 사람들 중에서 적합한 사람이 있겠지만, 그들은 모두 중요한 일에 매달려 있었다. 그래서 몇몇 추천되는 사람들이 아무도 오펜하이머만 못했다." 그로브스는 마음속으로 오펜하이머를 책임자로 결정했다.

오펜하이머가 새로운 연구체제의 책임자가 될 것인지는 확실하지 않았다. 그는 이제까지 많은 사람들을 이끌어 본 경험이 없었다. 이 연구는 주로 실험과 공학적 문제를 다루게 될 것인데, 오펜하이머는 이론가였다. 베테가 그의 회고록에 기록했다. "프로젝트 지도자급은 모두 노벨상을 받은 사람들이다. 그는 노벨상도 받지 못했다. 또한 그로브스가 암초라고 부른 오펜하이머의 좌익 배경이 있었다. 그것은 아무도 좋아하지 않았다." 맨해튼 프로젝트의 보안은 육군 방첩 부대의 소관이었고 이 방첩 부대는 전 약혼자, 부인, 남동생 부부 등이 모두 한때 공산당원이었으며 아직도 지하활동을 할지도 모르는, 그런 사람을 확고부동하게 거절했다.

어찌됐건 그로브스는 오펜하이머를 원했다. "그는 천재이다!" 그로브스는 전쟁이 끝났을 때 사적으로 오펜하이머를 치켜세웠다.

"진짜 천재이다. 로렌스는 매우 똑똑하지만 천재는 아니고 그저 열심히 일하는 사람이다. 오펜하이머는 모든 것을 알고 있다. 그는 당신이 꺼내는 어떤 것에 대해서도 이야기할 수 있다." 꼭 그런 것은 아니다. 그도 모르는 것이 몇 가지는 있다. 그는 스포츠에 대한 것은 아무것도 몰랐다.

그로브스는 오펜하이머의 이름을 군사정책 위원회에 올렸다. 위원들은 반대했다. "한참 토의한 후에 나는 각 위원들에게 더 좋은 사람이 있으면 이름을 알려 달라고 했다. 몇 주 후 더 좋은 사람을 찾을 수 없다는 것이 명백해졌다. 그래서 오펜하이머에게 책임을 맡아 달라고 요청했다." 이 물리학자는 뒤에 자기는 할 사람이 없어서 선정됐다고 불평했다. 사실은 할 만한 사람들은 이미 모두 다른 일을 맡고 있었고, 이 프로젝트의 평판은 나빴다. 래비는 그로브스가 그를 임명한 것은 천재적 수완이었다고 생각했다. 그로브스 자신은 천재도 아니었다. 그러나 당시에는 래비도 무척 놀랐다. 그로브스는 10월 15일 시카고에서 뉴욕에 가는 길에, 임명에 관한 문제를 토의하기 위하여 오펜하이머에게 디트로이트까지 동행할 것을 요청했다. 10월 19일, 두 사람은 워싱턴에서 오랜 시간 동안 부시와 회동했고 이것이 책임자 선정 문제에 결정적인 영향을 주었다. 보안문제는 일단 접어두었다.

다음 문제는 어디에 새로운 연구소를 설립하느냐 하는 장소의 문제였다. 그로브스는 외딴 곳에 격리되어야 한다는 점을 강조했다. 새로운 연구소에 모이게 될 과학자들에게 서로 자유로이 토의하는 것이 허용된다 할지라도 장군은 이들을 외부 인사들과는 격리할 생각이었다. 10월 중순, 오펜하이머는 일리노이 주에 있는 동료 존 맨리(John H. Manley)에게 편지를 보냈다. "아주 먼 곳이 계획되어 있는 것 같다."(같은 편지에서 오피(오펜하이머의 애칭)는 "절대적으로 도덕적 비판을 받지 않는 방법으로 우리가 모집할 수 있는 사람들을 데려와야 되겠다"라고 말했다. 그는 아주 우수한 사람들을 원했고, 곧 그로브스에게 베테, 세그레, 서버 그리고 텔러를 데려오도록 요청했다.)

연구소를 세울 장소는 교통이 편리하고 충분한 물을 공급할 수 있으며 연중 공사를 위하여 일기가 온화해야 되고 노동력을 공급할 수 있는 곳이어야 했다. 그로브스는 그의 회고록에서 안전을 고려하여 근방에 사람이 살지 않는 외떨어진 곳을 주장했다고 말했다. "그러므로 근처의 지역 사회가, 예측할 수 없는 우리의 활동 결과로 영향을 받지 않도록 해야 될 것이다." 그러나 연구소 주위에 설치될 3중 철조망도 폭발을 막지는 못할 것이다. 그로브스는 맨해튼 프로젝트의 생산 설비를 위한 부지를 선정하고 있었다. 이 두 곳의 위치 선정 기준에는 차이가 있었다. "우리는 폭탄설계를 위하여 고도의 재능 있는 전문가를 데려와야 했으므로 그들의 연구와 생활조건을 만족스럽게 해줄 필요가 있었다." 만일, 이것이 그로브스가 의도했던 것이라면, 이것은 전시에 그가 달성하지 못한 목표 중의 하나가 됐다.

장군은 적당한 장소를 찾는 임무를 존 더들리(John H. Dudley) 소령에게 부여했다. 그로브스는 더들리 소령에게 265명을 수용할 수 있고, 국경에서 적어도 200마일 이상 떨어져 있으며 미시시피의 서쪽으로 기존시설이 약간 있는 언덕으로 둘러싸인 분지이면 적당할 것이라고 지시했다. 더들리는 비행기, 기차, 군용 지프 그리고 말을 타고 미국 남서부를 돌아다녔고, 이상적인 곳으로 유타 주의 오크 (Oak) 시를 찾아냈다. "남부 유타의 아름다운 작은 오아시스이다. 그러나 이곳을 차지하기 위해서는 육군은 30여 가구를 이주시키고 넓은 땅의 농사를 중단시켜야 된다." 더들리가 두 번째로 추천한 곳은 뉴멕시코 주의 예메즈 스프링스(Jemez Springs)이었다. 샌타페이(Santa Fe)로부터 북서쪽으로 40마일 떨어진 예메즈 산 서편 기슭에 있는 깊은 계곡이었다. 오펜하이머는 11월 초 이곳을 가보기 전에 모든 면에서 만족스럽고 아름다운 곳이라고 생각했다.

11월 16일, 새로 임명된 소장이 현장을 둘러보기 위하여 더들리 그리고 연구소 설립을 돕고 있던 맥밀런과 같이 예메즈 스프링을 방문했다. 계곡은 너무 꽉 막힌 느낌이 들었다. 오펜하이머는 이 지역의 경치 좋은 곳을 알고 있었으므로 주변이 널리 보이는 곳에 자리 잡고 싶었다. 맥밀런은 이곳을 별로 좋아하지 않았다.

　　나는 그로브스 장군이 나타났을 때 더들리와 이야기하고 있었다. 그는 이곳을 보자마자 좋아하지 않았다. "이곳은 안 되겠는데……." 그때 오펜하이머가 말했다. "이 계곡을 올라가면 넓은 지역과 학교가 있는데 그곳이 쓸 만할 것입니다."

더들리는 오펜하이머가 학교 자리를 제안하는 것에 대하여 불평했다. 더들리는 두 차례에 걸쳐 그 지역을 조사했으나 그로브스가 제시한 조건에 맞지 않는 곳이었다. 그 지역은 분지와는 정반대로 중앙이 솟아오른 편평한 메사였다. 메사는 산의 허리를 깎아놓은 것 같은 지형이다. 우선, 긴머리들(인디안)을 만족시켜야 되므로 우리는 곧장 그곳으로 갔다.

"학교는 로스앨러모스(Los Alamos)라고 불렸다. 메사의 남쪽에는 깊은 계곡이 있고 그 속을 흐르는 시냇물을 따라 미루나무가 자라고 있었다." 설립자 애슐리 폰드(Ashley Pond)는 어릴 때 병약한 아이였으므로 서부의 기숙학교에 보내졌다. 성인이 된 뒤 아버지가 돌아가시자 유산을 상속하여 뉴멕시코로 돌아왔다. 그는 1917년 7,200피트 고지에 로스앨러모스를 개교했다. 학교는 창백한 귀공자들을 강인하게 만들기 위하여 학생들을 틈이 벌어져 있는 통나무 기숙사의 난방도 안된 마루에서 재웠다. 학생들은 눈이 오는 겨울에도 반바지를 입었고 각자에게 한 마리씩 배당된 말을 돌보기도 하고 타기도 했다. 세그레는 이곳을 아름답고도 야만적인 곳이라고 했다. 모래, 선인장, 몇 그루의 잔솔나무들이 자라는 넓고 투명한 곳에는 안개나 습기가 전혀 없었다. 저 멀리 동쪽으로는 로키 산맥이 남쪽으로 뻗어 있었다. 맥밀런은 이곳을 처음 보았을 때의 인상을 기억했다. "늦은 오후였다. 눈이 조금 내리고 있었다. ……소년들이 선생님과 반바지만 입고 운동장에서 놀고 있었다. 그로브스가 그것을 보자 '이곳이다!'라고 외쳤다."

"나의 두 가지 사랑은 물리학과 사막지대이다"라고 오펜하이머는 친구에게 편지를 쓴 적이 있다. "그 둘을 합칠 수 없는 것이 딱하다." 이제 그 둘은 합쳐지게 됐다.

도시형이고 호텔의 로비에서 생활하는 실라르드가 이 이야기를 들었을 때 그는 다른 견해를 갖고 있었다. "그런 곳에서는 아무도 올바르게 생각할 수 없을 것이다"라고 금속 연구소의 동료들에게 말했다. "거기에 가는 친구들은 미친 사람들이다." 공병대가 이곳을 평가했다. 샌타페이에서 도로를 따라 북쪽 35마일에 위치하며, 가스나 기름 공급이 되지 않고, 산림 감시원용 전화 1회선이 연결되어 있고, 평균 강우량은 470mm이며 기온은 영하 24도에서 33도 사이다. 학교 건물, 땅, 60마리의 말, 트랙터 2대, 말안장 50개, 장작더미, 석탄 25톤 그리고 1,600권의 도서 등 모두 합쳐 44만 달러로 평가됐다. 학교에서는 팔기를 원했다. 맨해튼 프로젝트는 경치 좋은 연구소 부지를 획득했다.

그로브스는 캘리포니아 대학교를 설득하여 비밀 사업의 계약자 역할을 맡겼다. 막사 형식의 값싼 건물에 석탄 난로를 사용했고 봄철과 가을철의 진흙 수렁을 걸어갈 수 있는 보도도 없었다. 오펜하이머와 같이 일하던 일리노이 대학교 물리학자 맨리에 따르면 "우리가 하려고 하는 일은 장비도 없이 뉴멕시코의 황량한 서부에서 새로운 연구실을 만드려는 것이었다. 학교 소년들이 읽던 책 몇 권과 말을 타고 캠핑을 가는 장비만이 전부였다. 중성자를 만들어 내는 가속기에 도움이 될 만한 것은 아무것도 없었다." 프린스턴에서 강의하던 버클리 출신 물리학 박사 로버트 윌슨(Robert R. Wilson)은 하버드에 가서 사이클로트론을 대여해 줄 것을 요청했다. 위스콘신에서는 2대의 반 디 그라프를 보내주었다. 버클리와 일리노이 대학교에서 맨리는 이런저런 장비들을 주워모았다. 한편 오펜하이머는 사람을 구하러 전국을 누비며 다녔다.

로스앨러모스에 합류한다는 것은 많은 걱정거리를 만들었다. 그곳은 군 주둔지였다. 여행과 가족들의 이사 자유도 극히 제한됐고 …… 기약도 없이 뉴멕시코의 황무지로 사라져 버린다는 생각과 군의 후원 아래 생활한다는 것이 많은 과학자들과 가족들을 불안하게 했다. 그러나 또 다른 면도 있었다. 거의 모든 사람들이 이 일은 참여할 만한 가치가 있다고 생각했다. 만일 이 일을 성공적으로 빨리 완수할 수 있다면, 그것은 전쟁의 결과를 결정지을 수도 있다. 거의 모든 사람들이 지식과 과학기술을 이 나라를 위하여 사용할 수 있는 더 없는 기회가 될 수 있다는 것을 알고 있었다. 거의 모든 사람들이 이 일이 성취된다면 역사의 일부가 될 것이라는 점도 알고 있었다. 마침내 이런 흥분, 헌신 그리고 애국심이 넓게 퍼지기 시작했다. 나와 이야기를 나누었던 대부분의 사람들이 로스앨러모스로 왔다.

가장 고집 센 사람 중의 하나인 래비는 오지 않았다. 그는 MIT 복사연구소에서 레이더 개발을 계속했다. "오펜하이머는 내가 부소장직을 수락하기를 원했다. 나는 심사숙고 끝에 거절했다. 나는 이 전쟁을 매우 심각하게 생각하고 있었다. 레이더가 부족하면 전쟁에 질 수도 있다." 컬럼비아 물리학자는 이 나라의 방어를 위하여 아직도 가망성이 먼 원자 폭탄보다는 레이더가 더 중요하다고 생각했다. 그리고 300년에 걸친 물리학의 정점인 대량 살상 무기를 만들기 위하여 전력을 기울이지 않겠다고 오펜하이머에게 말했다. 오펜하이머는 만일 원자 폭탄이 이런 정점의 의미를 갖는다면 자신도 다른 입장을 취할 것이라고 대응하면서 다음과 같이 말했다. "나에게는 전시에 군사적인 무기의 개발일 뿐이다." 오펜하이머는 래비에게 1943년 4월에 열리는 로스앨러모스의 개소 기념 물리학회에 참석하여 다른 사람들, 그중에서도 특히 한스 베테가 참가하도록 설득해 달라고 부탁했다. 결국에는 래비도 가끔씩 방문하여 자문 역할을 해주었다. 그로브스의 분리 및 격리 원칙의 몇 안 되는 예외가 됐다.

오펜하이머는 눈 내리는 뉴잉글랜드의 12월에 케임브리지에서 베테와 이야기했다. 그들은 오랫동안 그들이 해야 될 생활에 대하여 이야기했다. 실험실, 마을 학교, 병원, 일종의 시 관리자, 도시, 엔지니어, 교사, 헌병, 세탁소, 식당 두 곳, 레크리에이션, 독서관, 도보여행, 영화, 독신자 숙소, 소위 말하는 피엑스(PX), 동물병원, 이발소, 맥주나 코카콜라 그리고 가벼운 점심을 먹을 수 있는 간이식당 등등. 베테의 만족을 보장할 수 있는 것은 이상한 마을을 성공적으로 꾸미려는 그로브스의 노력과 관대함이었다. 그는 예산을 절약하는 데에는 별 관심이 없었다. 그러나 중요한 자재, 과다한 인원 그리고 필요 없이 의회의 주목을 끌 일들은 하지 않았다. 오펜하이머는 보안조치, 울타리, 출입통제 및 전화 사용금지 등에 대해서는 언급하지 않았다(오펜하이머는 자기에게 전화 한 대, 그리고 그로브스에게 한 대씩의 전화가 필요하고 문서들은 텔렉스를 이용할 것을 생각했다). 3월에 텔러는 베테가 새로운 생활에 대해 낙관적인 견해를 가지고 있다는 것을 알고는 그를 더 설득하려 하지 않았다.

텔러는 시카고에서 별로 할 일이 없었다. 그래서 새 실험실로 빨리 옮기고 싶었다. 맨리가 그에게 연구원 모집에 도움이 되는 취지 설명서 작성을 부탁했고 텔러는 1월 초 오펜하이머에게 보내왔다. 버클리의 여름 연구 기간 동안, 다른 참석자들이 판단하건대 두 사람은 '정신적인 사랑'에 빠졌다. 텔러는 오펜하이머를 매우 좋아했고 존경했다. 그는 오펜하이머를 아는 사람들과 그에 대하여 계속 이야기하기를 원했고, 대화중에도 자주 그의 이름을 끄집어 내고는 했다. 베테는 두 사람이 많은 외적인 차이를 갖고 있지만 기본적으로는 매우 비슷하다고 생각했다. 그들은 또한 실질적인 업적인 논문발표도 그들의 능력에 비하여 그리 뛰어나지 않았다는 점에서도 서로 비슷했다. 오펜하이머와 텔러의 지적 능력은 매우 높았다. 그러나 논문의 몇 가지는 매우 훌륭한 것도 있었지만 최고 수준에는 도달하지 못했다. 두 명 모두 노벨상 수준에는 미치지 못했다(1968년 노벨상 수상자 루이스 앨버레즈는 오펜하이머에 관한 한 이 평가에 동의하지 않는다. 그는 오펜하이머가 그가 예측한 중성자별과 블랙홀이 발견될 때까지 오래 살았다면 천체물리학 연구로 노벨상을 받을 수 있었을 것으로 믿고 있다). 오펜하이머와 텔러는 모두 시를 썼다. 오펜하이머는 문학을 그리고 텔러는 음악을 좋아했다. 텔러는 자기보다 나이도 많고 사회적으로 더 세련된 뉴욕 사람——오펜하이머——를 협력자로 생각할 수 있기를 희망했다.

오펜하이머는 연구원들을 모집하기 위해 이곳저곳을 여행하면서 사람들이 군에 참여한다는 생각에 매력을 느끼고 있지 않다는 것을 알게 됐다. 래비와 그의 동료 로버트 배처 베이커(Robert F. Bacher)가 대표적인 경우였다. 과학적 자치권의 필요성이 중요한 이유 중의 하나였다. 오펜하이머는 1943년 2월 초에 코난에게 편지를 보냈다. "그들의 안전과 비밀유지 문제는 군에서 담당해야 되지만 어떤 방법을 적용해야 되느냐 하는 결정은 연구소에서 해야 된다. 왜냐하면 그것이 과학자들의 협력과 사기를 손상시키지 않는 단 하나의 길이기 때문이다." 그렇게 할 수 없다면, 단순히 래비와 베이커를 잃는 것보다 더 큰 위험부담을 갖게 될 것이라고 코난에게 말했다. "만일, 이 조건들이 수락되지 않는다면 우리는 MIT에서 사람을 구하는 데 성공할 수 없을 뿐만 아니라 이미 참여하기로 결정한 사람들조차도 결정을 재고하든지 또는 걱정에 쌓여 그들의 능력을 제대로 발휘하지 못하게 될 것이다." 이와 같은 사태는 우리의 일을 크게 지연시키게 될 것이라고 결론지었다.

그로브스는 보안 문제와 일의 위험성 때문에 과학자들을 임관시켜야 된다고 생각했다. 그는 문제의 정치성에는 거의 관심이 없었으나 지연은 생각할 수 없는 문제였다. 그는 타협했다. 코난과 그로브스가 연대 서명한 서한을 오펜하이머가 연구원 모집 활동에 사용할 수 있도록 보냈다. 그것은 위험한 대규모 실험이 시작될 때까지 새로운 연구소를 민간인이 관리하고 민간인 신분의 직원을 채용하는 것을 허락하는 내용이었다. 그 후에 누구든 남아 있기를 원하는 사람은 군에 입대하여야 된다(그로브스는 나중에 이 조건을 시행하지 않았다). 육군은 연구소 주위에 건설하고 있는 지역 사회를 관리하겠지만, 연구소의 보안 문제는 오펜하이머가 책임을 지고 그로브스에게는 보고만 하기로 했다.

오펜하이머는 실라르드가 시카고에서 만들려고 노력했지만 실패했던 조직을 로스앨러모스에서 만들 수 있었다—과학적인 언론의 자유. 새로운 마을이 지불한 정치적 대가는 마을 주위를 둘러싼 철조망 울타리와, 연구소와 마을을 분리하는 철조망 울타리였다. 몇몇 유럽 태생의 사람들은 이것을 싫어했다. 왜냐하면 울타리 안에서 사는 것은 강제 수용소를 연상케 했기 때문이다.

남부 노르웨이 베모르크에 있는 중수 공장은 1942~43년 겨울 동안 영국의 파괴 공작의 표적이었다. 영국은 34명의 자원 폭파전문가들을 훈련시켜 왔다. 그로브스가 맨해튼 프로젝트에 임명된 뒤 곧 이곳을 파괴하도록 요청했다. 10월 18일, 영국은 4명의 노르웨이인 특공대를 낙하산으로 류칸 지역에 잠입시켰다. 11월 19일, 두 대의 글라이더를 보냈으나 악천후와 잘못된 계획으로 두 대가 모두 추락했다. 생존자 14명은 독일군에 체포되어 그날로 처형됐다.

영국 공군의 정보책임자 존스(R.V. Jones)는 또 다른 폭파팀을 보내야 하는지 고통스런 결정을 해야 했다. "우리는 첫 번째 특공대를 파견하기 전에 이미 두 번째 팀을 준비하고 있었다. 중수공장은 반드시 파괴되어야 한다. 전쟁에서 손실은 있게 마련이다. 우리가 첫 번 공격을 요구한 것이 옳았다면 그것을 반복하라고 요구하는 것도 옳은 일일 것이다."

이번에는 6명의 그 지역 태생 노르웨이인들이 특수부대 훈련을 받고 1943년 2월 16일 베모르크에서 30마일 북서쪽에 있는 얼어붙은 호수 위에 낙하산으로 내렸다. 특공대원들은 영국 육군 군복 위에 흰색의 낙하복을 입고 스키, 공급품, 단파 라디오 그리고 18개의 플라스틱 폭약을 가지고 점프했다. 중수공장의 강철 전기분해통을 설계했던 리프 트론스타드(Lief Tronstad)는 런던에 있는 노르웨이 고위 사령부의 정보책임자로 일하고 있었다. 특공대는 먼저 잠입하여 산 속에서 추위와 굶주림 속에서 대기하고 있던 4명의 동료들과 접선했다. 이들 중 한 명이 공장에 대한 최신정보를 입수하기 위하여 스키를 타고 류칸으로 떠났다. 그는 돌아와서 공장 주변에는 지뢰가 설치되어 있고 15명의 독일군 병사가 지키고 있으며 탐조등과 기관총이 설치되어 있다고 보고했다.

특공대는 2월 27일 토요일 밤에 무전기를 지키도록 한 명만 남겨놓고 목적지를 향해 떠났다. 그들은 청산가리 캡슐을 가지고 있었다. 만약 누구라도 부상을 당하여 체포된다면 동료들을 배반하지 않도록 스스로 약을 먹고 목숨을 끊도록 합의했다. 그들은 공장 건너편에 있는 높은 산에 캠프를 설치했다. 산을 반쯤 내려왔을 때 그들은 건너편에 있는 공장을 내려다 볼 수 있었다. 커다란 7층 높이의 건물이 우뚝 솟아 있었다. 바람이 꽤 세게 불고 있었으나 기계 돌아가는 소리를 들을 수 있었다. 독일군이 왜 소수의 경비병력만 배치했는지 알 수 있었다. 공장은 강과 절벽으로 둘러싸여 있었다.

눈 속을 미끄러지며 그들은 골짜기를 내려와, 얼어붙은 강을 건너 반대편에 있는 공장을 향해 기어오르기 시작했다. 비탈진 절벽 위에는 별로 사용하지 않지만 공장으로 통하는 철도가 있었다. 그들은 독일군이 이곳에 지뢰를 설치하지 않았기를 바랐다. "달도 없는 깜깜한 밤이었다. 탐조등은 꺼져 있었고, 바람 소리에 모든 소음이 잠겨버렸다. 자정까지 30분 정도 남았을 때 우리는 이곳에서 초콜릿를 조금 먹고 보초병의 교대시간까지 기다렸다." 호클리드가 기억했다. 그들은 폭파팀과 엄호팀 두 조로 나누었다. "우리는 9명 중 5명이 기관단총을 가졌고 모든 사람이 칼, 권총 그리고 수류탄으로 무장했다."

보초병이 교대한 후 한 시간쯤 지나서 우리는 작전을 시작했다. 엄호팀에 속한 호클리드가 길을 안내했다. 절단기로 유럽에서 가장 중요한 군사목표물에 이르는 길을 차단해 놓은 철망을 끊었다. 엄호팀은 미리 선정된 위치에 각자 자리를 잡았다. 호클리드와 또 한 명은 독일군 막사에서 20야드 떨어진 지점에 위치했다. 폭파팀은 전진했다. 공장의 출입문은 닫혀 있었으나, 런던에 있는 트론스타드가 공장 내부로 직접 통하는 케이블 관로를 알려주었다. 두 명이 관속을 기어서 공장으로 들어갔고 나머지 두 명은 다른 입구를 찾았다.

호클리드는 작은 폭발음이 들려올 때까지 상당히 오랜 시간이 걸렸다고 느꼈다. 이것을 하기 위해 1,000마일을 고생고생하며 왔는가? 경비병이 느릿느릿 나타났다. 독일군 한 명이 나와 공장문이 잠긴 것을 확인하고 난 뒤 산 위에서 굴러내려온 눈이 지뢰를 폭발시켰는지 살펴보고 초소로 돌아갔다. 노르웨이인들은 재빨리 움직였다. 그들은 사이렌이 울리기 전에 강으로 내려왔다.

작전은 성공적이었다. 양 측에 사상자는 한 명도 없었다. 18개의 전기 분해통이 모두 폭파됐고 거의 반 톤에 가까운 중수가 흘러나가 못쓰게 됐다. 수리하는 데에 수주일이 걸릴 뿐 아니라 18개의 통을 이용하여 단계적으로 중수를 농축하는 공정이었으므로 정상적인 생산수준에 도달하는 데에는 1년 이상이 걸리게 된다. 노르웨이 점령군 사령관 니콜라우스 폰 팔켄호스트(Nikolaus Von Falkenhorst) 장군은 베모르크 작전을 "내가 지금까지 본 것 중 가장 성공적인 작전"이라고 전후에 회고했다. 독일 물리학자들이 중수를 가지고 무엇을 했든지 간에 이제 진행이 더 느려질 수밖에 없었다.

일본에서는 1941년부터 육군 항공대와 제국 해군이 별도로 원자 폭탄 연구를 추진해 왔다. 니시나 요시오의 교토 대학교 이화학 연구소는 주로 육군을 위하여 우라늄 235의 가스 장벽 확산, 가스 열 확산, 전자기적 그리고 원심력 분리 방법 등을 이론적으로 연구했다. 1942년 봄, 해군은 핵동력 개발에 참여했다.

핵물리학 연구는 국가적인 프로젝트이다. 미국은 이 분야의 연구를 최근에 이루어진 유대인 과학자들의 참여 덕분에 광범위한 규모로 확대하고 있고 상당한 진척도 이루었다. 핵분열을 통한 거대한 양의 에너지를 얻는 것이 목적이다. 이 연구가 성공한다면 함정과 다른 대형 장비들을 작동시킬 수 있는 동력원을 얻게 될 것이다. 비록 가까운 장래에 핵에너지의 실현은 예상할 수 없지만, 그 가능성은 무시되어서는 안 된다. 따라서, 제국 해군은 이 분야의 연구를 지원 육성할 것을 확실히 해야 한다.

이런 확인 후에 일본 해군 기술 연구소는 일본의 저명한 과학자들을 비밀위원회의 위원으로 임명했다. 이들은 한 달에 한 번씩 모여 일본의 원자 폭탄 계획을 추진해야 될 것인가 또는 중지해야 될 것인가 결정될 때까지 연구 진전 상황을 검토하기로 했다. 20세기 초에 토성형 원자모델을 제안했던 원로 교수 나가오카 한타로도 위원 중의 한 명이었다.

해군위원회는 첫 모임을 7월 8일 동경의 시바 공원에 있는 장교회관에서 가졌다. 이 모임에서 미국이 아마도 폭탄 연구를 하고 있을 것이라는 점이 지적됐고, 일본이 언제쯤 이런 무기를 만들 수 있을지는 불확실하다는 데 의견이 일치됐다. 이런 질문에 해답을 얻기 위하여 해군은 2,000엔(약 4,700달러)을 지원했다. 1939년 미국의 계획이 시작될 때 텔러의 요청에 따라 우라늄 위원회에서 재무성을 통하여 지원했던 금액보다는 약간 적었다.

니시나는 해군위원회 회의에는 거의 참석하지 않았다. 그가 이미 육군을 위하여 일한다는 사실 때문에 제한됐을 것이다. 일본의 육군과 해군은 민간인 정부를 통하지 않고 직접 천황에게 보고했으므로 점점 더 경쟁이 치열해졌다. 1942년 말, 해군위원회는 실망스러운 보고를 하기 시작했다. 니시나도 자신의 결론에 접근하고 있었으나, 그는 자기연구실의 우주선 물리학자 다케우치에게 동위원소 분리연구를 도와달라고 요청했다. 다케우치는 쾌히 승낙했다.

1942년 12월부터 1943년 3월까지 해군위원회는 결정을 내리기 위하여 10회에 걸친 물리학 학술토론 회의를 개최했다. 이때쯤에는 폭탄을 만들기 위해서는 수백 톤의 우라늄 광석을 찾아내고, 채광하고 그리고 가공하여야 되며, 우라늄 235를 분리하기 위해서는 일본의 연간 전력 생산량의 10퍼센트와 구리 생산량의 절반이 필요하다는 것을 이해하고 있었다. 학술토론회에서, 원자 폭탄의 제조는 확실히 가능하나, 일본이 만들어 내기 위해서는 10년이 걸릴 것이라는 결론이 났다. 과학자들은 독일이나 미국도 전시에 폭탄을 만들어 낼 수 있는 산업능력이 부족하다고 생각했다.

3월 6일, 최종토론회 이후 해군 대표는 "일본의 최우수 두뇌들이 그들의 연구분야의 관점에서 그리고 국가 방위라는 측면에서 이 주제를 검토 연구한 결과 더 많이 생각하고 토의하면 할수록 더욱 비관적인 분위기가 지배적이었다"라고 말했다. 이 결과로 해군은 위원회를 해체하고 위원들에게 좀 더 시급한 연구과제, 특히 레이더의 연구에 공헌해 줄 것을 당부했다.

니시나는 육군을 위한 동위원소 연구를 계속했다. 3월 19일, 전시에 모든 것이 결핍된 상황에서는 가스 열 확산 방식이 가장 실용적인 방법이라고 결정했다. 그는 실험실 규모의 확산장치를 만든 뒤에 수백 톤의 우라늄을 가공해야 된다고 말했다. 그는 맨해튼 프로젝트가 시작되고 있는 것과 같이 무기 설계와 개발 활동도 우라늄235 생산활동과 병행하여 진행되어야 한다고 생각했다.

한편, 해군의 다른 부서인 함대 관리 사령부는 교토 대학교의 새로운 원자 폭탄 개발계획을 지원했다. 교토 대학교의 하기와라는 최초의 열핵폭발 가능성을 예측한 적이 있다. 교토 대학교는 1943년에 60만 엔(약 150만 달러)의 연구비를 지원받아 대부분 사이클로트론 제작에 사용했다.

1943년 3월 15일, 오펜하이머는 소수의 준비팀을 이끌고 샌타페이로 이사했다. 이후 4주 동안, 과학자들과 그들의 가족들이 자동차와 기차를 이용하여 속속 도착했다. 그들이 "언덕"이라고 부르기 시작한 메사에는 숙소가 준비되지 않았다. 그로브스는 샌타페이 호텔 로비에서 많은 사람이 웅성거려 보안이 노출되는 것을 원치 않았다. 육군은 약간 떨어진 농장에 숙소를 마련했고 샌타페이에 있는 중고차와 버스들을 모두 사들여 메사까지의 교통수단으로 제공했다. 타이어가 터지고 진흙길을 달려야 하므로 언덕에서 일하는 시간이 짧았다. 샌타페이에서 트럭으로 날라온 상자에 담은 차가운 점심이 제공됐다.

문제가 되는 것은 여러 가지의 고생스러운 상황들 때문에 일의 진척이 느려진다는 것이었다. 오펜하이머는 이 일은 이 전쟁을, 궁극적으로는 모든 전쟁을 끝내는 일이라고 독려했다. 그리고 사람들은 그를 믿었다. 그러므로 낭비된 시간은 곧 인간의 생명이라 생각했다. 처음에는 실험실의 문이나 선반 추가 등의 설계 변경을 싫어하는 건축 노동자들이 과학자들의 인내심과 대결했다. 맨리는 화학과 물리학 건물을 조사했던 일을 기억했다. "이 건물은 한쪽 끝에 가속기를 설치해야 되므로 튼튼한 기초가 필요했다. 그러나 다른 한쪽은 반 디 그라프를 설치할 예정이었으므로 특별한 지반 공사가 필요하지 않았다. 건축 설계를 지형에 따라 조정하는 대신에 공사 담당 회사는 암반을 깨뜨려서 지하실을 만들고 돌 부스러기는 기초 공사하는 데 사용했다. 이것이 내가 처음으로 알게 된 육군의 공사 방식이었다."

학교 설립자의 이름을 따서 애슐리(Ashley) 연못이라고 부르는 곳에서 겨울에는 스케이트를 타고, 여름에는 뱃놀이를 할 수 있었다. 연못 옆에 있는 석빙고는 겨울철에 얼음을 저장했다가 여름에 사용하기 위한 건물로 그대로 보존했다. 비포장 주도로 건너편으로 기다란 일층 건물을 지었다. 이 건물은 T 빌딩이라고 이름 붙였다. 오펜하이머와 그의 참모들 그리고 이론물리 부서가 T 건물을 사용했다. 언덕의 남쪽 끝부분에는 저온 실험실을 건설하고 하버드 사이클로트론을 설치했다. 가족들을 위한 아파트와 기숙사들이 계속 건설될 예정이었다.

4월 초에 오펜하이머는 과학자들에게 일련의 강의를 개최했다. 서버는 버클리 여름연구 결과와 고속 분열 실험 결과를 발표했다. 웨스팅 하우스에서 온 부소장 에드워드 콘던(Edward U. Condon)은 서버의 강의 내용을 편집하여 연구소의 첫 번째 보고서를 만들었다. 보고서의 이름을 「로스앨러모스 프라이머」라 하고 비밀 취급 인가가 났고 새로 합류할 예정으로 있는 과학자들에게도 모두 배포했다. 24쪽 분량의 「프라이머」는 최초의 원자 폭탄을 제조하려는 연구소가 해야 될 일들을 정의하는 내용이었다.

서버의 강의는 그동안 서로 격리되어 아무것도 모르던 화학자들과 실험물리학자들을 깜짝 놀라게 했다. 이전에 추측이나 풍문으로 조금씩 들은 것에 대한 자세한 내용을 마침내 알게 된 과학자들의 행복감, 이를 통해서, 자신이 해야 할 일을 알 수 없다는 사실 때문에 그들이 내심으로 프로젝트에 참여하는 것을 얼마나 껄끄럽게 생각했는지 알 수 있다. 이제는 지도자들의 선도에 따라 전심전력 일에 공헌할 수 있는 분위기가 조성됐다. 그들의 평균 나이는 25세였다. 오펜하이머, 베테, 텔러, 맥밀런, 베이커, 세그레 그리고 콘던 등이 나이가 많은 축에 속했다. 새로운 자유에 도취되어 그들은 철조망 울타리를 거의 의식하지 못했다.

콘던은 서버가 과학자들에게 이야기한 것을 이렇게 요약했다. "프로젝트의 목적은 핵분열을 하는 것으로 알려진 물질 속에서 고속 중성자에 의한 분열로 에너지를 방출하는 실제적인 군사 무기, 폭탄을 만드는 것이다." 서버는 우라늄235 1kg은 약 2,000톤의 TNT와 동등하다고 말했다. "연쇄 반응의 마지막 몇 단계에서 물질을 팽창시키는 데 충분한 에너지가 방출되므로, 활성 물질의 팽창으로 연쇄 반응이 중지되기 전에 어느 정도의 충분한 반응이 이루어지는 것이 가능하다."

서버는 분열 단면적, 이차 중성자의 에너지 분포, 분열당 평균적으로 방출되는 이차 중성자의 수(이때의 측정치는 약 2.2이다), 우라늄238이 중성자 한 개를 흡수하고 플루토늄으로 변환되는 과정 그리고 왜 자연우라늄은 안전한가 등에 관하여 논의했다(폭발적인 반응이 일어나기 위해서는 우라늄235는 적어도 7퍼센트 정도로 농축되어야 한다). 그는 이미 폭탄을 "장치"라고 불렀다. 이후 '언덕'에서는 이 별명으로 통했다. 이것은 아마 오펜하이머가 만들어 낸 단어일 것이다. 서버의 계산에 따르면, 두꺼운 자연 우라늄으로 둘러싼 상태에서 우라늄 235의 임계 질량은 약 15kg이었고 플루토늄의 임계질량은 5kg 정도였다. 그러므로 원자 폭탄의 코어(Core)는 우라늄 235의 경우는 서양 참외, 플루토늄의 경우는 오렌지 정도 크기의 핵물질이 커다란 수박 속에 들어 있는 것과 같다. 이런 크기의 중금속의 총중량은 약 1톤이 된다. 임계질량은 결국에는 실제 시험으로 결정되어야 할 것이다.

그는 계속해서 피해에 대하여 언급했다. 폭발지점으로부터 반지름 약 1km 이내는 심각한 병리학적인 영향을 미칠 정도의 중성자로 흠뻑 뒤집어 쓰게 된다. 이 지역에서는 상당 기간 동안 사람이 살 수 없을 것이다. 전에는 잘 몰랐지만, 이제 명백해진 사실은 핵폭발은 동등한 화학적 폭약보다 파괴력이 적지는 않다는 점이다. "파괴 효과를 결정하는 인자는 방출된 에너지의 양이므로 우리는 가능한 한 많은 에너지를 얻어내도록 해야 된다. 그리고 핵물질은 매우 귀한 것이므로, 우리는 높은 효율로 에너지를 방출해야 된다."

효율이 중요한 문제로 대두됐다. "실제로 제작된 장치의 반응은 완전하게 이루어질 수 없을 것이다." 반사장치(중성자가 외부로 유출되지 않고 분열에 계속 참여하도록 반사하는 장치)가 없는 경우에는 핵물질이 팽창되기 전에 약 1퍼센트 정도의 우라늄 235만 분열된다. 나머지 99퍼센트는 그대로 낭비되는 것이다. "중심부에 압력이 증가하면 가장자리에 있는 핵물질을 밖으로 밀어낸다. 반사장치는 효율을 증가시킨다. 우선, 중성자를 반사시켜 핵분열에 다시 사용하게 만들 뿐만 아니라 반사장치의 중량이 팽창속도를 느리게 하여 핵물질이 흩어지는 것도 방지하여 준다(반사장치의 신장내력은 연쇄 반응이 만들어 내는 압력에는 큰 역할을 못한다). 그러나 좋은 반사장치를 사용한다 하여도 적정 수준의 효율을 얻기 위해서는 임계질량 이상의 핵물질을 사용하여야 한다."

기폭도 똑같이 문제가 된다. 폭탄을 기폭시키기 위해서는 한 덩어리의 임계질량 이하의 핵물질을 대포의 포신 속에서 또 다른 한 덩어리의 임계질량 이하의 핵물질을 향하여 발사해 주는 방법이 가장 간단한 것 같아 보인다. 만일 한 덩어리를 다른 덩어리에 3,000ft/sec의 속도로 발사한다면, 이들이 한 덩어리로 결합하는 데 약 1000분의 1초 정도 걸리게 된다. 그러나 효과적인 폭발에는 1임계질량 이상이 필요하므로 그들이 완전히 결합되기 전에 이미 초임계 상태에 도달할 것이다. 만일 떠돌아다니는 중성자가 그때 연쇄 반응을 시작한다면 폭발은 100만분의 수초 이내에 끝나 버릴 것이다. 즉 두 덩어리의 핵물질이 충분히 결합되기도 전에 비효율적인 폭발이 일어나게 된다. 그러므로 반사장치(우라늄 238)에서 자연적으로 방출되는 중성자들, 가벼운 원소인 불순물에서 방출되는 중성자들 그리고 우주선이 물질과 충돌하여 만들어 내는 중성자들은 가능한 한 적은 숫자가 되도록 감소시켜야 하며, 핵물질의 결합은 되도록 빨리 이루어지도록 해야 된다. 반면 조숙한 폭탄이 적의 손에 들어가는 문제는 걱정하지 않아도 된다. 비록 미숙한 폭발이라도 적어도 60톤의 TNT와 맞먹기 때문이다.

일단 두 덩어리의 핵물질이 결합되어 제일 좋은 상태에 있을 때 중성자가 연쇄 반응을 시작해 주어야 될 것이다. 이 순간에 중성자를 공급하기 위하여 중성자원을 사용한다(이 중성자원을 기폭기(initiator)라고 부른다) 기폭기가 원자 폭탄의 세 번째 기본요소가 된다.

라듐과 폴로늄은 자연붕괴를 통해 알파 입자를 방출한다. 이 알파 입자가 베릴륨과 충돌하면 중성자가 방출된다. 그러므로 한 덩어리의 우라늄 235에는 라듐 또는 폴로늄을 부착시키고, 다른 한 덩어리에 베릴륨을 부착시키면 이것들은 충돌 시에 순간적으로 연쇄 반응을 시작할 중성자들을 방출한다.

버클리 이론물리학자는 계속하여 "우라늄 포탄을 발사하는 방법은 아직도 우리가 잘 모르는 부분이다"라고 말했다. 여름 연구 그룹은 몇 가지 천재적인 방법을 검토했다. 가장 가능성이 있어 보이는 방법은 그림에 표시된 바와 같이 원통형 핵심물질과 반사물질을 반사구로 둘러싸인 핵물질 속으로 발사하는 방법이다. 표적 구는 대포의 포구에 간단히 용접할 수가 있다. 그리고 원통은 포탄처럼 대포로 발사할 수 있을 것이다(대포형 원자 폭탄).

미 육군의 4.7인치 구경 대포의 포신의 길이는 21피트이다. 50파운드 포탄의 포구속도는 3,150 ft/sec이다. 이 대포의 중량은 5톤이다. 포탄 대 포의 질량비는 모든 대포에 있어서 거의 일정하다. 그러므로 100파운드 포탄을 사용할 경우 포의 무게는 약 10톤이 된다.

만일 두 대의 대포의 포구를 서로 맞대어 놓고 발사하는 경우를 상정한다면, 포의 무게는 8분의 1로 줄일 수 있고 포구속도는 두 배로 증가시킬 수 있다. 그러나 두 대포를 동시에 발사하여야 되는 문제점과 효율을 유지하기 위하여 4배의 임계질량이 필요하게 된다. 폭탄 제조시간이 상당히 더 소요될 것이다.

또한 서버는 실용성이 없어 보이는 배치에 대하여서도 설명했다. 다음 쪽의 그림과 같이 푹 삶은 달걀을 반으로 잘라놓은 것 같은 배

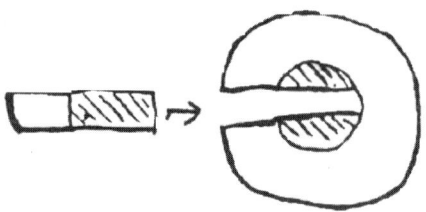

치이다. 네 조각으로 자른 사과를 원에 붙여놓은 것 같다. 쐐기 모양의 조각에는 핵물질과 중성자 반사물질을 붙여놓았다. 폭약은 원주 위에 분포시키고 발사하면 중심쪽으로 밀려들어 구를 형성하게 된다.

서버는 즉시 여러 물질과 중성자의 상호작용에 대한 실험을 해야 되며 임계질량을 형성하는 방법과 폭탄을 폭발시키는 방법도 연구되어야 한다고 지적하며 강의를 끝냈다. 그들은 또한 임계질량 이하의 우라늄235와 플루토늄239을 가지고 임계질량을 측정하는 방법도 고안하여야 된다. 충분한 우라늄과 플루토늄이 준비되는 대로 곧바로 폭탄을 제작할 수 있는 모든 설계와 검증실험이 선행되어야 한다. 2년 남짓한 시간이 남아 있을 뿐이다.

1943년 3월, 도쿄에서 개최된 물리학 토론회의는 원자 폭탄은 가능한 것이지만 어떤 교전 상대국도 현재 진행 중인 전쟁에 사용할 수 있도록 제작하는 것은 불가능하다고 결정했다. 로버트 서버의 강의는 이와는 반대로 2년 이내에 제작될 수 있다고 주장했다. 일본의 평가는 본질적으로 기술적인 것이었다. 1939년에 보어가 그랬던 것처럼, 일본은 방사능 동위원소 분리의 기술적 어려움을 과대평가했고 미국의 산업능력은 과소평가했다. 또한 일본 정부가 진주만 공격 이전에 했던 것처럼 미국인들의 헌신적 노력을 과소평가했다. 집단적인 헌신은 미국보다는 일본 문화의 본질이다. 그러나 미국은

도전을 받을 때 그것을 불러 모아 세계의 어느 나라도 당할 수 없는 풍부한 재능과 자원을 함께 결합할 수 있었다.

로스앨러모스에 있던 유럽인들은 철조망에 대하여 불평했다. 특히, 에드워드 콘던은 이것을 참을 수 없어 도착한 지 몇 주만에 일을 그만두고 웨스팅 하우스 사로 돌아가 버렸다. 미국 사람들은 울타리와 이곳 생활을 전쟁의 필수품으로 생각하고 받아들였다. 전쟁은 과학이 아니라 애국심의 표현이다. 언덕 위에서 그들의 의무도 애국심의 표현이었다. 로스앨러모스에서 일은 핵물리학보다는 단면적 계산이 대부분이었다. 그들은 실제적인 군사적 무기를 만들기 위하여 모였다고 생각했다. 그것이 국가적 목표였다. 과학은 전쟁에 이길 때까지 기다려야 했다. 또는 그렇게 보였는지 모른다. 그러나 로스앨러모스에 모였던 남자와 여자들 중 몇 명은 역설적이라는 낌새를 눈치챘다. 오펜하이머는 확실히 그랬다. 그들은 사실 그들의 과학을 응용하여 전쟁에 이길 것을 제안했다. 그들은 이 제안이 다음 전쟁을 예방할 수 있고, 국가 간의 의견 차이를 해결하는 수단으로서 전쟁이 더 이상 일어나지 않도록 막을 수 있기를 꿈꾸었다. 길게 보면 어떤 것이 됐던 국가주의에 결정적인 영향을 미치게 될 것이다.

서버가 로스앨러모스에서 그의 입문 강의를 마칠 때쯤인 4월 중순에는 과학자와 기술진들이 거의 모여들어 남아 있는 학교 건물에 임시숙소를 마련했다. 이제 연구소의 업무계획을 수립하기 위하여 두 번째 단계의 회의가 시작됐다. "로스앨러모스에서 샴페인과 리본을 자르는 기공식 같은 것은 없었다"라고 맨리는 기억했다. "우리들 대부분은 1943년 4월의 회의가 실질적인 기공식이라고 생각했다." 래비, 페르미 그리고 앨리슨이 케임브리지와 시카고 등지에서 자문 역할을 하기 위하여 도착했다. 그로브스는 루이스(W. K. Lewis), 무기 설계에 경험이 많은 엔지니어 로즈(E. L. Rose), 반 블렉(van Vleck), 톨맨(Tolman) 그리고 다른 전문가들을 검토위원으로 임명했다. 그로브스는 조직관리자로서의 뛰어난 능력에도 불구하고 많은 유명한 과학자들 속에서 지적으로 불안정했다. 누군들 그렇지 않겠는가?

그들은 때로는 등산 중에도 계획을 짰다. 그들은 이론적으로 예상되는 결과에 크게 의존해야 했다. 이것이 그들의 기본적인 제약이었다. 고속 연쇄 반응을 실증할 수 있는 실험적 장치는 적어도 임계질량 이상의 핵물질을 사용해야 되며 통제된 실험실 규모의 폭탄시험은 할 수도 없었다. 그들은 폭발 현상을 이론적으로 분석하고 진행 단계를 계산해 볼 수 있는 방법을 찾아내기로 결정했다. 그들은 중성자들이 코어와 반사물질 속에서 확산되는지 이해할 필요가 있었다. 그들은 폭발의 유체역학 이론이 필요했다. 폭탄의 코어와 반사물질은 순간적으로 가열되어 고체에서 액체, 액체에서 기체로 변하게 된다.

그들은 폭탄과 관련된 핵현상을 관측할 수 있는 세부적인 실험도 필요했다. 그들은 연쇄 반응을 시작시키는 기폭기도 개발하여야 했다. 그들은 우라늄과 플루토늄을 금속으로 만들어야 했고 주조와 가공 기술도 개발하여야 했다. 특히, 플루토늄이 도착하는 대로 재빨리 화학적 및 물리적 성질을 측정하여야 했다. 그들은 '슈퍼'에 관한 연구를 두 번째 우선 순위로 진행하기로 했으므로, 이중수소를 액화시키는 극저온(영하 256도) 시설을 메사의 남쪽 끝에 건설하여야 했다.

폭탄설계가 중요한 문제였다. 4월 토의 이후 곧 한 가지 돌파구가 제안됐다. 오펜하이머의 제자이며, 미국 표준국에서 일하던 서른여섯 살의 실험물리학자 세스 네더마이어(Seth Neddermeyer)는 전적으로 다른 방법을 상상해 냈다. 그는 전후에 어떻게 하여 그런 생각을 해냈는지 복잡한 과정에 대하여 자세히 기억하지는 못했다. 네더마이어는 어떤 폭탄 전문가의 강의를 들은 적이 있었는데, 이 전문가는 물리학자들이 폭탄의 일부를 나머지 부분을 향하여 발사하는 것을 설명하기 위하여 폭발이라는 표현을 쓰는데 이것이 잘못된 것이라고 흠을 잡고 있었다. 전문가는 적당한 단어는 '내폭'이라고 지적했다. 서버의 강의를 듣는 도중에 네더마이어는 이미 무거운 원통형 금속체를 더 무거운 금속구 속으로 발사하면 무슨 일이 벌어질까 하는 것을 생각했다. 구와 충격파라는 말이 구대칭 충격파라는 것을 생각하게 했다. 이것이 무엇인지는 그도 잘 모르고 있었다. "나는 공같이 생긴 구각을 찌그러뜨리는 데 필요한 최소압력이 얼마나 될까 생각해 보았다. 그때 나는 두 개의 탄환을 발사하여 충돌시키는 문제에 대한 논문을 읽은 기억이 났다. 두 개의 총알이 충격에 의해 녹아버리는 사진도 함께 게재됐던 것 같다. 이것이 전문가가 내폭에 대하여 언급했을 때 내가 생각하고 있었던 것이다."

두 개의 총알이 서로 충돌하는 것은 「로스앨러모스 프라이머」의 이중 대포 모델과 근본적으로는 같은 착상이다. 「프라이머」에서 폭탄의 중심부가 터지기 시작하면 둘러싸고 있는 반사물질을 향해 팽창하기 시작하고 충격파가 발생하여 반사 물질을 16배 정도 압축시킨다고 했다. 「프라이머」에서 중심부의 팽창이 효과적인 폭발에 가장 큰 장애라고 두 번씩이나 지적했다. 만일 반사체를 팽창하는 중심부가 밀어내기 시작할 때 그자리에 그대로 있으려고 하는 성질인 관성만 가지고 저항을 하는 것보다는 팽창에 대항하여 반대로 밀어내는 힘이 있다면 폭탄의 효율은 훨씬 더 증가될 것이라는 생각이 네더마이어에게 떠올랐던 것 같다. 마지막으로 「프라이머」는 네 조각의 쐐기형 사과를 폭약으로 결합시키는 흥미 있는 모델도 제안했다. "이때," 네더마이어는 말했다. "나는 손을 번쩍 들었다."

그는 구형 반사체 주위에 빙둘러 폭약을 설치하는 방법을 제안했다. 여러 곳에서 동시에 기폭시키면 폭약은 내부를 향하여 터질 것이다. 폭발에서 생기는 충격파는 구형 반사체를 모든 방향에서 압축시키고 따라서 내부의 중심부에 있는 핵물질도 압축될 것이다. 중심부는 압축에 의하여 속이 빈 공 모양이던 것이 단단하게 뭉칠 것이다. 속이 빈 공 모양이기 때문에 임계상태에 있지 않던 핵물질은 대포로 발사하는 것보다 훨씬 빠르고 효과적으로 임계상태에 도달하게 될 것이다. 맨리는 네더마이어가 이야기한 것을 기억했다. "포는 일차원적으로 압축한다. 이차원이 더 좋고, 삼차원이 가장 좋을 것이다."

삼차원적으로 내부로 압축하는 것이 '내폭'이다. 네더마이어는 방금 원자 폭탄을 터뜨리는 새로운 방법을 정의했다. 이 아이디어는 전에도 제안된 적이 있지만, 모두 이야깃거리로만 지나쳤다. 로스앨러모스의 기술 역사에 관한 기록에는 다음과 같이 적혀 있다.

"4월 말, 폭탄설계에 관한 모임에서 네더마이어는 처음으로 내폭에 관한 이론적 분석을 제시했다. 구의 주위를 둘러싸고 있는 고폭약을 폭파시켜서 구를 압축할 수 있다. 그리고 이것은 대포 방식보다 압축 속도나 거리면에서 훨씬 뛰어나다."

당시의 반응은 그리 고무적인 것은 아니었다. "네더마이어는 오펜하이머의 강력한 반대에 직면했다. 페르미와 베테도 반대했다"고 맨리가 말했다. 어떻게 충격파를 구대칭으로 만들 수 있는가? 어떻게 반사구와 중심부의 핵물질이 사방으로 튀어 흩어지는 것을 방지할 수 있는가? 아무도 내폭방식을 정말로 진지하게 받아들이지 않았다. 그러나 오펜하이머는 전에도 틀린 적이 있었다. 1939년 루이스 앨버레즈가 분열 가능성에 대하여 보고했을 때, 그가 스스로 예견하지 않은 어떤 가능성도 거부했지만, 15분 동안 생각한 후 그의 고집을 꺾고 동의했던 것이다. "이것은 조사해 봐야 되겠다." 그는 회의가 끝난 후 네더마이어에게 사적으로 말했다. 그는 네더마이어를 폭탄 연구 부서의 내폭 연구팀장으로 임명했다.

4월 회의에서 새로운 오류가 발견됐는데, 모든 사람들이 어떻게 그것을 간과할 수 있었는지 이상하게 생각될 정도로 기본적인 것이었다. 이 오류는 물리학자들이 얼마나 무기에 대하여 익숙치 못한가를 보여주는 것이기도 했다. 그로브스의 검토위원회의 위원인 연구 엔지니어 로스는 어느 날 잠자리에서 깨어날 때 물리학자들이 추산한 5톤의 대포 무게는 여러 번 반복 사용하기 위하여 튼튼히 만드는 경우에 근거한 것이라는 사실을 깨달았다. 포구에 원자 폭탄을 용접시킨 대포는 단 한 번 발사되고 그 후에는 기체가 되어 증발해 버릴 것이다. 이 생각은 극적으로 대포의 무게를 줄일 수 있었고 비행기로 운반할 수 있는 실용적인 폭탄을 만들 수 있음을 의미하는 것이었다.

훌륭한 실험가인 페르미는 로스앨러모스에서 조사하여야 할 문제들을 정확히 정의해 주는 역할을 통해 실험연구에 가치 있는 공헌을 했다. 그의 의무는 전시 연구였다. 그러나 그가 모든 사람들이 열성적으로 참여하고 있는 것을 발견하고는 어리둥절해 했다. "그가 이곳 회의에 처음 참석하고 나서 '당신 사람들이 정말로 폭탄을 만들길 원하고 있군요'라고 놀란 목소리로 말했던 것을 기억한다"라고 오펜하이머가 말했다.

1943년 5월 10일, 루이스가 주관하는 로스앨러모스 검토위원회는 검토결과를 보고했다. 위원회는 핵물리학 연구계획을 승인했다. 열핵폭탄에 관한 이론적 조사 연구를 두 번째 우선순위로 추진할 것과 화학계획의 몇 가지 주요 변경안을 제출했다. 플루토늄의 마지막 정제는 언덕에서 수행한다. 왜냐하면 궁극적으로 로스앨러모스가 플루토늄 폭탄의 작동에 책임이 있으며 희귀한 새로운 원소를 폭탄에 사용할 수 있을 만큼 충분한 양이 축적되기 전에 실험에 계속해서 사용하여야 되기 때문이다. 루이스 위원회는 오펜하이머가 3월에 제안한 대로, 폭탄의 개발 및 기술적인 작업이 핵물리학 연구가 완료될 때까지 기다릴 것 없이 즉시 착수되어야 한다고 건의했다. 그로브스 장군은 위원회의 건의사항들을 수락했다. 이러한 결정이 내려지자 로스앨러모스 연구인력은 즉시 2배로 증가되어야 할 필요가 생겼다. 그 후 전쟁이 끝날 때까지 로스앨러모스의 인원은 9개월마다 배로 증가됐다. 건축 공사장의 먼지는 그칠 날이 없었다. 추가시설은 언제나 모자랐다. 물도 귀했고 전기는 가끔 정전됐다. 그로브스는 민간인들의 편안함을 위해서는 한 푼도 더 쓰지 않았다.

4월 14일, 하버드 사이클로트론이 재설치되기 시작했고 6월 첫주에 가동되기 시작했다. 위스콘신의 400만 볼트 반 디 그라프는 5월 15일에 그리고 100만 볼트 반 디 그라프는 6월 10일에 가동됐다. 7월에는 플루토늄에서 방출되는 이차 중성자 수의 측정실험이 완료됐다. 이 실험에는 거의 눈에 보이지 않을 정도의 플루토늄이 사용됐는데, 방출되는 중성자의 수효는 우라늄 235보다 많았다. 이 실험으로 플루토늄이 연쇄 반응을 일으키는 데에 충분한 중성자를 방출한다는 것이 확인됐다.

이 플루토늄은 시보그가 금속연구소에서 추출한 것으로 200밀리그램의 분량이었으며 이달 초 로스앨러모스에 보내온 것이었다. 시보그는 호흡기 질환과 피로가 겹쳐 계속 고열에 시달렸다. 그래서 7월에 아내와 같이 뉴멕시코로 휴가를 떠났다("나는 일부러 플루토늄이 있는 장소와 가까운 곳으로 왔다. 왜 그랬는지 모르겠다"). 손님들이 묵는 목장 숙소가 너무 조용하고 평화스러워 그는 오히려 활기를 찾을 수 없었다. 그래서 7월 21일 샌타페이에 있는 호텔로 옮겼다. 격리원칙에 따라 로스앨러모스에는 출입할 수 없었다. 시보그는 7월 30일 금요일 시카고로 돌아갈 예정이었다. 시보그는 전세계에 있는 모든 플루토늄을 직접 가지고 돌아가겠다고 했다. 윌슨과 또 한 명의 물리학자가 서부의 사나이처럼 윈체스터 32구경 엽총으로 무장한 채 트럭을 타고 고가의 플루토늄을 가지고 왔다. "그때 나는 그대로 받아서 주머니에 넣었다가 나중에 가방에 넣어두었다." 시보그는 무장도 하지 않은 채 시카고로 돌아왔다.

그로브스는 워싱턴의 군사정책 위원회에, 확장된 폭탄 개발부서를 이끌도록 가능하면 군장교로 좋은 사람을 추천해 달라고 요청했다. 부시는 해군 장교를 한 명 알고 있었다. 부시는 1922년 아나폴리스 해군사관학교를 졸업한 윌리엄 디크 파슨스(William Deke Parsons) 대령을 추천했다. 그는 부시 밑에서 근접신관* 실험을 책임지고 있었다.

파슨스는 초기 레이더 개발 업무에 참여했고 구축함의 포술장교로 근무했다. 그리고 버지니아 주 달그린(Dahlgren)에 있는 해군연구소에서도 근무했다. 그는 43세였으며 냉철하고 강인하며 날씬한 몸매에 거의 대머리였다. 그로브스는 그를 좋아했다. "나는 그를 만난지 몇 분 후에 그가 그 일에 적임자라고 믿었다." 오펜하이머는 워싱턴에서 그를 면담하고 임명에 동의했다. 파슨스는 해군 제독의 딸 마서 클루버리어스(Martha Cluverius)와 결혼했다. 금발 머리를 가진 딸과 사냥개를 데리고 빨간색 무개차를 타고 6월 로스앨러모스에 도착했다.

파슨스의 첫 번째 임무는 대포를 만드는 것이었다. 포구 속도가 적어도 3,000 ft/sec 이상 필요하기 때문에 길이가 17피트 이상 되어야 했다. 무게는 같은 크기의 대포의 절반인 1톤 이하로 제한하여야 되므로 고강도 합금 강철을 기계로 가공해야 된다. 포신 내면에 선조를 파낼 필요는 없지만 세 개의 독립적으로 작동되는 뇌관이 필요했다. 파슨스는 해군에 대포 설계를 의뢰했다.

키가 큰 컬럼비아의 물리학자 노먼 램지(Norman F. Ramsey)는 파

---

* 근접신관은 대공포탄의 탄두 부분에 장착된 작은 레이더이다. 주변의 물체, 즉 적기를 탐지하여 미리 설정된 거리 이내로 접근하면 포탄이 폭발하게 하여 적기를 손상시키는 신관이다. 근접신관의 개발은 부시가 책임을 맡고 있었으며 전쟁 중에 이룬 가장 중요한 과학의 공헌 중의 하나이다. 멀 튜브, 리처드 로버트와 카네기 연구소의 지구자기학과의 대부분의 물리학 팀들이 1943년 8월에 분열연구로부터 근접신관 개발로 방향을 바꾸었다.

슨스 밑에서 폭탄 투하 그룹의 책임을 맡았다. 폭탄을 운반하고 투하하는 방법을 찾는 일이다. 그는 6월에 17피트 폭탄을 운반할 수 있는 항공기를 찾기 위하여 미공군을 접촉했다. 이런 크기의 폭탄을 내부에 탑재하고 운반할 수 있는 것은 미국 비행기 중에서 B-29가 유일한 것이었다. 그렇지만 이 비행기마저도 상당한 개조가 필요했다. 영국의 랭카스터 폭격기를 제외하고는 이런 폭탄은 외부에 장착하여야 했다. 공군은 역사적인 새로운 전쟁무기를 영국 항공기에 싣도록 하고 싶지 않았다. 그러나 B-29는 새로 설계된 것이며 아직도 여러 가지 문제점이 있었다. 램지가 6월에 항공기 조사를 시작했을 때 아직 배치 모델의 비행 시험도 거치지 않은 상태였다. 비행 시험 모델은 2월에 시애틀의 통조림 공장에 추락하여 전 시험 승무원과 19명의 공장 노동자들이 사망하는 사고를 냈다. 램지는 길이가 긴 폭탄의 탄도 데이터를 얻기 위하여 B-29를 기다릴 필요는 없었다. 그는 축소 모형을 만들어 낙하 실험을 했다.

한편 네더마이어는 고폭 실험을 하기 위하여 미국 광산국 실험실을 방문했다. 내폭에 관심이 있던 맥밀런도 네더마이어와 동행했다.

당시에는 네더마이어 그리고 나 자신과 몇 명의 조수들뿐이었다. 최초의 원통형 내폭 실험을 브루스톤(Bruceton)에서 했다. 쇠 파이프를 폭약으로 둘러싸고 몇 군데에서 점화시켜 파이프가 찌그러지게 했다. 이것이 내폭 실험의 탄생이었고 대포 방식의 실험이 이루어진 것보다 훨씬 앞선 것이었다.

로스앨러모스에 돌아와 네더마이어는 언덕의 남쪽 계곡 건너편에 있는 또 다른 메사에 작은 실험실을 차렸다. 그는 1943년 독립기념일, 협곡의 물이 마른 시내에서 TNT를 채운 깡통 속에 쇠 파이프를 넣고 다시 실험을 했다. 공 모양 대신 원통형 파이프를 사용하는 것이 계산하기에 간단했다. 그는 쇠 파이프를 회수하기 원했기 때문에 소량의 폭약만 사용했다. 이 실험들은 물론 매우 복잡한 것은 아니었다. 실험 후 회수된 파이프는 비틀어지고 구부러져 있었다. 철저하게 실제적인 엔지니어인 파슨스가 네더마이어의 실험을 보고 공개적으로 얕보는 태도를 취했다. 그는 내폭이 야전에서 사용할 수 있을 정도로 신뢰성이 있을지 의심했다. 네더마이어는 주간발표회에서 결과를 발표했다. 베테의 제안에 따라 오펜하이머는 비밀 취급이 인가된 사람들은 흰색의 배지를 달고 발표회에 참가하게 했다. 당시 리처드 파인만(Richard P. Feynmann)은 프린스턴 대학원에서 이론을 공부하는 대학원생이었는데, 매우 총명하고 자신 있게 발언하는 능력을 가지고 있었다. 그가 참석자들의 의견을 요약했다. "아무 쓸모없다."

　헝가리 수학자 노이만은 성형 장약에 의하여 발생된 충격파의 복잡한 유체역학을 조사하고 있었다. 성형 장약은 바주카포로 알려진 미국의 탱크 파괴용 보병 휴대형 로켓포의 탄두에 사용되는 기술이다. 래비와 같이 노이만도 때때로 오펜하이머에게 자문해 주기로 했다. 그는 여름이 끝나갈 무렵 로스앨러모스를 방문하여 내폭 이론을 조사했다. 네더마이어는 충격파의 어떤 수준까지는 적용될 수 있는 간단한 이론을 만들었다. "노이만이 압축과학의 원조라고 인정받고 있지만 나도 이미 그것에 대하여 알고 있었고, 그것을 단순한 방식으로 취급했다"라고 네더마이어는 말했다. 노이만의 이론은 훨씬 더 복잡한 것이었다.

　"노이만은 고폭발 현상에 큰 관심을 가졌었다"라고 에드워드 텔러는 말했다. 텔러와 노이만은 수학자가 언덕에 찾아왔을 때 같이 어릴 때의 기억을 나눴다. "그와 토의하던 중 간단한 계산을 해보았다. 가속될 물질이 비압축성이라고 가정하기만 한다면 계산은 정말로 간단하다. …… 고폭에 의하여 발생하는 압력은 10만 기압 정도가 된다." 노이만은 이것을 알고 있었는데 텔러는 몰랐다고 말했다.

만일 구각이 중심을 향하여 3분의 1 정도 이동하면 비압축성 물질이라는 가정 하에 압력은 800만 기압 이상이 된다. 이것은 지구중심의 압력보다도 크며 이런 압력에서는 철도 더 이상 비압축성이 아니다(노이만은 이것을 몰랐다). 토의 결과는 내폭될 때 상당한 압축이 일어난다는 사실이며 전에는 이야기되지 않았던 점이다.

내폭을 이용하여 속이 빈 플루토늄 공(구각)을 속이 꽉 찬 단단한 구로 압축하여 가장 빠른 대포가 발사할 수 있는 것보다 훨씬 빠르게 임계질량을 효과적으로 얻을 수 있다는 것은 처음부터 명백한 사실이었다. 1943년, 노이만과 텔러는 지금까지 시도한 것보다 훨씬 더 격렬한 내폭 방법으로 플루토늄을 지구상에서 얻을 수 없는 밀도로 압축하면 임계상태 이하의 속이 차 있는 질량을 폭탄의 소재로 사용해도 구각을 압축하는 복잡한 문제들을 피할 수 있다는 사실을 알아내어 오펜하이머에게 통보할 수 있었다. 가벼운 원소 불순물에 의한 조숙한 폭발도 방지할 수 있다. 다시 말하면 내폭 방식의 개발로 더 신뢰도가 높은 폭탄을 더 빨리 만들어낼 수 있다는 것이다.

이때 대략적인 내폭방식에 의한 폭탄의 크기와 무게도 계산할 수 있었다. 큰 대포 방식의 폭탄은 지름이 2피트 이하, 길이는 17피트이다. 두꺼운 폭약이 반사구를 둘러싸고 있고 플루토늄 폭탄의 지름은 5피트 미만이며 길이는 약 9피트가 조금 넘는다. 사람 크기의 달걀 모양에 꼬리 날개가 달린 형상이었다.

로스앨러모스의 백양나무 잎이 노랗게 물들어가는 가을에 실제 규모의 폭탄 낙하실험을 시작했다. 램지는 랭카스터로 연습할 것을 제안했다. 공군은 이제 막 생산되기 시작하여 아직 몇 대 나오지 않았지만, 반짝반짝 빛나는 알루미늄제 대륙간 폭격기 B-29를 사용할 것을 고집했다. 항공기의 개조를 위하여 파슨스와 램지는 폭탄의 두 가지 외형과 중량 자료를 선정했다. 보안문제 때문에 공군 대표들은 그들을 각각 "홀쭉이(Thin Man)"와 "뚱뚱이(Fat Man)"라고 불렀다. 공군장교들은 그들의 전화통화가 마치 루스벨트(홀쭉이)와 처칠(뚱뚱이)을 수송하기 위하여 비행기를 개조하는 것처럼 들리도록 한 것이다. 최초의 B-29 개조는 1942년 11월 29일 공식적으로 시작됐다.

1943년 초, 닐스 보어는 덴마크 지하 조직의 회원인 덴마크 육군 대위의 방문을 받았다. 차를 마신 후 두 사람은 숨겨진 마이크로폰이 대화를 엿듣지 못하도록 온실로 갔다. 영국에서 지하조직을 통해 보어에게 한 쌍의 열쇠를 보내 온 것이었다. 두 개의 열쇠에 구멍을 뚫어 똑같은 마이크로 필름을 집어넣고 구멍을 막았다. 약도에 구멍의 위치가 표시되어 있다. 표시된 곳의 위치에 줄칼로 구멍이 나타날 때까지 살살 갈아낸 다음 메시지가 담긴 마이크로 필름을 꺼내도록 설명서에 적혀 있었다. 대위가 대신 꺼내어 확대해 드리겠다고 제안했다. 보어는 비밀요원이 아니었다. 그는 감사하게 제안을 받아들였다.

메시지는 제임스 채드윅이 보낸 편지였다. "그 편지는 나의 아버지를 따뜻한 환영을 받을 수 있는 영국으로 초청하는 내용이 담겨 있었다. 채드윅은 나의 아버지에게 영국에서 자유로이 과학 연구를 할 수 있다고 했다. 그러나 그의 협조가 크게 도움이 될 특별연구 문제가 있다고 언급했다"라고 오어 보어(Aage Bohr)가 회고했다. 보어는 채드윅이 핵분열에 관한 것을 이야기하고 있다고 이해했다. 덴마크 물리학자는 아직도 핵에너지의 응용에 회의적이었다. 그는 채드윅에게 답장을 썼다. "만일 내가 정말로 도움이 된다면 나는 덴마크에 머물러 있지만은 않겠다. ……그러나 무엇보다도 나의 판단에는 모든 미래의 전망에도 불구하고 최근의 훌륭한 원자물리학의 발견이 즉시 사용될 수 없다고 확신한다." 만일 원자 폭탄이 정말로 가능하다면 보어는 떠났을 것이다. 그렇지 않다면 "우리 나라의 자유에 대한 위협에 저항하고, 이곳으로 망명한 과학자들을 보호하기 위하여 이곳에 남아 있어야 된다."

보어의 저항 운동을 지원하고 있던 덴마크 정부는 유별난 위협을 받고 있었다. 독일은 덴마크 농업에 크게 의존하고 있었는데, 덴마크는 1942년 1년 동안 360만 명의 독일인들에게 고기와 버터를 제공했다. 덴마크 농업은 작은 농장들의 노동집약적인 농사였다. 그것은 농부들의 계속적인 협조와 더 넓게 전 덴마크인들의 협조가 필요했다. 나치는 저항을 불러일으키지 않도록 덴마크에 헌법에 따른 왕정을 유지하고 스스로 다스릴 수 있는 자치권을 허용했다. 덴마크인들은 협조의 대가로 덴마크 유대인들의 안전을 얻어냈다. 덴마크에는 8000명의 유대인들이 있었고 그중 95퍼센트는 코펜하겐에 있었다. 이들은 무엇보다도 덴마크 시민이었고 그들의 안전은 독일의 신뢰도에 대한 시험이었다. 덴마크 정치인들과 정부 관리들은 모든 유대인들의 안전을 헌법에 따른 덴마크 정부의 유지를 위한 조건으로 만들었다.

독일에 의한 점령 상태가 부담으로 느껴지고 전쟁이 주축국에 불리하게 돌아가기 시작하자 파업과 태업 등의 저항이 증가하기 시작했다. 1943년 2월 2일, 독일군이 스탈린그라드에서 항복하자 많은 덴마크인들에게는 전기가 온 것으로 보였다. 무솔리니가 사임하고, 7월 25일 체포되자 이탈리아의 항복이 박두한 것으로 보였으며 이것은 확실히 전기가 온 것으로 여겨졌다. 8월 28일, 독일의 전권대사 카를 루돌프 베르너(Karl Rudolf Werner) 박사는 히틀러의 명령에 따라 덴마크 정부가 국가 긴급 사태를 선포할 것을 요구했다. 파업과 집회를 금지하고 통금을 실시하며, 무장을 금지하고 독일인이 언론을 검열하며, 무기 소지 및 태업 주동자는 사형에 처하라고 요구했다. 왕의 허락을 얻어 정부는 거절했다. 8월 29일, 나치는 코펜하겐을 재점령하고 덴마크 육군의 무장을 해제했으며 왕궁을 포위하여 왕을 감금했다. 다시 점령한 이유 중의 하나는 나치가 덴마크 유대인들을 제거하기로 결정했기 때문이다. 이들이 최후의 해결책에서 제외됐기 때문에 히틀러가 진노했다. 8월 29일, 나치는 몇 명의 유대인 저명 인사들을 체포했다(그들은 보어도 체포하기로 결정했으나 본격적인 체포 기간에 잡아들이는 것이 말썽이 적을 것이므로 일단 연기했다). 9월 초, 보어는 덴마크 주재 스웨덴 대사로부터 로젠탈을 포함하여 몇몇의 이민 온 동료들이 체포될 것이라는 소식을 들었다. 그는 지하 조직과 접촉하여 이민자들이 스웨덴으로 대피하는 것을 주선했다. 로젠탈은 9시간 동안 풍랑을 견디며 다른 피난민들과 같이 노젓는 보트를 타고 스웨덴으로 피신했다.

보어의 차례가 곧 왔다. 9월 28일, 스웨덴 대사는 보어의 집을 방문하여 차를 마시며 보어가 며칠내에 체포된다고 암시를 주었다. 교수들조차도 덴마크를 떠난다고 대사는 강조했다고 보어의 부인 마가레스는 기억했다. 다음날 아침 그녀의 여동생의 남편으로부터 코펜하겐의 게슈타포 사무실에서 일하는 반나치 독일 여인이 닐스와 해롤드 보어의 체포 및 추방이 승인된 문서를 보았다고 전해왔다. "우리는 그날로 도망을 쳐야 했다. 아이들은 뒤에 오기로 했다. 많은 사람들이 도와주었다. 친구들이 배를 준비했다. 우리는 작은 가방 하나는 갖고 갈 수 있다고 들었다." 9월 29일 오후 늦게 보어 부부는 코펜하겐 시내를 걸어서 교외의 바닷가 정원으로 가서 정원사의 움막에 숨었다. 그들은 밤이 오기를 기다렸다. 미리 약속된 시간에 그들은 움막을 떠나 해안으로 갔다. 모터 보트가 그들을 어선까지 실어다 주었다. 기뢰와 독일경비정을 피해 해협을 건너 말뫼(Malmö) 근처의 린함(Linhamm)에 도착했다. 보어는 나치가 모든 덴마크 유대인들을 다음날 저녁에 체포하여 독일로 추방할 계획이라는 것을 마지막 순간에 알았다. 그의 부인은 아들들이 건너오는 것을 기다리도록 남부 스웨덴에 남겨놓고 스웨덴 정부에 도움을 호소하러 급히 스톡홀름으로 갔다. 스웨덴이 덴마크 유대인들을 받아들이겠다고 제안했으나 독일은 거부했다.

사실은 보어가 스웨덴 관료주의와 싸우는 동안 독일군은 유대인들을 체포하기 시작했으나 별로 성공하지 못했다. 덴마크인들은 미리 준비했다가 유대인들을 숨겨주었다. 양로원에 있던 노인 284명이 체포됐다. 7000명 이상의 덴마크에 남아 있는 유대인들은 당분간은 안전했다. 그러나 그들은 덴마크를 떠날 계획을 세우지는 못했다. 스웨덴이 그들을 받아들일지 확실치 않았으며 그 밖에는 갈만한 곳이 없었다.

9월 30일, 보어는 스웨덴의 외무차관을 만나 독일 외무성에 공개적으로 항의할 것을 주장했다. 그는 공개항의로 유대인들에게 경고를 주고 스웨덴의 동정심을 알리며 또한 나치가 체포를 중지하도록 압력을 넣을 수 있다고 생각했다. 차관은 비밀항의 문건 이외에는 더 이상 중간에 끼어들 계획이 없다고 말했다. 10월 2일, 보어는 외무부장관에게 호소했으나 역시 항의문을 공개하는 것에 실패하고 중재자로 나서기로 결정했다. 로젠탈은 보어가 "잉게보르크(Ingeborg) 공주(덴마크 왕 크리스티안 10세의 누이동생)를 만나 스웨덴 왕을 알현할 수 있기를 요청했다"라고 말했다. 보어는 또한 덴마크 대사와 영향력 있는 스웨덴의 학자들을 만났다. 로젠탈은 왕과의 중요한 만남을 설명했다.

> 국왕의 알현은 오후에 이루어졌다. …… 구스타프(Gustaf) 왕은 스웨덴 정부가 독일이 노르웨이의 유대인들을 추방할 때 유사한 조치를 취한 적이 있다고 말했다. 이 요구는 거절됐다. …… 보어는 그 사이에 연합국측의 승리로 상황은 많이 바뀌었으므로, 스웨덴 정부가 덴마크 유대인들에 대하여 책임을 지겠다는 제안을 공개하여야 된다고 주장했다. 왕은 즉시 외무부 장관과 이야기하겠다고 약속했으나 큰 어려움이 있다고 강조했다.

어려움은 극복됐다. 10월 2일, 스웨덴 라디오 방송은 저녁 스웨덴의 항의를 방송하고 자국은 피난처를 제공할 준비가 되어 있다고 보도했다. 이 방송은 도망칠 길을 알려주었다. 다음 두 달 동안 7,220명의 유대인들이 스웨덴의 해양 경비대의 도움을 받으며 무사히 바다를 건넜다. 한 피난민은 다음과 같이 당시를 이야기했다. "목사의 집에서 나는 스웨덴 라디오 방송을 들었다. 보어 형제들이 보트로 스웨덴으로 도망갔고 덴마크 유대인들을 성의를 가지고 받아들인다는 보도를 들었다." 일반에게 오류는 물론 범죄도 공개한다는 공개주의 원칙에 따른 개인적인 노력으로 보어는 덴마크 유대인들을 구조하는 데 결정적 역할을 했다.

스톡홀름은 독일 첩자들이 우글거렸으므로 보어는 암살당할 우려가 있었다. "스톡홀름에서 잠깐 머물렀다. …… 서웰 경으로부터 영국으로 초청하는 전보가 왔다. 나의 아버지는 즉시 수락하고 나의 동행을 허락할 것을 요청했다." 오어 보어는 당시 스물한 살의 유망한 젊은 물리학자이었다. "가족이 모두 갈 수는 없었다. 나의 어머니와 동생들은 스웨덴에 남아 있었다."

보어가 먼저 갔다. 영국은 외교 행낭을 무장하지 않은 쌍발 폭격기 모스퀴토로 수송했다. 모스퀴토는 빨랐으며, 노르웨이 서해안에 설치된 독일의 대공포를 피하여 비행할 수 있었다. 모스퀴토의 폭탄 저장고에 단 한 명의 승객이 탈 수 있었다. 10월 6일, 보어는 비행복을 입고 낙하산을 짊어진 채로 비행기에 탔다. 조종사는 조종석과 통신할 수 있는 이어폰이 붙어 있는 비행 헬멧을 제공했고 산소 마스크를 연결하는 장소를 가르쳐 주었다. 보어는 한 묶음의 발광신호탄을 갖고 있었다. 공격을 받을 경우 조종사는 폭탄 저장고를 열어 보어를 추운 북해에 낙하산으로 떨어뜨릴 것이다. 그가 살아 있다면 발광신호탄은 그의 구조 활동을 도울 것이다.

"영국 공군은 보어의 큰 머리통은 미처 예상하지 못했다"라고 오펜하이머가 말했다. 오어 보어가 재앙에 가까웠던 일을 설명했다.

모스퀴토는 높이 날았으므로 산소 마스크를 써야 했다. 조종사는 산소 공급 스위치를 켜도록 인터폰으로 알려주었다. 그러나 이어폰이 달린 헬멧이 나의 아버지의 머리에 맞지 않았다. 그는 지시 사항을 듣지 못하고 산소 부족으로 기절했다. 조종사는 아무 대답이 없자 뭔가 잘못됐다고 생각하고 노르웨이 상공을 지나자마자 북해 상공에서 고도를 낮추어 비행했다. 비행기가 스코틀랜드에 착륙할 때

나의 아버지는 겨우 의식을 되찾을 수 있었다.

건강한 보어였지만 너무 지쳐 있었다. "영국에서 건강이 회복되자, 채드윅으로부터 무슨 일들이 진행되고 있었는가에 대해 들었다." 오어는 일주일 후 도착했으며 아버지와 아들은 소규모 가스 확산 시험 공장을 포함하여 튜브 알로이 프로젝트의 개발 활동을 둘러보았다. 그러나 개발 활동의 무게중심은 이미 오래전에 미국으로 기울어져 있었다. 영국은 로스앨러모스의 폭탄 설계를 돕기 위한 팀을 파견하여 주도권을 되찾을 준비를 하고 있었다. 그들은 보어를 팀의 일원으로 파견하여 영향력과 권위를 강화하기를 원했다. 그때 덴마크 이론물리학자는 처음으로 핵무기가 세계를 어떻게 변화시키게 될지를 알게 됐다. 이에 대해 오펜하이머는 의미심장한 미소를 띠며 다음과 같이 강조했다. "그것은 30년 전 그가 러더퍼드의 핵 발견을 알았을 때와 같이, 하나의 계시처럼 그에게 다가왔다."

1943년 초 겨울, 닐스 보어는 중요하고도 새로운 계시를 손에 들고 다시 한번 미국에 여행할 준비가 되어 있었다. 이번 것은 물리학 영역에 속한 것이 아니라 세계의 정치적 조직에 관한 것이었다.

그는 미국 산업의 힘찬 발전에 큰 감명을 받았다. "미국과 영국의 원자에너지 연구는 나의 아버지가 예상했던 것보다 훨씬 더 진전되어 있었다"고 오어 보어는 그의 아버지의 놀람을 완곡하게 표현했다. 그러나 오펜하이머는 점령당한 덴마크에서 풀려난 피난민에게는 충격에 더 가까운 것이라고 강조했다. "보어에게는 미국의 모험적인 사업이 완전히 믿을 수 없는 공상적인 것처럼 보였다." 그들에게는 정말 그렇게 보였다.

완전히 다른 동물

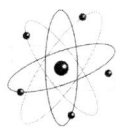

19 42년 9월, 그로브스는 동부 테네시 주의 클린치(Clinch) 강변에 접해 있는 5만 9000에이커의 땅을 사들였다. 컴벌랜드(Cumberland) 산맥 자락에서 남서쪽으로 흘러내린 평행한 계곡들이 포함되어 있다. 여러 가지 사업들을 분리하여 고립시킬 수 있는 지형을 좋아하는 그로브스에게는 적합한 장소였지만, 이곳도 로스앨러모스와 마찬가지로 원시적인 곳이었다. 구불구불한 클린치 강은 테네시 강의 지류로 이 지역의 남동과 남서쪽 경계를 이룬다. 동쪽으로 20마일 떨어진 곳에 인구 11만 2000명의 녹스빌(Knoxville)이 있고 조금 더 동쪽으로 가면 그레이트 스모키 산맥 국립공원이 있다. 92평방마일이나 되는 지역에 5개의 비포장 시골길이 전부이며, 길이가 17마일, 폭이 7마일 되는 지역에 단지 1,000여 세대의 가족들이 빈곤하게 살고 있었다. 산맥으로 둘러싸인 빈곤에 찌든 계곡에 미

육군은 자연 우라늄에서 우라늄 235를 분리해 내는 미래지향적인 공장을 건설할 계획이었다.

먼저 통신 시설을 개선하고 마을을 지어야 했다. 1942년 겨울에서 1943년 봄까지 건설회사들은 동부 테네시의 황토흙 위에 55마일의 기차 선로 지반 공사를 끝냈다. 그리고 300마일의 포장도로를 완성했다. 중요한 시골 도로는 모두 4차선으로 확장됐다. 보스턴의 스톤 건설회사는 상상도 할 수 없는 대도시 건설 계획을 작성해 왔으므로, 그로브스는 젊고 포부 있는 오윙스(Owings) 설계회사에 다시 일을 맡겼다. 이 회사는 주택들을 잘 배치했으며 혁신적인 신소재를 사용하여 예산을 절감한 대신 벽난로와 현관 등을 설치했다. 새 마을은 처음에 1만 3000명의 종사자들을 수용할 수 있도록 건설됐다. 가장 서북쪽에 잇는 긴 계곡의 경계를 이루는 능선의 이름을 따서 오크리지(Oak Ridge)라고 이름 지었다. 전 지역에 철조망이 둘러쳐졌고 7개의 경비 출입문을 통해서만 출입할 수 있었다. 근방의 테네시 지역 사회의 이름을 따서 클린턴 엔지니어링 공장(Clinton Engineering Works)이라고 명명했다. 새로 난 출입문은 4월 1일부터 일반의 출입을 금지했다.

그로브스는 전자기 동위원소 분리 공장과 가스 확산 공장을 클린턴에 세울 계획이었다. 플루토늄 생산은 규모도 클 뿐 아니라 대량의 위험한 방사능 물질도 생산하므로 별도의 부지를 필요로 했다. 세 가지 공정 중에서 로렌스의 전자기적 방법이 가장 진척이 빨랐다. 전자기적 동위원소 분리 장치는 1918년 캐번디시에서 프랜시스 애스턴이 발명한 질량 분석기를 크게 확대하고 정교하게 만든 것이다. 1945년 로렌스 팀의 보고서에 의하면 이 방법은 "전기를 띠고 있는 원자가 자기장 속에서 원운동을 할 때, 원의 반지름은 원자의

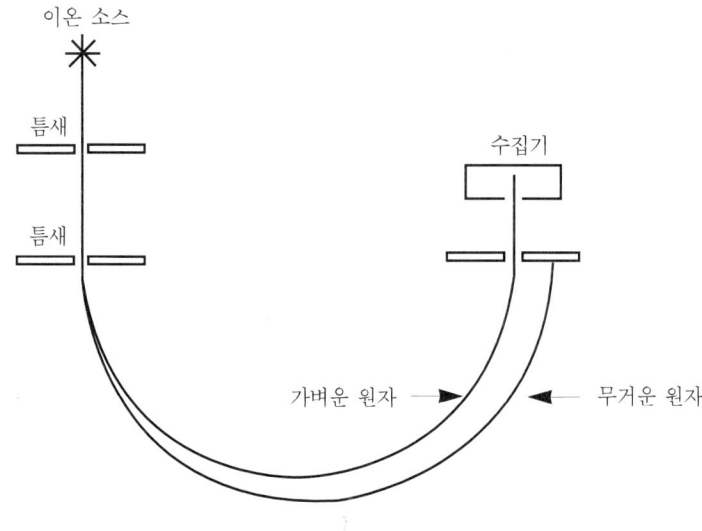

자력선 방향은 지면에 수직임.

질량에 따라 결정된다는 사실을 이용한 것이다." 이것은 또한 로렌스의 사이클로트론의 기본원리이기도 하다. 원자의 질량이 가벼울수록 원의 반지름은 더 작아진다. 우라늄 복합물의 가스 이온을 만들고 강한 자장이 걸려 있는 진공 탱크의 한쪽에서 움직이게 하면, 운동하는 이온들은 곡선을 따라 돌며 두 개의 빔(beam)으로 분리된다. 가벼운 우라늄 235는 무거운 우라늄 238보다 더 좁은 호를 따라 운동한다. 4피트 원의 반대편에 이르면 10분의 3인치 정도 분리된다. 우라늄 235 이온 빔이 도착하는 곳에 수집통을 놓아두면 이온들을 수집할 수 있다. "이온들이 수집통의 밑바닥에 부딪치면 전기를 잃고 금속 비늘 조각 같이 쌓이게 된다." 그림과 같이 이온들을 틈이 벌어진 전극을 통과하여 원운동을 시킨 다음 수집통으로 모이게 한다.

1941년 말, 로렌스는 버클리에 있는 37인치 사이클로트론을 질량 분석기로 개조하여 한 달 동안 계속 가속시킨 결과 우라늄235 100마이크로그램을 분리해 낼 수 있었다. 그것은 오펜하이머가 처음에 계산했던 폭탄 한 개의 소요량 100kg에 비하면 수십억분의 일에 지나지 않는 작은 양이다. 그렇지만 로렌스는 전자기적 분리 방법의 기본 원리를 실증한 것이다. 그는 우라늄 원자를 한 개 한 개씩 분리해 내는 방법을 제안하고 있는 것이다.

장비를 크게 만들고, 가속 전압을 증가시키고 그리고 이온 소스와 수집통들을 여러 개 설치하면 생산량을 증가시키고 효율을 높일 수 있다. 로렌스는 전쟁을 이기기 위하여 자신의 모든 시간을 투자했다. 이제 아름답고 새로운 184인치 사이클로트론도 프로젝트에 참여시켰다. 사이클로트론의 디(반원형 전극) 대신에 D형 질량 분석기 탱크를 무게가 4,500톤이나 되는 자석의 양극 사이에 설치했다. 1942년 봄과 여름에 걸쳐 대부분의 어려운 설계 문제를 해결하고 새로운 장비를 가동시켰다. 이 장비를 칼루트론(Calutron)이라고 불렀다. 캘리포니아 대학교의 또 다른 가속기라는 뜻이었다. 1942년 가을, 로렌스는 우라늄235를 하루에 100그램씩 분리해 내기 위해서는 4피트 크기의 칼루트론 탱크 2,000개를 수천 톤의 전자석 사이에 설치해야 된다는 계산 결과를 얻었다. 만일 폭탄 한 개에 30kg의 우라늄235가 필요하다면 2,000개의 칼루트론 탱크는 300일마다 한 개의 폭탄을 만들 수 있는 물질을 농축해 낼 수 있을 것이다. 물론 이것은 시스템이 고장 없이 계속 작동되는 것을 가정하고 계산한 것이지 실제의 경우는 거의 그렇지 못할 것이다. 제임스 코난은 전자기적 방법이 가장 가망성이 있는 것 같이 생각되어 1942년 이 방법만 전적으로

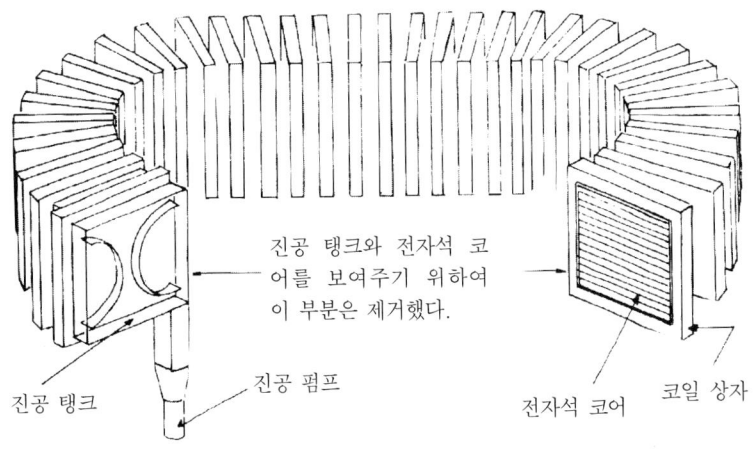

진공 탱크　　진공 펌프　　전자석 코어　　코일 상자
진공 탱크와 전자석 코어를 보여주기 위하여 이 부분은 제거했다.

추구할 것을 제안하여 토의에 부쳤던 적이 있다. 로렌스는 자신만만했지만 앞뒤를 생각하지 않는 무모한 사람은 아니었다. 그는 나머지 방법도 계속하여 추구해야 한다고 주장했다.

그로브스는 그렇게 생각하지 않았다. 1942년 겨울 페르미가 CP-1을 만들고 있을 때 버클리와 시카고를 방문한 뒤 가스 확산 방법이 최선의 접근 방법이라고 생각했다. 왜냐하면 이 방법이 기존 기술과 가장 비슷했기 때문이다. 확산은 정유회사 엔지니어들에게는 익숙한 현상이고 가스 확산 공장은 근본적으로 수많은 펌프와 파이프를 서로 연결한 것이다. 전자기적 분리는 지금까지 시험된 적이 없는 거대한 규모이다. 버클리는 4피트 탱크를 커다랗고 네모난 전자석의 자극면 사이에 두 개씩 모두 96개의 탱크를 수직으로 설치할 계획이었다. 전자석 철심의 양을 줄이기 위하여 사각형이 아닌 경마장같이 둥그런 모양으로 배치했다.

공식적인 명칭은 알파(Alpha)였지만, 이 장치는 경마장이라고 불렸다. 버클리는 하루에 경마장당 5그램의 농축 우라늄을 얻을 수 있다고 했으나, 그로브스는 2,000개의 탱크는 스톤 건설회사의 능력으로 감당할 수 없다고 판단하여 500개로 줄였다. 로렌스는 이 이유를 뒤에 이렇게 회고했다. "이 공정과 관련된 기술이 발전하여 공장이 완성될 때에는 훨씬 더 높은 생산율이 보장될 것이다." 하루 경마장당 5그램씩 5개의 경마장에서 생산하면 알파 칼루트론이 거의 순수한 우라늄 235를 만들어 낸다 해도 30kg을 얻기 위해서는 1,200일이 걸린다. 알파로 얻을 수 있는 최고 순도는 15퍼센트 정도였다. 그러나 그로브스는 생산성 향상을 믿고 앞서 계획해 나갔다.

그는 그가 무엇을 만드는지 정확히 알고 나서 만들기 시작한다. 만 6개월 전에 그는 몇 개의 칼루트론을 만들도록 승인할 것인지 이미 결정했다. 그의 전임자 마셜 대령과 니콜스 중령은 심각한 원자재 공급 문제를 해결하기 위하여 노력했다. 미국은 전자석에 감는 코일에 많이 쓰이는 구리가 부족했다. 재무성은 나중에 회수가 가능하므로 구리 대신 은괴를 사용할 것을 제안했다. 맨해튼 지구는 이 제안을 시도해 보기 위해 니콜스를 재무성 차관 대니얼 벨(Daniel Bell)에게 보내 대출 문제를 협의하도록 했다. 니콜스가 5,000에서 1만 톤 정도의 은이 필요하다고 말하자 얼음장같이 차가운 대답이 나왔다. "대령, 재무성에서는 우리는 은을 톤으로 말하지 않네. 우리 단위는 트로이 온스일세." 결국에는 3억 9500만 트로이 온스(약 1만 3540톤)의 은을 대출받아 전선으로 만들어 전자석의 코일로 사용했다. 이 은의 가격은 3억 달러 이상이었다. 그로브스는 그것의 매 온스마다 책임을 졌다.

그로브스는 43년 2월, 5개의 경마장을 수용할 3개의 빌딩 건설을 승인했고 곧이어 3월에 두 번째 단계인 베타(Beta) 건설을 승인했다. 베타는 반 정도 크기의 칼루트론으로 72개의 탱크를 사용하여 알파의 생산물을 더 농축시켜 95퍼센트의 농축도를 얻는 제2단계 공정을 담당하게 된다. 결국 알파와 베타 건물만 해도 축구장 20개보다도 더 넓은 지역을 차지하게 됐다. 경마장은 2층에 설치됐고, 일층에는 칼루트론 내부의 공기를 뽑아내기 위한 진공 펌프들이 설치됐다. 당시 지구상에서 가동되고 있는 모든 진공 펌프의 능력을 합친 것보다도 더 용량이 컸다. 마침내 Y-12 단지에 크고 작은 268동의 영구건물들이 들어섰다. 칼루트론 건물들, 화학실험실, 증류수 공장, 하수처리 공장, 펌프 하우스, 상점, 주유소, 창고, 식당, 경비실, 샤워장 및 라커 룸, 임금 지불 사무소, 주물공장, 발전소, 8개의 변전 및 배전소, 19개의 물냉각탑 등이다. 당시의 하루 최대 생산량은 불과 수 그램 정도였다. 1943년 5월에 이곳을 둘러본 로렌스조차도 놀랄 정도였다.

 8월에는 2만 명의 건설 노동자들이 모여들었다. 알파 실험장비 한 대가 성공적으로 가동됐다. 로렌스는 그로브스에게 알파 공장을 두 배로 증설하도록 부추겼다. 5대 대신 10대의 알파 경마장을 이용하여 순도 85퍼센트의 농축 우라늄235를 1일 500그램씩 분리해 낼 수 있다고 주장했다. 육군 엔지니어는 6일 후 기존 알파와 베타 장비로 1943년 11월부터 매월 900그램씩 생산하여 첫해에 폭탄에 사용할 수 있는 품질의 우라늄235 22kg을 얻을 수 있다고 했다. 그해 여름, 로스앨러모스에서는 효과적인 우라늄 대포에 40kg이 필요할 것이라는 새로운 계산 결과가 나왔다. 그로브스는 로렌스의 제안을 받아들였다. 설비 배가는 설계가 개선된 4대의 알파II와 이에 필요한 적정 수의 베타를 건설하는 것이다. 비용은 이미 승인된 1억 달러 이외에 1억 5000만 달러가 추가로 더 필요하게 된다. 그로브스는 군사 정책위원회에 제출한 제안서에서 만일 모든 장비가 정상으로 가동되면 1945년 초에는 40 kg의 우라늄을 얻을 수 있을 것이라고 보고했다.

육군은 이스트만(Eastman) 사와 전자기 분리공장의 운영 계약을 체결했다. 1943년 10월 말, 스톤 건설회사가 최초의 알파 경마장 설치를 끝냈을 때 이스트만 사는 4,800명의 남녀 직원을 모집했다. 그들은 칼루트론을 이유도 모르고 하루 24시간 내내 매일 가동시키고 보수했다.

은 전선으로 감은 큰 사각형 전자석을 용접된 강철 통 속에 넣었다. 통 속을 흐르는 기름이 전선 사이에서 절연체 역할을 하며 열도 운반한다. 10월 말에 실시된 시험에서 전자석의 누전 현상이 발견됐다. 기름 속에 포함된 습기가 누전 원인이라면 정상작동시 발생하는 열로 수분들은 곧 증발하게 된다. 그러므로 이스트만 사는 계속 밀고 나갔다. 칼루트론 탱크의 곳곳에서 진공이 새는 것은 발견하기가 어려웠다. 어떤 경우에는 새는 곳을 한 군데 발견하는 데 한 달이나 걸렸다. 경험이 부족한 장비 운전자는 정상적인 이온 빔을 유지하는 데 어려움을 겪었다. 강력한 자장이 탱크를 끌어당겨 제자리에서 3인치나 이동하는 경우도 있었다. 이 문제는 튼튼한 강철 막대를 용접해 붙여서 해결했다.

자석 코일 통 속의 수분은 모두 증발됐으나 계속 합선 현상이 일어났다. 무엇인가 심각한 문제가 발생한 것이다. 12월 초, 이스트만 사는 경마장의 96개 탱크를 모두 작동 중지시켰다. 이 회사의 엔지니어가 코일 통을 열어 내부를 조사했다. 엔지니어는 두 가지 큰 문제점을 발견했다. 한 가지는 설계 잘못이었다. 많은 전류가 흐르는 은 전선을 너무 가깝게 감았던 것이다. 또 다른 문제는 과도한 양의 녹과 먼지가 오일 속에 들어 있다는 것이었다. 이 물질들이 합선의 원인이 됐다. 그로브스 장군은 48개의 전자석을 밀워키에 있는 앨리스(Allis-Chalmers) 사에 되돌려 보내 수리하도록 했다. 이 문제로 적어도 한 달의 생산 기간을 허비하게 됐다.

1941년 11월, 더닝과 부스가 가스 확장 방법을 이용하여 최초로

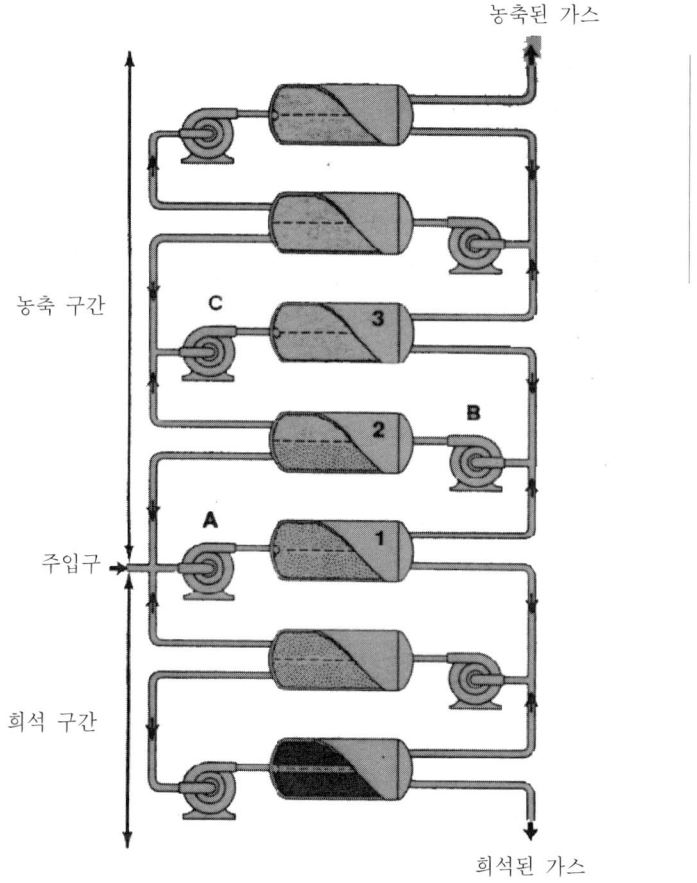

측정 가능한 양의 우라늄 235를 분리해 낸 이후 컬럼비아 대학교에서 가스 확장 방법 연구에 박차를 가하고 있었다. 1942년 봄, 유리는 이에 관한 보고서를 작성했다. "우라늄 동위원소를 분리하는 세 가지 방법들이 이제 엔지니어링 단계에 도달했다. 이것들은 영국 그리고 미국의 확산 방법과 원심력 방법이다." 실제 규모 공장의 건설 계획 승인으로 더닝의 팀 인원은 1943년 총 225명으로 증가됐다. 프란츠 사이먼의 확산 방법은 낮은 가스 압력 상태에서 작동됐으며, 10단계의 공정으로 이루어져 있었고 매우 큰 펌프가 필요했다. 컬럼비아 팀은 보통 펌프를 사용하는 고압 시스템을 설계했다. 4,000단계가 직렬로 연속적으로 연결되어 있다. 전후 회고록에서 그로브스는 이 신뢰성 높은 간단한 설계를 설명했다.

이 방법은 완전히 새로운 것이었다. 우라늄 가스를 구멍이 뚫린 장벽에 불어넣으면 우라늄 235가 포함되어 있는 가벼운 가스 분자는 무거운 우라늄 238 분자보다 더 빨리 통과한다. 이 과정의 심장부는 구멍이 뚫린 얇은 금속 박지 또는 평방인치당 수백만 개의 극미세 구멍이 난 막으로 된 장벽이다. 이 막은 튜브형으로 만들어져 공기가 새지 않는 확산기 속에 설치되어 있다. 헥스(Hex) 가스를 직렬로 연결된 튜브 속으로 통과시키면 농축된 가스는 위로 움직이고 희석된 가스는 아래쪽으로 모이게 된다. 그러나 우라늄 235와 우라늄 238 사이에는 질량차가 거의 없기 때문에 1단계 확산 작업으로는 크게 분리되지는 않는다. 그러므로 수천 단계의 확산 과정이 필요하게 된다.

"장벽에 대해 좀 더 연구해야 할 필요가 있지만, 이제 이 문제는 해결할 수 있다는 자신감을 느끼고 있다"라고 유리는 보고서에서 결론지었다. 아직도 실용적인 장벽을 만들어 내지 못했다. 미국인들의 방식은 영국인들의 방식보다 더 미세한 구멍이 있는 재료가 필요했으며 무거운 부식성 가스의 압력을 견딜 수 있도록 튼튼해야 했다.

컬럼비아 연구팀은 구리를 장벽의 재료로 사용해 왔으나 1942년 말 부식에 견딜 수 있는 니켈로 바꾸었다. 압축된 니켈 분말은 튼튼하기는 했지만 구멍의 크기가 충분히 미세하지 못했다. 반면 전기 도금된 니켈 철망은 구멍이 미세하기는 했으나 충분히 튼튼하지 못했다. 독학으로 공부한 영국계 미국인 인테리어 설계가 에드워드 노리스(Edward Norris)는 새로운 페인트 분무기에 사용하는 전기 도금망을 개발했다. 그는 1941년 컬럼비아 프로젝트에 참가하여 화학자 에드워드 애들러(Edward Adler)와 같이 그의 발명품을 가스 확산에 사용할 수 있는 방법을 연구했다. 노리스-애들러 장벽은 생산에 이용될 수 있는 성능까지 개선 가능한 것으로 보였다. 1943년 1월, 컬럼비아는 지하 실험실에 시험 장비를 설치했고 그로브스는 실제 모델 장벽 생산을 승인했다.

적합한 장벽에 사용될 수 있는 물질을 찾는 일이 가장 힘든 문제이지만 이외에도 다른 문제들이 있었다. 헥스는 유기물질을 맹렬히 공격했다. 길이가 수 마일 되는 파이프나 펌프 그리고 장벽에는 한 점의 기름기도 용납되지 않는다. 그러므로 가스가 새지 않도록 이음새를 막는 물질에 기름기가 포함되어서는 안 됐다. 아무도 지금까지 이런 물질을 개발할 필요를 느끼지 않았다(결국 오크리지에서 사용된 물질은 전후에 테플론(Teflon)이란 상표로 판매됐다). 수 마일 길이의 파이프에 단 한 개의 조그만 구멍이라도 있으면 전 시스템을 망쳐 버리게 된다. 앨프레드 니어는 이동식 질량분석기를 개발하여 새는 구멍을 찾는 장비로 사용했다. 모든 파이프를 니켈로 만들면 미국의 전 니켈 생산량이 모두 필요하게 되므로, 그로브스는 파이프의 내부를 니켈로 도금할 수 있는 회사를 찾아내어 이 업무를 맡겼다.

공장에는 수천 개의 확산 탱크가 필요하며 가장 큰 탱크의 용량은 1,000갤런이나 된다. 공장은 4층 높이에 길이가 반 마일 되는 U자형 건물로 건평이 무려 42.6에이커에 달했다. 이것은 알파와 베타 건물이 있는 전지역 넓이의 2배가 되는 것이었다. 가스 확산 공장은 K-25라고 불렸다. 이 공장의 건설 및 운용 계약을 따낸 유니언 카바이드 사는 남서쪽 클린치 강변에 부지를 확보했다. 1943년 5월 31일, 이 공장에 동력을 공급하기 위한 화력 발전소 건설을 위한 측량이 시작됐다. 적당한 장벽 물질 개발이 차질을 빚자 그로브스는 K-25 공장 규모를 축소하여 농축도를 50퍼센트 이하로 제한했다. 그리고 이 농축된 우라늄을 Y-12에 있는 베타에서 사용하기로 했다.

유니언 카바이드 사는 노리스-애들러 장벽과 압축 니켈 분말 장벽의 장점만 조합하여 성공 가능성이 높은 새로운 장벽을 개발했다. 문제는 일리노이 주 데카터(Decatur)에서 생산중인 노리스-애들러 장벽을 어떻게 처리하느냐 하는 것이다. K-25 공장의 가동이 지연되더라도 생산설비를 개조하여 새로운 장벽을 만들기 시작할 것인가? 또는 몇 개의 장벽 개발팀이 힘을 합쳐 노리스-애들러 장벽을 생산에 사용할 수 있도록 개선해야 될 것인가? 이 중요한 문제에 관해서 그로브스와 유리는 격렬하게 충돌했다.

유니언 카바이드 사는 실패 위험 부담보다는 지연이 낫다고 판단하여 데카터에 있는 허시 공장설비를 개조할 것을 주장했다. 유리는 노리스-애들러 장벽을 포기하는 것은 전쟁을 단축시키기 위한 우라늄235의 생산을 그만두겠다는 뜻이라고 생각했다. 그는 현재로서는 더 유용한 생산방법을 포기하는 것은 전쟁노력에 방해가 된다고 주장했다.

그로브스는 이 문제를 영국에서 가스 확산 방법을 연구했던 전문가들로 구성된 검토위원회에서 토의하기로 결정했다. 그 해 가을, 영국과 미국은 새로운 교환 계획에 의하여 과학자들을 미국의 프로그램에서 일하도록 파견할 준비가 되어 있었다. 사이먼과 파이얼스를 포함하는 팀을 월리스 액커스(Wallace Akers)가 이끌고 미국에 도착했다. 그들은 유니언 카바이드 사와 컬럼비아팀과 12월 22일에 만나 미국의 진행상황을 점검하기로 했다.

참석자들은 1944년 1월 초에 다시 만났다. 영국팀은 새로운 장벽이 결국에는 노리스-애들러 장벽보다 더 우수할 것이라는 결론에 도달했지만, 만일 시간이 문제라면 노리스-애들러 장벽의 생산도 포기할 수는 없다고 생각했다. 새로운 장벽은 이제까지 손으로 조금씩 제작됐다. 그렇지만 K-25에는 2,892단계의 확산공정에 수 에이커에 달하는 장벽이 필요했다.

유니언 카바이드 사는 수천 명의 노동자를 동원하여 실험실에서 제작했던 방법으로 노리스-애들러의 생산계획을 앞질러 나가겠다고 제안했다. 영국팀은 새로운 제안에 놀라 만일 계획된 기일 이내에 생산해 낼 수 있다면 이 방법을 추구하는 것이 좋겠다고 동의했다. 그러나 이에 동의함으로써 영국팀은 자신도 모르는 사이에 함정에 빠지게 됐다. 미국 엔지니어들은 노리스-애들러 사의 생산을 완전히 중지하고 데카터 공장을 개조한 다음 새로운 장벽을 제조할 수 있다고 생각했다.

어찌됐던 그로브스는 이미 새로운 장벽을 생산하기로 결심했다. 영국팀의 검토는 단순히 그의 결정을 재가한 것이 됐다. 가스 확산 방식을 포기하는 대신에 장벽을 바꿈으로 해서 그는 맨해튼 계획 과학자들이 아직 깨닫지 못하고 있는 점을 확인했다. 미국의 핵무기 개발은 이제 독일과의 폭탄 경쟁에서 벗어나 그 목적이 확대되고 있다는 것을 뜻한다. 재래식 무기 생산에 지장을 주고, 결국에는 5억 달러가 낭비되며 전쟁을 끝내는 데에는 큰 공헌도 하지 못하게 될 가스 확산 공장을 건설한다는 것은 앞으로 핵무기가 미국의 병기창에 영구 품목이 된다는 것을 뜻했다. 유리는 이 점을 이해했다. 그러고는 그 시간 이후 자기주장을 철회하고 그의 노력을 원자에너지의 응용이 아닌 통제 문제에 쏟았다.

1942년 12월 2일, 페르미가 시카고에서 연쇄 반응을 증명한 지 12일이 지난 후 그로브스는 플루토늄 생산 지역의 선정 조건을 결정하면서 테네시 주는 제외했다. "클린턴 지역은 녹스빌에서 멀지 않다. 심각한 위험 가능성은 별로 없다고 생각하지만, 우리는 절대적으로 확신할 수는 없다. 대형반응로에서 연쇄 반응을 시도하다가 무슨 일이 생기게 될지 아무도 모른다. 만일 알려지지 않고 예상치 않았던 일 때문에 반응로가 폭발한다면 다량의 방사능 물질이 대기 중으로 방출되고 마침 바람이 녹스빌 쪽으로 분다면 그 지역의 인명 손실과 건강에 대한 피해는 굉장할 것이다. 이러한 사고는 프로젝트의 안전을 완전히 쓸어버릴 것이다." 그로브스는 전자기와 가스 확산 분리공장이 모두 가동 불가능하게 될 수 있다는 것을 생각했다. 플루토늄 생산 공장을 가능한 한 멀리 설치하는 것이 가장 좋을 것이다.

생산 파일은 냉각제로 사용되는 헬륨을 불어넣고 냉각시키기 위하여 많은 전기와 물을 필요로 한다. 안전을 위한 공간도 필요했다. 이러한 조건들 때문에 컬럼비아 강과 같이 서부의 큰 강 주변이 유력하게 고려됐다. 그로브스는 플루토늄 생산 지역을 관리할 장교와 듀퐁 사의 공장 건설을 감독할 민간인 엔지니어를 파견했다. 그로브스는 이들 두 사람이 장소를 물색하는 것 이외의 다른 임무에 대해서도 같이 일하는 데에 익숙해지기를 원했다. 그들은 워싱턴 주의 남부 중앙 지대를 후보지로 선정하고, 1942년 마지막 날 저녁 그로브스의 사무실에 도착했다. 장군은 1943년 1월 21일 부동산 평가서를 받았다. 그때 그는 이미 마음속으로 이곳을 생산 지역으로 결정하고 있었다.

캐스케이드(Cascade) 산맥 동쪽으로, 야키마(Yakima) 시에서 23마일 동쪽, 푸르고, 차갑고, 급히 흐르는 컬럼비아 강은 동쪽으로 굽어 흐르다가 북동쪽으로 방향을 바꾼 다음, 갑자기 90도 돌아 남동쪽으로 흘러 마침내 남쪽을 향해 평평하고 건조한 관목지대를 통과하여 파스코(Pasco)에 도달한 후 크게 구부러져 똑바로 서쪽으로 250마일을 흐른 다음 태평양에 도달한다. 내륙으로 깊숙이 들어간 지점에서도 강은 넓고 깊었다. 계절이 되면 연어떼가 몰려온다. 그러나 주변의 모래 평원은 강물이 별로 스며들지 않고 케스케이드 산맥 때문에 연간 강우량도 150mm 이하이다.

그로브스가 1월 말에 510만 달러에 사들인 컬럼비아 강 동부 50만 에이커(약 780만 평방마일)에는 주로 양을 방목하는 곳 외에 몇 군데 과수원과 포도밭이 있었으며 한두 군데 농가에서 박하를 심어 큰 재미를 보고 있었다. 기온은 여름 건조기에는 45도 그리고 별로 흔치는 않지만 겨울에는 영하 33도까지 내려갔다. 도로는 겨우 원을 그리는 30마일 정도가 고작이었고, 부지의 한 귀퉁이에 유니언 퍼시픽 철도가 지나간다. 230킬로볼트의 고압선이 그랜드 쿨리(Grand Coulee) 댐에서 본빌(Boneville) 댐까지 북서쪽을 관통하고 있었다. 강이 90도로 꺾어진 곳에서 남서쪽으로 몇 마일 되는 지점에 게이블(Gable) 산이 우뚝 솟아 있었다. 산길의 중간쯤 되는 곳에 컬럼비아 강의 나루터가 있고 거의 버려진 강변 마을에는 100여 명의 주민이 살고 있었다. 이곳이 건설공사의 기지로 사용됐고 핸퍼드 엔지니어링 공장(Hanford Engineer Works)이라는 이름도 이곳에서 따온 것이다.

그로브스는 이곳에 들어설 공장에 대하여 자세히 알기 전에는 핸퍼드(Hanford)의 건설을 시작할 수 없었다. 생산파일을 차폐시키고 화학 공정 건물을 짓기 위해서 어마어마한 양의 콘크리트가 필요할 것이라는 것은 명백했다. 핸퍼드의 기사는 자갈밭과 채석장을 찾아냈다. 사고가 나면 방사능이 공기중으로 방출되므로 철저한 기상관측 업무가 필요했다. 파일에서 흘러나가는 방사능에 약간 오염된 물이 강물에 사는 귀중한 연어에게 어떤 영향을 주게 되는지도 연구하여야 했다. 도로도 포장하고 동력도 공급해야 되며 임시 사무실과 수만 명의 건설 인부들의 숙소로 사용할 가건물도 지어야 했다.

1943년 초, 다시 논의되기 시작한 문제는 냉각방식이었다. 듀퐁 사의 엔지니어들은 이때 이미 파일을 반응로라고 부르고 있었다. 듀퐁 사에서 플루토늄 생산을 책임지고 있는 그린월트는 헬륨이 중성자를 전연 흡수하지 않으므로 헬륨 냉각 방식을 계속 추진하고 있었다. 그러나 헬륨을 파일 속으로 고압으로 불어넣어야 하므로 대형 강력 압축기가 필요했다. 그린월트는 이것을 제작할 시간이 있는지 확신이 서지 않았다. 헬륨 가스를 저장하기 위하여 거대한 강철 탱크도 필요했다. 공기가 새지 않도록 탱크를 용접하는 것만도 굉장한 일이었다. 유진 위그너가 또다시 구원의 손길을 제공했다. 페르미는 CP-1에서 예상보다 큰 k값을 얻었다. 스태그 운동장 파일에는 대부분 산화우라늄이 사용됐다. 그라파이트의 품질도 향상이 됐지만 그 외의 여러 가지 이유가 있었다. 순도 높은 금속 우라늄과 고순도 그라파이트를 사용하면 더 높은 k값을 얻을 수 있고 따라서 물에 의한 냉각도 가능하게 된다.

위그너 팀은 지름 28피트, 길이 36피트의 원형 그라파이트를 옆으로 눕혀 놓고 수평 방향으로 1,000개 이상의 알루미늄 튜브를 관통시킨 파일을 설계했다. 25센트 동전 크기의 우라늄 덩어리 200톤을 이 관 속에 채워넣는다. 1,200톤의 그라파이트 속에서 연쇄 반응을 일으키는 우라늄은 25만 kW의 열을 방출한다. 우라늄 주위의 알루미늄 파이프 속으로 분당 7만 5000갤런의 속도로 흐르는 냉각수가 이 열을 흡수한다. 우라늄도 (통조림 같이) 알루미늄으로 포장되어 사용된다. 약 100일 정도 충분히 연소되어 4,000개의 핵 중에서 1개가 플루토늄으로 변환되면 새 우라늄 덩어리를 밀어넣어 연소된 우라늄을 파일의 뒤쪽으로 밀어 내어 물탱크 속으로 떨어지게 한다. 그리고 나서 반감기가 짧은 방사능이 사라지도록 60일 정도 기다렸다가, 물탱크에서 꺼내어 화학적 분리 작업에 들어간다.

위그너의 설계는 세련됐고 단순했다. 그린월트는 냉각수가 흐르는 알루미늄 관이 부식되어 막히는 문제를 걱정했다. 2월 중순까지 물과 헬륨 가스를 비교 검토했다. "순수한 물을 사용하면 부식 문제를 크게 걱정하지 않아도 됐다"라고 아서 콤프턴이 회고했다. 마침내 그린월트도 수냉식에 찬동했다. 실라르드가 "이 일의 초기부터 끝날 때까지 프로젝트의 양심"이라고 불렀던, 그리고 독일의 원자폭탄 개발 활동에 대하여 계속 걱정해 왔던 위그너는, 왜 그와 그의 팀이 1942년 여름에 더 우수하다고 판단한 시스템의 가치를 이해하는 데 듀퐁이 3개월이나 걸렸는지 알 수 없다고 화를 냈다.

기본적인 사항이 결정되자 핸퍼드의 건설 사업이 시작됐다. 3개의 생산 파일이 컬럼비아 강을 따라 6마일 간격으로 세워진다. 강이 90도로 꺾어진 지점에서 상류 쪽에 두 개, 하류 쪽에 한 개를 건설할 계획이다. 남쪽으로 10마일 되는 지점, 게이블 산 뒤편으로 듀퐁은 4개의 화학분리공장을 한 군데에 두 개씩 세운다. 옛 핸퍼드 마을은 다섯 군데 건설 현장의 센터 역할을 했다.

1943년 8월, 세 개의 파일에 물을 공급할 정수장을 건설했다. 이 정수장의 용량은 인구 100만 명의 도시에 충분한 물을 공급할 수 있을 정도였다. 10월 10일, 듀퐁 사는 최초의 파일 100-B의 기초 공사를 시작했다. 390톤의 철 구조물, 1만 7400세제곱야드의 콘크리트, 5만 개의 콘크리트 블록 그리고 7만 1000개의 콘크리트 벽돌이 건축에 사용됐다. B파일의 설치는 1944년 2월에 시작됐다.

핸퍼드 파일은 시카고 파일과는 규모 면에서 완전히 달랐다. 페르미는 "그것은 완전히 다른 동물이다"라고 말했다. 로렌스의 질량분석기와 더닝의 가스 확산 공장도 완전히 다른 것이었다. 클린턴과 핸퍼드의 거대한 규모의 시설은 미국이 지금까지 직면해 보지 못했던 주권에 대한 위협으로부터 스스로를 보호하기 위하여 얼마나 결사적으로 몸부림쳤는지를 보여준다.

독일 폭탄의 위협은 사실이 아닌 것으로 판명났지만, 그것은 또한 중금속 동위원소의 저항이 어느 정도인가도 보여주는 것이다. 보어는 1939년 전국을 거대한 공장으로 변환시켜야 우라늄235를 분리해 낼 수 있다고 했다. 수년 후 보어가 로스앨러모스를 방문했을 때, 에드워드 텔러는 "이제 아시겠지요……. 보시는 바와 같이……"라고 이야기를 꺼냈다. 그러나 텔러가 입을 열기도 전에 보어는 "내가 전국을 공장으로 만들지 않고는 할 수 없다고 말했지! 바로 그렇게 한 걸세!"라고 말했다.

이와 같은 기념비적인 규모는 당시 미국이 갖고 있던 절망감의 또 다른 표현이었다. 이 나라가 경쟁에서 이기기 위하여 얼마나 야심차게 움직였는가 하는 점을 보여 준다. 1944년의 노르망디 상륙을 위한 대군주(Overlord) 작전이 계획됐던 1943년 8월 퀘벡(Quebec) 회의에서 윈스턴 처칠이 루스벨트에게서 협력자의 위치를 확인 받을 때까지는, 미국은 다른 국가들, 영국마저도 원자 무기를 보유하는 것을 원치 않았다. 6월에 그로브스는 지나칠 정도로 아등바등대었다. 그는 군사정책위원회에 미국이 전 세계의 우라늄 광석 공급을 완전히 통제하여야 된다는 것을 제안했다. 유니언 광산회사가 벨기에령 콩고의 홍수에 잠긴 신콜로브웨 광산을 다시 채광할 것을 거부하자, 그로브스는 이 회사의 소주주인 영국에게 도움을 요청했다. 퀘벡 이후 동업자의 관계는 세계의 우라늄 광석 공급선을 공동으로 확보하는 협력의 관계로 발전했다. 그로브스는 아직 모르고 있었지만 우라늄은 지구의 지각에 수백만 톤 이상 묻혀 있었다. 1943년, 이 광석이 매우 귀하다고 생각됐을 때 장군은 스스로 이 나라를 대표하여 마지막 1파운드까지 독점하기 위하여 헌신적으로 노력했다.

소련의 원자 폭탄 연구는 1939년에 시작됐다. 36세의 핵물리학자 이고르 쿠르차토프(Igor Kurchatov)는 소련 정부에 핵분열의 군사적 중요성에 대하여 경고했다. 쿠르차토프는 분열 연구가 이미 나치 독일에서 진행되고 있을지도 모른다고 생각했다. 소련의 물리학자들은 1940년 미국의 저명한 물리학자들, 화학자들, 금속공학자들 그리고 수학자들의 논문이 국제학술지에서 사라지기 시작하자 미국이 어떤 계획을 추구하고 있다고 의심하기 시작했다. 비밀 그 자체가 비밀을 폭로한 것이다.

1941년 6월, 독일이 소련을 침략하자 시작도 하기 전에 모든 것이 중지됐다. 학사원 회원이며 쿠르차토프의 동료이고 그의 자서전을 쓴 이고르 골로빈(Igor Golovin)은 "적이 진격해 왔고 모든 사람의 생각과 에너지는 단 한 가지 일, 즉 침략을 저지하는 데 경주됐다"라고 썼다. 실험실은 버려지고, 장비와 책 그리고 귀중한 기록들은 동부로 후송됐다. 침공은 연구의 우선순위를 바꾸어 놓았다. 레이더가 첫 번째이고 해군의 기뢰 탐지기가 두 번째이며 원자 폭탄 연구는 겨우 세 번째가 됐다. 쿠르차토프는 모스크바 동쪽 400마일 떨어진 카잔(Kazan)으로 옮겨 해군 기뢰에 대한 방어 기술을 연구하고 있었다.

1941년 말, 쿠르차토프는 카잔에서 그의 모스크바 연구소에 있던 두 명의 젊은 물리학자 중 한 명인 기오르기 플레로프(George Flerov)로부터 새로운 소식을 들었다. 이 두 명의 물리학자는 1940년 우라늄의 자연 붕괴* 현상을 발견하고 물리학 평론지에 전보로 알린 적이 있었다. 플레로프는 10월에 모스크바에서 열린 국제 과학자 회의에 참석하고 러더퍼드의 제자인 카피차(Kapitza)에게 전쟁을 돕기 위하여 과학자들이 할 수 있는 일이 무엇인가 물어보았다. 카피차의 대답의 일부는 다음과 같았다.

최근에 새로운 가능성으로 핵에너지가 발견됐다. 이론적 계산에 따르면, 예를 들어 재래식 폭탄은 도시 한 구역을 파괴시킬 수 있지만, 만일 원자 폭탄이 만들어진다면 그것은 수백만 명의 인구가 사는 대도시를 쉽게 없애버릴 수가 있다.

플레로프는 자기들의 연구를 기억해 내고 쿠르차토프와 국방위원

---

* 자연 붕괴 또는 자연 분열은 비교적 드문 핵현상으로 중성자 포격에 의한 분열과는 다르다. 이것은 외부의 자극 없이 무거운 핵이 불안정하기 때문에 자연적으로 일어나는 분열 현상이다.

회에 "우라늄 폭탄을 만드는 일을 지체해서는 안 된다"라는 내용의 편지를 보냈다. 맨 먼저 필요한 것은 고속 중성자 연구라고 썼다. MAUD 보고서가 겨우 이 연구의 필요성을 미국에 확실하게 전달했을 때였다.

쿠르차토프는 동의하지 않았다. 우라늄 무기의 연구는 즉시 전쟁에 필요한 물품의 연구와는 너무 동떨어진 것 같아 보였다. 그러나 소련 정부는 카피차와 쿠르차토프의 스승인 학사원 회원 조페 (Abram Joffe) 등을 포함하는 자문위원회를 소집했다. 이 위원회는 원자 폭탄을 연구하기로 결정했고 쿠르차토프를 책임자로 추천했다. 그는 약간 마음이 내키지 않았지만 수락했다.

"그렇게 하여 1943년 초부터, 이 어려운 문제에 관한 일이 모스크바에서 쿠르차토프의 주도로 시작됐다. 전쟁터, 산업체 그리고 연구소에서 핵물리학자들을 불러 모았다. 보조 업무도 여러 곳에서 시작됐다"라고 알렉산드로프(Alexandrov)가 회고했다. 보조 업무에는 사이클로트론을 제작하는 일도 포함되었다. 1943년 여름에 쿠르차토프는 그의 연구소를 모스크바 강 근처에 있는 버려진 농장으로 옮겼다. 근처의 대포 사격장은 폭발 시험장으로 사용됐다. 이곳은 제2실험실이라 불리며 소련의 로스앨러모스가 됐다. 1944년 1월, 20명의 과학자와 30명의 지원인력이 모였다. 그렇지만 이들은 핵무기와 핵반응로에 관련된 실험과 이론적 계산을 먼저 수행했다. 그리고 나서 순수 우라늄과 그라파이트를 생산하는 일과 우라늄 동위원소를 분리하는 방법을 연구하기 시작했다. 그러나 소련이라는 곰은 아직 완전히 잠에서 깨어나지 못했다.

페르미는 전쟁기간 중, 아마도 로스앨러모스에서 무기를 만드는 것에 대한 정열에 영향을 받아, 한 번은 주도적으로 움직인 적이 있었다. 그는 1943년 4월 회의가 개최됐을 때, 사적으로 오펜하이머에게 연쇄 반응 파일에서 생산되는 방사능을 독일인의 식료품을 오염시키는 데 사용할 것을 제안했다.

핵 반응로에서 발생하는 방사능 물질을 전쟁무기로 사용하는 방법은 아서 콤프턴이 1941년 국가 과학원(NSA) 검토위원회에서 언급한 적이 있다. 금속 연구소 과학자들은 독일이 파일 개발에 있어서 미국보다 1년 또는 그 이상 앞섰다는 가정 하에 1942년 말 독일인들이 이런 무기를 개발할지도 모른다고 걱정하기 시작했다. 1942년 12월, CP-1이 임계 상태에 도달했으므로, 독일은 먼지 또는 액체에 섞어 방사능 폭탄(분열 폭탄이 아님)을 만들 수 있는 강력한 방사능 동위원소들을 충분히 만들어낼 수 있을 정도로 오랜 기간 동안 파일을 가동시켰을 것이다. 독일은 미국의 도시들이 아니라면 금속 연구소를 예고 없이 공격할 수도 있다. 미국의 맨해튼 프로젝트 지도자들은 미국의 연구진행 상황을 조사하여 독일의 방사능전에 대항할 수 있는 방법을 강구하여야 된다고 판단했다. S-1 위원회는 코난이 위원장을 맡고 콤프턴과 유리가 위원으로 참석하는 소위원회에서 이 문제를 검토하도록 했다. 이 소위원회는 1943년 2월경에 이 일을 착수했다.

페르미는 금속 연구소에서 토의되는 사항을 알고 있었을 것이다. 그가 오펜하이머에게 한 제안은 방어적인 것과는 본질적으로 달랐다. 그것은 공격적인 의도를 갖고 있었다. 그는 아마도 그의 과학적 보수주의 때문에 이런 생각을 했을는지도 모른다. 고속 분열 폭탄의 가능성이 실험적으로 확인되기 위해서는 아직도 2년 정도는 더 기다려야 한다. 만일 그것이 불가능한 것으로 판명난다면 미국이 의존할 수 있는 것은 무엇이겠는가 하는 질문을 스스로에게 던졌을 지도 모른다. 그리고 해답을 CP-1과 곧이어 건설될 파일의 무서운 중성자에서 찾았을 수도 있다. 오펜하이머는 그 문제를 남에게 발설하지 않도록 페르미에게 당부했다. 페르미는 시카고에 돌아와 조용히 자기 일을 계속했다.

5월에 오펜하이머는 다른 여러 토의 사항들과 함께 페르미의 아이디어를 그로브스에게 보고했다. 그리고 코난의 소위원회에 대하여 알게 됐다. 5월 25일 로스앨러모스로 돌아와 편지로 페르미에게 알려 주었다.

오펜하이머는 페르미의 생각을 텔러와도 상의했다. 텔러는 가장 가망성이 있는 방사능 물질은 스트론튬(Strontium)이라고 했다. 원자번호 90번인 스토론튬은 인체의 뼛속에 축적된다. 텔러는 파일의 우라늄에서 스토론튬을 분리해 내는 일은 크게 어렵지 않다고 생각했다. 오펜하이머는 이 일을 더 적당한 시기까지 미루어 놓기로 했다. 지금은 콤프턴과도 토의할 필요가 없다고 생각했다.

나는 가능하다면 이 일을 지연시켜야 한다고 생각한다. 50만 명을 죽일 수 있을 정도로 충분한 음식물을 오염시킬 수 있을 때까지 이 계획을 보류해야 된다고 생각한다. 왜냐하면 현재로서는 방사능 물질을 고르게 분산시킬 기술이 없으므로 실제로 영향을 받게 될 숫자는 이보다 훨씬 더 적을 것이기 때문이다.

제2차 세계대전 중 고려된 여러 가지 잔인한 아이디어 중 오펜하이머의 아이디어도 다른 것에 뒤떨어지지 않는다. 그는 자기 생애에서 여러 번 자기는 아힘사(Ahimsa, 남에게 해를 입히거나 또는 다치게 하지 않는다는 뜻의 인도어)를 지킨다고 고백했다. 이제 그는 50만 명의 인명을 대량 독살할 준비에 대하여 이야기하고 있다.

1943년 중반이 연합국의 원자 과학자들이 가장 우려했던 시기이다. 나치 독일이 전쟁에 밀려 절망적인 상황에 빠지기 시작했기 때문이다. 맨해튼 프로젝트는 1945년 초에나 폭탄을 만들 수 있을 것으로 예상됐다. 만일 독일이 비슷한 규모로 1939년부터 연구를 시작했다면, 지금쯤은 폭탄을 손에 넣었을 것이다. 8월 21일, 한스 베테와 에드워드 텔러는 오펜하이머에게 비망록을 보냈다(미국은 최초로 연쇄 반응에 성공한 이후 1년 7개월 만에 폭탄을 완성했다).

최근의 신문 보도와 비밀 정보에 따르면 독일이 11월과 1월 사이에 새로운 강력한 무기를 갖게 될 것이라고 예상된다. 이 새로운 무기가 우라늄일 가능성이 높은 것 같다. 만일 이것이 사실이라면 그것이 가져올 결과에 대해서는 설명할 필요조차 없다.
독일은 금년 말까지 영국, 러시아 그리고 미국에 동시에 투하할 수 있는 많은 수의 장치를 만들기에 충분한 소재를 축적할 수 있을 것이다. 이 경우에는 거의 대항할 수 있는 희망이 없다. 그러나 그들이 한 달에 한두 개 이상은 만들어 낼 수 없을지도 모른다. 이 경우에는 영국은 극히 심각한 처지에 놓이게 되겠지만, 우리의 계획이 다음 몇 주 동안 극적으로 가속된다면 대항할 수 있는 희망도 있다.

또한 그들은 큰 회사에게 전적으로 생산을 맡기는 것에 대하여 불만을 표시했다(실라르드와 위그너가 이미 불렀던 헝가리의 만가이다). 그리고 유리와 페르미가 중수 '파일'을 긴급히 건설하는 것에 관한 긴급과제를 제안했다. 베테와 텔러의 제안은 아무 결과도 가져오지 못했지만, 전쟁 중의 분위기를 나타낸 것이다(히틀러의 비밀 무기는 페너뮌더(Peenemünde)에서 개발하고 있는 V-1과 V-2 로켓으로 판명됐다. 1944년 6월 13일, 처음으로 영국을 향해 발사됐다).
미국은 대서양으로 보호되어 있으므로 영국처럼 방사능 공격에 대하여 심각하게 걱정하지 않아도 됐다. 처칠 내각의 재무상이며 원자 폭탄 계획의 책임을 맡고 있는 존 앤더슨(John Anderson) 경은 1943년 8월 코스모스 클럽에서 코난과 같이 오찬을 나누며 이 문제를 토의했다. 그는 영국의 과학자들이 중수 생산을 다섯 배나 더 효과적으로 할 수 있는 방법을 개발했으므로 독일도 그렇게 할 수 있을 것이라고 믿었다. 중수는 연쇄 반응 '파일'에서 중성자를 감속시키는 역할을 한다. 그리고 이런 '파일'이 런던에 뿌려질 방사능을 생산해 낼 수 있다.

그러므로 영국은 노르웨이의 고농축 공장을 계속 감시해 왔다. 그것은 수리할 수 없을 만큼 완전히 파괴된 것은 아니었다. 정보에 따르면 독일은 4월부터 다시 생산을 시작했다. 독일 과학자들이 중수를 노르웨이에 보내 전기분해통을 채우고 다단계 생산작업을 다시 시작했다.

보어가 영국에 왔을 때, 하이젠베르크에서 받은 실험 중수로 설계도를 가지고 왔다. 보어는 그 해 가을 앤더슨 경과 한 차례 이상 만났다. 앤더슨은 보어의 정보와 베모르크에서 생산을 재개했다는 정보 등을 종합하여 이 공장을 긴급히 재공격해야 된다고 결론지었다. 나치는 베모르크의 경비를 크게 강화했으므로 이제 특공대의 공격은 불가능하게 됐다. 영국의 요청에 의하여 미육군 참모총장 마셜은 이 공장의 정밀폭격을 지시했다.

11월 16일 이른 아침, 미국 제8공군 B-17 폭격기들이 영국의 기지에서 북동쪽으로 날아올랐다. 노르웨이인들의 손실을 최소화하기 위하여 점심 시간인 11시 30분부터 12시 사이에 폭격하기로 계획했다. 서부 노르웨이에서 공격해 올 것으로 예상했던 독일 전투기들이 보이지 않아 폭격기들은 시간을 맞추기 위하여 북해를 선회했다. 지상 대공포로 인한 손실도 크지 않았다. 140대의 폭격기가 베모르크에 도착하여 500파운드 폭탄 700개를 투하했다. 한 개도 공장에는 명중되지 않았으나 발전소에 4발이 떨어졌고, 2발이 고농축 공장에 수소를 공급하는 설비에 떨어졌다. 공장은 가동할 수 없게 됐다.

제국 연구협의회는 공장을 독일 내에 세우기로 결정했다. 서둘러 건설하기 위하여 노르웨이 공장을 해체해서 독일로 옮겨오기로 했다. 노르웨이 지하 저항군은 이 정보를 런던에 알려왔다. 앤더슨은 독일의 전력 사정이 좋지 못하므로 공장 자체는 걱정하지 않았으나, 다단계 전기분해통 속에 남아 있는 중수를 걱정했다. 영국 정보 당국은 노르웨이인들에게 계속 감시하도록 했다.

1944년 2월 9일, 류칸 지역에서 중수를 2주일 이내에 독일로 수송한다는 무전 연락이 입수됐다. 특공대를 파견하기에는 시간이 충분치 못했다. 지난번 특공 작전 이후 계속 노르웨이에서 숨어 지내며 앞으로 있을 군사 작전을 준비해 온 호클리드와 무전기 운용병이 그 지역에 있는 훈련받은 특공대의 전부였다. 호클리드는 주위에서 도움을 구하더라도 혼자서 중수를 파괴하여야 한다.

호클리드는 야간에 류칸으로 침투하여 비밀리에 새로 온 공장 기사장 알프 라르센(Alf Larsen)을 만났다. 라르센이 도와주기로 약속하고 같이 작전을 짰다. 농축도가 1.1퍼센트에서 97.6퍼센트에 이르는 중수가 39개의 통에 넣어져 수송될 계획이었다. "혼자서 베모르크을 공격한다는 것은 상상도 할 수 없는 일이었다. …… 그러므로 수송 도중에 공격하는 방법이 유일한 것이었다." 베모르크의 수송 담당 기사가 합세하여 같이 방법을 연구했다. 중수는 류칸에서 틴쇼(Tinnsjö) 호수까지 기차로 운반된다. 거기서부터 배로 호수를 건너게 된다. 기차를 폭파하는 것은 어려울 뿐더러 승객들이 희생

될 우려가 있었다. 호클리드는 페리(Ferry)를 침몰시키기로 했다. 수송 담당 기사가 페리 승객이 적은 일요일 아침에 수송하도록 계획을 조정하기로 했다.

배를 침몰시키면 독일 경비병들도 죽게 되므로 이 지역 노르웨이인들이 보복을 받게 될 것이다. 호클리드는 런던에 허락을 요청했다.

독일인들이 원자실험을 위하여 중수를 사용한다는 사실과 원자폭발이 일어날 수 있다는 것은 거의 공개적으로 떠도는 이야기였다. 류칸에서는 독일인들이 방법을 찾아냈다고 믿지 않는다. 또한 그들은 이런 종류의 폭탄이 만들어질 수 있을까 의심하고 있다.

같은 날 런던에서 회신이 왔다.

요청은 검토됐다. 중수는 매우 중요하기 때문에 반드시 파괴되어야 한다. 너무 큰 피해 없이 완수하기를 희망한다. 성공을 기원한다.

호클리드는 노동복을 입고 경기관총을 바이올린 케이스 속에 넣었다. 어느 배가 일요일 아침에 운항하는 것인지 확인하고 한쪽 눈으로 시계를 보며 배에 올랐다. 호수의 가장 깊은 곳에 도달하는 데 30분이 걸리고, 거기서부터 20분을 더 가면 건너편에 도착한다. 그러므로 이 20분 이내에 폭발을 시켜야 된다. 호클리드는 전기 기폭기와 시계가 필요했다. 그는 류칸에 있는 철물상 주인을 밤에 찾아갔으나 거절당했다. 중수공장에서 정년 퇴직한 기능공한테서 자명종 시계를 얻었다. 라르센이 또 한 개를 구해왔다. 호클리드는 시계 속의 망치가 종을 치는 대신 접촉판을 때려 전기 공급 회로가 접속되어 기폭기가 터지도록 개조했다.

수개월 전 영국은 플라스틱 폭약을 포함하는 물자들을 낙하산으로 공급했다. 호클리드는 폭약들을 원형으로 연결하여 배 밑창에 뚫을 구멍과 같은 크기로 만들었다. "호수는 폭이 좁으므로 배는 5분 이내에 침몰해야 한다. 그렇지 않으면 건너편 호숫가에 도달할 수도 있다." 시계장치를 시험하기 위하여 여분의 기폭기를 연결하고 시간을 맞추어 놓고 산속의 통나무 집에서 잠들었다. 기폭기는 예정된 시간에 터졌다. 그는 깜짝 놀라 침대에서 일어나 제일 가까이 있는 총을 들고 반사적으로 방어자세를 취했다. 시계는 믿을 만 했다.

토요일 밤, 호클리드와 이 지역에 살고 있는 롤프 소를리에(Rolf Sorlie)가 독일 병사들과 게슈타포들이 북적대는 류칸 시내로 잠입했다. "롤프와 나는 밤 11시에 몬(Maan) 강을 가로지르는 다리 위로 가서 목표물을 확인했다. 화물 열차는 전등불이 비치는 곳에 정차되어 있고, 경비병들이 지키고 있었다. 기차는 내일 아침 8시에 떠나고, 배는 10시에 출발할 예정이었다."

다리에서 뒷길을 따라 시내에 있는 약속 장소로 갔다. 그곳에서 자동차의 운전을 담당하기로 한 기사와 접선했다. 이 차는 호클리드가 왕의 이름으로 훔쳐서 사용하고 일요일 오전에 되돌려 주기로 주인과 약속된 것이었다. 차 주인이 휘발유 대신 메탄 가스를 사용할 수 있도록 개조했으므로 시동을 거는 데 시간이 많이 걸렸다. 그들은 일이 끝난 후 노르웨이를 떠나기로 한 라르센을 중간에서 태웠다. 그는 귀중품을 넣은 가방을 갖고 왔다. 그는 저녁 파티에서 직접 오는 길이다. 파티에서 이곳을 방문중인 바이올린 연주가를 만났다. 그가 내일 배편으로 이곳을 떠날 예정이라는 이야기를 듣고, 이곳에서 스키를 하루 더 즐기고 떠나라고 권유했으나 소용이 없었다. 또 다른 류칸 사람이 합류했다. 그들은 한밤이 훨씬 지나서 호수에 도착했다.

경기관총, 권총 그리고 수류탄으로 무장한 우리는 배를 향해 기어갔다. 매섭게 추운 밤이었으므로 모든 것이 부스럭거렸다. 길 위에 있는 얼음은 우리가 기어서 지나갈 때 예리하게 부서지는 소리를 냈다. 매표소 옆에 있는 다리에 도착했을 때 소대 병력이 행군하는 듯한 시끄러운 소리가 들렸다.
롤프와 다른 사람에게 내가 배에 올라 살피는 동안 나를 엄호하라고 일렀다. 모든 것이 조용했다. 수송로 중에서 가장 취약한 이곳에 독일군이 경비를 세우지 않았다니 이것이 가능한 일인가? 앞쪽의 선원실에서 이야기 소리가 들렸다. 나는 몰래 다가가 귀를 기울였다. 그곳에서는 파티가 열리고 포커 게임을 하고 있었다. 다른 두 명이 나를 따라 갑판 위로 올라왔다. 우리는 삼등선실로 내려가 배 밑바닥에 이르는 통로 뚜껑을 찾아냈다. 그러나 그때 발자국 소리가 들렸다. 우리는 책상과 걸상 뒤에 숨었다. 배의 경비원이 문간에 서 있었다.

호클리드는 빨리 생각했다. "상황은 이상하게 됐지만 위험하지는 않았다." 그는 경비원에게 게슈타포에 쫓기고 있으므로 숨을 곳이 필요하다고 말했다.
경비원은 갑판의 통로 뚜껑을 가리키며 그 속에 불법으로 물건들을 몇 번 숨긴 적이 있다고 말했다. 류칸 친구가 기지를 발휘하여 경비병과 계속 이야기를 나누는 사이에 소흘리에와 호클리드는 갑판 밑으로 내려가 깊이가 한 자쯤 되는 찬물 속에서 작업을 시작했다. 그들은 19파운드나 되는 폭약을 배 밑바닥에 설치하고 시계와 전기 장치는 물이 차지 않은 벽에 부착했다. 폭약을 배의 앞쪽에 설치하여 물이 들어오기 시작하면 배가 앞쪽으로 기울어져 방향타와 프로펠러가 공중으로 떠올라 오도록 했다. 폭발이 일어나면 배 밑바닥에 지름 1m 이상의 구멍이 뚫리게 된다.

소를리에는 갑판으로 올라갔다. 호클리드는 시계를 오전 10시 45분에 종을 치게 해놓고 전선을 연결하기 시작했다. 시계 속에 있는 망치와 접속판은 1센티미터 정도 떨어져 있었다. 죽음과 삶 사이에는 1센티미터 정도의 거리뿐이었다. 그는 새벽 4시에 모든 준비를 완료했다.

류칸 친구가 경비원에게 도망자들이 류칸에 되돌아가 가져올 물건이 있다고 말했다. 호클리드는 경비원에게 경고를 해 줄까 하는 생각을 했지만 임무에 차질을 빚게 될지 모르므로 고맙다고 말하고 악수만 했다. 부두에서 10분쯤 되는 거리에서 호클리드와 라르센은 차에서 내려 호수를 빙 돌아 40마일이나 되는 곳까지 스키로 달렸다. 그곳에서 기차를 타고 스웨덴 국경까지 간 다음 탈출할 계획이었다. 소를리에는 산 속의 오두막으로 돌아가 무전기로 영국에 보고하기로 했다. 운전수는 훔친 차를 되돌려 주고 류칸 친구와 같이 걸어서 집으로 돌아갔다. 호클리드의 제안으로 중수공장의 수송 기사는 완전한 알리바이를 준비해 두었다. 그는 주말에 병원에서 맹장 수술을 받고 입원실에 누워 있는 것으로 되어 있었다.

바이올린 연주가를 포함하는 53명의 승객을 태우고 페리는 정시에 출장했다. 45분이 지난 다음 호클리드가 설치한 폭약은 배 밑에서 폭발했다. 선장은 폭음보다는 진동을 먼저 느낄 수 있었다. 그는 호수에서 항해하면서 어뢰를 맞은 것으로 생각했다. 호클리드가 의도한 대로 뱃머리가 먼저 침몰했다. 승객과 선원들이 구명정을 내리려고 아우성치는 사이에 화물을 실은 차는 39톤의 중수와 함께 굴

러떨어져 돌멩이처럼 가라앉았다. 26명이 익사했다. 바이올린 연주자는 구명보트에 탔다. 그의 바이올린 케이스가 물에 떠 있어 누군가가 건져주었다.

독일 육군 병기창의 쿠르트 디프너는 베모르크 폭격과 중수의 침몰이 독일 분열 연구에 미친 영향을 전후의 인터뷰에서 이야기했다.

> 1945년, 전쟁이 끝날 때까지 독일의 중수 저장량은 조금도 증가하지 못했다. …… 독일이 스스로 유지되는 연쇄 반응 원자로를 전쟁이 끝나기 전에 만들지 못한 주된 이유 중의 하나는 노르웨이에 있는 중수 생산 시설의 파괴였다.

폭탄을 향한 독일의 노력은 1944년 2월 추운 일요일 아침 노르웨이의 산속 호수에서 끝났다.

진주만에 이어 서태평양과 동남아시아에서 일본이 100만 평방마일을 휩쓸었음에도 불구하고 전쟁 초기에 미국 정부는 유럽보다는 이곳에 관심을 기울이지 못했다. 부분적인 이유는 국가 정책이 유럽에 우선 순위를 둔 결과이기도 했다. 태평양 함대 제독 윌리엄 헬지(William F. Halsey)는 회고록에서 "유럽은 워싱턴의 애인이었다. 남태평양은 단지 양자일 뿐이었다"라고 말했다. 미국인들이 처음에는 체격이 작고 문화가 다른 섬나라 사람들을 심각하게 생각하지 않은 것도 사실이다. 1942년 말, 《타임-라이프》의 허시(Hersey) 기자는 워싱턴이 태평양에 대하여 너무 모르고 있어 미국 해병들이 불안해 한다고 보도했다. "히틀러를 무찔러야 되지만, 그렇다고 우리가 계속 일본인들을 꼬리가 긴 작은 원숭이로 생각해서는 안 된다." 진주만 공격 당시 주일 미국 대사 조지프 그루(Joseph C. Grew)는 일본의 억류에서 풀려나 돌아왔을 때 미국정부가 일본을 잘못 인식하고 있다고 느꼈다. 그는 전국에 다니며 강연하면서 잘못된 점을 지적했다.

어느 날 지성인인 미국인 친구가 나에게 말했다. "물론 이 전쟁 중에 이길 때도 있고 질 때도 있다. 우리는 매일 승리를 기대할 수 없다. 그러나 히틀러가 점점 더 강력해지는 연합군의 공군과 해군 그리고 육군의 군사력 앞에 패망하는 것은 시간문제이다. 그 뒤에 우리는 일본인들을 쓸어버릴 것이다." 이 말을 눈여겨 보십시오! "그러고 나서 우리는 일본인들을 쓸어버릴 것이다."

이런 허장성세는 잘못된 것이라고 그루는 생각했다. "일본인들은 우리가 그들을 어떻게 생각하고 있는지 잘 안다." 그는 청중들에게 말했다. "그들은 신체적으로 왜소하고, 남의 흉내를 잘 내고 세계적으로 중요한 국가로 취급받고 있지 않다." 이와는 반대로 "그들은 뭉쳐 있고, 검소하고, 광신적이며, 전체주의자들"이라고 그루는 말했다.

바로 이 순간에도 일본인들은 그들 자신을 당신과 나 그리고 어떤 다른 사람들보다도 우수한 사람 중의 사람이라고 생각한다. 그들은 우리의 기술에 경탄한다. 그들은 우리가 가진 자원의 궁극적인 우월성에 대한 잠재적 두려움을 가지고 있지만 인간으로서는 우리를 얕잡아 보고 있다. …… 일본의 지도자들은 일본인들이 이길 수 있고, 이길 것이라고 믿는다. 그들은 우리가 자기들을 과소평가하는 것, 우리가 전쟁 전이나 전쟁 중에도 뭉치지 못하는 것 그리고 우리가 희생을 감내하고 싸우려 하지 않는 것 등에 기대를 걸고 있다.

그때까지 그루의 강연은 단지 훈계에 지나지 않는 것이라고 할 수도 있었다. 그는 계속해서 태평양에서 싸우는 미국인들이 경험하기 시작하는 현상들을 강조했다. "승리가 아니면 죽음이라는 것이 일본 병사들에게는 단순한 표어가 아니다. 그것은 그들의 최고위 장군들로부터 신병에 이르기까지, 전군을 통제하는 군사정책을 단적으로 사실에 입각하여 설명하는 것이다. 그들은 적에게 포로로 잡히는 것을 자신과 조국에 대한 불명예로 여긴다."

이것은 미국 해병대 알렉산더 반디그리프트(Alexander Vandegrift) 중장이 1942년 말 솔로몬 제도에서 발견한 것이다. 그는 워싱턴에 있는 미 해병대 사령관에게 편지를 보냈다. "장군, 나는 이런 전쟁에 대해서는 결코 듣거나 읽어보지 못했습니다. 이 사람들은 항복하기를 거부합니다. 부상자들은 미군들이 조사하기 위하여 올 때까지 기다립니다. ……그러고는 수류탄으로 자신과 다른 사람들을 폭파해 버립니다." 무서웠다. 전투를 위해서는 이와 상응하는 무자비함이 필요하다. 허시 기자는 이것을 미국 국민에게 설명할 필요가 있다고 생각했다.

미국 해병대는 살인자이며 포로를 생포하지도 않고, 숙소도 제공하지 않는다는 소문이 퍼졌다. 이것은 부분적으로 사실이다. 그러나 그 이유는 잔학성이나 진주만을 기억하는 복수는 아니다. 그들은 일본 군인들을 죽였다. 왜냐하면 정글에서는 죽이지 않으면 죽게 되기 때문이다. 미국 해병대 병사들은 "독일군과 싸웠으면 좋겠다. 그들은 우리와 같은 인간이다"라고 말하고는 했다. 독일인들은 적어도 사람과 같은 방식으로 반응했다. 그러나 일본인들은 동물과 같았다. 그들에 대해서는 전혀 새로운 대응 방법을 배워야 했다. 곧 그들의 동물 같은 고집에 익숙해져야 했다. 그들은 마치 정글에서 태어난 것처럼 정글로 사라졌다. 그리고 짐승처럼, 그들이 죽을 때까지 다시 보지 못했다.

과달카날 전투에 해병대로 참전했던 역사가 윌리엄 맨체스터(William Manchester)는 좀 더 객관적으로 한발 물러나 바라보았다.

당시에는 적에게 약간이라도 찬사를 보내는 것이 용납되지 않았다. 그들이 끝까지 버티는 것을 광신이라고 했다. 돌이켜 보면 그것은 영웅주의와 구별이 되지 않는다. 그것을 비하하는 것은 미국의 승리를 깎아내리는 것이다. 왜냐하면 그것을 무찌르기 위하여 미국의 용기가 필요했기 때문이다.

그것이 수성, 광신 또는 영웅주의이든 무엇이든지 간에 일본인들이 항복을 거부함으로 해서 미군은 새로운 전술과 두둑한 뱃심이 필요하게 됐다.

리처드 트레가스키(Richard Tregaski)는 1943년에 베스트셀러가 된 그의 책 『과달카날 일기』에서 태평양 전쟁 최초의 지상 전투에서 나타난 새로운 전술에 대하여 보고했다.

장군은 전투를 이렇게 요약했다. …… 가장 어려운 일은 잽(Jap, 일본인을 비하하는 호칭)들이 가득 들어 있는 동굴을 쓸어내는 것이다. 각 동굴은 그 자체가 요새이며 죽을 때까지 저항하는 잽들로 꽉 차 있다. 단 하나의 효과적인 방법은 다이너마이트를 집어넣고 폭파시킨 다음 경기관총을 가지고 들어가 남아 있는 잽들을 죽여버리는 것이다. ……
"이런 동굴과 지하 감옥은 처음 보았다"라고 장군은 말했다. "그 속에는 삼십 내지 사십 명의 잽들이 있었다. 그들은 한두 번 예외적인 경우를 제외하고는 절대 밖으로 나오지 않았다."

솔로몬 전투의 통계는 같은 사실을 표현해 준다. 미 해병대가 과달카날에 처음 상륙했을 때 요새를 지키던 250명의 일본군 중에서 3명만이 포로로 잡혔다. 이 섬이 완전히 장악되기 전에 3만 명의 일본군들이 죽었다. 반면에 미군은 4,123명을 잃었다. 다른 곳의 전투도 이와 유사했다. 북 버마 전투에서 전사자 대 포로의 비는 약 120:1이었다. 1만 7166명이 전사하고 142명이 포로로 잡혔다. 서방 국가들은 병력의 4분의 1 또는 3분의 1을 잃으면, 부대가 기능을 상실한 것으로 간주하고 미리 항복한다. 일본군의 경우는 마지막 한 사람까지 저항하는 지긋지긋한 전쟁이었다. 따라서 미군의 손실도 증가했다.

1943년, 연합군은 피비린내 나는 전투를 통해 천천히 일본군을 일본 열도 쪽으로 밀어붙이기 시작했다. 일본군의 전투 양상으로 미루어 보아, 일본의 민간인들도 이와 같은 저항을 보일 것이냐 하는 것이 의문으로 떠올랐다. 그루는 이 문제에 대하여 1년 전의 그의 강연에서 해답을 제시했다.

> 나는 일본을 알고 있다. 나는 그 곳에서 10년 동안 살았다. 나는 일본인들을 속속들이 알고 있다. 일본인들은 부서지지 않는다. 그들은 패배가 눈 앞에 뻔히 보일지라도 사기에 있어서, 심리적으로 또는 경제적으로 부서지지 않는다. 그들은 허리띠를 한칸 더 졸라매고, 식사를 한 공기에서 반 공기로 줄이고 최후까지 싸울 것이다. 이것이 독일인과 일본인의 차이이다. 이것이 일본과 싸우는 데 우리가 부딪치고 있는 문제이다.

한편, 미국은 동굴 속의 일본군들을 태워 죽이기 위하여 화염방사기를 만들었다. 전쟁 전에 일본을 여행했던 언론인 헨리 울프 (Henry C. Wolfe)는 《하퍼》에 실린 기고에서 일본의 성냥곽 같은 도시들을 화염으로 폭격할 것을 주장했다. "우리는 국가의 생존을 위

완전히 다른 동물 151

한 사느냐 또는 죽느냐 하는 전쟁을 하고 있다. 그러므로 미국 군인들의 생명을 구하기 위해서는 어떤 작전도 정당화된다. 우리는 갖고 있는 모든 것을 동원하여 적에게 최대의 피해를 입혀야 된다."

1943년 1월, 루스벨트 대통령은 카사블랑카에서 처칠 수상을 만났다. 회의 중에 두 지도자는 항복 조건에 대하여 토의했다. '무조건'이란 조건도 논의됐으나 공식적인 공동발표문에는 포함되어 있지 않았다. 그러나 1월 24일, 루스벨트는 발표문에 없는 말을 읽어 처칠을 놀라게 했다. "독일과 일본의 전쟁 정권을 완전히 제거해야만 세계에 평화가 올 수 있다. 독일, 이탈리아 그리고 일본의 전쟁 정권의 제거는 독일, 이탈리아 그리고 일본의 무조건 항복을 뜻한다." 후에 루스벨트는 이 놀랍고도 운명적인 문구의 삽입은 프랑스 장군 앙리 지라드(Henri Girad)와 자유 프랑스 지도자 샤를 드골(Charles de Gaulle)을 한자리에 만나게 하기 위한 그의 노력이 혼동된 결과라고 홉킨스(Hopkins)에게 말했다.

우리는 이 두 프랑스 장군들을 한자리에서 만나게 하는 데 크게 애를 먹고 있었다. 나는 이것을 그랜트(Grant)와 리(Lee)를 만나게 주선하는 것만큼 어려운 일이라고 생각했다. 갑자기 기자회견이 열렸다. 윈스턴과 나는 준비할 시간이 없었다. 그러고는 그랜트를 '늙은 무조건 항복자'라고 부른다는 생각이 떠올랐다.

처칠은 즉시 동의를 표시했다. "이와 같은 시기에, 소홀함 때문이라고 해도 우리 사이에 틈이 벌어지는 것 같이 보이는 것은 우리의 전쟁 노력에 도움이 안 되며 위험하기조차 한 것이다"라고 처칠은 말했다. 무조건 항복은 연합국의 공식적 정책이 됐다.

폭로

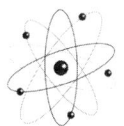

"미국에서 일해 볼 생각이 없습니까?" 제임스 채드윅이 1943년 11월 리버풀에서 오토 프리슈에게 물었다. "일을 해보고 싶습니다." 프리슈가 대답했다.

"그러면 영국 시민이 돼야 합니다." "그렇다면 더욱 좋습니다." 일주일도 지나지 않아 프리슈는 영국 시민권을 받았다. 그는 채드윅의 지시에 따라 런던에 가서 다른 과학자들과 같이 미국 대사관에서 비자를 발급받고 다음날 아침 개조된 호화 여객선 안데스 호를 타기 위하여 리버풀로 돌아왔다.

영국 과학자팀의 대표는 월리스 에이커스(Wallace Akers)였다. 가스 확산 장벽 기술을 검토할 팀과 로스앨러모스에서 폭탄 연구에 참여할 팀으로 구성됐다. 프리슈, 파이얼스, 페니, 플라첵, 문 그리고 푹스(Fuchs) 등이 포함되어 있었다. 채드윅과 유체역학 전문가

테일러는 뒤이어 합류할 계획이었다. 워싱턴에서 그로브스는 이들에게 보안에 관하여 강의했다. 프리슈는 기차를 타고 뉴멕시코 주로 갔다. 로스앨러모스에서 오펜하이머로부터 환영받았다. 그들은 처칠이 밀어넣는 쐐기였다. 폭탄은 이들이 먼저 생각했던 것이었지만 더 급한 일들에 관심을 쏟다가, 이제 미국의 개발 업무를 도와주고 기술을 집으로 가지고 오도록 이곳에 보내졌다.

처칠은 8월에 퀘벡에서 미국과 협력을 재개하는 데 합의했다.

> 우리 사이에 합의된 사항은,
> 첫째, 우리는 상대에 대하여 이것을 결코 사용하지 않는다.
> 둘째, 우리는 상대의 동의 없이는 제삼자에 대하여 사용하지 않는다.
> 셋째, 우리는 상대의 동의 없이는 이것에 관한 정보를 제삼자에게 넘겨주지 않는다.

보어와 그의 아들 오어는 영국팀의 고문과 젊은 과학자의 자격으로 뒤따라 미국에 왔다. 영국 정부가 이들의 월급을 지급했다. 아버지와 아들을 부두에서 영접한 그로브스의 보안 담당 요원은 이들에게 니콜라스와 제임스 베이커라는 가명을 쓰도록 했다. 보안 요원의 안내로 호텔에 도착해 보니 검은 글씨로 굵게 "닐스 보어"라고 써붙인 노벨 수상자의 여행 가방이 로비에 도착해 있었다. 로스앨러모스에서 뜨거운 환영을 받고 니콜라스와 제임스 베이커는 닉(Nick) 아저씨와 짐(Jim)으로 불리었다.

보어가 한 첫 번째 일은 하이젠베르크에게서 받은 중수 반응로의 설계도를 검토하는 일이었다. 오펜하이머는 과학자들을 불러모아 이 파일을 무기로 사용할 수 있는지를 검토했다. "그것은 명백히 반응로의 설계도였다"라고 베테가 전후에 기억했다. "그러나 우리가 그것을 보았을때 '이 독일인들이 완전히 미쳤구나'라고 생각했다. 그들은 반응로를 런던에 투하하려고 하는가?" 물론 이것이 하이젠베르크의 의도는 아니었다. 보어는 다음과 같은 점을 명확히 해두고 싶었다. "우라늄-중수 파일의 폭발 위력은 같은 무게의 TNT의 위력보다 더 크지는 않다."

만일 하이젠베르크의 설계도가 진정으로 의미하는 바를 미국의 물리학자들이 이해했다면 독일은 이 분야에서 크게 뒤져 있다는 것을 금방 알아냈을 것이다. 설계도에는 우라늄이 덩어리가 아닌 얇은 판자 모양으로 표시되어 있었다. 하이젠베르크의 동료들은 3차원 격자 모양의 배치를 주장했지만 하이젠베르크가 이 효율이 떨어지는 설계를 고집했던 것이다. 미국에 있던 네덜란드 물리학자이며 나중에 정보수집 임무를 위해 유럽전선에 투입됐던 사무엘 고트스미트(Samuel Goudsmit)는 "당시에 우리는 이것이 그들의 진짜 목적을 감추는 데 성공하여 보어같이 현명한 과학자까지도 속였다고 생각했다"라고 말했다.

오펜하이머는 보어가 이곳에 와준 것만으로도 좋은 영향을 미칠 것이라 생각하여 크게 기뻐했다. "로스앨러모스에서 보어는 훌륭하게 행동했다. 그는 기술에도 큰 관심을 보였지만······ 그러나 그의 진짜 역할은 기술적인 것이 아니었다. 그는 많은 사람들이 걱정하고 있을 때 이 프로젝트에 대한 희망을 불어넣는 역할을 했다"라고 오펜하이머가 말했다. 어떻게 보어가 그렇게 할 수 있었는지 오펜하이머가 전쟁이 끝난 뒤 한 강연에서 설명했다.

보어는 수천 대의 탱크와 비행기로 유럽을 노예로 만들려고 하는 히틀러를 경멸했다. 그는 이와 같은 일은 다시는 일어나지 못할 것이라고 말했다. 그리고 결과는 좋을 것이라고 했다. 그는 로스앨러모스에서 과학자들과 협력했던 경험이 중요한 역할을 할 것이라고 말했다. 우리는 이 모든 것을 믿었다.

"그는 이와 같은 일은 다시는 일어나지 못할 것이라고 말했다"라는 표현이 관건이다. 오스트리아 이론물리학자 빅토르 바이스코프 (Victor Weisskopf)는 다른 이야기를 했다.

로스앨러모스에서 우리는 과학자가 직면할 수 있는 가장 의문스럽고 문제점이 많은 일을 하고 있었다. 당시에 우리들이 사랑하는 물리학은 현실에서 가장 잔인한, 사람을 죽이는 방법이었고 우리는 그것을 참고 견디어야 했다. 대부분의 과학자들은 젊었고 그래서 세상 살아가는 일에는 경험이 별로 없었다. 그런 상황 속에 보어가 갑자기 로스앨러모스에 나타났다.
우리는 처음으로 의미를 깨닫기 시작했다. 왜냐하면 보어가 연구뿐만 아니라 우리와의 토론에도 참가했기 때문이다. 모든 문제는 그 자체 내에 해결책을 가지고 있다. 이것이 우리가 그에게서 배운 것이다.

"그들은 원자 폭탄을 만드는 데에 나의 도움은 필요하지 않았다"라고 보어는 이야기했다. 그는 또 다른 목적을 가지고 이곳에 나타났다. 스톡홀름에서 스웨덴 왕을 만났던 이유보다도 더 큰 이유 때문에 가족을 떠나 외로움 속에서 미국을 여행했다. 그가 이번에 깨달은 것은 러더퍼드가 핵을 발견했을 때 그가 알아냈던 것과 동등한 폭탄의 상보성이었다.
런던과 로스앨러모스에서의 경험을 통해, 보어는 혁신적인 폭탄이 가져올 결과를 알아낼 수 있었다. 그는 이제 그가 이해한 것을 국가 원수들, 누구보다도 루스벨트와 처칠에게 알리려고 했다.

1943년 12월, 보어는 로스앨러모스에 도착하기 전에 워싱턴 주재 덴마크 대사관에서 베푼 리셉션에서 미국의 대법관 펠릭스 프랑크푸르터(Felix Frankfurter)를 다시 만났다. 대법관은 빈 태생의 시온주의 유대인이며 열렬한 애국자였다. 그는 루스벨트와 친한 친구이며 오랫동안 대통령의 자문에 응해 왔다. 보어는 1933년 영국에서 히틀러에게 쫓겨나온 유대인 과학자들을 도와주기 위한 모임에서 프랑크푸르터를 만났었다. 또 1939년 워싱턴을 방문했을 때 프랑크푸르터가 대법관에 임명됐고, 두 사람은 따뜻한 우정을 나누는 사이가 됐다. 리셉션에서는 사적인 이야기를 나눌 시간이 없었으나 프랑크푸르터가 돌아가면서 보어를 오찬에 초대했다. 보어는 직감적으로 무슨 일이 있다고 생각했다.

보어가 로스앨러모스에서 다시 워싱턴으로 돌아온 2월 중순, 두 사람은 점심 약속을 지켰다. 두 사람 모두 이 만남을 설명하는 내용을 담은, 전쟁기간 동안의 비망록을 남겼다. "우리는 최근의 덴마크 상황에 대하여 이야기했다." 프랑크푸르터의 기록이다. "전쟁의 진전 방향, 영국의 상황······ 독일 패배에 대한 확신 그리고 앞으로 있을 일들에 대하여 이야기했다. 보어 교수는 이 나라를 방문한 목적에 대해서는 내비치지도 않았다." 다행히 대법관은 그가 X라고 부르는 프로젝트에 대하여 알고 있었다. 그는 미국의 어떤 유명한 과학자한테서 들었다고 했지만 아마도 1943년 듀퐁 사에 대한 불만으로 마음이 산란했던 금속 연구소의 젊은 과학자에게서 들었을 것이다. 그는 듀퐁 사 문제로 프랑크푸르터와 엘레나 루스벨트를 접촉한 적이 있었다. 대법관은 보어의 연구 분야를 알고 있으므로 그의 방문 이유가 X 때문이라고 생각했다.

그래서 나는 X에 대하여 넌지시 운을 떼고, 내 생각이 맞다면 보어 교수가 무슨 말인지 알아 들을 것이라고 생각했다. 그도 빙 돌려서 대답했다. 그러나 우리 두 사람은 오랫동안 히틀러주의의 협박에 골몰해 왔고 그리고 공동의 목적을 깊게 추구해 왔으므로 서로 드러내 놓지 않고도 X의 함축된 의미에 대하여 이야기를 나눌 수 있었다.

이와 같이 하여 유명한 법관과 물리학자는 약간의 장애를 쉽게 뛰어 넘을 수가 있었다.

보어 교수가 프랑크푸르터에게 말했다. "X는 인류에게 가장 큰 혜택이 될 수도 있고 혹은 가장 큰 재앙이 될 수도 있다. ……" 보어는 제삼자의 입을 빌려 이야기했다. 이것을 듣고 프랑크푸르터는 "대통령이 틀림없이 관심을 가질 것"이라고 말했다.

보어는 중간에서 거들어 줄 사람이 필요했다. "B와 F는 3월경에 다시 만났다." 보어가 회고록에 기록했다. "그리고 그 동안 F가 대통령과 만날 기회가 있었고, 대통령은 이 프로젝트가 역사의 전기를 가져다줄 것으로 희망했다." 프랑크푸르터는 루스벨트와의 만남을 설명했다.

나는 대통령과 한 시간 반 동안 같이 있었다. 그는 나에게 이 모든 일이 그를 "죽도록 걱정하게" 만든다고 했다(이 표현은 생생하게 기억한다). 그리고 그는 이 문제를 처리하는 데 있어서 많은 도움이 필요하다고 말했다. 대통령은 보어 교수를 만나고 싶다고 말하고 나에게 만남을 주선하도록 부탁했다. 내가 이 문제의 해결이 국제기구(유엔)를 위한 계획보다도 더 중요하다고 이야기하자, 그는 동의하며 보어 교수에게 런던에 있는 우리 친구들에게 대통령이 X와 관련하여 적절한 조치를 찾기를 원한다고 전하라고 내가 전달하는 것을 승인했다.

이 대화의 내용에 관해서 논쟁이 많았다. 왜냐하면 루스벨트가 나중에 묵시적으로 이 이야기를 부인했기 때문이다.

만일 대통령이 전쟁이 끝난 뒤 폭탄이 미칠 영향에 대하여 "죽도록 걱정"했다면 왜 직접 영국에 알리지 않고 비공식적으로 보어에게 이 임무를 맡겼을까? 그는 보어를 만나지도 않았다. 이 의문에 대한 답변이 실질적인 해답을 줄 것이다. 루스벨트가 정말로 원자폭탄의 국제적인 통제 방법을 찾는 데 관심이 있었는지 또는 이미 영국과 미국이 영구히 독점하기로 결정했는지?(퀘벡 합의는 독점을 결정했음을 시사한다. 그리고 그는 최근에 세계의 우라늄과 토륨 공급시장에 대해서 그로브스 그리고 부시와 토의했다).

왜 루스벨트가 그토록 중요한 임무를 보어에게 맡겼을까? 사실 임무는 정반대였다. 보어는 영국, 적어도 앤더슨 경을 대표하여 미국에 왔다. 앤더슨 경은 영국의 로스앨러모스 참여 입장을 강화하기 위하여 보어의 미국 방문을 격려했다. 루스벨트는 처칠 수상의 주위에 있는 사람들이 보어를 이용하여 처칠이 아직 승인하지 않고 있는 전시 및 전후의 조치에 관한 생각을 대통령에게 전하려고 한다고 생각했다. 그는 영국의 상대에게 충실하며 동시에 간단하게 이 일에 대응했다. 보어의 기록은 계속됐다. 그 문제를 꺼내자마자, 대통령은 모든 인류의 이익이 되도록 프로젝트를 관리하는 최선의 방법을 찾는 것은 처칠 수상과 자신 사이의 문제라고 말했다고 F는 B에게 알려주었다. 그리고 대통령은 수상으로부터 이 목적을 위한 어떤 제안도 환영한다고 말했다고 전해주었다. 대통령은 전후 관계에 대한 새로운 아이디어를 토의하고 싶어한다. 그렇지만 영국인들은 먼저 자기들의 수상을 설득해야 될 것이다. 루스벨트가 처칠이 모르게 일을 처리하지는 않을 것이다.

3월과 그 이후에 보어의 머리을 복잡하게 하는 것은 소련에 대하여 어떤 태도를 취해야 하는가 하는 문제였다. 보어는 이 문제를 다음과 같은 시각으로 고려했다.

첫 번째 폭탄이 거의 완성될 때쯤 소련에게 폭탄 개발 계획이 진행 중이라는 것을 통보해 준다. 그러면 소련은 신뢰감이 생겨 전후 군비 통제 협상에 협력할 것이다. 그러나 소련이 이 정보를 스스로 알아내게 하고, 폭탄을 전쟁 중에 사용한다면, 소련은 전후에 미국과 영국의 핵독점에 반대할 것이다. 그러면 결과는 핵무기 경쟁으로 치닫게 된다.

보어가 폭로한 폭탄의 상보성은 동시대의 어떠한 정치적인 문제보다도 훨씬 더 기본적인 것이었다. 그러나 당시의 정치적인 문제는 더 큰 문제의 한 단면이며, 부분적으로 더 큰 문제를 보이지 않게 가리고 있다. 폭탄은 기회이며 위협이고 그리고 언제나 기회이고 위협이 될 것이다. 역설적인 희망이다. 그러나 폭탄이 사용되기 전과 후의 정치적 상황은 반드시 다를 것이다.

1944년 3월 말, 보어는 미국 대통령으로부터 영국의 수상에게 이야기를 전달하라고 위임받았다. 보어를 신뢰하는 영국은 큰 영향을 받았다. 주미 영국 대사 헬리팩스 경은 매우 중요한 일이므로 바로 영국으로 돌아가야 된다고 했다. 아버지와 아들은 다시 한번 대서양을 건넜다. 군용 비행기를 타고 4월 초 런던에 도착했다.

영국의 원자무기 계획책임자이며 재무상인 앤더슨은 3월 21일 장문의 메모를 수상에게 보냈다. 그는 영국 정부 내에서 원자 폭탄에 대한 광범위한 의견을 개진할 수 있도록 공개할 것을 제안했다. 그는 보어의 의견대로 전후 국제적인 핵무기 확산 가능성을 내다 보았다. 치열한 군비경쟁에 대한 단 하나의 대안은 국제적인 합의라고 생각했다. 그는 가까운 장래에 원자무기에 대한 사실을 소련에게 알리고 국제적 통제 계획을 준비하는 노력에 소련의 협력을 요청하자고 제안했다. 처칠은 "협력"에 동그라미를 그리고 메모의 여백에 "어떤 경우에도 안 됨"이라고 써 넣었다.

보어가 도착하자 앤더슨은 수상에게 다시 메모를 보냈다. 같은 논리를 반복하며 이번에는 루스벨트도 이 문제를 생각하고 있으며 토의를 환영한다고 추가했다. 그는 처칠이 의견 교환을 요청하는 전문의 초안까지 만들어 보냈다. 반응은 이전과 마찬가지로 심술궂은 것이었다. "나는 이런 전보가 필요하다고 생각하지도 않고 또한 알려야 될 범위도 넓히길 원치 않는다"라고 회신했다.

처칠은 보어를 만날 기분이 아니었다. 보어는 아픈 발을 몇 주 동안 쉴 수 있었다. 그가 기다리고 있는 동안 소련인들로부터 연락을 받았다. 피터 카피차는 보어가 덴마크를 탈출한 지 얼마 지나지 않아 보어에게 편지를 보냈다. 편지는 스톡홀름을 경유해 런던에 있는 소련 대사관으로 전달됐다. "당신은 소련에서 환영을 받을 것이며 당신과 가족에게 안식처를 제공할 모든 준비가 되어 있으며 우리는 과학적인 일을 수행할 필요한 조건이 갖추어져 있음을 알려 드리고 싶습니다." 보안담당에게 통보한 후 보어는 켄싱턴 가든에 있는 소련 대사관에 편지를 가지러 갔다. 돌아와서 소련 대사관의 참사관과 나눈 대화 내용을 보고했다.

참사관은 B가 최근에 미국에 갔다 온 것을 알고 있었다. 그리고 B

가 말했다. 여행 중 국제 문화 협력을 희망하는 많은 격려 이야기를 들었다. 그리고 곧 소련도 방문하기를 희망한다. 참사관은 전쟁 중 미국 과학자들의 일에 대하여 어떤 정보를 들었는지 물어보았다. B가 대답했다. 미국의 과학자들은 소련과 영국의 과학자들과 마찬가지로 전쟁 노력에 커다란 공헌을 했고 전후 모든 나라에서 과학의 중요성을 인식하게 될 것이다. 그 후 B는 덴마크의 점령기간 동안의 상황에 대하여 조금 이야기했다.

보어에게 물어 본 솔직한 질문과 모스크바로 오라는 카피차의 초청으로 미루어 볼 때 소련은 적어도 폭탄 프로젝트의 진행을 어렴풋이 눈치채고 있거나 혹은 자신들이 연구를 하고 있다는 것을 암시한 것이었다. 이것은 머지않아 비밀 군비경쟁이 시작될 것임을 의미하는 것이다. 마침내 5월 16일 다우닝 가 10번지를 서웰 경과 같이 방문했을 때 그는 이 긴박한 소식도 전하기로 했다.

"우리는 희망과 기대를 가지고 런던으로 돌아왔다. 물론 과학자가 세계 정치에 끼어들려고 애쓴다는 것이 어찌 보면 좀 이상한 경우였으나 풍부한 상상력과 훌륭한 비전을 가진 처칠 수상에게 새로운 미래에 대한 생각을 불어 넣어 줄 수 있다고 느껴졌다." 닐스 보어는 희망을 품었다. 그러나 그의 영국 친구들은 철저히 준비해 놓지 못했다.

"이 전쟁의 가장 암담한 코미디 중의 하나였다"라고 C. P. 스노는 이 대결을 코미디라고 불렀다. 서웰의 제자였던 존스(R. V. Jones)가 정확히 설명했다. 존스는 몇 시간 뒤 튜브 알로이 사무실이 있는 퀸 가를 어슬렁거리는 보어를 발견하고 깜짝 놀랐다.

면담이 어떻게 됐는지 묻자, "잘 안 됐다. 그는 우리들을 학생 같이 꾸짖었다"라고 보어가 말했다. 당시 보어의 이야기와 그리고 그 후에 내가 알게된 것은 만남이 시작부터 잘못됐다는 것이다. 처칠은 기분이 좋지 않았다. 서웰에게 면담을 좀 더 정상적인 방법으로 주선하지 않았다고 호되게 나무랐다. 그러고는 자기는 그 이유를 알고 있다고 말했다. 처칠은 퀘벡 합의에 대하여 그를 비난하는 것이라고 생각했다. 이것은 물론 진실이 아니었다. 정확성과 간명함은 상보적인 것이다. 짧은 표현은 정확할 수 없다고 말해 왔던 보어의 설명은 알아듣기 힘든 것이었다. 그래서 처칠이 이해한 것은 보어가 전쟁이 끝난 뒤의 상황에 대하여 걱정하고 있다는 것과 러시아에게 폭탄 연구의 진전 상황을 이야기해 주기를 원한다는 것이었다. 처칠은 그에게 말했다. "무슨 말씀인지 잘 모르겠습니다. 결국에는 이 새로운 폭탄은 현재의 폭탄보다 좀 더 큰 것일 뿐입니다. 그것은 전쟁의 원리에 차이를 가져오지 않을 것입니다. 그리고 전후 문제에 대해서는 나와 나의 친구 루스벨트 사이에 우호적으로 해결될 수 없는 것이 하나도 없습니다."

보어의 예정된 면담시간은 겨우 30분뿐이었으며 그것도 대부분은 처칠이 독점했다. 처칠이 자리를 뜨려고 하자 보어는 처칠에게 편지를 쓸 수 있도록 허락해 달라고 요청했다. 처칠은 대답했다. "세계적인 과학자로부터 편지를 받는 것은 나의 영광입니다." 그러나 덧붙여 "정치에 관한 이야기는 사양합니다."

"우리는 같은 언어로 이야기하지 않았다"라고 보어가 말했다. 그는 풀이 죽은 듯 보였으나 사실은 대단히 화가 나 있었다. 그는 일흔둘의 나이에도 불구하고 신랄하게 그의 친구에게 말했다. "핵에너지의 방출을 눈앞에 두고도 일어날 수 있는 문제들에 관한 해결책을 찾는 사람이 아무도 없었다는 것은 무서운 일이다. 그들은 완전히 무방비 상태였다. 다른 사람들이 할 수 있는 일을 소련 사람이라고 할 수 없다고 믿는 것은 완전히 어리석은 짓이다. ……핵에너지에 대한 비밀은 처음부터 없었다."

처칠의 외고집은 복합적인 이유 때문이었지만 솔직한 면이 있었다. 그는 노르망디 상륙작전 준비로 정신 쓸 겨를이 없었다. 그는 음모자들이 등 뒤에서 기어다니는 냄새를 맡고 본능적으로 찰싹 때려 떨어뜨렸을 뿐이다. "당신이 교수를 나에게 인사시켰을 때, 다운닝 가에 그렇게 부시시한 머리를 해가지고 나타난 사람을 나는 별로 좋아하지 않았다"라고 서웰에게 말했다. 그는 폭탄이 전쟁의 원리를 바꿀 것이라는 생각을 이해하기에는 마음의 준비가 되어 있지 않았다. 1년 후 일흔 살이 되는 처칠은 조금도 흔들리지 않았다. 그는 1945년 앤서니 이든(Anthory Eden)에게 보낸 글에서 "어떤 경우에도 우리가 그것을 통제할 수 있는 한 이 문제는 미국과 영국의 손에 쥐고 있어야 된다. 그리고 프랑스와 소련인들이 무엇을 하든지 내버려 두어야 한다. 어떤 강국이든 이 비밀을 손에 넣으면 그것을 만들려고 노력할 것이다. 그리고 이것이 인류사회에 영향을 준다는 것은 확실하다. 그래서 나는 제삼자에게 알려준다는 것은 생각할 수도 없다고 본다"라고 말했다.

그는 언제나 비밀에 대하여 순진한 믿음을 가지고 있었다. 이 분야의 최고의 권위자가 비밀은 지켜질 수 없고 소련도 곧 폭탄을 만들게 될 것이라고 말했다. 그러나 그의 낙관주의는 그것을 믿지 않도록 스스로 속였는지도 모른다.

보어는 며칠 뒤 처칠에게 편지를 썼다. 편지는 신중한 것이었지만 결국에는 정치적인 내용이었고 그가 면담 시에 전하도록 허락받은 것이었다. "루스벨트 대통령은 이 프로젝트의 엄청난 결과에 대하여 크게 걱정하고 있다. 그는 이 프로젝트가 앞으로 가져올 굉장한 위험과 또한 독특한 '기회'를 이해하고 있다." 보어는 이 기회라는 것에 대해서는 설명하지 않았다. 그는 충고를 제공하는 태도에서도 한발짝 뒤로 물러난 것 같았다. "물론 상황에 대응하는 책임은 정치인들만의 것이다. 과학자들은 정치인들에게 그들의 결정에 중요하다고 생각되는 '기술적 문제'들에 대한 정보만 제공할 수 있다." 이 기술적 문제에는 보어가 로스앨러모스에서 알게 된 더 큰 폭탄과 핵무기의 확산 가능성이 포함되어 있었다.

처칠은 보어의 편지에 답변하는 수고를 하지 않았다. 보어는 런던에 몇 주일 더 머물렀다. 그는 1944년 6월 6일 화요일 D-데이에 런던에 있었다. 연합군 최고 사령관 아이젠하워 장군은 1,200척의 함정, 1,500대의 탱크 그리고 1만 2000대의 항공기의 지원을 받는 15만 6000명의 영국, 캐나다 그리고 미국의 병사들이 도버 해협을 건너 유럽에 상륙하도록 명령했다. 주말에 보어가 아들과 함께 미국에 가기 위하여 영국을 떠날 때 32만 6000명의 연합군은 유럽 대륙으로 전진하고 있었다. 아이젠하워는 "베를린을 경유하여 집으로 돌아간다"라고 병사들에게 말했다.

보어가 집으로 돌아가는 길은 워싱턴을 경유하는 길이었다. 그는 6월 18일 프랑크푸르터에게 면담결과를 보고했고 대법관은 즉시 루스벨트에게 결과를 알렸다. 루스벨트는 또 다른 처칠다운 호전성에 대한 이야기를 들었다.

일주일쯤 뒤에 F는 B에게 대통령이 그를 만나보기를 원한다고 전하며 짤막한 메모로 그의 관점을 요약하여 설명하라고 충고했다.

보어는 무더운 워싱턴의 여름 날씨 속에서 그의 메모가 최대한 일반적인 표현을 갖도록 고치고 또 고쳤다. 오어 보어가 타자기를 치는 동안 그는 양말을 기우며 생각하고 또 생각했다.

보어는 노년에 그가 당시에 주장했던 내용을 한 문장으로 설명했다. "우리는 전쟁으로 해결할 수 없는 완전히 새로운 상황에 처해 있습니다." 그는 1943년 로스앨러모스에 도착했을 때 이미 이 상황을 이해하고 있었다. 그래서 오펜하이머에게 유럽을 노예화하려는 히틀러의 전쟁 같은 것은 결코 다시 일어날 수 없다고 말했다. 폭탄이 개발되면 세계의 상황과 전쟁의 양상에 엄청난 변화를 가져올 것이라는 사실이 보어에게는 명확히 보였다.

전쟁무기로 만들어진 폭탄이 세계의 대규모 전쟁을 종결시킨다. 그렇다면 그것은 전혀 무기라고 할 수 없다. 그것은 이제까지 시도된 어떤 것보다 역사의 자연적인 흐름에 간섭해 들어갈 것이고 미래의 전쟁 양상을 완전히 바꾸어 놓을 것이다. 핵무기가 확산되면 상호파괴만 가능해질 뿐 아무도 이길 수 없다. 그것은 전쟁이라고 말할 수 없다.

그것은 신천지이며 이 나라가 지금까지 겪어본 적이 없는 영역이다. 그것은 러더퍼드의 원자핵이 새로운 것이었던 것만큼 새로운 것이고 조사되지 않았던 것이다. 보어는 원자의 금지된 영역을 조사했고 역설적인 다층구조를 발견했다. 이제 그는 핵이 방출하는 에너지를 통해 큰 정치적 변화를 발견했다.

지금까지 여러 국가들은 국제적인 무질서 상태 속에서 존재했다. 그들 서로 간의 관계를 정의하는 더 높은 조직은 없었다. 그들은 자발적으로 각자의 이익을 위하여 협상했고 그들이 얻을 수 있는 것을 취했다. 전쟁이 그들의 마지막 협상 방법이었다. 최악의 의견 차이를 힘으로 해결했다.

이제 궁극적인 힘이 나타났다. 만일 처칠이 그것을 인정하지 않았다면 그것은 국제조약 또는 사람들로 구성된 위원회가 아니기 때문에 그런 것이다. 그것은 미국이 만들어 낸, 무한한 에너지를 끄집어 낼 수 있는 기계장치이다. 많은 국가들이 이 기계장치의 존재를 알게 되고 그것을 얻는 기술적 수단을 확보하는 즉시 자신들의 방어를 위하여 만들게 될 하드웨어이다. 그것은 만드는 사람들에게 안전을 보장해 주는 것처럼 보인다. 그러나 매우 강력하고 이동 가능한 기계 장치에 대한 확실한 방어대책이 없으므로, 시간이 지남에 따라 저장고에 쌓여가는 장치들은 불안 요소가 될 것이고 마침내 모든 국가들이 총체적 불안에 이르게 될 것이다.

이 폭탄이 나타나기 전에는, 국제 관계는 전쟁과 평화 사이를 오갔다. 폭탄이 등장한 뒤에는 핵강국 사이에서의 전쟁은 스스로 멸망하는 길이 될 것이다. 아무도 이길 수 없게 된다. 시계추는 평화와 국제적 자멸 사이에서, 평화와 전체적 죽음 사이에서 진폭이 점점 더 커지기 시작한다. 보어는 앞을 내다보았다. 그리고 정치가들이 이것을 막을 준비를 해야 된다고 주장했다.

보어는 바보가 아니었다. 어떤 국가도 사활이 걸린 문제에 대하여 다른 국가의 말만 믿기를 기대할 수 없다. 각자는 상대방이 비밀리에 폭탄을 제조하지 않는지 직접 보기를 원할 것이다. 이것은 세계의 개방을 뜻한다. 이런 생각에 대하여 소련이 의심할 것을 그는 잘 알고 있었다. 그러나 핵무기 경쟁의 위험이 너무 크므로 보상받게 될 장점이 확연히 드러날 것으로 생각했다.

비밀리에 준비된 경쟁 방지 대책에는 군사적 준비상태 등을 포함하는 자유로운 정보의 교환과 산업시설 등의 개방을 요구할 것이다.

모든 참가국들의 공동 안보가 보장되어야 할 것이다.

보어가 루스벨트를 위하여 1944년 워싱턴에서 준비한 메모는 프랑크푸르터를 통하여 전달됐다. 보어는 머지않아 루스벨트가 만나자고 부를 것이라고 기대하며 7월 중순 로스앨러모스로 돌아갔다.

1944년 8월 26일 오후 5시, 보어는 백악관에서 격식을 갖추지 않은 자유로운 분위기 속에서 대통령을 만났다. 루스벨트는 매우 친절했다. 연합군이 유럽에서 매우 빠르게 진격하고 있었으므로 그의 기분은 매우 좋았다. 그는 보어의 메모를 읽었다. 그는 친절하게도 보어에게 견해를 설명할 수 있는 기회를 주고 그리고 매우 솔직하고 격려하는 태도로 자신이 희망하는 바에 대하여 이야기했다.

루스벨트는 보어가 제안하는 방식으로 소련에 접근해 보는 것이 좋겠다고 찬성했다. 그리고 좋은 결과가 있을 것을 희망한다고 말했다. 그의 의견으로는 스탈린은 과학적, 기술적 발전의 중요성과 그것이 의미하는 결과를 이해할 수 있을 만큼 충분히 현실적인 사람이었다. 루스벨트는 이와 관련하여 테헤란에서 만났던 스탈린의 인상에 대하여 이야기했고 그리고 처칠과 스탈린 사이의 논쟁에 대한 재미 있는 일화도 소개해 주었다. 그는 런던에서 처칠과의 면담에 대한 이야기를 들었다고 언급하며 처칠은 흔히 처음에는 그렇게 반응한다고 말했다. 그는 처칠과는 언제나 합의에 도달할 수 있었으므로 결국에는 처칠이 이 문제에 대해서 자기와 견해를 같이할 것이라고 말했다. 그는 이 문제를 다음 번 회담에서 논의할 것이며 그 후 다시 만나기를 희망한다고 말했다.

대통령과의 만남은 한 시간 반 동안이나 계속됐다. 1948년, 보어는 대통령이 처칠 수상을 만난 다음에 자기에게 소련을 방문해 달라고 요청할 것 같은 인상을 받았다고 오펜하이머에게 이야기했다. "나의 아버지가 루스벨트를 만나고 나서 느낀 기분은 언급할 필요가 없는 것 같다. 이때는 낙관과 기대로 꽉 찼던 시기였다"라고 오어 보어가 말했다.

수상과 대통령은 회담의 마지막 주제로 원자 폭탄 문제를 토의했다. 9월 말, 그들은 하이드 파크에 있는 루스벨트의 시골 저택에서 만났다. 루스벨트는 제대로 싸워보지도 못하고 처칠의 주장에 양보하고 말았다. 토의 결과는 비망록에 정리됐다. 이것은 아마도 처칠이 작성한 것으로 보이는데, 보어의 제안이 잘못 표현되어 있을 뿐만 아니라 거부되어 있었다. 이것은 새로운 무기의 사용에 대한 미국과 영국의 합의를 나타낸 최초의 기록이었다.

1. 원자 폭탄의 통제와 사용에 관한 국제적 동의가 필요하다는 관점에서 원자 폭탄의 존재에 대하여 세계에 알려야 한다는 제안은 수락되지 않았다. 이 문제는 계속하여 극비로 간주되어야 하며 폭탄이 완성되면 신중한 고려 하에 일본에 대하여 사용될 수 있다. 그들이 항복할 때까지 이 폭격이 반복할 것이라는 것을 경고하여야 한다.
2. 미국과 영국 정부 사이의 군사적 그리고 상업적 목적의 우라늄 개발 협력은 공동합의에 의하여 종결되지 않는 한 일본의 패배 이후에도 계속한다.
3. 보어 교수의 활동에 대하여 조사하여야 한다. 그리고 그가 정보를 누출하지 않는다는 것을 확실하게 하는 조치가 취해져야 한다.

다음날인 9월 20일, 처칠은 서웰에게 몹시 책망하는 편지를 썼다.

대통령과 나는 보어 교수에 대하여 크게 걱정하고 있다. 어떻게 하여 그가 이 일에 관여하게 됐는가? 그는 공개주의의 옹호자이다. 그는 승인도 받지않고 대법관 프랑크푸르터에게 이야기했으며, 프랑크푸르터는 자세한 것을 알고 있다고 하여 대통령을 놀라게 했다. 그는 소련 교수와도 가까이 연락하고 있다고 말했다. 소련에 있는 그의 옛친구에게 이 문제에 대하여 편지를 썼고 그리고 아마도 계속 쓰고 있을 것이다. 소련 교수는 이 문제를 토의하기 위하여 그를 소련에 오라고 초청했다. 이게 다 무슨 일인가? 보어는 감금되어야 할 것으로 생각되나, 어찌됐던 그는 중대한 범죄를 저지르게 된다는 것을 알아야 될 것이다. 나는 전에는 이런 것을 몰랐다. 나는 이 일을 전혀 좋게 생각하지 않는다.

앤더슨, 핼리팩스 그리고 서웰은 처칠에게 보어를 변호했고 부시와 코난은 루스벨트에게 설명했다. 보어는 감금되지는 않았으나 미국 대통령을 다시 만나지 못했다. 소련을 방문하는 임무도 주어지지 않았다.

그해 9월, 인류의 손실은 말할 수 없이 큰 것이었다. 폭탄의 상보성, 그것에 내포된 약속과 위협은 국가원수들의 결정에 의하여 취소될 수 있는 것이 아니다. 그들의 깨지기 쉬운 권위는 그렇게 멀리까지 미치지 못한다. 핵분열과 열핵융합은 국회의 법률이 아니고 물리적 세계에 깊이 감추어져 있는 지렛대이며 그들을 발견하는 것이 가능하기 때문에 발견됐고 특허를 내거나 비밀로 한다고 해서 독점할 수도 없는 것이다.

1943년 4월, 에드워드 텔러는 로스앨러모스가 설립됐을 때 전적으로 이 일에 참여하기 위하여 이곳에 왔다. 그의 나이는 서른다섯이었고 검고 짙은 눈썹에 몸집이 컸다. 울람은 "그는 언제나 진지했고 눈에 띄게 포부에 차 있었으며 물리학에서 무엇인가 성취하려는 열의가 겉으로 드러나는 사람이었다"라고 말했다. 그는 따뜻한 사람이었고 남과 친하게 지내려고 노력했다. 텔러의 장남 폴이 2월에 태어났다. 텔러 가족은 뉴멕시코의 황무지 언덕에 그들의 마음의 평화를 위해서 없어서는 안된다고 생각하는 기계 두 대를 가지고 왔다. 하나는 스타인웨이 그랜드 피아노로 미시(Mici)가 시카고에서 그녀의 남편을 위하여 200달러에 산 것이며, 다른 하나는 신제품인 벤딕스 자동세탁기였다. 그들이 배정 받은 아파트의 거실은 피아노로 꽉 들어찼다.

보어가 1939년 워싱턴에서 핵분열 현상의 발견에 대하여 발표한 이래 텔러는 핵에너지를 얻기 위하여 노력했다. 그는 오펜하이머가 로스앨러모스를 만들고, 연구원을 불러모으고 그리고 연구계획을 수립하는 일을 적극적으로 도왔다. 그러나 텔러는 연구관리 부서장직에 임명되지 못했다. 이것이 텔러를 괴롭혔다. 텔러는 열핵융합 무기 '슈퍼'를 개발하는 연구부를 이끌 자격이 있었지만 이런 부서는 만들어지지 않았다. 연구소는 원자 폭탄을 최우선 과제로 선정했고 열핵반응의 이론적 연구는 다음 우선 순위 과제로 결정됐다. 전쟁이 계속되고 있으므로 인력에도 제한이 있었다.

한스 베테는 자기가 이론연구 부장으로 선정된 이유를 "인생과 과학에 대한 끈기 있고 안정된 접근 방식을 가지고 있었으므로 결정도 해야 되고 세부적인 계산도 수행되어야 하는 개발 단계의 프로젝트에 적합하다고 판단됐기 때문"이라고 생각했다. 텔러는 그의 옛친구의 안정된 접근방식을 다르게 보았다. "베테에게 연구 관리 업무가 주어졌다. 내 의견으로는 그가 만든 조직은 군조직과 너무나도 똑같은 선조직이었다"라고 말했다. 한편, 텔러는 오펜하이머의 관리방법을 여러 번 칭찬했다.

전쟁 기간 동안, 오펜하이머는 연구소의 모든 부분에 무슨 일이 일어나고 있는지 자세히 알고 있었다. 그는 기술적 문제는 물론 인간을 분석하는 데 믿을 수 없이 재빠른 통찰력을 가지고 있었다. 로스앨러모스에서 일하던 1만 명 이상의 사람들 중에서 오펜하이머는 수백 명을 아주 잘 알고 있었다. 그는 이들의 다른 사람들과의 관계와 또한 무엇이 이들을 움직이게 하는지 잘 알고 있었다. 그는 조직 방법, 구워삶는 일, 농담, 마음을 달래주는 법 등을 잘 알고 있었고, 그렇게 보이지 않으면서도 강력하게 선도해 나가는 방법도 알고 있었다. 그는 헌신과 인간성을 결코 잃지 않은, 영웅의 한 예이다. 그를 실망시키는 것은 잘못된 일이라는 느낌이 드는 분위기였다. 로스앨러모스의 놀라운 성공은 오펜하이머가 선도한 명민함, 열정 그리고 카리스마에서 자라난 것이다.

슈퍼의 이론적 복잡성은 텔러에게 좋은 도전거리였으나 원폭의 경우는 그렇지 못했다. 슈퍼는 텔러가 선도해 나갈 수 있는 좋은 일거리였지만, 우선 1943년 여름까지는 슈퍼 문제를 일단 덮어두고 베테를 도와 좀 더 급한 원자 폭탄의 임계질량 계산과 여러 가지 폭탄설계에 따른 효율 등을 계산하기로 했다. 여름에 퍼듀 대학에서 실험을 통해 이중수소의 융합반응 단면적이 예상보다 훨씬 크다는 사실을 발견했다. 텔러는 이 사실을 인용하며 9월부터 슈퍼에 대한 연구를 재개할 것을 제안했다. 그때 노이만이 네더마이어의 내폭 방식의 가능성을 인정하고 같이 연구하기 위하여 언덕에 도착했다. 그래서 텔러는 몇 달 동안 이 새로운 분야를 생각하는 데 묶여 있었다.

세그레는 1943년 가을, 언덕에 새로운 실험실을 만들었다. 그는 버클리에서 우라늄과 플루토늄의 자연 붕괴율을 측정했다. 극소량의 샘플을 사용했으므로 매우 어려운 실험이었지만 중요한 결과를 얻었다. 이 결과로 폭탄 중심에 불순물인 가벼운 원소들을 어느 정도 함유해도 무방한지 결정할 수 있었다. 다시 말하면 자연붕괴율 이하로 정제하는 것은 큰 의미가 없게 됐다. 또 대포형 폭탄에서 조기 폭발을 방지하기 위하여 얼마나 빠른 속도로 발사하여야 되는지도 결정할 수 있게 됐다. 세그레는 그의 새로운 측정 장비들이 주위에 있는 방사능으로부터 영향을 받지 않도록 언덕에서 멀리 떨어진 곳에 실험실을 만들었다.

　세그레는 12월에 다시 중요한 발견을 했다. 자연 우라늄(우라늄 238)은 버클리에서 측정한 값과 일치했으나 우라늄 235의 자연붕괴율은 이곳에서 측정된 값이 더 컸다. 세그레는 우주선에 의하여 대기 중에서 생성되는 이차 중성자(우라늄 238을 분열시키기에는 너무 느리고 우라늄 235의 분열에는 효과적임)가 이 차이의 원인이라고 생각했다. 통나무 실험실은 해발 고도가 7,300피트 되는 곳에 있었다. 대기 중에 있는 이차중성자를 차폐시키면 우라늄 235의 순도는 그들이 생각했던 것보다 훨씬 낮아도 될 것이다. 조기 폭발 문제는 별로 걱정하지 않아도 됐다. 우라늄 235를 임계질량이 되도록 결합시키는 대포의 포구 속도를 감소시킬 수 있으므로 대포의 길이는 짧아지고 무게는 더 가벼워지게 됐다. 홀쭉이(thin man 또는 little boy)는 길이가 17피트에서 6피트로 줄어들었고 무게도 1만 파운드 이하가 되어 B-29로 투하할 수 있게 됐다.

　대포형 폭탄의 연구는 이미 진행되고 있었다. 대포형 폭탄 연구 그룹이 맨 먼저 한 일은 발사 실험을 할 수 있는 시험대를 세우는 일이었다. 시험장은 언덕에서 남서쪽으로 3마일 떨어진 목장으로 결정됐다. 1943년 9월 17일, 최초로 발사실험을 실시했다.

　이 그룹이 다음해 3월까지 해군의 3인치 대공포를 이용하여 여러 가지 추진장약을 시험해 본 결과 코다이트(Cordite)가 가장 알맞은 화약으로 선정됐다. 또한 우라늄 포탄이 표적 우라늄 링에 도착하자마자 임계상태가 되어 100만분의 수초 이내에 모든 반응이 끝나 기화해 버리므로, 탄환은 이론상 표적에 충돌하지 않고 그대로 통과하도록 설계해도 무방했다.

노이만이 내폭 방식이 좋은 아이디어 같다고 찬성하자 연구소의 지도부에서도 지지하기 시작했다. 그러나 1943년 가을부터 겨울에 걸친 네더마이어의 실험은 별로 진전이 없었다. 사람도 충원되고, 금속 원통을 압축시키는 실험도 했으나 성과는 별로 없었다. 네더마이어는 몇 개의 뇌관을 대칭되게 설치하여 동시에 폭파시킨 후 금속 튜브의 압축 상태를 조사했다. 각 폭발점에서부터 폭발파는 금속 원통을 향해 물결처럼 퍼져 나간다. 기폭 위치의 간격을 조절하고 폭약의 두께를 변경시켜서 다중 충격파가 하나의 균일한 파형을 이루어 금속 원통을 압축할 수 있기를 희망했다. 똑같은 목적으로 금속 원통 대신에 실제 폭탄 코어의 축소형인 작은 금속구를 가지고 실험도 했으나 결과는 마찬가지였다.

처음으로 촬영에 성공한 내폭 원통의 고속 엑스선 사진은 매우 심각한 비대칭 충격파가 충격파면보다 앞서서 이동하는 현상을 보여주었다. 이것은 광학적으로 만들어진 것이지 실제 현상이 아니라는 의견을 포함하여 이 현상을 설명하기 위한 몇 가지 해석이 제안됐다. 이 현상은 실제로 나타난 것이었다. 베테는 "터무니 없는 결과"라고 말했다. 오펜하이머는 네더마이어가 도움이 필요하다고 판단했다. 그로브스도 동의했다. 코난은 도와줄 수 있는 사람을 알고 있었다.

"모든 것이 매우 간단하고 쉬워보였다. 그리고 누구나 서로 친구였다"라고 키샤코프스키는 전쟁이 끝난 뒤 청중들에게 비꼬는 투로 말했다. 키가 큰 우크라이나 태생 하버드 화학자는 1940년에 폭약 연구를 하고 있었다. "1943년쯤에는 내가 폭약에 대하여 무엇인가 알고 있다고 생각됐다. 그래서 폭탄이 아닌 정밀장비까지도 폭약으로 만들 수 있겠다고 생각했다"라고 키샤코프스키는 말했다. 2년 전 코난은 키샤코프스키 때문에 원자 폭탄에 대한 회의적인 생각을 버리게 됐다. 이제 다시 하버드 총장은 폭약전문가에게 네더마이어를 도와줄 것을 요청했다.

1943년 가을, 나는 자문에 응하기 위하여 로스앨러모스를 방문하기 시작했다. 그때 오펜하이머, 그로브스 장군 그리고 특히 코난은 나에게 이곳에서 일하도록 압력을 넣기 시작했다. 나는 시간 내에 폭탄이 준비되지 못할 것이라고 보았기 때문에 이곳에 와서 일하고 싶은 생각이 없었다. 나는 전쟁을 이기도록 조그만 힘이나마 보태는 데에는 관심이 있었다. 또한 나는 매우 흥미 있는 일로 해외에 나가기로 예정되어 있었다. 그런데 원하지도 않았던 로스앨러모스에 오게 됐다. 그러나 이것이 나에게 이 프로젝트에 공헌할 수 있는 기회를 만들어 주었다.

1944년 1월 말, 키샤코프스키는 로스앨러모스에 도착했다. 그의 나이는 마흔넷이었으며 이혼하고 혼자 지냈다. 그는 모든 것이 쉽지 않고 그리고 모두가 우호적이 아니라는 것을 곧 알게 됐다.

몇 주일 후…… 나는 서로 경쟁적으로 다투는 두 사람 사이에 끼어 있다는 것을 알게 됐다. 한 사람은 파슨스 대령이며 모든 일을 군대식으로 하려는 보수주의자였다. 다른 한 사람은 물론 네더마이어이며 파슨스와는 정반대되는 사람이었다. 두 사람은 결코 어떤 일에도 의견이 일치되는 경우가 없었으며 그들은 내가 끼어드는 것을 원치 않았다.

키샤코프스키가 이 딜레마에 빠져있을 때 이론물리학자들은 어떻게 성공적인 내폭 장치를 설계할 수 있을까 생각하기 시작했다.

위스콘신 대학교 교수로 있던 폴란드 수학자 울람은 지난 봄부터 전쟁 중에 교단에만 서 있는 자신에게 불만이 생기기 시작했다. 그는 옛친구 노이만이 보낸 편지에 프린스턴 우체국의 소인이 아닌 워싱턴의 소인이 찍혀 배달되는 것을 보고 노이만이 전쟁 관련 연구에 참여하고 있다고 생각했다. 그는 친구에게 편지로 조언을 요청했다. 노이만이 시카고에 가는 길에 만나자고 연락했다. 그는 두 명의 경호원과 같이 나타났다. 결국에는 베테가 공식 초청장을 보내왔고 1943년 겨울, 울람은 부인과 같이 기차를 타고 뉴멕시코에 도착했다.

울람은 도착하던 날, 텔러를 처음 만났다. 그는 텔러의 그룹에서 일하게 됐다. "그는 처음 만나던 날, 슈퍼 폭탄의 개발에 필요한 이론 연구의 수리물리학 문제에 대하여 이야기했다"라고 울람이 기억했다. 그가 도착하자마자 텔러가 슈퍼의 계산 문제에 대하여 이야기하는 것은, 어려운 내폭 문제를 해결하기 위해 이용 가능한 모든 이론물리학자와 수학자들이 필요하다고 하는 베테와 텔러 사이의 불화의 골이 얼마나 깊어졌나 하는 것을 보여주는 것이었다. 물론 텔러도 내폭 이론의 흥미 있는 부분에 대하여 열심히 그리고 중요한 공헌을 했다. 그러나 그는 내폭 현상에 관한 자세한 세부계산을 수행할 그룹을 맡아줄 것을 거절했다. 이론연구부는 인력이 모자랐기 때문에 텔러가 거절한 일을 하기 위한 새로운 과학자들이 필요했다. 이것이 영국팀을 로스앨러모스로 초청하게 된 이유였다.

텔러는 자기가 그 일을 특별히 거부했던 일을 기억하지 못했다. "베테는 내가 특별히 잘 하지 못하는 세부적인 계산을 해주길 원했다. 나는 내폭에 관한 것뿐만 아니라 다른 새로운 주제를 생각하고 싶었다."

1944년 2월, 로스앨러모스의 연구관리 위원회는 이중수소의 융합 단면적은 크지만 반응을 시키기가 어렵다는 이유로 슈퍼에 관한 재평가 회의를 열었다. 슈퍼에는 삼중수소가 필요하다는 것이 거의 확실했다. 지금까지 사이클로트론을 이용하여 리튬을 중성자로 포격하여 소량의 삼중수소를 연구용 샘플로 얻었다. 삼중수소의 대규모 생산은 플루토늄 생산처럼 반응로가 필요하지만 핸퍼드 파일은 아직 완성되지도 않았고 가동이 되어도 플루토늄 생산에 사용되어야 한다. 슈퍼의 개발은 처음에 생각했던 것보다 더 시간이 걸릴 것 같았다. 슈퍼는 무시해 버리기에는 위력이 너무도 어마어마한 무기이다. 연구 관리 위원회는 연구는 계속하되 시급한 원자 폭탄 개발 연구가 방해가 되지 않는 범위내에서 수행하기로 결정했다.

노이만은 울람에게 내폭의 유체동력학 문제를 도와달라고 요청했다. 이 문제는 몇 개의 충격파가 시간에 따라 퍼져나가면서 상호작용하는 현상을 이해하기 위한 수학적 모델을 만드는 일이었다. "유체동력학 문제는, 세부적인 계산뿐만 아니라 개략적인 현상의 크기 정도만 계산하는 일만으로도 매우 복잡하고 어려운 일이다"라고 울람이 회고했다.

1944년 초, 울람은 "노이만과 다른 물리학자들이 제안한 모든 단순화된 모델과 천재적인 지름길" 등에 대하여 오랜 시간 동안 토의했던 것을 기억했다. 그는 대신에 "수치해석" 방법으로 접근할 것을 주장했다. 이 일은 손이나 책상 위에 놓고 쓰는 계산기로는 해낼 수가 없었다. 다행히 임계질량을 계산하기 위하여 IBM 사에 이미 카드분류기를 주문해 놓고 있었다. IBM 사의 장비는 1944년 4월 초에 도착했다. 이론연구부는 즉시 이 장비를 내폭 현상의 수치 해석 계산에 이용했다. 세부적이며 반복적인 유체동력학 문제는 기계식 계산에 적합한 것이었다. 노이만은 이때 이미 이 기계를 어떻게 개선할 수 있는가 하는 도전을 생각하고 있었다(노이만은 현대적 전자계산기 개발에 큰 공헌을 했다).

새로 도착한 영국인들은 여러 가지 제안을 내놓기 시작했다. 서웰의 제자이며 옥스퍼드에서 온 제임스 턱(James L. Tuck)은 영국에서 탱크의 장갑 관통용 포탄에 사용되는 성형 장약을 연구했었다. 성형 장약은 속이 빈 아이스크림콘처럼 만든 폭약으로 열려 있는 부분이 앞쪽을 향하며 얇은 구리판이 붙어 있다. 일단 기폭이 되면 통상적으로 퍼져 나가는 폭발파가 한곳으로 집중되어 고온에 의하여 기화된 구리 가스가 충격파처럼 뿜어져 나가게 된다. 이 고온 충격파는 두꺼운 탱크의 장갑을 관통하고 탱크 내부에 있는 인명 및 장비를 파손시킨다.

이론 연구에 의하면 몇 군데에서 동시에 기폭된 몇 개의 충격파는 이들이 만나는 지점에서 서로 합쳐져 보강되어 고압을 이루게 되므로 충격파와 불균일성이 발생하여 균질의 압축 효과를 얻을 수 없었다. 발산하는 충격파가 합쳐져서 균일한 파면을 이루도록 조정하는 대신에 처음부터 수렴하는 충격파를 얻도록 해야 된다고 턱이 제안했다. 광학 렌즈가 빛을 촛점에 모이게 하는 현상과 유사하므로 이런 폭약의 배치를 렌즈라고 부른다.

시기적으로 너무 늦었다고 생각되어 아무도 이렇게 복잡한 문제에 선뜻 매달리기를 원하지 않았다. 5월에 도착한 영국의 유체동역학 학자 제프리 테일러(Geoffrey Taylor)도 이 문제를 생각했다. 그는 두 물질의 경계면에서 일어나는 레일리-테일러(Rayleigh-Taylor) 불안정성이라고 불리게 되는 현상을 이해하고 있었다. 그는 가속된 무거운 물질이 가벼운 물질에 부딪칠 때에는 두 물질 사이의 경계면이 안정하다는 것을 수학적으로 보여주었다. 그러나 가벼운 물체가 가속되어 무거운 물체에 부딪힐 때 두 물체 사이의 경계면은 불안정하고 교란이 일어나게 되어 두 물체는 예측하기 힘들게 서로 섞여 버린다. 고폭약은 반사구에 비하여 훨씬 가볍다. 우라늄을 제외한 다른 물질은 플루토늄보다 훨씬 가볍다. 레일리-테일러 불안정성은 설계상의 제한 사항으로 고려되어야 한다. 또한, 이 현상은 폭탄의 위력 예측을 어렵게 만들 것이다.

IBM 계산기를 이용하여 충격파의 행동을 계산해 낼 수 있게 되자 물리학자들은 고폭약을 균일하게 배치하여 대칭적인 내폭현상을 얻어낼 수 있을지 심각하게 의문시하기 시작했다. 폭약 렌즈는 복잡하기는 하지만 내폭을 얻어낼 수 있는 유일한 길이다. 노이만이 이 문제를 진지하게 생각하기 시작했다. 폭약이 타들어 가는 속도를 정확히 조절할 수 있다고 가정하자. 그렇다면 기폭기로 어느 점에서 점화시키면 주어진 시간에 어떤 위치에 도달하리라는 것은 정확하게 예측할 수 있다. 그렇다면 폭약 렌즈는 설계할 수 있다. 곧 폭탄의 코어를 둘러싸고 있는 몇 개의 폭약 렌즈의 수렴하는 충격파의 속도도 5퍼센트 오차 이내로 조정할 수 있다는 사실도 알게 됐다. 노이만의 설계에 따라 키샤코프스키와 네더마이어가 폭약 렌즈를 제조하기 시작했다.

1944년 봄, 텔러와 베테 그리고 키샤코프스키와 네더마이어 사이의 개인적인 문제들이 심각해지자 오펜하이머가 중간에 끼어들었다. 베테는 텔러가 분열 연구에서 손을 떼었다고 말했다.

일의 압력과 인력의 부족으로 텔러같이 똑똑하고 재능 있는 사람을 놓칠 수가 없었다. 그러나 할 수 있었을 것으로 예상됐고 또한 필요했던 일 두 가지를 실패한 후 텔러 자신의 요구에 의하여 그와 그의 그룹은 원자 폭탄 개발 업무에서 손을 떼게 됐다.

5월 1일, 오펜하이머는 영국팀의 일원인 루돌프 파이얼스로 하여금 텔러의 업무를 대신 맡게 하는 것을 승인해 줄 것을 골자로 하는 편지를 그로브스에게 보냈는데, 여기서도 베테의 설명을 확인해 주고 있다. "이 계산들은 처음에는 텔러가 담당했던 것이다. 나와 베테의 의견으로는, 텔러가 이 일에 적합치 않다고 생각한다. 베테는 자기 밑에서 내폭문제를 담당할 사람이 필요하다고 생각한다." 오펜하이머는 시급한 문제라고 말했다.

울람은 텔러가 로스앨러모스를 떠나겠다고 위협했던 일을 기억했다. 오펜하이머는 텔러를 프로젝트에 붙들어 두기 위하여 슈퍼 문제에 전념하라고 격려했다.

오펜하이머는 연구소의 최우선 목표가 아닌 슈퍼에 대한 조사연구를 계속해 달라고 요청했다. 이것은 쉽게 할 수 있는 충고도 아니고 또한 받아들이기에도 쉬운 일은 아니었다. 목표가 명확히 세워진 급한 일에 참여하는 것이 더 쉬운 일일 것이다. 우리 모두는 원자 폭탄을 완성하는 일에 공헌할 수 있기를 바라고 있었다. 그렇지만 오펜하이머와 연구소의 다른 지도급 인사들은 열핵폭탄의 가능성이 그대로 의문점으로 남아 있게 된다면 로스앨러모스의 일이 완결되는 것이 아니라고 설득했다.

이 문제와 관련하여 오펜하이머는 듀퐁 사의 그린월트와 삼중수소의 생산에 관하여 토의했다. 듀퐁 사는 오크리지에 시험용 파일을 건설했다. 그린월트는 이 파일에서 생성되는 중성자의 일부를 리튬을 포격하는 데 사용하기로 동의했다.

텔러는 이론연구부를 떠났다. 오펜하이머는 일주일에 한 시간씩 자유로운 토론을 할 수 있도록 텔러를 만나주기로 약속했다. 연구소가 전쟁이 끝나기 전에 폭탄을 만들기 위하여 일주일에 6일씩 일하고 있을 때 이것은 주목할 만한 양보였다. 오펜하이머는 텔러의 독창성이 그만한 가치가 있다고 생각했는지 모른다. 그해 여름, 영국의 서웰이 로스앨러모스를 방문했다. 오펜하이머는 환영 파티에 영국 팀의 부대표 파이얼스를 초청하는 것을 깜빡 잊었다. 오펜하이머는 다음날 파이얼스를 만나 사과하며 "이번 일에 다행스러운 면도 있습니다. 이 일이 텔러에게 벌어질 수도 있었습니다"라고 말했다.

키샤코프스키는 네더마이어와의 불편한 관계가 자신뿐만 아니라 프로젝트에까지 영향을 미친다고 생각했으므로 되도록이면 네더마이어와 좋은 관계를 유지하려 노력했다. 6월 3일, 그는 오펜하이머에게 네더마이어와의 문제에 대한 해결책을 제안하는 메모를 써서 보냈다. 그와 네더마이어 사이에는 일종의 잠정적인 가조약 같은 것이 있었으나 그가 요청한 것은 아니었다. 키샤코프스키가 내폭 실험을 관리하고 네더마이어가 이론 부분을 담당했으나 이것은 상호 신뢰나 우호적인 주고 받는 차원에서 이루어진 것은 아니었다.

그는 세 가지 해결책을 제시했다. 자신에게도 제일 합당하고 네더마이어에게도 공평한 것은 자기가 사직하는 것이었다. 다른 하나는 반대로 네더마이어가 사직하는 방법이었다. 이것은 연구원들을 동요시키고 자연히 연구도 지연시키게 될 것이었다. 마지막 해결책은 네더마이어가 좀 더 활발한 과학적이고 기술적인 측면의 관리업무를 맡고 행정 및 인사에서는 완전히 손을 떼는 것이다.

오펜하이머는 이 대안들 중에서 하나를 선택하기에는 키샤코프스키를 높이 평가하고 있었다. 그는 네 번째 방안을 제시했다. 6월 중순, 키샤코프스키가 자세한 내용을 정리하여 네더마이어에게 전달하기 위하여 이들은 모두 한 자리에 모였다. 키샤코프스키가 파슨스 밑에서 부책임자로 내폭 연구의 전 책임을 맡는 것이다. 네더마이어와 최근에 시카고에서 온 루이스 앨버레즈(Luis Alvarez)가 기술 자문역을 맡는 방법이었다. 네더마이어는 토의 도중에 나가버렸다. 오펜하이머는 그날 밤 네더마이어에게 보내는 글을 작성했다. "나는 당신에게 이 업무를 맡아줄 것을 요청하는 바입니다. 마음의 평화와 이 프로그램에서 일하는 연구원들의 능력을 효율적으로 활용하는 문제는 물론 이 프로젝트의 성공을 위하여 이와 같이 요청합니다. 이것을 수락해 줄 것으로 희망합니다." 괴로움을 참고 네더마이어는 새로운 직책을 수락했다.

1943년 11월 4일 새벽 5시, 오크리지의 공냉식 시험규모의 반응로가 임계상태에 도달했다. 예상했던 것보다 일찍 임계상태에 도달하자 운전 기술자들이 방문객 숙소에서 자고 있던 아서 콤프턴과 엔리코 페르미를 깨웠다. X-10이라고 명명된 이 파일은 한 변이 24피트 되는 정육면체 그라파이트에 1,248개의 구멍을 뚫고 우라늄으로 채워진 통을 이 구멍 속에 집어 넣은 것이다. 커다란 선풍기가 냉각 공기를 불어넣었다. 파일의 뒷쪽에는 물탱크가 파져 있어 사용된 연료를 이 곳으로 밀어내어 떨어지게 한다. 한동안 물 속에 보관하여 반감기가 짧은 방사능 물질들이 붕괴된 뒤에 꺼내서 시보그가 시카고에서 개발한 방법으로 플루토늄을 분리해 내게 된다.

콤프턴이 X-10 파일의 운영 상황을 살펴보기 위하여 이곳에 도착하기 며칠 전 기술자들은 처음으로 연소된 연료 5톤을 파일에서 밀어냈다. 다음달에 화학적 분리작업이 시작됐다. 1944년 여름에는 그램 단위의 플루토늄 질산염이 로스앨러모스에 도착하기 시작했다. 인공적으로 만들어진 원소는 여러 가지 화학 및 금속적 성질을 규명하기 위한 실험에 사용됐다. 여름이 지나기 전에 2,000회 이상의 실험이 수행됐다.

그 해 여름, 화학이나 금속공학적 이유가 아니고 물리학 문제로 인하여 플루토늄 폭탄은 거의 실패로 돌아갈 뻔했다. 1년여 전에 시보그는 동위원소 플루토늄 240이 플루토늄 239와 같이 생성될 것이라고 경고한 적이 있었다. 플루토늄 240은 짝수 번호의 동위원소이므로 플루토늄 239보다 자연붕괴율이 훨씬 더 클 수도 있었다. 에밀리오 세그레가 버클리 사이클로트론에서 변환된 플루토늄의 자연붕괴율을 측정해 본 결과 문제가 될 정도로 크지 않았다. 우라늄 238이 플루토늄 239로 변환되기 위하여 한 개의 중성자를 흡수하여야 된다. 플루토늄 240으로 변환되기 위해서는 2개의 중성자를 흡수하여야 된다. X-10 파일 속에 있는 우라늄은 사이클로트론이 만들어 내는 중성자 수보다도 훨씬 더 많은 수의 중성자들에 노출된다. 세그레가 X-10에서 생산된 플루토늄의 자연붕괴율을 측정해 보니 버클리에서 만들었던 것보다 훨씬 높았다. 핸퍼드에서 생산될 플루토늄은 더 많은 중성자에 노출되므로 이보다도 자연붕괴율이 더 높을 것이다. 이것은 불순물로 섞이게 될 가벼운 원소들을 그렇게 철저하게 정제해 내지 않아도 된다는 것을 뜻하기도 하지만 다른 한편으로는 재앙을 가져올 수도 있다는 의미가 된다. 이런 물질을 대포 방식의 원자 폭탄에 사용한다면 탄환의 속도가 초속 3,000피트 이상이 된다고 하여도 표적과 완전히 결합되어 임계질량을 이루기 전에 녹아버려 어이없이 끝나 버리고 만다.

7월 11일, 오펜하이머는 이 사실을 코난에게 통보했다. 6일 후, 두 사람은 콤프턴, 그로브스, 니콜스 그리고 페르미와 시카고에서 만나 이 문제를 토의했다. 다음날 오펜하이머는 그로브스에게 그들의 결론을 확인하는 내용의 편지를 보냈다. 플루토늄 240의 반감기는 길다. 그리고 두 동위원소는 기본적으로 거의 동일하므로 화학적으로 분리될 수도 없다. 플루토늄 239와 플루토늄 240을 전자기적인 방법으로 분리하는 것은 고려해 보지 않았지만 질량이 거의 차이가 나지 않고 매우 유독성인 동위원소를 분리하려면 오크리지에 있는 거대한 칼루트론보다도 훨씬 더 큰 것이 필요하며 전쟁의 결과에 영향을 미칠 수 있는 시간 내에는 도저히 성취할 수 없는 일일 것이다. 오펜하이머는 끝으로 "고순도 플루토늄 239를 얻으려고 노력할 필요는 없는 것 같아 보입니다. 그러므로 자연적으로 방출되는 중성자의 수에 덜 민감한 방법에 집중적인 관심을 쏟을 필요가 있다고 생각합니다. 현재로는 최우선적으로 연구해야 될 것이 내폭 방식이라고 판단됩니다"라고 결론을 지었다.

로스앨러모스의 기술 역사 기록에서 명확히 밝혔듯이 이 필요성은 매우 고통스런 것이었다. "내폭이 단 한 가지 실제적인 희망이다. 그러나 현 상황은 그렇게 밝지 못하다." 오펜하이머는 이 문제로 고민하다가 로스앨러모스 소장직의 사임을 고려했다. 실험물리 연구부의 책임자인 베이커는 오펜하이머와 같이 고통을 나누기 위하여 산책하면서 결국에는 그를 설득할 수 있었다. 오펜하이머 이외에는 이 일을 할 수 있는 사람이 없다. 오펜하이머가 없이는 전쟁을 단축시키고 많은 생명을 구할 수 있는 폭탄을 시간 내에 만들 수 없을 것이다. 이것이 베이커가 주장한 요지였다.

몇 가지 조치가 오펜하이머의 기분을 새롭게 바꾸어 놓았다. 기술 역사 기록에 의하면 "이때쯤에는 여러가지 기술적 능력도 확보됐고 훈련받은 인력의 사기는 충만했다. 모든 동원 가능한 수단으로 이 문제를 공격하기로 결정했다." 오펜하이머는 베이커 그리고 키샤코프스키와 토의한 끝에 파슨스의 병기연구부에서 두 개의 새로운 연구부를 신설하기로 결심했다. G(장치) 연구부는 베이커가 이끌고 내폭 물리학을 철저히 이해한다. X(폭약) 연구부는 키샤코프스키가 맡아서 폭약 렌즈를 완성시킨다. 해군 대령은 펄쩍 뛰었다고 키샤코프스키가 기억했다.

오펜하이머는 모든 팀장들을 소집하여 확대회의를 개최했다. 그리고 돌연 파슨스에게 폭탄 관련 업무의 대폭적인 조직개편안을 내놓았다. 파슨스는 깜짝 놀라 격노했다. 그는 내가 자기와는 아무 상의 없이 일을 꾸몄다고 생각했다. 나는 그의 감정을 이해할 수는 있지만, 나는 민간인이었고 오펜하이머도 민간인이다. 나는 그에게 보고할 필요가 없었다. …… 그 이후 파슨스와 나는 자연히 사이가 좋지 못하게 됐다. 그는 나를 매우 의심했다.

하여튼 파슨스는 우라늄 대포, 리틀보이의 설계 문제로 매우 바빴다. 이제 그들은 내폭 방식에 전력투구하게 될 것이었다. 지난 5월 1일에 1,207명이던 인원도 앞으로 몇 개월 내에 두 배로 그리고 이후 몇 개월내에 네 배로 늘어나게 될 것이었다.

1939년 1월, 루이스 앨버레즈가 핵분열의 발견 소식을 듣고 이발소에서 머리를 깎다 말고 달려가 소식을 전해주었던 필립 에이블슨

(Philip Abelson)은 1941년 맨해튼 프로젝트와는 별도로 해군연구소에서 우라늄 농축 연구를 하고 있었다. 해군은 잠수함의 활동 반경을 넓히고 수중에서 오랫동안 항해할 수 있는 핵동력 공급장치에 관심이 많았다. 그러나 페르미가 만든 파일은 자연 우라늄을 사용하기 때문에 너무 커서 잠수함에는 사용할 수가 없었다. 우라늄을 농축하여 우라늄235의 우라늄238에 대한 성분비를 증대시키면 반응로의 크기를 줄일 수가 있다. 농축도가 높으면 디젤 엔진, 축전지 그리고 연료가 차지하던 공간에 소형 반응로를 탑재할 수 있다.

농축과 분리는 서로 다른 목적을 위한 것이지만 같은 기술이 사용된다. 에이블슨은 이런 기술들에 관한 기록을 조사하기 시작했다. 가스 장벽 확산 방식은 컬럼비아 대학교에서 연구하고 있었다. 전자기적 분리는 버클리에서 그리고 원심력 분리 방식은 버지니아 대학교에서 연구되고 있었다. 에이블슨은 전쟁 전에 독일에서 개발된 방법을 사용해 보기로 했다. 이것은 액체 열확산 방법으로 프리슈도 비슷한 방법으로 유리관을 사용하여 가스 확산 실험을 했으나 성공하지는 못했다. 열확산 방식은 가벼운 동위원소가 더 뜨거운 곳으로 모이고 무거운 동위원소는 차가운 쪽으로 모이는 성질을 이용한 것이다. 차가운 파이프 속에 뜨거운 파이프를 넣고 두 파이프 사이의 공간으로 액체 헥스(Hex, UF_6)가 흘러가게 하면 온도의 차이와 두 관 사이의 간격에 따라 확산이 일어나게 된다. 동시에 뜨거운 관 표면을 따라 가열된 헥스는 올라가고 냉각된 헥스는 차가운 관의 내면을 따라 내려오는 대류현상이 발생한다. 즉 우라늄235를 많이 포함한 액체가 관의 상층으로 올라오게 되므로 이곳에서 수집하면 된다. 농축도를 높이려면 여러 개의 확산관을 직렬로 연결하여 사용하면 된다.

1941년, 에이블슨은 우라늄 헥스(Hexafluoride)를 값싸게 만드는 방법을 발명했다. 미 육군은 이 특허 기술을 오크리지에서 사용하기 위하여 단지 1달러를 지불하기로 하고 계약을 맺었다. 에이블슨은 이 1달러도 받은 적이 없었다. 당시에 과학자들의 애국심을 보여주는 좋은 예가 될 수 있다.

	에이블슨이 1941년과 1942년에 걸쳐 해군연구소에서 만든 열확산 기둥은 높이가 36피트 되는 지름이 서로 다른 금속관 세 개를 작은 것부터 차례로 끼워 넣은 것이었다. 제일 내부에 있는 지름 1.25인치 니켈 파이프에는 섭씨 200도 가량의 고압 수증기가 통과한다. 이 관을 둘러싸고 있는 구리 파이프에는 액체 헥스가 흐른다. 이 두 금속관 사이의 간격은 10분의 1인치이다. 제일 바깥쪽에 있는 강철관 속으로 헥스의 융점보다 약간 높은 온도인 60도의 냉각수가 통과한다.

	우라늄 농축 장비 중 물을 순환시키는 펌프만이 유일하게 움직이는 부분이었다. 에이블슨은 1943년 "이 장치는 고장이 나는 일이 없이 계속 작동됐다"라고 해군에 보고했다. 이 장치의 가동을 중지시키려면, 액체를 뽑아내기 위하여 연결해 놓은 U자형 금속관을 알코올이나 드라이아이스에 담구어 온도를 헥스의 융점 이하로 떨어뜨려 헥스가 굳어져서 관을 막아버리게 해주면 된다. 다시 가동시키기 위해서는 이 부분을 다시 가열하여 막혔던 부분이 다시 녹아서 흐르게 해 주면 된다.

	1943년 1월, 에이블슨과 그의 동료 로스 건(Ross Gunn)은 자연 우라늄에는 0.7퍼센트 정도 함유되어 있는 우라늄235를 단 한 번 확산관에 통과시켜서 1퍼센트까지 농축시킬 수 있었다. 수천 개의 확산관을 만들어 반복적으로 농축을 계속하면 순도 90퍼센트 이상의 우라늄235를 하루에 1kg씩 얻을 수 있었다. 이것은 우라늄 폭탄에 사용하기에 충분한 고순도였다(그러나 이 장치가 평형상태를 이루어 정상적으로 가동되기 위해서는 약 600일이 필요한 것으로 판명됐다).

에이블슨은 시카고의 파일 연구를 앞당기기 위하여 약간 농축된 우라늄을 사용할 수 있을 것이라고 생각하고, 높이 48피트짜리 확산기둥을 300개 설치하고 병렬로 가동시켜 대량으로 생산할 것을 제안했다. 그는 CP-1이 이미 한 달 전에 임계상태에 도달한 사실을 모르고 있었다. 그로브스는 맨해튼 프로젝트를 담당하게 되자 1942년 9월에 제일 먼저 해군연구소를 방문했다. 부시는 군사정책 위원회를 통하여 연구비 지원을 격려해 왔다. 그러나 수개월 전 루스벨트가 원자 폭탄 개발 업무에서 해군을 제외시키도록 지시했으므로 1943년부터는 핵에너지 연구에 관한 정보가 해군에 전달되지 않았다. 에이블슨은 "미래의 공장 설립 계획을 수립하기 위해서는 기술 정보의 교환이 반드시 필요한데 시카고에서 진행되고 있는 여러 가지 실험에 대한 정보가 우리들에게는 전혀 전달되지 않았다"라고 불평했다.

1943년 11월, 해군은 에이블슨의 계획을 승인해 주었다. 그는 수증기를 충분히 공급 받을 수 있는 곳을 찾아보았다. 열확산은 대량의 수증기를 필요로 했으므로 맨해튼 프로젝트에서는 이 방법을 채택하지 않았다. 그는 필라델피아에 있는 해군의 보일러와 터빈 연구소에서 군함에 설치할 대형 보일러를 시험하고 있다는 것을 알아냈다. 그들은 대량의 고압 수증기를 만들 능력을 갖고 있었고 24시간 수증기를 공급할 수 있었다. 보일러 연구소에서 버리는 수증기를 에이블슨의 장치로 끌어들이기만 하면 문제는 해결될 수 있었다. 그는 우선 시험적으로 1944년 1월부터 7월까지 100개의 확산기둥을 완성할 계획이었다.

비공식적으로 그로브스의 비밀은 누설되고 있었다. 이때쯤 에이블슨은 맨해튼 프로젝트에 대하여 약간은 알고 있었다. 그는 허시사의 확산 장벽 제품이 아직 검사에 합격하지 못하여 K-25 가스 확산 공장의 가동이 예정보다 상당히 지연되고 있다는 것도 알고 있었다. 그는 오펜하이머가 로스앨러모스를 세운 것도 알고 있었고, 버클리에서는 칼루트론을 정상적으로 작동시키기 위하여 애쓰고 있는 것도 알고 있었다. 그는 자기의 기술이 폭탄 프로젝트를 도와줄 수 있다고 생각하고 전에 몇 번 육군으로부터 거절당한 경험도 있었지만 관대하게 이 기술을 제공할 생각이었다.

그는 육군과 OSRD가 정보의 흐름을 차단하기 위하여 만든 제한된 공식 채널을 이용하지 않았다. 그는 오펜하이머에게 자기가 하고 있는 일을 알리고 싶었다. "해군 함정 관련부서에 근무하는 어떤 친구가 로스앨러모스를 자주 방문하는 해군 병기창에 근무하는 사람을 알고 있었다. 나는 그 사람을 워싱턴에 있는 옛 워너 극장에서 만났다. 현재 건설중인 공장에 대하여 설명해 주고 '7월까지는 5퍼센트로 농축된 우라늄을 하루 5그램씩 생산할 수 있을 것이다'라고 말했다." 이 사람은 텔러에게 이 중요한 정보를 전달했다. 텔러는 다시 오펜하이머에게 이야기했다. 오펜하이머는 파슨스와 상의한 후 그를 필라델피아에 보내 에이블슨과 접촉하게 했다. 공식적으로 해군은 보안문제에 아무 관련이 없게 됐다. 오펜하이머는 4월 28일 그로브스에게 이 내용을 통보해 주었다.

오펜하이머는 에이블슨이 1943년 1월에 작성한 보고서를 거의 1년이 지난 뒤에야 읽어 보게 됐다. 당시에는 에이블슨의 보고서를 별로 중요하게 생각하지 않았다. 다른 사람들과 마찬가지로 오펜하이머도 자연 우라늄을 폭탄에 사용할 수 있는 정도의 고순도까지 농축시키는 방법만 골몰히 생각했었다. 열확산 방법으로는 단시간 내에 효과적이고 만족스러운 결과를 얻을 수 없었다. 이제 그는 에이블슨의 공정이 가치 있는 대안이 될 수 있다는 것을 이해했다. 약간 농축된 우라늄을 사용하면 오크리지의 칼루트론의 효율을 크게 증가시킬 수 있다. 그러므로, 열확산 공장은 적어도 당분간 지연되고 있는 K-25 공장을 대신할 수도 있고 그리고 알파 칼루트론의 생산량을 보충할 수도 있을 것이다. 에이블슨의 확산 기둥 100개를 병렬로 가동시킨다면 1퍼센트로 농축된 우라늄을 매일 12 kg씩 생산할 수 있다고 오펜하이머는 계산했다.

"오펜하이머 박사는 갑자기 나에게 우리는 과학적으로 대실수를 저질렀다고 말했다." 그로브스가 전쟁이 끝난 뒤 이야기했다. "나는 그의 말이 옳다고 생각했다. 이 일은 맨해튼 프로젝트를 수행하던 중 내가 가장 후회했던 일 중의 하나이다. 우리는 열확산 방식을 전체 공정 중의 일부로 포함시키는 것을 고려하지 못했던 것이다." 맨해튼 프로젝트의 지도자들은 처음부터 몇 가지 농축과 분리 방법들을 경쟁하는 경주마로 생각했던 것이다. 이것이 그들로 하여금 이 경주마들을 같이 묶어서 사용하는 방법을 깨닫지 못하게 만든 것이다. 그로브스는 장벽 문제가 K-25의 가동을 지연시켰을 때 이러한 사실에 대해 부분적으로나마 이해하게 됐다. 그래서 윗단계의 K-25 건설을 취소하고 아랫단계의 산출물을 마지막 농축을 위하여 베타 칼루트론에 사용하도록 했던 것이다. 그는 오펜하이머의 이야기를 즉시 이해할 수 있었다. 그로브스는 이제는 맨해튼 업무에 익숙해진 사람들에게 필라델피아 해군창을 방문하여 조사해 보도록 의뢰했다. 그들은 오펜하이머의 계산은 낙관적인 추산이지만 확산기둥을 300개로 증설하면 0.95퍼센트의 우라늄 235를 하루 30 kg씩 생산할 수 있다고 판단했다.

그로브스는 이보다 더 폭넓게 생각했다. K-25 지역에 23만 8000kW짜리 발전 설비는 몇 주 내에 가동될 수 있지만, 오크리지의 K-25공장은 연말까지 완공되지 못할 것이다. 발전설비는 스팀으로 발전하는 화력발전소였다. K-25가 전력을 사용할 수 있을 때까지는 이 수증기를 열확산 공장에 공급하여 알파와 베타 칼루트론에 사용할 수 있는 농축우라늄을 생산할 수 있을 것이다.

1944년 6월 12일, 이 제안은 군사정책 위원회의 승인을 받았고, 그로브스는 6월 18일 퍼거슨(Ferguson) 사와 90일 이내에 2,100개의 열확산 기둥을 클린치 강변에 있는 화력발전소 옆에 세운다는 내용의 계약을 체결했다. 건설기간이 너무 짧아 퍼거슨 사는 별도로 설계할 시간이 없었으므로 에이블슨이 만들었던 것과 동일한 시설을 그대로 복사하여 건설했다.

그로브스는 다음달 로스앨러모스의 플루토늄 위기 소식을 접했을 때 이 결정을 얼마나 다행스런 것으로 생각했는지 모른다. 그러나 열확산 공장은 즉각적으로 오크리지를 도와주는 구원의 손길은 아니었다. 퍼거슨 사는 한 세트의 장비를 69일 만에 완성하고 9월 16일부터 가동하기 시작했다. 그러나 수증기가 여기저기서 새기 시작하여 접속 부분의 수리는 물론 부분적 재설계가 필요하게 됐다. 가스확산 공장 K-25는 절반 이상 완공됐으나 아직도 허시 사가 만드는 장벽 튜브는 최소의 기준도 만족하지 못하고 있었다. 알파 칼루트론의 진공탱크 내에서는 우라늄이 사방으로 스며들어 우라늄235의 4퍼센트만이 수집됐다. 이것을 다시 베타 칼루트론을 통과시키면 5퍼센트가 수집된다. 4퍼센트의 5퍼센트는 1,000분의 2에 해당한다. 우라늄 먼지 한 개라도 가이거 계수기로 찾아내어 핀셋으로 주워내야 할 지경이었다. 이 세상에서 인간의 영혼을 빼놓고는 이렇게 비싼 물건은 찾아볼 수 없을 것이다.

태평양 전쟁은 계속되었고 맥아더 장군은 오스트레일리아에서 뉴기니를 거쳐 필리핀까지 진격했다. 니미츠 제독 휘하의 해병대는 솔로몬 군도의 과달카날 섬의 보겐빌(Bougainrille), 적도를 넘어 타라와(Tarawa), 마셜 군도의 콰잘레인(Kwajalein) 그리고 에니웨톡(Eniwetok)까지 이 섬 저 섬들을 탈환했다. 1944년 여름에는 일본의 서부방어선을 공격할 수 있는 거리까지 밀고 들어갔다. 가장 가까운 일본의 요새는 마리아나제도였으며 이곳과 필리핀의 루손 섬 그리고 일본 혼슈의 왼쪽 모퉁이를 이으면 삼각형을 이루게 된다. 미국은 마리아나제도를 앞으로 진격할 근거지로 사용하고자 하는 의도를 가지고 있었다. 괌(Guam)은 해군 기지로 사용하고 사이판(Saipan)과 티니안(Tinian)은 새로 개발된 B-29의 기지로 사용할 계획이었다. 지금은 위험 부담과 군수 보급 활동의 어려움에도 불구하고 일본에 고공 정밀 폭격을 하기 위해 중국의 체관 성에 있는 기지를 사용하고 있다. 그러나 사이판과 티니안은 동경에서 겨우 1,500마일 거리이며 바다를 통해 안전하게 보급할 수 있는 곳이다.

니미츠 제독은 마리아나스 군도 전투를 포리저(Forager, 마초 징발대, 약탈자) 작전이라고 불렀다. 포리저 작전은 6월 중순 이 섬의 비행장 폭격으로 시작됐다. 그리고 12만 7571명의 병사들을 실은 535척의 함정이 에니웨톡을 떠났다. 지금까지의 태평양 해군 작전 중 가장 많은 군인들과 함정들이 동원됐다. "우리는 지금까지 편평한 환초에서 전투했으나 이제는 잽들이 동굴과 참호를 파고 들어앉아 있는 산악 전투를 시작해야 된다. 지금부터 일주일 후에는 많은 해병대 용사들이 전사할 것이다"라고 홀랜드 스미스 해병대 장군은 말했다. 정보에 따르면 1만 5000명 내지 1만 7000명의 일본군이 사이판에 주둔하고 있고, 남쪽으로 3마일 떨어진 사이판보다 조금 작은 티니안에는 1만 명 정도가 주둔하고 있었다. 6월 15일 아침, 해병대는 사이판을 먼저 공격했다. 오후에 길게 바다로 돌출된 지역을 확보하고 2만 명의 병사들이 수륙양용정을 타고 상륙했다.

일본군의 처절한 정면공격을 물리친 해병대는 사이판 깊숙이 진격했다. 155밀리 주포를 사이판의 남쪽에 설치하고 티니안을 포격하기 시작했다. 면적이 38평방마일이며 길이가 10마일 되는 맨해튼과 비슷하게 생긴 섬은 사이판만큼 험준하지는 않았다. 가장 높은 라소(Lasso) 산은 높이가 해발 564피트이며 저지대에는 사탕수수가 심어져 있었다. 도로와 기차길도 있었고 탱크 작전에 알맞은 지형이었다. 해안선은 500피트 높이의 절벽으로 이루어져 수륙양용정으로는 접근하기가 어려웠다. 티니안 마을의 남서쪽 해안과 섬의 동쪽 허리 부분에 있는 해안이 접근 가능한 지역이었으나 야간에 잠수부들이 조사해 본 결과 기뢰가 많이 부설되어 있었다.

북서 해안에 있는 작은 두 개의 해변은 길이가 각각 60야드와 150야드 정도 되는 곳으로 이름을 붙일 만한 가치도 없었다. 미국은 지금까지 길이가 400야드 이하가 되는 해안에 사단급 병력을 상륙시킨 적이 없었다. 티니안에 있는 일본군들도 몇 개의 지뢰와 25명이 지키는 방어 진지 두 곳 이외에는 별도의 병력을 배치해 놓지 않았다. 미 해병대는 두 곳의 진지를 공격지점으로 선정하고 화이트 1, 화이트 2라고 명명했다.

사이판이 완전히 함락된 지 2주 만에 티니안 공격을 시작했다. 거리가 가까우므로 소형 함정으로 직접 상륙했다. 티니안 마을로 상륙하는 것으로 보이게끔 하여 일본군을 유인하는 기만 전술로 미군은 완전한 기습작전을 성공시킨 후 위험 지역을 벗어나 내륙으로 전진했다. 탱크와 곡사포 4개 중대가 상륙했다. 미군의 전사자는 15명 그리고 부상자는 200명이었다.

어두워지자 일본군은 박격포를 쏘며 반격을 시작했다. 해병대는 곡사포로 응사했다. 일본군들의 반격이 예상됐으므로 인근 지역을 조명탄으로 밝혀놓고 있었다. 강력한 해병대의 방어선에 대한 도전은 살육으로 응징됐다. 해병대는 나흘 만에 섬을 완전히 장악했다. 7월 31일, 티니안 마을을 점령하고 그날 밤, 일본군의 마지막 만세 돌격을 물리쳤다. 6,000명 이상의 일본군이 전사했고 300명의 미군이 죽었다. 1,500명의 해병대가 부상당했다. 곧 해군 공병대가 도착하여 비행장을 건설하기 시작할 것이었다.

사이판에서는 미군 1만 3000명이 부상당하고 3,000명이 전사했다. 반면 일본군은 3만 명이 죽었다. 그러나 더 참혹한 일은 민간인 주민들의 죽음이었다. 미군이 들어오면 강간, 고문, 거세 그리고 살인을 저지른다는 선전을 믿고 2만 2000명의 주민들이 절벽에서 바다로 떨어져 죽었다. 일본어 통역관과 일부 섬 주민들이 투신하지 말도록 확성기로 호소했으나 별로 효과가 없었다. 어떤 사람들은 전 가족이 모두 뛰어내려 죽은 경우도 있었다. 이들이 모두 자원하여 뛰어내린 것은 아니었다. 많은 사람들을 일본 군인들이 뒤에서 밀거나 또는 총으로 쏘아 죽였다.

사이판에서의 집단 자살은 미국인들에게 '잽'의 본성에 대한 일종의 공포심을 불러일으켰다. 군인들만 아니라 민간인들, 보통의 남녀와 어린이들도 항복보다는 죽음을 선택했다. 일본 본토에는 1억의 인구가 있다. 많은 사람들이 죽게 될 것이다.

"경치는 놀랍도록 아름다웠지만 바람은 매섭게 추웠다." 레오나 마셜은 1944년 겨울 워싱턴 주 핸퍼드에서 페르미 그리고 그린월트와 같이 비밀장소를 조사하기 위하여 12층 높이의 타워에 올라갔을 때를 기억했다. 깊고 푸른 컬럼비아 강이 양쪽으로 흘러 멀리 지평선 너머로 사라지고 회색 및 건조 지대 뒷편으로는 먼 산이 희미하게 시야에 들어왔다. 가까이에는 공장 건물들과 노동자들의 숙소로 쓰는 가건물 그리고 세 개의 거대한 플루토늄 생산용 반응로가 보였다. 건설 노동자들의 숫자는 지난 6월 최고에 달해 4만 2400명이나 됐다. 마셜은 지금은 핸퍼드에서 일하고 있었다. 페르미와 그린월트는 맨 처음으로 완공된 B파일의 첫 가동을 지켜보기 위하여 이곳에 왔다. 페르미가 알루미늄 통에 들어 있는 우라늄 덩어리를 집어넣기 시작했다. 시카고와 오크리지 파일에서 했던 것처럼 신의 가호를 빌었다.

1994년 9월 24일, 지구 상에 있는 어느 것보다도 큰 원자 파일이 준비됐다. 냉각수가 공급되지 않는 상태에서 제어봉만 뽑아낸다면 임계상태에 도달할 수 있는 상태였다. 드디어 1,500개의 알루미늄 관을 통하여 컬럼비아 강물이 흐르기 시작했다. "우리는 듀퐁 사의 고위 인사들이 모여들기 시작하자 통제실로 들어갔다. 운전자들은 각자 자기 위치에 앉아 있었고 운전 교범이 책상 위에 놓여 있었다. 어떤 사람들은 벌써 고급 위스키로 축배를 들어 술 냄새가 풍겼다." 마셜과 페르미는 계기들의 숫자들을 조사했다. 반응로 운전자가 제어봉을 단계적으로 뽑아낸 뒤 중성자의 세기를 계산해 보았다. 점차 냉각수의 온도가 올라가기 시작했다. 섭씨 10도의 냉각수가 66도로 뜨거워져 흘러나오고 있었다. 최초의 플루토늄 생산용 반응로가 조용히 가동되기 시작하고 있었다. 통제실에서도 고압 냉각수가 냉각관 속을 흘러가는 소리를 들을 수 있었다.

파일은 자정이 지나 새벽 2시에 임계상태에 도달했다. 지금까지 있었던 어떤 연쇄 반응보다 출력이 컸다. 약 한 시간 동안 정상적으로 가동됐다. 그리고 나서 마셜은 운전자들이 서로 수군거리는 소리를 들었다. 이들은 제어봉을 조종하며 긴박하게 수군거렸다. 무엇인가가 잘못됐다. 시간이 지남에 따라 반응은 계속 감소했다. 출력 100메가와트를 유지하기 위하여 제어봉을 계속 뽑아 냈다. 제어봉을 모두 뽑아냈으나 반응로의 출력은 계속 떨어졌다.

수요일 새벽, B 파일의 작동이 완전 중단됐다. 페르미가 돌아와 엔지니어들과 문제를 상의했다. 엔지니어들은 냉각수 관이 새거나 또는 강물 속에 포함되어 있는 보론이 관 내벽에 침착됐을 것이라고 추측했다. 페르미는 침착하게 모든 가능성을 검토해 보기로 했다. 출력도표는 일직선으로 감소하고 있었다. 그러나 지수함수적 감소가 있었지만 도표상으로 잘 표현되지 않았을 가능성도 있다. 만약 그렇다면 지금까지 알지 못했던 분열 생성물들이 중성자를 흡수하고 있다는 것을 의미하는 것이 된다.

목요일 아침 파일의 반응은 다시 살아나기 시작하여 아침 7시에는 임계상태 이상으로 가동됐으나 12시간 후에 다시 감소하기 시작했다.

듀퐁 사가 이 프로젝트에 참여하기 시작한 이후 프린스턴의 이론물리학자 존 윌러(John A. Wheeler)가 그린월트의 자문 역할을 해 왔으며 지금은 핸퍼드에 상주하고 있었다. 그는 지난 몇 달 동안 분열 생성물 문제를 걱정했다. B 파일의 가동, 중단 그리고 재가동 문제가 생성물 때문이라는 확신이 생겼다. 이 현상은 복잡한 것이다. "중성자를 흡수하지 않는 분열 생성물(어머니)이 몇 시간 이내에 붕괴하여 중성자를 흡수하는 핵(딸)으로 변환된다. 이 딸들도 몇 시간의 반감기를 가지고 중성자를 흡수하지 않는 또 다른 핵으로 변환된다"라고 윌러가 설명했다. 많은 숫자의 딸들이 생겨나면 연쇄 반응은 중성자가 모자라 굶어 죽게 된다. 그리고 나서 딸들이 중성자를 흡수하지 않는 제3의 안정한 원소로 변환되면 파일은 다시 살아나기 시작하여 임계상태에 이른다.

페르미는 숙소로 돌아가고 윌러가 남아 파일의 출력 변화 시간을 근거로 반감기들을 계산했다. 그는 두 가지 방사능 물질의 반감기의 합이 15시간이라는 결론을 얻었다.

한 시간쯤 후에 페르미가 자세한 핵반응 자료를 가지고 왔다. 이 계산 결과가 의미 있는 것인지 알아보기 위하여 핵의 반감기표를 조사하여 보니, 어머니는 반감기가 6.68시간인 요오드 135이고 딸은 9.13시간인 크세논 135였다. 이것은 윌러의 계산 결과와 일치했다. 두 가지의 추가적인 결론을 얻었다.

1. 크세논 135의 열중성자 흡수 단면적은 지금까지 중성자를 가장 잘 흡수한다고 알려졌던 카드뮴보다 약 150배나 더 크다.
2. 반응로에서 생성된 크세논 135는 중성자를 효과적으로 흡수하므로 필요없는 제어봉 역할을 한다. 이 문제를 극복하기 위해서는 더 많은 중성자가 필요하다.

그린월트는 금요일 오후 시카고에 있는 앨리슨에게 전화로 이 소식을 알려주었다. 앨리슨은 아르곤에 있는 진에게 이 소식을 전했다. 아르곤에는 몇 개의 시험용 파일이 가동되고 있었다. 진은 막 CP-3의 가동을 중단시키고 실험실을 떠나려던 참이었다. CP-3의 6.5톤의 중수 속에는 121개의 알루미늄 관 속에 우라늄이 들어있는 연료봉이 걸려 있었다. 이 소식을 믿지 못하여 진은 300 kW 반응로를 12시간 동안 전 출력으로 가동시켜 보았다. 이 반응로는 연구용이었으므로 지금까지 최고의 출력으로 장시간 가동된 적이 없었다. CP-3에서도 크세논의 영향이 나타났다.

그로브스는 이 소식을 듣고 기분이 매우 좋지 못했다. 그는 콤프턴에게 CP-3를 최고 출력으로 계속 가동시켜 보라고 명령했다. 낙관주의자인 콤프턴은 순수과학의 이름으로 사과했다. 이 실수는 후회스런 것이긴 하지만 "물질의 중성자 흡수에 관한 기본적인 새로운 발견"을 이끌어 냈다.

만일 듀퐁 사가 핸퍼드 반응로를 매우 경제적인 유진 위그너의 설계에 따라 건설했다면 세 개의 반응로를 모두 새로 만들어야 될 뻔했다. 다행히 윌러가 분열 생성물에 대하여 조바심하며 걱정했기 때문에 듀퐁 사에게 여분의 우라늄을 더 넣을 수 있는 조치를 하도록 충고했었다. 위그너의 원통형 그라파이트는 1,500개의 채널을 수용할 수 있으나, 원통형이 아닌 사각형 그라파이트는 504개의 연료봉을 추가로 수용할 수 있었다. 차폐벽에 추가 구멍을 뚫어야 되므로 기간도 연장되고 수백만 달러의 비용이 추가로 소요됐다.

D 파일은 2,004개의 관에 우라늄을 채우고 12월 17일에 임계상태에 도달했다. B파일도 28일에 임계상태에 도달했다. 마침내 플루토늄의 대량 생산이 시작됐다. 그로브스는 육군 참모총장에게 1945년 후반에는 5kg 플루토늄 폭탄 18개를 만들 수 있다고 보고했다. "경주와 같았다. 뚱뚱이와 홀쭉이 중에서 어떤 것이 먼저 투하될 것인지, 그리고 시기는 7월, 8월 또는 9월이 될 것인지?"

이 시대의 재앙

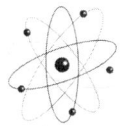

19 45년 초 제임스 코난이 예상했던 폭탄은 투박한 설계에 위력도 확실치 않은 것이었다. 지난 10월에 폭탄의 전망을 확인하기 위하여 그는 로스앨러모스에 다녀왔다. 코난은 대포형 폭탄은 사용해 보지 않은 새로운 것이지만 성능을 발휘할 수 있을 것이라고 부시에게 보고했다. 대포형 우라늄 폭탄은 10,000톤의 TNT와 동등한 위력을 가질 것이며, 단지 충분한 우라늄235를 분리해 내는 것만이 문제거리로 남아 있다. 내폭형 플루토늄 폭탄은 8월에 오펜하이머가 조직을 개편한 후 열심히 연구하고 있으나 성능을 발휘할 수 있을지 여부는 아직도 불확실하다. 내폭형 폭탄에 폭발 렌즈를 사용하더라도 위력을 대략 1,000톤 단위의 TNT와 동등할 것으로 판단했다. 코난은 부시에게 대포형 폭탄은 전략적인 것이며 내폭형은 전술적인 것으로 간주해야 될 것 같다고 제안했다.

지난 3년 동안 부시와 코난은 전적으로 그들의 노력을 이 최초로 설계된 투박한 폭탄에 경주했다. 지금 그들은 이것의 성능 개선과 개발 이후의 상황에 대해서도 점차 생각하기 시작했다. 1944년 여름, 그들은 같이 로스앨러모스를 방문하던 중 전쟁이 끝난 후의 미국의 정책에 관하여 사적으로 토의할 수 있는 시간을 가졌던 적이 있다. 이 토의 결과를 정리하여 공동명의로 9월 19일 육군성 장관 스팀슨에게 보냈다. 보어가 8월에 루스벨트 대통령에게 제기한 내용과 거의 같은 것이었지만, "이 분야의 과학 기술은 다음 5년 동안 다른 나라에서도 급격히 발전될 것이므로 현재의 지식을 비밀로 덮어 두었다고 우리가 안전할 것이라고 생각하는 것은 극히 위험한 일입니다"라고 특별히 강조했다.

그들은 폭탄의 상보성에 대한 것은 이해하지 못했으나, 미국과 영국이 무슨 통제 조치를 취하든지 간에 소련을 포함해야 된다고 생각하고 있었다. 만약 소련에 통보하지 않으면 그들과의 관계는 매우 바람직하지 않은 방향으로 진행될 것이라고 우려했다.

루스벨트는 프랑크푸르터와 보어가 맨해튼 프로젝트에 대한 비밀을 누설했을지도 모른다는 걱정을 가지고 하이드 파크에서 돌아왔다. 부시와 코난은 스팀슨의 요구에 따라 보어와 상의한 후 더 자세한 제안서를 스팀슨에게 제출했다. 그들은 미국 정부가 효과적인 국제 통제를 위하여 권리의 일부를 포기할 것을 명확하게 건의했다.

새로운 기술의 발전으로 생겨난 독특한 상황에 대처하기 위하여 우리는 현재의 전쟁이 끝나고 국제적으로 형성된 협조 체제에 근거하여 권한을 위임받은 국제기구의 주관 아래 이 분야에 관련된 모든 과학 정보를 자유로이 교환할 것을 제안한다.

이 방침에 많은 저항이 있을 것으로 예상되지만 미래에 대한 위험이 너무 크기 때문에 이러한 주장의 정당성은 의심할 수 없는 것이라고 믿고 있다.

그러나 사실 이런 위험이 얼마나 큰 것인가? 코난이 10월에 로스앨러모스를 방문했던 이유 중의 하나가 이것을 알아내기 위한 것이었다. 만일 국가의 군사 시설이 사찰을 받아야 된다는 논리가 열핵폭탄에 의한 것이라면 그것은 아직도 근거가 미약하다. 열핵반응은 아직도 종이 위에 그려진 아이디어일 뿐 확인된 사실은 아니다. 얼마만큼 분열폭탄이 개량될 수 있을까? 얼마만큼의 파괴력을 가지고 세계의 대도시들을 파괴할 수 있는가?

코난이 무엇보다도 먼저 알아낸 사실은 이미 다른 국가들도 똑같은 질문을 했다는 사실이었다. 개량될 대상이 대량 파괴 무기라 할지라도, 기술적으로 피할 수 없는 개량 충동은 이미 로스앨러모스에서 시작되고 있었다. 전쟁을 이기기 위하여 최단 시간내에 최초의 투박한 폭탄을 만들 것을 이미 생각하고 있었다. 코난은 부시에게 다음과 같이 보고했다.

최초의 폭탄이 만들어진 후 6개월 이내에 여러 가지 방법에 의한 발전이 가능한 것으로 보입니다. 효율을 증가시키는 일은 가능합니다. ……이 경우 같은 양의 물질이 24,000톤의 TNT와 동등한 위력을 발휘할 수 있게 할 수 있습니다. 효율이 더욱 증대되면 단 한 개의 폭탄이 수십만 톤 또는 수백만 톤의 TNT와 동등한 위력을 갖게 될 가능성도 있습니다. 이러한 모든 가능성은 우라늄 235와 플루토늄 239를 이용하는 효율을 높이는 문제에 달려 있습니다. 이런 굉장한 위력의 '슈퍼' 폭탄이 다른 종류의 핵반응을 사용하는 것과는 상관 없이 앞으로 나타나게 될 것입니다.

당시에 치열했던 세계대전도 끝날 때까지 약 300만 톤의 폭약을 소모하게 될 것으로 예상되는 정도였으므로, TNT 100만 톤의 위력은 대단한 것이다. 그러나 코난은 텔러가 이미 이런 개량을 하찮은 것으로 생각하고 있다는 것을 알게 됐다.

중수의 열핵반응은 처음 2년 동안 생각했던 것보다는 훨씬 가능성이 떨어지는 것처럼 보였습니다. 이 주제에 관한 로스앨러모스의 이론물리학자들의 토론을 한 시간 동안 들어 보았습니다. 가장 희망적인 방법은 분열폭탄을 기폭제로 사용하고 반응을 부추기기 위하여 삼중수소를 액체 이중수소와 같이 사용하는 것입니다. 이런 장치는 1억 톤의 TNT와 동등한 위력을 발휘할 것이며 3,000평방마일에 이르는 지역에 B급 파괴 효과를 가져올 것입니다.
이 슈퍼 폭탄은 우리가 원자 폭탄에 대하여 처음 이야기를 들었을 때와 같이 지금은 가능성이 희박한 것 같이 보입니다.

열핵폭탄은 만일 그것이 만들어 진다면 무제한의 화재와 같은 것이다. 더 크게 만들기 위해서는 중수의 사용량만 늘이면 된다. 로스앨러모스에서 텔러의 슈퍼에 관심을 기울이지 않았으므로 위력 예측은 점점 더 과장됐다.
로버트 오펜하이머도 그 당시 열핵반응 연구에 참여했다. 1944년 9월 20일, 리처드 톨맨에게 보낸 그의 편지에서 "나는 전쟁이 끝난 후 열핵반응 연구가 열심히 그리고 지체 없이 수행되어야 한다는 것을 미리 제안하고 싶습니다"라고 말했다.
실제 규모의 열핵폭탄은 내폭 장치의 코어에 중수를 넣는 증폭된 분열폭탄이었다.

이와 관련하여 나는 적당한 효율과 적절히 설계된 분열장치를 이용한다면 중수의 열핵반응을 확실히 일으킬 수 있다는 것을 지적하고 싶습니다. 현재 진행되고 있는 프로젝트에서 이 개발 업무를 수행할 것인지는 명확하지 않지만, 순전히 이론적인 접근 이외에 실험적 접근 가능성을 열어 두는 것이 중요하다고 생각합니다(실제적으로 중수가 아닌 삼중수소가 증폭된 분열폭탄에 필요한 요소라고 판명됐고, 이 무기는 전쟁이 끝날 때까지는 개발되지 않고 있었다).

보어가 폭로한 더 큰 결과를 넌지시 언급하면서, 오펜하이머는 H(수소)-폭탄 개발에 그가 부여한 긴급성을 다시 한번 강조했다.

길고 피비린내 나는 전쟁을 끝낼 수 있는 폭탄을 만들기 위한 시간을 다투는 노력은 로스앨러모스의 생활을 피곤하게 만들었다. "나는 언제나 육군 군의관 업무를 가엾게 생각했다"라고 로라 페르미는 말했다.

그들은 전쟁의 응급 상황에 대처하기 위하여 훈련을 받은 사람들이다. 그러나 대신 그들이 만나는 사람들은 일단의 긴장으로 가득 찬 남자, 여자 그리고 아이들뿐이었다. 고도의 긴장으로 우리는 흥분해 있었고 남자들은 용서없는 압력 하에서 오랜 시간 일하기 때문에 그리고 너무 여러 인종이 섞여 있어서, 서로 너무 가까워 휴식 시간에도 피할 수 없었으므로 우리 모두는 흥분하여 마치 미치광이와 같은 별난 사람들로 변해 있었다. 우리는 이상한 환경에서 힘이 없다고 느껴져 흥분했고, 사소한 일에도 진절머리치며 육군의 탓으로 돌리는 이성이 없는 반항자가 됐다.

미시 텔러는 뒤뜰을 아이들 놀이 마당으로 보존하기 위하여 투쟁했다. 그녀는 뒤뜰에 있는 나무를 베러온 병사에게 폴(Paul)이 그늘 속에서 놀 수 있도록 베어내지 말 것을 요청했다. 그러나 병사는

"나는 모든 것을 편평하게 만들어 새로 나무를 심을 수 있게 하라는 명령을 받고 왔습니다"라고 대답했다. 이것은 말이 안 되는 소리였다. 자연이 이미 심어놓은 나무가 흙먼지보다는 훨씬 더 잘 어울렸다. 병사는 그대로 돌아갔으나, 다음날 다시 와서 나무를 베어버리라는 명령을 받았다고 말했다. 그래서 미시는 이웃의 주부들을 불러내어 모두 나무 주위에 의자를 놓고 앉았다. 병사는 하는 수 없이 고개를 저으며 돌아가 다시 오지 않았다.

1944년 9월, 페르미의 가족이 로스앨러모스로 이사했다. 그는 네 가구가 사는 연립 주택의 이층을 요구했다. 파이얼스의 가족이 아래층에 살았다. 출생지와 시민권이 뒤섞여 있는 것이 이 언덕의 특색이었다. 파이얼스는 독일계 유대인이며 그의 부인은 러시아인으로 둘 다 영국 시민권을 갖고 있었다. 로라 페르미는 아직도 로마를 못잊어 하지만 지난 7월 미국 시민이 됐다. 아침 사이렌이 울리면 페르미는 깨어나 오펜하이머가 휘바람을 분다고 했다. "일어날 시간이다." 페르미는 새로운 연구부 F를 맡았다. 그의 이론가 및 실험가로서의 능력을 활용하여 모든 문제점을 해결하는 역할이었다. 마흔세 살의 이탈리아인 페르미는 서른여섯 살의 헝가리인 텔러를 상상력이 있는 젊은이라고 했다. "그가 그의 창의성을 잘 활용한다면 앞으로 큰 일을 하겠어"라고 익살스럽게 이야기했다. 텔러는 밤늦게까지 일을 하고 그리고 때때로 피아노도 쳤다. 그러고는 연구실에는 아침 늦게 나왔다.

신관 개발팀장 브로드(Robert Brode)의 부인 버니스(Bernice)는 언덕에서의 파티에 대하여 기억했다. "크고 번드르르하거나 또는 작고 즐거운 파티이거나 모두가 언덕 생활의 중요한 일부가 됐다. 큰 행사가 계획되지 않은, 할일 없는 토요일 저녁에는 야단법석을 떨고, 일요일에는 여행을 하고 나머지 날에는 일을 했다." 독신 남녀는 기숙사에서 파티를 열고 많은 사람들을 초대했다. 술을 탄 펀치 음료가 제공됐다. 독신들은 기숙사 공동 휴게실의 의자를 모두 치우고 춤을 출 장소를 마련했으며 이층 방들의 문을 밤새 열어 놓는 것은 불문율처럼 됐다.

스퀘어 댄스가 토요일 저녁 행사로 자리 잡아갔다(모두 청바지에 부츠를 신고 파카를 입었다. 울람의 프랑스인 아내는 처음에 도착하여 깜짝 놀랐다. 육군기지이면서도 산속의 휴양지 같은 감이 들었다). 이 댄스 파티는 처음에는 파슨스의 거실에서 시작됐으나, 극장으로 장소를 옮겨 열렸고 참석하는 사람들이 늘어나자 큰 식당에서 옮겼다. 마침내 페르미 가족도 딸 넬라(Nella)를 데리고 활동적인 스퀘어 춤을 배우러 나타났다.

그의 아내와 딸이 나가서 춤추는 사이에 페르미는 오랫동안 꼼짝도 하지 않고 머리 속으로 스텝을 연습하며 앉아 있었다. 그는 준비가 되자 선도자 중의 한 명인 버니스 브로드에게 파트너가 되어 달라고 요청했다. "그는 춤을 선도하는 팀이 될 것을 요구했다. 나는 처음 춤을 추면서 현명치 않은 일이라고 생각했다. 그러나 음악이 이미 시작되고 있었다. 그는 정확히 박자에 맞추어 나를 이끌어 나갔다. 그는 언제 어떤 동작을 해야 하는지 정확히 알고 있었다. 그는 결코 실수를 하지 않았다. 그러나 나는 그가 춤을 즐겼다고는 말할 수 없다. 그는 발로 춤을 추는 대신 머리로 춤을 추었다."

키샤코프스키는 포커 게임을 즐겼다.

나는 노이만, 울람 등과 같은 중요한 사람들과 포커 게임을 많이 했다. …… 내가 로스앨러모스에 도착해 보니 이 사람들은 포커를 할 줄 몰랐다. 내가 가르쳐 주기로 했다. 게임이 끝나 칩을 계산할 때 이들은 때때로 화를 냈다. 나는 그들에게 만일 바이올린을 배웠다면 시간당 비용이 더 많이 들었을 것이라고 말했다. 불행히도 전쟁이 끝날 무렵에는 이 훌륭한 이론가들이 포커에 재미를 단단히 붙여 저녁 계산에서 나는 별로 재미를 보지 못하게 됐다.

사이클로트론 그룹 팀장 윌슨은 마을 협의회 일을 보았다. 헌병들의 순찰 업무에도 불구하고 종종 좀 더 기본적인 활동이 언덕에서 일어나고 있다는 것을 알게 됐다.

내가 협의회 일을 보던 중에 일어난 여러 가지 일들 중 가장 기억에 남는 것은 이 지역을 경비하는 헌병이 여자 기숙사 중의 하나를 출입 제한시키기로 한 일이다. 그들은 기숙사 문을 닫고 거주자들을 내보내도록 요청했다. 일단의 총각들이 기숙사의 문을 닫는 것에 항의했다. 여자들이 젊은 남성들의 기본적인 필요에 부합하는 번창하는 사업을 하고 있었다. 그것도 비싼 값에……. 처음에는 육군도 이해했으나 질병이 심해지자 간섭하기 시작한 것이다. 우리는 문제를 바로잡고 나서 기숙사를 계속 열도록 결정했다.

결혼했거나 독신이거나, 사서함 1663호에 사는 사람들은 젊고 건강했다. 너무 많은 아이들이 출생하자 그로브스는 아이들을 그만 낳으라고 명령했다. 오펜하이머가 그랬다는 이야기도 있으나 하여튼 그의 아내는 1944년 12월 7일 두 번째 아이로 딸 캐서린(Katherine)을 낳았다. 두목의 아기를 보기 위해 사람들이 몰려들어 병원 신생아실 복도는 방문자들로 꽉 찼다.

철조망 안에 사는 가정들은 전염병들에 대해서도 걱정했다. 몇 명의 아이들을 문 적이 있는 애완용 개가 광견병에 걸렸다. 개 주인들은 아이들 부모들과 개와 어린이들 중 어느 쪽을 줄로 묶어 놓아야 하는지에 대해서 말다툼을 벌였다. 더 무서운 일은 한 그룹팀장의 아내인 젊은 화학자의 갑작스런 죽음이었다. 사인은 규명되지 않은 일종의 마비였다. 소아마비가 걸릴 것을 두려워하여 의사들은 학교를 휴교시키고 샌타페이 출입을 금지시키며 아이들을 집안에서만 놀게 했다.

새로운 환자가 나타나지 않고 차가운 날씨가 계속되어 위험이 사라지자 일상 업무와 놀이가 재개됐다. "나는 다시는 그렇게 많은 두뇌들과 같은 지역 사회에 살아보지 못할 것이라고 생각했다." 맥밀런의 아내 엘지(Elsie)는 말했다. 그녀는 로렌스의 처제이다. "또한 그렇게 많은 사람들이 몰려 살고 있었으므로 방문객들은 우리가 매일 서로 싸우리라고 걱정했다. 우리는 전화도 없었고, 전등불도 밝지 못했다. 그러나 나는 이렇게 깊은 협조와 우정이 흐르는 마을에는 다시 살아보지 못할 것이라고 생각했다."

사람들은 일요일에는 교회에도 가고 취미 생활도 했다. 야외로 나가는 사람들도 있었다. 오펜하이머 가족은 훌륭한 말들을 갖고 있었고 일요일 아침마다 승마를 했으나 3년 동안에 단 한 번 집을 떠나 승마 여행을 했다. 키샤코프스키는 오펜하이머에게서 말을 한 마리 사서 토요일 밤 늦게 포커 게임이 끝나면 말을 타고 야외로 나갔다. 육군이 순찰용 말과 함께 개인 말들도 돌봐 주었다. 세그레는 낚시를 즐겼다. 시냇물에는 큰 송어들이 가득했다. "그저 낚시줄만 던지면 떠들고 있어도 고기들이 물어준다"고 했다. 페르미도 낚시를 시작했다. "그러나 그는 이상한 방식으로 낚시를 했다. 그는 다른 사람들과 다른 방식으로 송어를 낚았으며 물고기들의 행동에 대한 이론도 개발했다. 페르미는 미끼로 지렁이를 사용했다. 그는 물고기들의 마지막 음식으로 전통적으로 사용하는 인조 파리보다는 진짜 지렁이를 제공해야 된다고 생각했다."

한스 베테의 오랜 취미는 등산이었다. 그와 페르미는 때때로 리오 그란데 협곡을 건너 높은 산에 올라갔다. "이런 식으로 많은 발견이 이루어졌다"라고 레오나 마셜이 말했다.

제니아 파이얼스와 버니스 브로드는 선사 시대에 응회암을 깎아 만들었다는 쭈그리고 앉아 있는 실물 크기의 돌 표범을 찾아보기로 했다. 그것은 폐허가 된 인디언의 옛 주거지 근처에 있다고 알려져 있다. 그들은 해군 소위들과 영국팀의 젊은이들을 한차 가득 싣고 떠났다. 목표 지점의 10마일쯤 되는 곳에 차를 세우고 걷기 시작했다. 제니아 파이얼스는 양말도 신지 않고 운동화만 신은 채 앞장섰다. "돌길을 걷거나, 엄지 발가락이 아플 때에는 제일 좋은 방법이야"라고 말했다. 오후 2시에 시원한 계곡 냇가에서 점심을 먹고 나서 지친 해군 소위들이 더 쉬자고 늘어졌다. 그러나 파이얼스 부인은 영국 젊은이들을 재촉하며 "자, 돌표범을 향해 출발한다"라고 명령했다. 언덕을 넘고 또 넘어 마침내 돌표범이 있는 곳에 도착했다. 미국 부인들은 돌표범을 보고 감탄했다. 그러나 소련인의 반응은 별로였다. "집 고양이 아냐? 잘 만들지도 않았고 오래되지도 않았어"라고 했다. 돌아오는 길에 버니스 브로드가 기억했다. "젊은이들은 넓게 펼쳐 있는 황무지와 지는 해에 반짝반짝 빛나며 구불구불 리본 같이 흘러가는 시냇물을 바라보았다." 그들 중 한 명이 부드러운 목소리에 약간 독일 액센트가 섞인 말투로 "나는 뉴욕도 시카고도 보지 못했지만 돌표범은 보았다"라고 말했다. 그는 미소를 띠며 즐겁게 걸어갔다. 그의 이름은 클라우스 푹스(Klaus Fuchs)이다. 제니아 파이얼스는 자동판매기 푹스라고 별명을 붙였다. 왜냐하면 조용하고, 열심히 일하는 이론가는 다른 사람이 말을 붙여야만 말을 했기 때문이다(클라우스 푹스는 전후 소련 간첩으로 체포됐다).

　페르미 가족과 같이 프리졸스 계곡에 하이킹을 나갔던 보어는 유럽에는 알려지지 않은 동물인 스컹크를 보고 신기해 했다. 다행히 스컹크는 건장한 덴마크인에게 방어술을 보여주지 않았다. 때때로 곰들도 나타난다. 게시판에는 경고문이 붙어있었다. "이 곰들은 옐로우스톤 공원에 있는 곰들과 같이 길들여진 것이 아님!" 집고양이 한 마리가 턱이 곪는 병에 걸렸다. 육군 수의사는 방사능 오염에서 오는 골저병으로 진단하고 증상을 살펴보기 위하여 살려 두었다. 이런 병은 별로 알려지지 않은 것이었다. 혀가 붓고, 털이 덩어리로 빠져 나왔다. 가슴이 아픈 주인이 고양이를 죽여 달라고 요청했다.

　저출력 라디오 방송국이 1943년 크리스마스 이브에 방송을 시작했다. 오펜하이머를 포함하는 몇 명으로부터 고전 음악 레코드판을 빌려서 방송했다. 아나운서가 실황 연주자의 성을 말해주지 않자 인근에서 방송을 듣는 주민들은 의아하게 생각했다. 때때로 피아노를 연주한 '오토'는 '오토 프리슈'였다.

　건설 노동자들, 기계 가공공 그리고 군인들의 생활은 더 힘든 것이었다. 형편없는 바라크와 기숙사 또는 진흙창의 트레일러에서 생활했다. 한번은 시골 노동자 가족들을 스퀘어 댄스에 초청했더니 술에 잔뜩 취한 상태로 도착하여 거의 반란을 일으켰다. 그후로는 헌병이 출입문을 지켰다. 성격이 거친 기계 가공공이 동료의 목을 베어버린 사건도 있었다. 인근에 사는 인디언들의 경우 청소부와 잡역부로 일할 수 있어서 생활이 훨씬 좋아졌다. 마리아 마리네즈가 손으로 만든 검은 질그릇이 로스앨러모스 아파트의 여러 집에 우아한 장식품 대접을 받으면서 진열됐다.

겨울철에는 석탄 연기가 언덕을 뒤덮었다. 아파트의 난로를 관리하도록 지정된 군인들이 석탄을 너무 많이 때어 때로는 집안이 끓는 듯했다. 로스앨러모스는 지대가 높고 건조하며 주위에는 소나무 숲으로 둘러싸여 있어 화재의 위험이 있었다. 1945년 초, 주 기계공장에 화재가 발생했다. 불을 구경하던 군중들 중에서 누군가 "D-빌딩이 아닌 것이 천만다행이야! 그곳은 수백만 달러어치나 뜨겁지. 매번 일하기에 너무 뜨거워지면 작업복에 또 한 겹의 페인트를 칠하거든" 하고 말했다. 뜨겁다는 말의 뜻은 방사능 물질을 의미했다. 플루토늄 공장에서 화재가 발생하면 큰일이므로 그로브스는 강철 벽과 강철 지붕으로 된 건물을 짓도록 하고 순환되는 공기를 모두 여과시켰다.

오펜하이머는 이 모든 활동을 자명한 유능함과 탁월한 침착성을 가지고 관리했으므로 모든 사람들이 전적으로 그에게 의존했다. "오펜하이머는 내가 지금까지 본 사람 중에서 최고의 연구소장이다"라고 텔러는 칭찬했다. "그의 생각은 재빨리 움직였고, 연구소 내에서 일어나는 주요 발견은 모두 이해하려고 노력했다. 비범한 심리적 통찰력으로 남을 이해하는 일은 물리학자들에게는 드문 일이다." 베테도 거들었다. "그는 연구소에서 일어나는 모든 일들을 알고 있었다. 그것이 화학이든 물리학이든 또는 기계 가공 작업이든 모두 알고 있었다. 그는 머릿속에 모두 기억하고 그것들을 통합 조정했다. 그가 우리들보다 지적으로 우수하다는 것은 명백했다."

그는 무엇을 들으면 곧바로 이해했고, 그리고 일반적인 상황에 맞추어 올바른 결론을 이끌어 냈다. 연구소에서는 그를 따라갈 사람이 없었다. 그는 지식뿐만 아니라 인간적 따뜻함도 가지고 있었다. 모든 사람들이 오펜하이머가 자기들이 하고 있는 일에 관심을 갖고 있다고 느꼈다. 어떤 사람과 이야기하면서도 그 사람의 일이 전 프로젝트의 성공에 중요하다는 것을 명확하게 해 주었다. 나는 로스앨러모스에서 그가 누구에게도 못되게 구는 적을 한번도 본 일이 없다. 전쟁 전이나 전쟁 후에도 똑같았다. 로스앨러모스에서 그는 누구도 열등감을 갖게 하지 않았다.

그렇지만 오펜하이머 자신은 열등감을 느끼고 있었다. 수년이 지난 뒤 그의 고백에 의하면, 그는 인생에서 언제나 "커다란 혐오감과 무엇인가가 잘못됐다는 느낌"을 갖고 있었다. 로스앨러모스에서 처음으로 이런 고통이 완화됨을 느꼈다. 그는 이때에 상보성에 근거를 둔 자아 분석 과정을 발견했을 수도 있다. "이런 것들에서 벗어나서 이성적인 사람이 되려는 노력에서, 내 자신을 걱정하는 것은 옳은 일이고 그리고 중요한 것이라는 것을 깨닫게 됐다. 그러나 이것이 전부는 아니다. 왜냐하면 내가 나를 보는 것과 다른 사람들이 나를 보는 것은 다르기 때문이다. 상보적인 방법이 있었다. 그래서 나에게는 그들이 보는 바와 그들이 필요하게 됐다." 그는 일에 파묻히는 좀 더 전통적인 방법을 발견하게 됐다.

이 당시에 오펜하이머가 짊어진 도덕과 일의 짐이 무엇이었든지 간에, 그는 자기 몫의 개인적 고통을 짊어지고 있었다. 그의 움직임은 계속 감시를 받았다. 그의 사무실과 전화는 도청당했다. 낯모르는 사람들이 그의 가장 개인적인 시간도 들여다 보았다. 그의 가정 생활은 행복할 수가 없었다. 키티 오펜하이머는 고립된 로스앨러모스의 생활에서 오는 스트레스를 이기지 못하고 술을 많이 마셨다. 나중에는 마사 파슨스가 언덕 사회의 지도자 역할을 맡았다. 육군 보안 장교들은 이 나라의 가장 중요한 비밀 전쟁을 하는 연구소의 소장을 자비심도 없이 괴롭혔다. 적어도 그들 중 실바(Peer de Silva)는 오펜하이머가 소련 스파이라고 확신하고 있었다. 그들은 자주 그를 심문했다. 그가 실수하기를 기대하며 그가 알고 있거나 또는 공산당원이라고 믿고 있는 사람들의 이름을 물었다. 그는 자신을 보호하기 위하여 거짓 상황을 만들어 친구들의 이름을 대었다. 이 일이 나중에 그를 굉장히 곤란하게 만들었다.

로스앨러모스에 온 첫여름에 진 태틀록으로부터 연락을 받았다. 그가 아내를 만나기 전에 사랑했던 불행한 여인이다. 그녀가 공산주의자였고 지금도 공산주의자인지도 알 수 없는 상황에서 그리고 자신이 감시당하고 있다는 것을 알면서도 그는 그녀를 만나러 갔다. FBI의 문서는 보안 요원의 감시 내용을 다음과 같이 요약했다.

1943년 6월 14일, 오펜하이머는 버클리에서 샌프란시스코까지 저녁에 기차를 타고 갔다. 그는 태틀록을 만났고 그녀는 그에게 키스했다. 그들은 샌프란시스코 브로드웨이 가 787번지에 있는 카페에서 저녁을 먹고 밤 10시 50분에 떠났다. 몽고메리 가 1405번지에 도착하여 아파트의 맨 꼭대기 층으로 올라갔다. 저녁에 불이 꺼지고 다음 날 아침 8시 30분에 오펜하이머와 태틀록은 같이 아파트를 떠났다.

1944년 1월 태틀록이 자살했다. "나는 살기를 그리고 베풀기를 원했다. 그런데 나는 어찌하다가 마비가 됐다." 그녀의 유서였다. 그것은 오펜하이머가 자신 속에서 저항하여야 했던 영혼의 마비였다.

1944년 3월, 내폭 무기의 실제 실험 계획을 작성하기 시작했다. 3월에서 10월 사이에 오펜하이머는 이 시험의 암호명을 제안했다. 최초로 인간이 만든 핵폭발은 역사적인 사건이다. 그러므로, 그 이름은 역사에 오래 기억될 수 있는 것이어야 했다. 오펜하이머는 그 시험과 시험장을 트리니티(Trinity, 삼위일체)라고 명명했다. 한참이 지난 1962년에, 그로브스는 이 이름이 미국의 서부에 있는 강이나 산이름에 많이 쓰이므로, 의심을 받지 않기 위하여 그렇게 정했으리라고 추측하며 오펜하이머에게 이유를 물어 보았다.

"내가 제안했지만 그런 이유는 아니었다. 내가 왜 그 이름을 선정했는지는 이유가 뚜렷하지 않지만, 무슨 생각을 하고 있었는지는 알고 있다. 존 돈(John Donne)이 죽기 바로 전에 쓴 시가 있는데 나는 이 시를 사랑했다. 이 시의 제목은 「나의 아픔 속에서, 하느님 나의 하느님께 찬송」이다." 이 시는 난해함 속에 보어가 최근에 오펜하이머에게 폭로한 폭탄의 상보성과 같은 의미의 상보성을 뜻으로 간직하고 있다(보어는 상보성에 깊이 빠져 있었다. 그리고 이것이 그의 진정한 관심이었다. 오펜하이머도 보어와 오랫동안 대화를 나눈 뒤에 상보성에 깊이 빠져 들었다. 오펜하이머는 보어로부터 국제적 통제 아이디어를 배웠다). 죽는 것은 죽음에 이르지만 또한 부활에도 이를 수 있다―보어와 오펜하이머에게는 폭탄은 죽음의 무기이지만, 그것은 전쟁을 끝낼 수도 있고 인류를 되찾을 수도 있다. 이것이 그 시가 역설을 표현하는 방법이었다.

그로브스에게 보낸 오펜하이머의 답장은 다음과 같이 계속됐다. "이것은 아직 트리니티를 만들어 내지 않았습니다. 그러나 또 다른 돈의 시「나의 심장을 때려라, 세 사람인 하느님」이 있습니다. 이것 외에는 다른 이유가 없었습니다. 새로 이 세상이 태어나는, 태고의 힘에 대한 최초의 비밀 시험을 칭하는 암호명을 제공하기에 충분히 용감하고, 충분히 열렬하며 그리고 충분히 역설로 가득찬 시였습니다."

오펜하이머는 자신이 인류의 역사에서 처음으로 인류 자신을 파괴할 수 있는 방법을 찾아내는 일을 선도했다는 사실이 오래오래 기억되리라는 것을 의심하지 않았다. 그는 어려운 수수께끼 같은 폭탄이 두 개의 해답, 두 가지 결과를 가져오게 되지만 그 중 하나는 인간의 인지가 미치지 못하는 초월적인 것이라는 것을 알고는 상보적인 보상을 가치 있는 것으로 생각했다. 이러한 이해가 로스앨러모스의 연구를 정당화했고 그를 괴롭히는, 양심과 자신 사이의 갈라진 틈을 치료해 주었다.

내폭 개발을 위해서 로스앨러모스는 눈깜짝하는 시간보다도 짧은 시간에 일어나는 일들을 보기 위한 진단 방법을 개발해야 했다. 네더마이어가 사용한 쇠 파이프는 고속 카메라로 구멍 속을 촬영하여 관찰할 수 있었다. 그러나 고폭약 덩어리 속을 전파하는 폭발파의 모양과 폭약이 둘러싸고 있는 금속구를 압축하는 현상은 어떻게 관찰할 수 있는가? 그들은 기술적 제한 조건 안에서 1년 반 동안 연구해 온 유능한 연구 과학자들이었다. 진단 방법은 상상력을 요구했고 그들은 모든 창의력을 동원했다.

엑스선이 가장 신뢰할 수 있는 방법이었다. 그들은 이미 작은 구형 폭약의 폭발 현상을 보기 위하여 엑스선을 사용했다. 엑스선은 밀도의 차이를 밝혀낸다. 단단한 뼈는 무른 살보다 검은 영상으로 나타난다. 내폭을 일으키는 폭발 파동은 폭약이 타들어감에 따라 밀도의 변화를 생기게 하므로 엑스선으로 파동을 볼 수 있게 해준다. 내폭 연구에 엑스선 진단법이 사용되고 폭약의 규모가 커지기 시작하자 계속되는 폭발에 견딜 수 있도록 엑스선 장비를 보호해 주어야 할 필요가 생겼다. 물리학자들은 두 개의 튼튼한 참호 건물을 짓고 한쪽에는 엑스선 장비를 설치하고 다른 건물에는 방사선

사진 장비를 설치했다. 내폭 시험물은 두 건물 사이에 장착하고 보호된 창을 통하여 폭발 현상을 촬영했다. 나중에는 고속 연속촬영 엑스선 장비가 개발되어 폭발파의 연구에 유용하게 사용됐다.

밀도가 더 큰 금속구의 압축 현상은 엑스선과 고속 카메라 이외의 몇 가지 다른 방법을 추가로 사용하여 연구했다. 금속구는 압축에 의하여 체적이 반 이하로 줄어들게 된다.

한 가지 방법은 시험 장치를 자장 속에 넣어두고 금속구가 압축됨에 따른 자장의 변화를 측정하는 것이다. 고폭약은 본질적으로 자장에 투명하다는 장점이 있었고 결국에는 이 방법이 실제 크기의 폭탄 시험에 사용됐다. 이 방법으로 금속구에서 반사되는 충격파를 측정했고 그리고 제트를 형성하는 폭발파의 상호 작용 현상도 조사됐다.

조심스럽게 미리 설치된 전선과 금속구가 압축되며 접촉하는 시간을 측정하여 내폭에 소요되는 시간과 여러 지점에서 물질의 압축 속도도 계산할 수 있었다. 이 자료는 유체동역학 이론이 실제 상황과 얼마나 잘 일치하는지 조사하는 데 사용됐다. 1945년 전선을 설치하기 위하여 폭약 렌즈 한쪽을 제거하고 이 방법으로 실험을 했다.

또 다른 시험장에 보통 엑스선 장비를 보호하는 것과 똑같은 엄폐 건물을 짓고 과학자들이 고안한 새로운 실험 방법을 사용했다. 베타트론(베타트론은 자장내에서 전자를 고속으로 가속시키는 장치이다. 전자들을 표적에 충돌시켜 고에너지 엑스선을 방출시킨다)으로부터 방출되는 엑스선 펄스를 실험실 모델 내폭 장치에 통과시킨 후 안개 상자로 검출하여 나타나는 이온들의 궤적을 입체 사진기로 찍는 방법이다. 베타트론 방식은 작동 단계들을 순서에 따라 정확히 동작시키는 시간 조절 회로가 필요하다. 폭약을 점화시키고, 베타트론

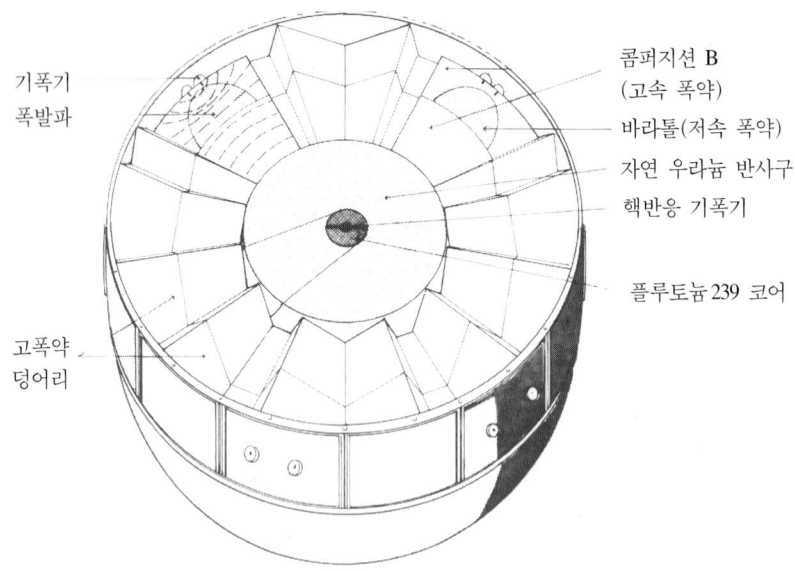

엑스선 펄스를 방출하고, 이온 궤적이 안개 속에서 보이도록 안개 상자의 막을 팽창시키고, 카메라의 셔터를 작동시키는 순서이다.

또 다른 실험 방법은 강력한 감마선원을 폭탄의 코어 금속구내에 집어넣는 방법이다. 감마선원으로는 오크리지 파일에서 얻은 분열 생성물 란탄이 사용됐다. 코어가 압축됨에 따라 방사선의 변화하는 양상이 이온상자에 의하여 검출된다. 방사능 란탄이 실험 장소를 어느 정도 오염시킬지 몰랐으므로 루이스 앨버레즈는 육군으로부터 두 대의 탱크를 빌려서 임시 관측 엄폐물로 사용했다.

나는 첫 번째 폭발이 일어났을 때 탱크 안에 앉아 있었다. 키샤코프스키는 다른 탱크 안에 있었다. 우리는 잠망경을 통하여 관측했다. 굉장한 먼지가 우리 눈 앞에서 일어났다. 그러고는 우리가 전혀 예상하지 못했던 일이 벌어졌다. 우리 주위에 있는 나무들에 불이 붙었다. 뜨거운 흰색의 금속 파편들이 사방으로 튀어 산불이 일어난 것이다. 우리는 불 속에 포위됐다.

내폭 렌즈는 지난 겨울부터 개발되기 시작했다. "노이만이 이론적 관점에서 아무 하자가 없는 설계 도면을 급히 만들었다. 나는 이것으로 실험을 해보았으나 실패했다"고 베테가 말했다. 키샤코프스키가 이것을 실험을 통해 성공시켜야 한다.

광학 렌즈 시스템은 다른 매질 속에서 전파되는 빛의 속도가 다르다는 사실을 이용한다. 공기 중에서 진행하던 빛이 유리 속으로 들어가면 속도가 느려진다. 만일 유리가 확대경 같이 볼록하게 생겼으면, 두꺼운 중심부에 입사한 빛은 얇은 가장 자리를 통과하는 빛보다 더 긴 경로를 거쳐야 된다. 이 경로의 차이가 빛을 한 초점에 모이게 하는 것이다.

노이만이 설계한 내폭 렌즈 시스템은 자동차의 축전지만한 크기로 윗부분이 짤려진 피라밋 모양이었다. 이 렌즈들을 쌓아 놓으면 구를 이루게 된다. 각각의 렌즈는 두 가지 폭약 물질로 구성되어 있다. 두껍고 연소 속도가 빠른 바깥 부분과 연소 속도가 느린 내부의 반타원형 부분이다. 뇌관이 연소 속도가 빠른 폭약에 점화하면 구형의 폭발파가 형성된다. 이 파동의 앞부분이 연소 속도가 느린 폭약에 도달하면 연소 속도가 감소되기 시작한다. 이 지연으로 파동의 다른 부분이 뒤쫓아올 시간적 여유를 제공하게 된다. 연소 속도가 느린 폭약이 모두 연소할 때쯤에는 볼록했던 파동면이 오목한 모양을 갖게 된다. 즉, 한 점으로부터 팽창해 나가는 구면파가 한 점으로 집중되는 구면파로 변하게 된다. 모양이 바뀐 구면파가 반사구에 도달하기 전에 더 강력한 힘을 보강하기 위하여 두 번째 연소 속도가 빠른 폭약을 통과한다. 무거운 자연 우라늄 반사구는 충격파가 통과하여 플루토늄 코어를 압축하기 전에 파동의 약간 불규칙한 면을 다듬어 주는 역할을 한다.

"이 전쟁 이전에는 폭약 분야에 거의 과학적 관심을 기울이지 않았다"라고 키샤코프스키가 전쟁이 끝난 뒤 말했다. 이 물질들은 정밀 장치라기보다는 맹목적 파괴 수단으로만 생각됐다. 폭발파에 대한 기본적인 지식과 이들이 주변의 비폭발 물질에 유도하는 강력한 충격파에 대한 이해는 거의 없었다. 이 실험을 지원하기 위한 폭약 주조 공장은 멀리 떨어진 장소에 있었다. 콘크리트를 운반하는 시간을 절약하기 위하여 목조 건물에 흙으로 방호벽을 쌓았다.

1944년 12월 중순이 되어서야 렌즈는 가능성을 조금씩 보이기 시작했다. 그로브스는 육군 참모총장 조지 마셜에게 1945년 후반기에는 5kg짜리 폭탄 18개를 만들 수 있을 것이라고 보고했으나, 위력은 10월에 코난이 보고 받았던 1,000톤에서 500톤으로 떨어져 있었다.

키샤코프스키는 파슨스와 또 한 차례 싸움을 해야했다. "우리가 만족스런 렌즈를 만들어낼 수 있는가에 대하여 매우 비관적이었다. 파슨스 대령과 몇몇은 렌즈를 완전히 포기하고 다른 방법을 찾아보자고 주장했다." 키샤코프스키는 다른 방법은 희망이 전혀 없다고 생각했다. 1945년 초, 그로브스가 논쟁을 들어보기 위하여 회의에 참석했다. 마지막에 오펜하이머가 키샤코프스키를 지지하여 렌즈를 개발하기로 결정했다. 파슨스의 연구부는 우라늄 폭탄에만 전념하기로 했다. X와 G 연구부들은 내폭에 대하여 걱정했다.

키샤코프스키는 고폭약 주조와 기계 가공 방법에 극적인 기술적 혁신을 도입했다. 그는 미리 주조된 폭약 덩어리를 기계 가공을 통해 모양을 깎아 내기를 원했지만, 원격 조종 가공기계를 만들 시간이 없었다. 그 대신에 그는 정밀 주조를 한 다음 기계로 다듬어내는 방법을 택했다. 그는 제한된 기계 가공 인력을 정밀 형틀을 만들어내는 데 투입했다. 정밀 금형은 그에게는 큰 골칫거리였다. "100여 개의 폭약 덩어리가 1,000분의 수 인치 정도의 정밀도를 가지고 쌓아져 지름 5피트 크기의 구를 만들어야 된다. 그러므로 매우 정확한 금형이 필요했다." 결국에는 금형의 확보가 뚱뚱이의 실험과 실제 사용 가능 시기를 결정하는 요인이 됐다.

그러나 정밀 금형을 갖고 있다고 해도, 고폭약을 주조하는 기술은 오류와 반복에 의하여 습득되어야 한다. 1945년 2월, 키샤코프스키는 콤퍼지션(Composition) B 폭약을 연소 속도가 빠른 폭약으로 그리고 바라톨(Baratol)을 연소 속도가 느린 폭약으로 사용하기로 결정했다. 콤퍼지션 B는 용해된 TNT에 RDX 결정 가루를 혼합한 것으로 TNT보다 40퍼센트 이상 더 강력한 폭약이다.

우리는 각각 50파운드 이상 되는 폭약을 주조하는 방법에 점차 익숙해지기 시작했다. 특정한 방식으로 냉각시켜야만 기포가 생기거나, 고형 성분과 액체가 분리되어 내폭을 완전히 망치는 일을 방지할 수 있었다. 이 작업은 시간이 오래 걸렸다. 사람들은 금형에 녹은 폭약을 부어넣고 금형에 붙어 있는 냉각 파이프를 통과하는 물의 온도를 변화시키며 마치 달걀에서 병아리가 깨어 나는 것을 기다리듯 지켜보고 있어야 했다.

화학자들과 물리학자들이 차차 실험 규모를 키워 나감에 따라 그해 겨울 황야에서는 폭발음 소리가 점점 더 커지고 자주 들리게 됐다. "우리는 하루에 1톤 이상의 폭약을 여러 가지 실험을 위하여 소모하고 있었다. 실제 사용 가능한 품질로 주조된 폭약 덩어리만 해도 총 20,000개가 됐다." X 연구부는 1944년과 1945년 한 번의 사고도 없이 50,000번의 기계 가공 작업을 수행했다. 키샤코프스키의 빈틈없는 용의주도함을 보여주는 것이다. 1945년 2월 7일의 감마선 테스트는 내폭 대칭성이 확실히 개선됐음을 보여 주었다. 3월 5일, 일련의 회의 끝에 오펜하이머는 렌즈 설계를 확정지었다. 플루토늄이 아무리 귀하다 해도 뚱뚱이를 군사적 무기로 사용하기 전에 실제 실험을 해봐야 된다는 데에는 아무도 이견이 없었다.

규모는 작지만 어려운 문제는 폭탄의 가장 내부에 들어가는 핵반응 기폭기였다. 연쇄 반응이 일어나기 위해서는 한두 개의 씨앗이 되는 중성자가 필요했다. 10억 달러 상당의 우라늄이나 수억 달러 상당의 플루토늄을 자연 분열이나 때마침 지나가는 우주선에 맡길 생각은 없었다. 중성자원은 채드윅이 폴로늄에서 나오는 알파 입자로 베릴륨을 때려 얻어낸 이후 10여 년 동안 실험실에서는 아주 친숙하게 쓰이는 장치였다. 서버는 초기 로스앨러모스의 강의에서 라듐-베릴륨 소스를 대포형 폭탄에 사용할 것을 토의했다. 라듐을 우라늄 탄환이나 표적 어느 한쪽에 부착시키고, 다른 쪽에 베릴륨을 부착시켜 대포를 발사하면 두 우라늄 조각이 합쳐져 임계 질량을 이룰 때 중성자가 방출된다. 라듐은 위험한 정도의 많은 감마선을 방출하므로, 에드워드 콘돈은 폴로늄을 쓸 것을 제안했다. 폴로늄은 강력한 알파 입자를 많이 방출하여 베릴륨에서 중성자를 때려내지만 감마선은 아주 소량만 방출한다.

핵반응 기폭기의 설계에서 문제가 되는 것은 충분한 수의 중성자를 정확한 시간에 방출하여 연쇄 반응을 시작하게 만드는 것이었다. 우라늄 대포형 폭탄에서는 알파 입자 방출 물질과 베릴륨을 분리시켜 놓을 수 있으므로 비교적 쉬운 문제이다. 그러나 내폭형 폭탄은 분리와 혼합 문제가 그렇게 간단하지 않았다. 폴로늄과 베릴륨이 폭탄의 중심부에 같이 존재하고 있다가 풀루토늄이 최대로 압축된 순간에 혼합되어 중성자를 방출해야 된다.

폴로늄은 주기율표에서 원자 번호가 84번인 이상한 금속이다. 마리와 피에르 퀴리가 1898년 역청 우라늄광에서 손으로 분리해 냈다(광석 1톤에서 10,000분의 1그램 정도를 얻어내는 허리가 휘는 작업이다). 마리 퀴리의 조국인 폴란드의 영예를 위하여 폴로늄이라고 명명했다. 물리적으로 그리고 화학적으로 비스무트와 매우 유사한 원소이다. 단지 이것이 더 무른 성질을 갖고 있고 같은 양의 라듐보다 5,000배나 많은 알파 입자를 방출하여 주위의 공기를 이온화시키므로 파란 광채를 띠게 만드는 성질을 갖고 있다.

로스앨러모스의 관심을 끈 폴로늄 동위원소 Po210은 알파 입자를 방출하고 납206으로 붕괴하는 반감기가 138.4일인 원소이다. 폴로늄에서 방출되는 알파 입자는 공기중에서 3.8 cm 정도 이동할 수 있지만 고체 금속내에서는 10분의 수 밀리미터 정도만 움직일 수 있다. 알파 입자는 주변의 원자를 이온화시키는 데 에너지가 소모되어 결국에는 더 이상 운동할 수 없게 된다. 이것은 폴로늄을 금속 박지에 넣고 은색의 베릴륨으로 쌓아 동심구 모양의 핵반응 기폭기를 만들 수 있다는 것을 의미한다. 이 장치의 크기는 아주 작은 호두알 정도이면 충분하다.

"아마도 내가 처음으로 이 아이디어를 생각해 냈을 것이다"라고 베테가 말했다. "페르미는 다른 생각을 갖고 있었으나 나는 내 아이디어가 더 좋다고 생각했다. 그리고 내가 기폭기 개발을 감독하는 3인 위원회의 의장이었다." Po210과 베릴륨을 분리해 놓는 일은 쉬운 일이었다. 그러나 두 물질이 정확한 순간에 완전히 혼합되게 하는 것은 매우 어려운 일이었다. 1944년 말부터 1945년 초까지, 발명되고 시험됐던 여러 가지 장치들의 차이점은 혼합 방법이었다. 32그램의 라듐과 동등한 성능의 Po210을 베릴륨과 완전히 섞어 놓으면 초당 9,500만 개의 중성자가 방출된다. 이것은 10만분의 1초에 9개 내지 10개의 중성자가 방출되는 셈이며 이들이 핵 연쇄 반응에 참여하게 된다. 뚱뚱이는 연쇄 반응을 일으키기 위하여 이 두 물질을 확실하고도 철저하게 혼합해야 된다. 핵반응 기폭기의 설계는 아직도 비밀로 분류되어 있지만 주변을 싸고 있는 베릴륨 표면을 골프 공의 표면처럼 불규칙하게 만들어 압축해 들어오는 충격파가 이들을 완전히 혼합시키도록 만들었다.

연쇄 반응을 시작할 10개의 중성자를 공급하기 위하여 사람들은 수년 동안 고생했다. 마리 퀴리의 개인 조수로 일했던 프랑스 화학자 골드슈미트(Bertrand Goldschmidt)는 노르망디 상륙작전 후 미국에 와서 금속연구소에서 시보그와 같이 일했다. 뉴욕 암 전문 병원에서 사용하고 난 라돈을 수집하여 반 퀴리 정도의 폴로늄을 추출해냈다(라듐은 붕괴하여 폴로늄으로 변환된다). 오크리지에서는 중성자로 비스무트를 포격하여 폴로늄을 만들었다. 몬산토(Monsanto) 화학 회사의 연구 책임자이며 화학과 금속 공학의 자문 역할을 했던 토머스(Charles Thomas)가 폴로늄을 정제해 내는 책임을 맡았다. 그는 오하이오 주 데이턴에 사는 장모의 실내 테니스 코트를 실험실로 개조했다.

토머스는 백금 박지로 싼 폴로늄을 밀폐된 상자 속에 넣어 운반했으나, 폴로늄이 가지고 있던 또 다른 고약한 성질 때문에 사방으로 흩어지게 됐다. 이 현상은 실험적으로 충분히 만족할 만큼 설명되지 못했다. 폴로늄이 공기의 흐름 방향을 거슬러서도 퍼진다는 실험적 보고도 있었다.

핵반응 기폭기의 실험은 샌디아 계곡에서 실시했다. 커다란 볼베어링에 구멍을 뚫고 기폭기를 넣은 다음 나사못으로 막고 내폭 실험 후 혼합 상태를 조사했다. 베테의 기폭기 위원회는 1945년 5월 1일 가장 가능성이 있어 보이는 설계를 최종적으로 선정했으나 실제 성능은 원자 폭탄 실험에서나 확인될 수 있을 것이다.

일본의 원자 폭탄 계획은 태평양 전쟁의 중반에 접어들 때까지도 큰 진전을 이루지 못했다. 제국 해군이 원자에너지 연구계획의 포기를 결정한 뒤에 니시나는 개인적으로는 일본이 미국에 도전하여 재난을 불러들였다고 생각하면서도 애국적으로 연구를 계속했다. 1943년 7월 2일, 니시나는 육군 중장 노부지와 만나 대성공을 예상한다고 보고했다. 그는 공군이 우라늄을 항공기의 연료 및 폭약 그리고 동력원으로 사용할 수 있는지 물어 왔다고 했다. 그리고 또 다른 육군 연구소로부터 연구 비용으로 2,000엔을 보조받았다고 보고했다. 노부지는 즉각 다른 쓸데없는 일은 빨리 정리하고 연구에 전념하라고 격려했다. "주목적은 이 프로젝트를 가능한 한 빨리 완성하는 것이다." 니시나도 동의했다. 그의 계산에 의하면 순도 50퍼센트의 우라늄 10kg이면 폭탄을 만들 수 있으나 정확한 것은 사이클로트론을 이용한 실험을 통하여 확인할 수 있다고 했다. 그는 60인치 사이클로트론을 만들기 위하여 도움을 요청했다.

중량 250톤, 지름 1.5m의 가속기는 몇몇 부품만 제외하고는 가동 준비가 되어 있었다. 이 부품은 포탄 제작에 사용되고 있었기 때문에 현재로는 구할 수가 없다. 만일 이 가속기가 완성된다면 많은 일을 할 수 있을 것으로 믿고 있다. 이 순간 미국은 우리의 가속기보다

열 배나 큰 것을 제작하려고 계획중이나 이것이 가능한지는 우리도 확신할 수 없다.

지난 3월, 니시나는 가스 열확산 방식 이외에는 어떤 방법도 전시 상황의 일본의 현실에 비추어 적절하지 못하다는 생각으로 모두 포기했었다. 프리슈가 가스 열확산(에이블슨의 액체 열확산과는 다른 방법이다) 방법을 1941년 초 버밍엄에서 시도했으나 실패했었다. 그러나 니시나는 이 비밀 연구에 대한 정보가 없었다. 리켄 연구팀은 에이블슨이 워싱턴의 해군 연구소에서 만들었던 것과 거의 유사한 확산 기둥을 만들었다.

니시나는 7개월 후인 1944년 2월에 노부지 중장을 다시 만나 우라늄 헥스를 만드는 어려움에 대하여 보고했다. 그의 팀은, 불소 (Flouorine)는 만들었으나 이 가스를 우라늄과 결합시키는 방법은 아직 개발하지 못했다. 또한 열확산 기둥이 새는 문제도 있었다. "공기가 통하지 않게 하기 위하여 우리는 왁스를 사용했고 소기의 목적을 달성했다"라고 노부지에게 보고했다. 그의 1.5 m 사이클로트론은 가동되고 있었으나 단지 저 에너지 상태로만 가동되고 있었다. 1944년의 일본 산업경제 상황을 설명해 주는 것이다.

우리는 고주파수 진공관을 구할 수 없었다. 이 결과 가동 전압이 낮아 많은 중성자를 만들 수가 없었다. …… 많은 고에너지 중성자를 만들어 내기 위해서는 고압 진공관이 필요하다. 불행히도 이런 것은 구하기가 매우 어렵다.

1944년 여름까지 니시나의 그룹은 170그램의 헥스를 만들어 냈다. 미국에서는 톤 단위로 생산되고 있었다. 7월에 처음으로 열 분리 작업을 시도했다. 기둥의 윗쪽과 아랫쪽의 압력을 표시하는 계기가 전혀 차이를 보이지 않았다. 즉, 분리가 일어나고 있지 않았다. 니시나는 그의 연구원들에게 "걱정 말고 가스를 더 집어 넣으라"고 격려했다.

1944년 11월 17일, 그는 다시 노부지 중장을 만났다. "금년 2월 이후 큰 진전이 없다고 보고했다." 그는 헥스의 절반을 부식 때문에 잃고 있었다.

우리는 이 장치를 만든 금속에 불순물이 많이 들어 있다고 생각했다. 그러므로 고도로 정제된 금속을 사용하여 장치를 다시 만들었다. 그러나 여전히 부식이 진행됐다. 부식에 의한 손실을 줄이기 위하여 시스템의 압력을 줄였다.

사이클로트론은 좀 더 높은 출력을 냈으나 아직도 충분치 못했다. 니시나는 노부지에게 "농축되고, 분리된 물질의 분석을 위해" 사이클로트론을 사용한다고 말했다. 이번 보고에서 언급되지 않은 사항은 우라늄 238에서 분리된 우라늄 235의 양이다. 니시나의 연구원들은 지난 1년 동안 니시나가 전쟁을 승리로 이끌 수 있도록 충분히 빠른 시간 내에 폭탄을 만들 수 있을 것으로 생각하고 있지 않다고 짐작하고 있었다. 그가 연구를 충성심에서 계속한 것인지, 또는 이런 지식이 전후에 쓸모가 있을 것이라고 생각했는지, 또는 그의 연구소에 지원을 얻어내고 젊은이들이 군에 가지 않도록 하기 위한 것이었는지는 기록만으로는 알 수 없다. 11월 17일 회의에서 그는 다시 한번 사이클로트론에 사용할 고출력 진공관이 없다고 불평했고, 실험 결과와는 상반되게 동위원소 분리가 반쯤 성공하고 있다고 보고했다. 노부지가 연구의 가장 기본적인 사실만이라도 이해했다면 좀 더 도움이 될 수가 있었을 것이다. 이 회의의 마지막 부분에서 노부지는 핵물리학에 대해서는 전혀 이해가 없었다는 것이 명백히 드러나고 있다.

노부지: 만일 우라늄이 폭약으로 사용될거라면 그리고 10 kg이 필요하면 왜 보통 폭약 10 kg을 쓰면 안됩니까?
니시나: 그건 안됩니다.

1944년 3월 3일, 특별히 개조된 B-29가 캘리포니아 주 무록(Muroc) 육군 항공기지에서 최초의 모의 폭탄 투하시험을 실시했다. 그러나 폭탄을 지지하던 케이블이 끊어지면서 폭탄이 닫혀 있는 폭탄실 문을 부수고 떨어져 일련의 투하 실험은 수치스럽게 끝나고 말았다. 6월에 두 번째 실시된 시험은 큰 문제점이 없었다. 뚱뚱이가 예상됐던 것보다 훨씬 더 무거울 것이라는 소식을 듣고 노먼 램지는 처음에 설계됐던 폭탄 투하 장치를 신형으로 대체시켰다.

공군은 네브라스카 주 오마하에 있는 글렌 마틴 공장에서 B-29 17대를 8월부터 개조하기 시작했다. 또한 최초의 원자 폭탄을 투하할 특별팀을 훈련할 준비를 시작했다. 네브라스카 주 페어몬트(Fairmont)에서 유럽 출격 준비를 하고 있던 제 393 비행폭격대대가 새로운 조직의 핵심을 이루게 됐다. 8월 말 미 육군 항공대 사령관 아널드(Henry N. Arnold)는 스물아홉 살의 티베츠(Paul W. Tibbets) 중령을 그룹 지휘관으로 임명하는 데 동의했다. 티베츠는 공군의 최고 폭격기 조종사 중의 한 명이었다. 그는 영국에서 유럽을 폭격하는 최초의 B-17 폭격 임무를 지휘했고, 북아프리카에 상륙하기 전에 아이젠하워를 지브롤터(Gibraltar)까지 모셨으며, 이 작전의 최초 폭격기 공격을 지휘했다. 최근에는 B-29의 시험 조종사로 활약했다. 뉴멕시코 주 앨버커키(Albuquerque)에 있는 뉴멕시코 대학교 물리학과에서 B-29가 높은 고도에서 전투기의 공격을 어떻게 막아낼 수 있는가 하는 문제에 대하여 공동연구를 하고 있었다. 그는 중키에 땅딸막하며, 곱슬곱슬한 검은 머리와 각진 턱을 가졌고 파이프 담배를 즐겨 피웠다. 그의 아버지는 플로리다에서 사탕 과자 도매상을 했으며 엄격한 성품을 지닌 사람이었다. 아마도 그는 아버지로부터 완벽주의를 물려받은 것 같다. 그는 어머니와 더 가까웠다. 그의 어머니는 아이오와 주 출신으로 처녀 때의 이름이 에놀라 게이 해거드(Enola Gay Haggard)였다. 그는 아버지의 반대에도 불구하고 어머니의 찬성과 지원으로 공군에 입대했다.

내가 대학에서 의사가 되려고 공부하고 있을 때, 나의 꿈이 하늘을 나는 것임을 깨달았다. 1936년 나는 이 생각을 가족에게 밝혔다. 상의하는 중에 몇 번 큰소리도 오고 갔으나 어머니는 아무 말씀도 하지 않으셨다. 마지막에 아직 결정되지 않았을 때 이 문제에 관한 토론에서 여러 사람이 "너는 비행기에서 죽게 된다"라는 말을 했지만, 어머니는 조용하고도 침착하며 확신에 찬 어조로 "그래도 밀고 나가서 비행기를 타라. 너는 괜찮을 것이다"라고 말씀하셨다.

그는 이제 새로운 임무를 부여받았다. 그는 1944년 9월, 제2공군 본부의 엔트(Uzal Ent) 중장에게 보고하기 위하여 콜로라도 주 스프링스로 갔다. 보좌관이 대기실에서 기다리도록 했다. 한 장교가 나와 자기를 소개하고 티베스에게 지금까지 체포된 적이 있는가 하고 물었다. 티베스는 처음 보는 사람에게 솔직하게 대답하기로 하고 틴에이저 시절에 북 마이애미 해변에서 한 소녀와 같이 차의 뒷좌석에서 현행범으로 체포된 적이 있다고 말했다. 그로브스 장군 밑에서 원자 폭탄의 보안 장교로 일하는 랜스데일(John Lansdale Jr.) 중령은 이미 이 사실을 알고 있었고 그의 정직성을 시험하기 위하여 질문을 했던 것이다. 그는 엔트의 사무실로 안내됐다. 노먼 램지와 데크 파슨스가 같이 기다리고 있었다. "나는 만족합니다"라고 렌스데일이 말했다. 물리학자와 해군 장교는 티베츠에게 맨해튼 프로젝트와 무록 폭격 시험에 대하여 설명해 주었다. 랜스데일은 보안에 관해서 길게 설명했다. 세 사람이 떠난 후 엔트는 티베츠의 임무를 상세하게 설명했다. "당신은 팀을 만들어 이 무기를 투하해야 된다." 조종사는 제2 공군 사령관의 말을 기억했다. "우리는 그것에 대하여 아무것도 모른다. 우리는 그것이 무엇을 할 수 있는지도 모른다. ……당신은 그것을 비행기에 싣는 것, 전술의 결정, 훈련 그리고 낙하 등 모든 일을 해야 된다. 이것들이 당신이 갖고 있는 문제이다. 이것은 상당히 크다. 나는 그것이 전쟁을 끝낼 수 있는 잠재력과 가능성을 갖고 있다고 믿고 있다." 공군내에서 수송 계획은 '은쟁반'이라는 암호명을 사용하게 됐다. 만일 티베츠가 필요한 것이 있으며, 이 요술 단어만 사용하면 된다. 아널드는 은쟁반에 최고의 우선 순위를 부여했다.

  공군은 유타 주의 웬도버 기지를 새로운 조직의 모기지로 선정했다. 9월 초, 티베츠는 유타로 날아가 기지를 돌아보고는 마음에 들어 했다. 이곳은 솔트레이크(Salt Lake) 시 서쪽 125마일 되는 유타와 네바다 주 경계에 가까운 곳으로 주위가 야산으로 둘러싸여 있는 고립된 평지였다. 지금은 말라버린 옛 그레이트 솔트레이크는 폭격 연습장으로는 알맞은 곳이었다. 캘리포니아를 향하던 서부 개척민들이 이 사막 지대를 건너 가느라고 많은 고생을 했으며, 아직도 근처에는 당시의 마차 바퀴 자국이 남아 있었다. 제393 비행 폭격 대대는 9월에 웬도버로 이동한 뒤 지원 부서들을 통합하여 제509 비행단을 발족했다. 10월부터 새로운 B-29기들이 도착하기 시작했다.

 B-29는 보잉 사에서 제작한 최초의 대륙간 폭격기로 혁신적인 항공기였다. 1930년대 말 육군 항공대에서 장거리 전투를 위한 전략 공군력 확보를 위해 개발 사업을 시작했다. 1939년 9월에는 일본과 전쟁이 일어난다면 필리핀, 시베리아, 또는 알류샨 열도에서 출격할 수 있도록 설계 개념을 설정했다. 세계에서 최초로 승무원실을 가압한 폭격기이며 총중량 7만 파운드로 지금까지 제작된 것들 중 가장 무거운 폭격기이다. 135,000파운드의 화물을 적재할 수 있고 이륙하는 데 8,000피트의 활주로가 필요하다. 외모는 미끈한 알루미늄 원통으로 길이는 99피트이며 거대한 140피트 길이의 날개가 달려있다. B-29 두 대면 축구장이 꽉 차게 된다. 정현파 커브 모양의 꼬리 날개의 높이는 3층 건물과 같았다. 4개의 라이트(Wright) 18기통 엔진을 장착했고, 각 엔진의 출력은 2,200마력이다. 높은 고도에서의 최고 속력은 시속 350마일이고, 통상 순항 속도는 시속 220마일로 20,000파운드의 폭탄을 싣고 4,000마일을 비행할 수 있다. 최고 상승 고도가 30,000피트에 달하여 대부분의 적의 대공포와 전투기들의 공격권을 벗어날 수 있었다.

 B-29의 승무원은 모두 11명이다. 조종사, 부조종사, 폭격수, 비행기사, 항해사 그리고 무선 통신사가 항공기의 앞 부분에 타고 3명의 기관포 사수와 레이더병이 허리 부분에 그리고 꼬리 부분에 또 한 명의 사수가 있다. 유압 파이프보다 전선이 전투에서 피해가 적으므로 B-29는 바퀴 제동용 유압장치를 제외하고는 모두 전기 모

터를 사용했다. 150개 이상의 전기 모터가 사용된다. 후방 동체에는 지상에 착륙해 있는 동안 전기를 공급할 수 있는 휘발유 발전용 엔진이 있다. 제509 폭격기들은 후미 부분에 20㎜ 기관포 한 대만 남기고 모든 무기를 제거했다. B-29의 엔진은 강력했으나 화재에 취약했다. 출력 대 중량의 비를 높이기 위하여 라이트 사는 엔진의 크랭크실과 다른 케이스들을 마그네슘으로 만들었다. 엔진의 냉각 용량이 불충분하고 그리고 배기 밸브는 과열되는 경향이 있어 화재가 빈번히 발생했다. 만일 마그네슘(소이탄에 사용되는 금속)에 불이 붙으면 주날개까지도 손상되는 경우가 있었다. 이런 재난을 방지하기 위하여 보잉 사는 엔진의 냉각 시스템을 개선했으나 기본 설계의 결점은 그대로 남아 있었다. 새로운 엔진을 개발할 시간이 없었다.

 제509 비행 승무원들은 30,000피트 상공에서 지상에 그려진 작은 원을 목표로 폭격 연습을 했다. 구름이 많이 끼는 유럽에서 폭격해 봤던 승무원들은 왜 자기들이 관측 폭격 훈련을 하는지 의아해 했다. 폭격 후 현장을 급히 벗어나는 이상한 비행 방법으로 미루어 보아 자기들이 운반하게 된 폭탄의 위력이 매우 큰 것이라고 짐작했다. 티베스는 아무에게도 원자 폭탄에 관해서는 얘기하지 않은 채로 폭탄 투하 후 기수를 155° 돌려 급강하하며 현장을 벗어나도록 지시했다. 거대한 폭격기가 급강하하면서 속도가 급격히 증가하게 된다. 거듭된 훈련으로 조종사는 지상 폭발 위치로부터 10마일을 벗어날 수 있었다. 이것은 20,000톤 TNT와 동등한 폭탄으로부터 충분히 안전한 거리이다.

 그들은 급강하 연습을 하기 전에 콘크리트로 만든 폭탄과 폭약으로 채워진 폭탄을 투하했다. 이 모의 폭탄은 눈에 잘 보이도록 밝은 오렌지색을 칠했으므로 호박이라고 불렀다. 제509 폭격 대원들은 열심히 연습했다. 엔도버 기지에 겨울 바람이 불었고 마른 풀 덩어리들은 바람에 날려와 철조망에 걸렸다. 대원들은 주말에는 솔트 레이크 시내로 나가 마음껏 즐겼다. 티베스는 그들의 우편물을 검사했고, 전화를 도청하며 보안 규정을 어긴 대원들을 전쟁 기간 동안 알류샨 열도로 보냈다. 그는 225명의 장교와 1,542명의 사병을 거느렸다. 티베스는 '은쟁반'이라는 요술 방망이로 전세계에서 제일 훌륭한 조종사, 폭격수, 항해사 그리고 비행기사들을 불러 모았다. 그들 중 한 명은 뉴욕 브루클린 출신의 루이스(Robert Lewis) 대위였다. 티베스가 직접 훈련시킨, 스물여섯 살의 심술궂지만 재능 있는 조종사였다.

커티스 리메이(Curtis Lemay) 중장은 8월 말경 제20 폭격사령부를 지휘하기 위하여 C-54 수송기를 타고 인도로 갔다. 인도에 주둔한 제20 폭격 사령부는 중국에 전진 기지를 설치하고 B-29 200대로 일본 폭격을 준비하고 있었다. 폭격기들은 자신들이 사용할 연료와 폭탄을 인도로부터 히말라야를 넘어 중국으로 수송했다. 한 번의 출격을 위하여 일곱 번 보급 비행을 했다. 1갤런의 연료를 위하여 12갤런을 소모했다. "그것은 완전히 불합리한 군수계획이었다"라고 리메이는 자서전에 기록했다. "그렇지만 미국은 일본 본토를 공격하기 위하여 한떼의 늑대처럼 울부짖었다."

커티스 리메이는 폭격기 조종사 출신으로 거칠고, 밀어붙이는 형이며, 여송연을 즐기는 맹수 사냥꾼이었다. 그리고 영리한 사람이었다. 그는 "전쟁이 무엇인지 이야기해 줄까? 사람들을 죽여야 해. 충분히 죽이면 그들은 싸우지 못해"라고 말했다.

대부분의 전쟁 기간 동안 리메이는 지역 폭격보다 정밀 폭격을 더 좋아했다. 이것이 처칠과 서웰이 1942년부터 참견하기 시작한 후의 영국 공군과 미국 공군의 차이였다. 유럽에서는 정밀 폭격이 때로는 성공을 거두기도 했으나 결코 결정적인 역할을 하지 못했다. 일본에서도 지금까지는 실패였다. 그리고 실패는 리메이가 몹시 싫어하는 것이었다.

그의 아버지는 실패자였다. 이 일 저 일로 떠돌아다니며 닥치는 대로 아무 일이나 했으므로 가족들도 늘 여기저기로 이사를 다녀야 했다. 리메이 가족은 오하이오, 펜실베이니아, 황량한 몬태나 그리고 캘리포니아 등지의 여러 곳에서 살았다. 리메이는 1906년 오하이오 주 콜럼버스에서 출생했다. 그가 자서전에 쓴 어릴 적 기억 중 두 가지는 서로 연관되어 있다. "나는 이 신비스런 물체(비행기)를 직접 손으로 만져보는 것뿐만 아니라, 무엇인지 뚜렷하지 않지만 잊혀지지 않는 방법으로 이 괴물의 힘과 속도 그리고 에너지를 갖기를 원했다. 집을 뛰쳐나와 조숙해져야 했고 그리고 많은 책임을 짊어지고 꿈을 키우기 시작했다. 나는 감정과 행동을 통제할 수 있기 전에 이런 일들을 해야 했다."

그는 전보, 소포 그리고 과자 상자들을 배달했다. 신문 배달을 하고, 신문을 팔고 그러고 나서 배달 소년들한테 신문을 도매로 넘겼다. 자신을 돌보며 때때로 가족을 부양해야만 했다. "식품 가게 주인이 외상을 줄까 말까 망설일 때가 되면, 현금을 가지고 나타나야 된다. 나는 어릴 때 이 필요성을 쓰디쓰게 배웠다." 리메이는 어린 시절이 없이 성장한 것을 안타까워했다. 그는 밤에는 제철소에서 일하며 오하이오 주립 대학을 다녔다. 대학에서 ROTC 훈련을 받고 주 방위군에 입대했다. 육군 항공 학교에서는 예비군보다는 주 방위군에 입학할 수 있는 우선 순위를 주었기 때문이다. 그는 1929년 조종사가 된 이후 결코 뒤를 돌아다 보지 않고 식당 장교와

B-10, B-17의 항해사 등을 두루 거쳤다. 1943년과 1944년 영국에서 정밀 폭격 기술을 향상시키기 위하여 밤낮을 가리지 않고 노력했다. 그의 승진은 빨랐다.

아널드 장군은 누군가 임무를 완수할 수 있는 사람이 필요하다고 생각하고 그를 태평양으로 보냈다.

아널드 장군은 처음부터 B-29 프로그램에 참여했다. 그는 이 비행기를 만들 소재와 예산을 구하고 전투에 내보내기 위하여 발이 닳도록 뛰어 다녔다. …… 그런데 B-29가 별로 역할을 하지 못하고 있었다. 그는 B-29가 제대로 기능을 할 때까지 임무와 계획을 계속 수정해 나갔다. 아널드 장군은 어떻게 해서든지 이 무기로부터 만족할 만한 결과를 얻으려고 노력했다.

B-29를 사용하여야 된다. 그것도 성공적이어야 한다. 그렇지 않으면 이것에 생애와 믿음을 걸었던 사람들은 수치스럽게 된다. 전쟁의 다른 부분에 사용될 수 있었던 물자와 노력 그리고 막대한 예산이 낭비된 결과가 될 것이다. 정당화 문제가 발생하게 된다.

1944년 10월 12일, 제21폭격 사령관으로 임명된 한셀(Haywood S. Hansell Jr.) 준장이 B-29를 이끌고 사이판에 도착했다. 한셀은 아널드의 참모로 정밀 폭격 교리를 발전시켰고 적의 주요 산업시설을 선별적으로 파괴하여 전쟁을 이길 수 있다고 믿고 있었다. 1942년, 둘리틀(Doolittle) 장군이 처음으로 동경을 공습한 이후, 11월 1일, 사진 정찰을 위한 B-29 한 대가 동경 상공에 최초로 나타났다. 당시 동경에 살고있던 프랑스 기자 길렝(Robert Guilain)은 그날을 다음과 같이 기억했다.

수백만 명의 사람들이 빛나는 가을날 오후 고요함 속에 잠겨 있었다. 한 순간 대공포들이 요란하게 사방에서 발사됐다. 그러고는 아무 일도 없었다. 비행기도 볼 수 없었고 곧 경보는 해제됐다. 한 대의 B-29가 폭탄도 투하하지 않고 수도 상공을 지나갔다는 라디오 방송이 있었다.

잠시 동안 정찰기 한 대가 방어가 허술한 큰 도시를 뒤흔들어 놓았지만 사람들은 곧 안도의 한숨을 내쉬었다. "어느 날, 방문객이 마침내 나타났다. 35,000피트 상공의 푸른 하늘에 분필 자국 같은 흔적을 남기며 은색의 살아있는 듯한 물체가 날라갔다." 한편 한셀은 마리아나스에서 미국에서 개인적으로 비행훈련을 받은 조종사들에게 편대를 지어 비행하는 법을 가르치고 있었다.

11월 11일, 한셀은 최초의 목표물을 지정받았다. 합동 참모 본부는 해군 봉쇄만으로는 태평양 전쟁을 조속한 시간내에 이길 수 없다고 판단하고 폭격을 승인했다. 9월에 미국과 영국은 독일을 항복시키고 18개월 내에 태평양 전쟁을 끝내기로 합의했다. 미 합동 참모 본부는 이 목표를 달성하기 위하여서는 일본 본토 상륙이 필수적이라고 판단했다. 그러므로 한셀이 수령한 폭격 명령의 최우선 순위는 일본의 항공기 생산 공장이었고(미군의 상륙전에 대한 일본의 공중 방어 능력 파괴), 두 번째는 태평양 전쟁을 지원하는 것이고(맥아더는 약속한 대로 필리핀을 재탈환했다) 그리고 세 번째는 지역 폭격의 효과를 시험하는 것이었다. 정밀 폭격을 최우선으로 규정하고 있는 순위는 한셀 자신의 생각과 일치된 것이었다.

11월 24일, 그들은 사이판을 떠나 처음으로 일본 본토를 공격했다. 목표는 동경의 황궁에서 10마일 북쪽에 있는 무사시 비행기 엔진 공장이었다. 약 100대의 B-29가 출격했다. 대공 포화는 격렬했고 동경에는 구름이 끼어 있었다. 폭격기들은 고공에서 전혀 예기치 않았던 시속 140마일의 강한 바람을 만나 속도가 시속 450마일까지 증가됐다. 그들은 표적 상공을 지나쳐 흘러갔다. 이 결과로 겨우 24대의 폭격기만이 공장 지역에 폭탄을 투하할 수 있었다. 나머지는 동경만의 부두, 창고 등지에 폭탄들을 뿌렸다. 단지 16개의 폭탄만이 표적에 명중했다. "나는 3만 피트 이상의 상공에서 이런 강한 바람이 분다는 것은 전혀 예상하지 못했다"라고 한셀은 회고했다. 공군은 상층 제트 기류를 발견한 것이다.

재래식 폭탄은 정기적으로 일본에 계속 투하됐지만 아직 파괴 효과는 별로 없었다. 프랑스 기자 길렝은 11월 말경 동경의 야간 공습을 기억했다.

갑자기 저녁에 강력한 진동을 느꼈다. 내가 살고 있는 집 전체가 진동했다. 규칙적인 엔진 소리가 하늘을 꽉 채웠다. 나는 지붕 위로 올라갔다. 탐조등에 비친 B-29는 아무 일 없는 듯 유유히 날았고 빨간 불꽃의 대공포화가 뒤따라 갔으나 항공기의 고도에는 미치지 못했다. 분홍색 불빛이 근처의 언덕 너머 수평선에 나타났다. 불빛은 점점 더 커지며 하늘을 덮었다. 지평선의 이곳 저곳에서도 갑자기 불빛이 밝아지기 시작했다. 이런 광경은 오래되지 않아 익숙한 것이 되어 버렸다. 동경은 옛날에 에도라고 불리었다. 사람들은 자주 대화재에 놀랐으며 이것을 '에도의 꽃'이라고 불렀다. 그날 밤 동경에 꽃이 피었다.

한셀의 후임자인 아널드의 참모 노스타드(Lauris Norstad)가 일본의 세 번째 도시인 나고야를 시험적으로 소이탄으로 공격하라고 긴급히 연락했다. 한셀은 거부했다. "육안과 레이더에 의한 정밀 폭격 방법으로 주요 목표물을 파괴하는 임무가 결과를 얻기 시작하고 있었다. 그는 지역 폭격으로 인하여 어렵게 얻은 폭격 기술이 녹슬지 않을까 두려워했다." 노스타드도 동의했지만, 나고야는 시험 폭격일 뿐이라고 주장했다. "앞으로의 작전을 수립하는 데 필요한 자료를 얻기 위한 것이다." 거의 일백 대의 B-29가 나고야에 소이탄을 퍼부었다. 동경에서 남서쪽으로 200마일 떨어진 노비(Nobi) 평원의 남쪽 끝에 있는 나고야는 1945년 1월 3일 여러 곳에서 작은 화재가 발생했으나 다행히도 대화재로 발전하지는 않았다.

3개월 동안 열심히 폭격했으나, 한셀은 9개의 주요 목표물 중 한 군데도 파괴하지 못했다. 1942년에 일본 도시가 화재에 취약하다는 것을 지적했던 공군의 최초의 전략가 빌리 미첼(Billy Mitchell)은 한셀을 해임했다. 1월 6일, 노스타드는 괌으로 날아갔고, 다음날 커티스 리메이도 중국에서 날아왔다. 노스타드는 한셀에게 말했다. "앞으로 리메이가 지휘할 것입니다. 그리고 나머지 우리는 계획을 수립하는 사람들입니다. 그것뿐입니다." 새로운 사령관의 독립적인 지휘를 격려하는 듯, 아널드는 1월 15일에 심장 마비를 일으켜 마이애미로 요양차 떠났다.

1월 20일, 리메이가 사령관으로 취임했다. 그는 B-29 345대를 갖고 있었고 계속해서 새로운 B-29들이 마리아나스에 도착하고 있었다. 그는 5,800명의 장교와 46,000명의 사병을 인솔하고 있었다. 그는 한셀이 갖고 있던 문제점들도 모두 인계받았다. 제트 기류, 열악한 일본의 날씨, 한 달 중 7일만 육안 폭격이 가능했으며, 소련은 일기 예보에 필요한 자료 제공을 거부했다. 날씨가 나쁘면 B-29는 순항 고도에 올라가기 위하여 힘을 쓰다가 과열된 엔진에 불이 나곤 했다.

아널드 장군은 가시적인 결과가 필요했다. 노스타드는 이 사실을 명확히 알고 있었다. "B-29를 가지고 결과를 얻어라. 그렇지 않으면 해임될 것이다. 결과를 얻지 못하면 태평양 전략 공군은 존재할 수가 없다. …… 결과를 얻지 못한다면, 대규모 상륙 작전이 필요하게 되고 약 50만 명의 미군이 목숨을 잃게 된다."

리메이는 그의 승무원들을 강하게 훈련시켰다. 그들은 레이더 장비를 보급받기 시작했으며, 이것을 이용하여 최소한 바다 또는 육지에서 비행하는지를 구별할 수 있었다. 그는 고공 정밀 폭격을 명령했고 소이탄에 의한 화재 공격도 시험했다. 2월 3일, 고베에 159톤의 소이탄을 투하했으나 1,000여 채의 건물만 태웠다. 결과가 충분히 좋지 못했다. 리메이는 2월을 "결과가 좋지도 나쁘지도 않은 또 한 달의 작전이었다"라고 평가했다.

　　공습 결과를 검토해 보니 지난 6~7주 동안 크게 성취된 바가 없었다. 우리는 아직도 너무 높이 날고, 고공의 제트 기류와 만나고 있었다. 기후는 언제나 악천후였다. 나는 밤 늦도록까지 우리 목표물의 사진을 자세히 검토했다. 나는 정보 보고도 검토했다. 일본에 저고도 대공포가 정말로 존재하고 있는가? 나는 발견할 수가 없었다. 이 점을 생각해 볼 필요가 있었다.

리메이가 고려하여야 될 것 중 하나는 유럽에서 일어난 일이다. 독일 작센(Sachesn) 주의 수도인 드레스덴(Dresden)은 엘베 강을 따라 베를린에서 110마일 떨어진 곳에 있었다. 예술과 아름다운 건물들로 유명했다. 1945년 2월, 러시아군이 동쪽 8마일 이내의 거리까지 진격해 왔다. 피난민들이 서쪽으로 드레스덴에 몰려들었다. 드레스덴은 군수 산업 도시가 아니므로 지금까지 공습을 받지 않았고 방어 준비도 갖추지 않았다. 교외에 26,000명의 연합군이 주둔하고 있었다.

윈스턴 처칠이 드레스덴 공격을 지시했다. 2월 13일, 추운 밤에 1,400대의 폭격기가 고폭탄과 65만 개의 소이탄을 투하했다. 여섯 대의 폭격기가 격추됐다. 불폭풍은 200마일 떨어진 곳에서도 볼 수 있었다. 다음 날 정오가 지나 1,350대의 미군 중폭격기가 기차 정거장을 파괴하기 위하여 날아갔다. 도시의 90퍼센트가 구름과 연기로 덮여 있어 기차 정거장을 찾을 수 없었고 대신 광범위한 지역에 폭탄을 투하했다. 대공 포화는 볼 수 없었다.

미국인 소설가 보니거트(Kurt Vonnegut Jr.)는 당시 드레스덴에 포로로 수용되어 있었다. 그는 전쟁이 끝난 후 그의 경험을 이야기했다.

내가 본 것 중에서 가장 마음에 드는 도시였다. 파리처럼 동상과 동물원이 곳곳에 있었다. 우리는 도살장에서 살고 있었다. 시멘트 벽돌로 칸막이를 한 돼지우리에 짚을 깔고 잠을 잤다. 우리는 매일 아침 물엿 공장으로 일하러 갔다. 물엿은 임산부들을 위하여 만들었다. 사이렌이 울리면, 다른 도시들이 폭격을 당하는 소리가 들려 오곤 했다. 우리가 폭격당하리라고는 생각하지 못했다. 이 도시에는 공습 대피호가 거의 없었고, 군수 산업 공장도 없었다. 담배 공장, 병원 그리고 클라리넷 공장 정도였다. 1945년 2월 13일, 사이렌이 울렸다. 우리는 지하 2층 고기 저장실로 피신했다. 우리가 다시 밖으로 나왔을 때 도시는 사라지고 없었다. 공격은 그렇게 시끌벅적하지도 않았다. 그들은 먼저 건물들을 무너뜨리기 위해 고폭탄을 투하하고 다음에 소이탄을 투하했다. 그들은 전 도시를 모두 태워버렸다.

그후 매일 우리는 시내로 가서 지하실과 대피호를 파내고 시체들을 꺼냈다. 대부분의 지하실들은 전차에 가득 탄 사람들이 모두 동시에 심장 마비를 일으켜 죽은 것과 같이 참혹했다. 불폭풍은 놀라운 일이다. 자연에서는 별로 일어나는 일이 아니다. 불폭풍 속에서는 숨쉴 수 있는 공기가 없어진다. 우리는 죽은 사람들을 끄집어 냈다. 우리는 수레에 가득히 시체를 싣고 공원이나 공터에 갖다 쌓아 놓았다. 독일인들은 악취와 질병을 예방하기 위하여 모두 불태웠다. 13만 구의 시체가 지하에 숨겨져 있었다.

커티스 리메이는 일본 본토를 향해 전진하는 미군에 대항하는 일본군의 잔인한 만행을 좀 더 가까이에서 볼 수 있었다. 가장 최근의 지옥은 이오지마(유황도)였다. 이 섬은 화산재와 바위로 이루어진 7평방마일의 작은 섬으로 한쪽에 수리바키(Suribachi) 산이 우뚝 솟아 있었다. 썩은 달걀 같은 유황 냄새가 나는 이와지마에는 물이 모자랐으나 두 곳에 비행장이 있어 일본 전투기들이 괌, 사이판, 그리고 티니안에 있는 리메이의 B-29 폭격기들을 공격했다. 이곳은 마리아나스보다 900마일이나 동경에 더 가까웠고 이곳에 있는 레이더 기지에서 일본 본토를 공격하기 위하여 출격하는 B-29를 발견하고 경보를 전파해 주었기 때문에 본토의 대공포 부대와 전투기들은 준비할 수 있는 충분한 시간을 얻었다.

일본은 이 섬의 전략적 위치를 이해하고 있었으므로 수개월째 미해군과 공군의 폭격 속에서도 방어 준비를 했다. 이오지마에 주둔한 1만 5000명의 일본군들은 벙커, 참호, 12km의 터널, 강화된 동굴 입구, 두꺼운 콘크리트 벽으로 지은 요새 등을 수리바키 산 속에 만들었다. 이 요새에 다른 어느 곳보다도 더 많은 수의 대포를 배치했다. 콘크리트 벙커에는 해안 방어포를 설치했고, 다양한 구경의 포와 로켓 발사대를 동굴에 감추어 놓았다. 탱크는 거의 포탑까지 모래에 파묻어 놓았다. 포신이 긴 대공포는 지면과 나란하게 포신을 뉘어 놓았다. 일본군 사령관 구리바야시 중장은 병사들에게 새로운 전술을 가르쳤다. "우리 모두는 빨리 그리고 쉽게 죽기를 원한다. 그러나 이것은 적에게 피해를 주지 못한다. 우리는 엄폐물 속에서 가능한 한 오래 싸워야 한다." 그의 병력은 이제 2만 1000명으로 증가됐고 이제는 더 이상 만세 돌격으로 목숨을 던지지 않을 것이다. 그들은 죽을 때까지 저항할 것이다. "나는 여기에서 미국과 싸우다 내 생을 마칠 것이오"라고 아내에게 편지를 보냈다. "그러나 나는 이 섬을 할 수 있는 한 오랫동안 방어할 것이오." 그는 구원을 기대하지도 않았다. 그는 이오지마에서 미국이 큰 대가를 치르게 할 생각이었다. 이번 전투는 참가하지 않았지만, 다음 오키나와 전투에 참가했던 맨체스터(Willam Manchester)가 말했다. "그렇게 하여 미국이 일본 본토에 상륙할 생각을 못하게 할 심산이었다."

워싱턴에서는 이 섬을 독가스 포탄으로 공격할 계획을 비밀리에 수립했다. 이 계획이 백악관에 전달되자 루스벨트는 단호히 거부했다. 이것이 수천 명의 생명을 구하고 빨리 항복 받는 방법이라는 주장과 미국과 일본은 독가스 사용을 금지한 제네바 협약에 서명하지 않았다는 논리를 펴는 사람들도 있었으나, 아마도 루스벨트는 제1차 세계대전에 독일이 독가스를 사용하여 전세계가 분노했던 일을 기억했던 것 같다. 그 대신 루스벨트는 미 해병대에 이 일을 맡겼다.

수주 동안의 해군의 함포와 공군의 폭격 뒤에 미 해병대는 2월 19일 토요일 오전 9시에 상륙작전을 개시했다. 방어 준비가 철저하지 못한 적이라면 몇 주에 걸친 타격 후에 완전 마비가 됐겠지만, 이오지마의 일본군은 잠을 충분히 자지 못해 약간 피곤했을 뿐이었다. 해병대는 해안에 상륙했고 일본군은 수리바키 산의 고지에 자리잡고 있었다. 그들은 높은 곳에서 평지의 어느 곳이나 내려다 보고 총과 대포를 쏠 수 있었다. 맨체스터는 해안에서 해병대들이 총에 맞아 전사하는 것보다는 포탄에 죽는 수가 더 많았다고 말했다.

　미 해병대는 각종 포탄의 세례를 받았다. 땅거미가 질 무렵까지 3만 명의 해병대 중에서 2,420명이 죽거나 부상당했다. 미군이 장악한 지역은 길이가 약 1km에 폭은 북쪽이 600미터 그리고 남쪽이 1km 정도의 크기였다. 탄약, 물 그리고 식료품들이 어지럽게 쌓여있고, 살덩이와 뼈들이 사방에 흩어져 있었다. 이오지마의 주검은 처참했다. 때로는 일본군과 미군의 시체를 구별하기 위해서는 발을 보고 군화의 차이로 알아보았다. 두 동강이 난 시체에서는 창자가 사방에 흩어져 나왔다. 팔, 다리 겨우 목만 붙어있는 머리들이 따로따로 뒹굴었다. 밤이 되자 해변은 불타는 시체 냄새로 가득 찼다.

　처참한 첫날 밤이 지나고 일본군이 반격을 해옴직도 했지만 그들은 진지에서 꼼짝도 하지 않았다. 미 해병대 지휘부는 이 섬의 한뼘 한뼘의 땅을 미군의 목숨으로 차지해야 된다는 것을 알아차렸다. "우리는 적의 한가운데로 침투하여 같이 산화해 버릴 것이다"라고 외쳤다. "우리는 폭탄을 안고 적의 탱크에 돌격하여 그들을 파괴할 것이다. 폭탄 한개 한개는 실패 없이 적을 죽일 것이다." 지루하고 잔인한 전투는 한 달 동안 계속됐다. 마침내 3월 말 포탄과 화재가 섬의 경관을 완전히 바꾸어 놓았을 때 6,821명의 해병대 전사자와 21,865명의 부상자를 대가로 치루고 승리를 잡을 수 있었다. 참여한 해병대는 모두 60,000명이었다. 사상자는 2명에 한 명꼴로 미 해병대 역사상 최악의 기록이었다. 일본군은 20,000명이 전사했고, 단지 1,083명이 포로로 잡혔다.

　B-29 승무원들을 보호하기 위하여 이렇게 많은 사상자를 내자 리메이에게 급격한 마음의 변화가 생기기 시작했다. 죽음은 정당화되

어야 하며, 죽음의 부채는 되갚아야 한다. 또 한 차례 방화 시험이 실시됐다. 2월 23일, 172대의 항공기가 동경 상공에 나타나 지금까지의 공습 중 최고의 결과를 얻었다. 동경 시내 1평방마일이 완전히 불타 없어졌다. 그러나 리메이는 오래전부터 일본의 도시는 적절하게 불을 붙이면 모두 타버린다는 것을 알고 있었다. 그러나 그것은 소이탄 공격만으로는 가능하지 않았다. 그는 이 방법을 찾아내기 위하여 애썼다.

그는 공습사진을 검토했다. 그는 첩보 보고도 검토했다. "일본은 20mm와 40mm 대공포를 갖고 있지 않은 것 같았다." 저고도와 중고도로 비행하는 항공기에 대해서는 이런 무기가 효과적이다. 그러나 25,000~35,000피트 정도의 고도에 대해서는 80 또는 90mm가 효과적이다. 그렇지 않으면 격추 시킬 수가 없다. 그러나 88mm 포는 저고도 비행에 대하여서는 성능을 발휘할 수 없다. 비행기가 너무 빨리 지나가 버린다.

저고도 소이탄 공격은 또 다른 장점을 가지고 있다. 저고도 비행으로 마리아나스에서 오고 가는 데에 사용되는 연료를 절약할 수 있다. B-29는 더 많은 폭탄을 탑재할 수 있다. 저고도 비행은 엔진에 무리도 주지 않는다. 리메이는 야간 폭격도 제안했다. 첩보에 의하면 일본 전투기에는 레이더가 장착되어 있지 않았다. 경대공포와 전투기가 없다면 동경은 무방비 상태나 마찬가지다. 리메이는 후미의 포와 포수만 남기고 모든 포를 없애 버리는 대신 더 많은 폭탄을 싣도록 했다.

그는 몇 명의 참모와 자기 계획에 대하여 토의했다. 그들은 동경 중심부에 있는 황궁의 북동쪽 모퉁이와 맞닿아 있는 12평방마일의 노동자들의 주거 지역을 목표물로 선정했다. 전쟁이 끝난 뒤 20년 후에도 리메이는 이 지역이 어떤 의미로는 산업지대라고 정당화했다. "하토리 공장 주변에 살고 있는 모든 사람들이 포탄 신관 만드는 일을 했다. 이런 식으로 일본은 공장을 분산시켰다. 어린아이들이 집안 일을 하고 어른들은 하루 종일 공장에서 일했다." 미국의 전략 폭격의 97.4퍼센트는 주거 지역을 표적으로 삼았다. 리메이는 그의 자서전에서 이 사실을 인정했다.

어떻게 표적을 선정하든지 많은 민간인들을 죽일 수 밖에 없었다. 수천 명 그리고 또 수천 명씩, 그러나 일본의 산업시설을 파괴하지 않으면 우리는 일본에 상륙해야 된다. 그리고 얼마나 많은 미군들이 죽게 될 것인가? 50만 명은 최소로 잡은 것이고, 어떤 사람들은 백만 명도 이야기했다. …… 우리는 일본과 전쟁 중이었다. 일본이 우리를 먼저 공격했다. "일본인들을 죽이길 원합니까? 또는 차라리 미군들을 죽게 할 것입니까?"

얼마 후 제5공군 대변인은 일본 정부가 미군의 상륙을 저지하기 위하여 민간인들을 동원하기 때문에 "일본의 모든 국민이 전쟁 목표"라고 지적했다.

리메이는 두 가지 소이탄을 사용하기로 결정했다. 한가지는 M47로 100파운드 기름 폭탄이다. 비행기 한 대에 182개씩 적재한다. 이것 하나만으로도 대화재를 일으킬 수 있다. 그리고 6파운드짜리 휘발유 젤리 폭탄 M69를 항공기마다 1,520개씩 탑재한다. 그는 마그네슘 소이탄은 사용하지 않았다. 이 폭탄은 기와지붕과 마루를 뚫고 땅 속에 파묻혀 버리므로 효과가 적었다. 리메이는 약간의 고폭탄을 섞어 소방수들의 활동을 저지할 수 있게 했다.

그는 이 계획에 대한 승인을 폭격 예정일 전날에 신청했다. 모든 책임은 스스로 지기로 하고 도박을 감행했다. 노스타드는 3월 8일 이 계획을 승인하면서 공군 홍보 참모에게 큰 전과를 올릴 수 있는 가능성을 미리 귀띔해 주었다. 같은 날 오후 아널드에게도 보고했다. 리메이의 조종사들은 비무장 상태로 5,000~7,000피트로 비행한다는 소식을 듣고 깜짝 놀랐다. "일본인들이 지금까지 보지 못한 가장 큰 불꽃 놀이를 보여준다." 리메이는 승무원들에게 말했다. 일부는 그가 미쳤다고 생각했고, 일부는 항명까지도 생각했다. 물론 찬성하는 사람들도 있었다.

먼저 괌에서, 다음은 사이판 그리고 마지막으로 티니안에서 334대의 B-29가 3월 9일 늦은 오후 동경을 향하여 떠올랐다. 그들은 2,000톤 이상의 소이탄을 적재하고 있었다.

동경에서 살았고, 전쟁 중에는 마닐라와 상해에서 일본에 의해 억류됐다 풀려난 AP 기자 브라인스(Russel Brines)는 다음과 같이 말했다.

"우리는 돌을 먹을 때까지 싸울 것이다." 일본인들은 외쳤다. 이 구호는 오래된 옛날 것이다. 양같이 순진한 사람들을 선동하는 데 뛰어난 기술을 가진 선전원들에 의하여 이 구호가 일본인들의 가슴 속에 되살아나 깊이 새겨져 있었다. 이것은 모든 일본인들이 죽을 때까지 싸우겠다는 뜻이다. 수천, 아마도 수십만 명의 일본인들은 이것을 문자 그대로 받아들였다. 이 생각을 무시하는 것은 전전에 일본인들의 전쟁 의지를 예측하지 못하고 진주만 공격을 가능하게 했던 것만큼이나 위험한 일이다.

전선에서 돌아온 미국 병사들은 이 전쟁이 엄청난 살육전이라는 사실을 알리려고 노력했다. 그들은 전선 곳곳에서 이것을 보았다. 나는 적의 후방에서 이것을 보았다. 우리가 본 것은 일치한다. 이것은 상대방을 몰살시키기 위한 전쟁이다. 일본 군국주의자들이 그렇게 만들었다.

가을과 겨울에 일본인들은 가미카제를 통하여 스스로의 완강함을 미 해군과 공군에게 똑똑히 보여 주었다. 폭탄을 실은 비행기가 미국 군함을 침몰시키기 위하여 결사적으로 배에 날아들었다. 10월과 3월 사이에 겨우 대학생이 될까말까한 일본 젊은이들이 900회의 가미카제를 통해 스스로를 희생시켰다. 미 해군 전투기와 대공포들이 이들을 격추시켰지만 약 400대가 미 해군 함정과 충돌했고 약 100척의 함정이 크게 손상되거나 침몰했다. 이런 공격은 뜻밖이며 무시무시한 것이었다. 이것으로 인하여 미국은 일본이 얼마나 절망적인가 알게 됐고 일본의 방공망은 더욱 엷어지게 됐다.

3월 10일 자정이 조금 지난 시간, 길잡이 폭격기가 동경 상공에 나타났다. 수미다 강 동쪽의 편평한 시다마치 지구에 75만 명의 인구가 목조 건물에 살고 있었다. 길잡이 폭격기가 거대한 X자 모양의 화재를 일으켰다. 새벽 1시 B-29 주공격 부대가 도착하기 시작했다. 바람은 시속 15마일로 불고 있었다. 폭격기에 적재된 1,520개의 M69들은 500파운드 단위로 묶여진 채 투하되어 지상 수백 피트에서 분산됐다. M69는 50피트 간격으로 한 덩어리씩 투하됐다. 폭격기 한 대가 6만 평의 지상 면적에 폭탄을 골고루 뿌렸다. 만약 5개의 폭탄 중 한 개가 제대로 작동되어 화재를 일으킨다면, 200평당 한 건의 화재가 발생하는 셈이다. 로버트 길렝은 이 엄청난 폭격을 목격했다.

주민들은 영웅적으로 명령에 따라 각자 자기 집을 지켰다. 그러나 집마다 열 개 이상의 폭탄이 떨어지고 바람이 세차게 부는데 어떻게 소화 작업을 할 수 있겠는가? 원통이 지붕에 떨어지면 사방으로 액체가 튀었고 곧이어 불붙기 시작했다. 모든 것에 불이 붙었다. 불꽃은 사방에서 타오르며 너울너울 춤추기 시작했다.

새벽 2시경에는 바람이 시속 20마일로 강해졌다. 길렝은 자기 집 지붕 위로 올라갔다.

바람이 불길을 몰고 다녔다. 빽빽이 들어선 목조 건물들은 걷잡을 수 없이 불타고 있었다. 밤하늘이 불길로 밝아지기 시작하며 여기저기에서 B-29가 보였다. 처음으로 그들이 낮게 비행하고 있었다. 길고 빛나는 날개는 마치 칼날처럼 예리하게 보였고 연기 속으로 사라졌다가 다시 나타나곤 했다. 우리 집 정원 근처에 사람들이 몰려나와 하늘을 쳐다보고, 어떤 사람들은 방공호 속에서 내다보며 감탄의 소리를 질렀다. 이것이 전형적인 일본인들이다.

불폭풍보다도 더 지독한 일이 그날 밤 동경에서 일어났다. 미 전략 폭격 당국은 대화재라고만 불렀다.

대화재의 주요 특성은 높은 온도로 가열되어 발생한 가연성 가스가 바람을 따라 이동하며 그 뒤를 이어 화재 전선이 퍼져 나가는 것이다. 불기둥은 불폭풍 때보다도 더욱 격렬했으며 지상에 더 가까웠으므로 많은 불꽃과 열을 발생시키고 따라서 연기는 훨씬 적게 발생했다. 결과적으로 대화재는 불폭풍보다 더욱 빨리 퍼지고 파괴 효과가 훨씬 더 컸다. 불은 가연성 물질이 남아 있지 않을 때까지 계속됐다. 화재로부터 1마일 거리에서 측정된 풍속은 시속 28마일이었다. 화재의 경계선에서 시속 55마일의 바람이 불었고 화재 지구 내에서는 더욱 강력했을 것이다. 대화재는 6시간 동안 15평방마일을 휩쓸었다. 조종사들은 6,000피트 상공에서 기류의 흐름이 너무 격렬해서 B-29

폭격기가 뒤집어졌다고 보고했다. 같은 고도에서 열이 너무 강열하여 모든 승무원이 산소 마스크를 쓰고 있어야 했다. 화재 지구 내에서는 모든 것이 전소됐다. 불은 자연적으로 부는 바람 방향으로 퍼져 나갔다.

대화재 상공을 비행했던 한 폭격수는 자기 생애에서 본 가장 무서운 광경이라고 했다.

얕은 시다마치 개울에는 사람들이 불길을 피해 몸을 물속에 담그기 위해 몰려들었으나 개울물은 끓고 있었다. 대화재는 수미다 강에서 끝이 났다. 인류 역사상 6시간 동안 이렇게 많은 수의 사람들이 죽은 적은 없었다. 드레스덴의 불폭풍에 더 많은 사람들이 죽었지만 이렇게 짧은 시간은 아니었다. 1945년 3월 9~10일 저녁에 동경에서 10만 명의 민간인이 죽었다. 100만 명이 부상을 당했으며 그 중 41,000명은 중상이었다. 100만 명 이상이 집을 잃었다. 2,000톤의 소이탄이 투하됐다. 그러나 대화재를 일으킨 것은 폭탄의 중량만이 아니라 바람이었다. 살육의 효율성은 어떤 의미에서 아직도 신의 의지에 따른 것이었다.

아널드는 리메이에게 승리 축하 전보를 보냈다. "축하합니다. 이 임무는 당신의 승무원들이 무슨 일이든 해낼 수 있다는 것을 보여주었습니다." 리메이는 도박을 했고 그리고 성공했다. 그는 재빨리 밀고 나갔다. 그의 B-29들은 3월 11일 나고야, 3월 13일 오사카, 3월 15일 고베를 폭격했다. M69 폭탄의 재고가 바닥이 나자 M17A1 4파운드 마그네슘탄을 대신 사용했다. 3월 18일 다시 나고야를 폭격했다. 열흘 동안에 1,600회를 출격하여 일본의 4대 도시의 32평방마일을 태워버리고 적어도 15만 명을 죽였다. 리메이는 방법을 찾아 냈고, 일본에 상륙하지 않고도 공군이 전쟁을 끝낼 수 있을 것 같았다.

오크리지에서는 손님들은 집에 들어가기 전에 신발을 벗었다. 테네시의 진흙 구덩이에서는 건설 작업이 계속됐고, 일할 사람들도 계속 채용됐다. 큰 예산을 소모한 로렌스의 칼루트론은 농축 우라늄을 생산하기 시작했다. 1944년 9월 말부터 알파 공장에서 10퍼센트 우라늄235를 하루에 100그램씩 생산해 내기 시작했다. 그러나 화학적 회수 작업이 철저하게 계획되지 못하여 약 40퍼센트가 낭비되고 있었다. 마크 올리펀트는 11월 초 채드윅에게 이 문제를 보고했다. "이 손실은 최초의 폭탄을 만들 물자의 생산을 심각하게 지연시키고 있습니다. 전반적으로 살펴볼 때 이 문제는 비효율성과 협조의 부족 그리고 잘못된 관리에 있다고 믿습니다."

올리펀트의 불평은 그로브스에게 전달됐고 그는 재빨리 조치를 취하도록 했다. 올리펀트는 2주 후 그로브스에게 보고했다. "베타 공장의 생산량은 매우 만족스럽게 증가하고 있습니다. 1일 40그램 생산에서 90그램으로 증가됐고 그리고 이 생산 수준을 최소한으로 유지될 수 있을 것 같습니다."

1945년 1월, 현재 864개의 알파 칼루트론 탱크 중 85퍼센트가 가동되어 1일 258그램의 10퍼센트 농축 우라늄을 생산하고 있었다. 동시에 36개의 베타 탱크는 10퍼센트 농축 우라늄을 폭탄에 사용 가능한 80퍼센트로 농축시켜 하루에 204그램씩 생산해 내고 있었다. 코난의 계산에 의하면, 하루 1kg씩 생산하면 6주마다 대포형 폭탄 1개씩 만들 수 있다. 대포형 폭탄은 임계질량의 2.8배인 42킬로그램의 우라늄235가 필요하다고 생각한 것이다. 더 이상 성능을 향상시키지 않더라도 칼루트론만 가지고도 6~8개월이면 충분한 양을 생산할 수 있을 것 같았다. 코난은 그로브스에게 7월 1일까지는 40~45킬로그램을 얻을 수 있을 것 같다고 말했다.

허시 사는 마침내 만족스러운 확산 튜브를 개발, 공급할 수 있게 됐다. 1945년 1월 20일, K-25 공장의 첫 번째 가스확산 탱크에 우라늄 헥스 가스를 불어 넣기 시작했다. 가스 장벽 확산 방법에 의한 분리가 세계 최신의 자동화된 공장에서 시작됐다. 앞으로 수십 년 동안 정기적인 보수 작업만 해주면 효과적으로 우라늄 235를 분리해 낼 수 있을 것이다.

에이블슨의 열확산 공장 X-50의 파이프들이 심하게 새기 시작했으므로 다시 용접했다. 이 일로 생산이 늦어져 3월이 되어서야 우라늄을 농축하기 시작했다. 여러 가지 농축 방법을 병행 사용하여 최단 시일내 최대의 생산 효과를 노리고 있었으므로 생산일정 관리가 매우 복잡했다. 그로브스 장군의 유능한 보좌관 니콜스 중령이 생산 일정을 관리했다. 니콜스의 일정에 근거하여 그로브스는 로렌스가 제안했던 추가 알파 칼루트론은 건설하지 않기로 결정했다. 그러나 대신 제2가스 확산 공장과 제4베타 공장을 건설하기로 했다. 물론 그로브스는 그의 원자 폭탄이 전쟁을 끝내게 될 것이라고 예상하고 있었지만, 유럽 전쟁이 끝난 후 18개월 뒤에나 태평양 전쟁이 끝날 것이라는 보수적인 합참의 계산이 새로운 건설 사업에 정당성을 부여해 주고 있었다. 그는 제안서에서 이 공장들은 1946년 2월 전에는 완성될 수 없다고 명시했다. 그리고 일본과의 전쟁이 1946년 7월까지는 끝나지 않을 것으로 내다 보았다. 그는 반대 지시가 없으면 공장 건설에 착수하겠다고 했다. 아마도 그는 원자 폭탄의 위력을 믿고 있었지만 단지 조심성 있게 준비를 하려 했던 것 같다.

1945년 초부터 오크리지에서 우라늄 235를 로스앨러모스에 공급하기 시작했다. 다이아몬드보다도 훨씬 더 비싸고 귀중한 물건을 안전하게 보관하기 위하여 그로브스는 세심한 주의를 기울였다. 육군은 오크리지 지역의 모든 땅을 구입하여 살고 있던 사람들을 모두 소개시켰지만, 비포장 도로가 끝나는 지역의 한 귀퉁이에는 흰색의 농가가 한 채 남아 있었고 주위에는 소들이 풀을 뜯고 있었다. 깎아지른 듯한 산비탈 위에는 콘크리트 사일로가 탑같이 솟아 있었다. 공중에서 내려다 보면 테네시의 어느 작은 시골 농가 풍경이었다. 그러나 사일로에는 기관총이 설치되어 있었고, 농가는 무장 경비원이 지키고 있었다. 산기슭 절벽에 있는 콘크리트 벙커 속에 은행에서 쓰는 대형 금고가 설치되어 있었다. 이 속에 그로브스는 우라늄 235를 보관했다. 무장한 수송병이 우라늄을 자동차로 녹스빌(Knoxville)까지 운반하고, 여기서 샌타페이행 기차를 이용하여 수송했다. 26시간 후 외떨어진 사막 기차역 라미(Lamy)에서 로스앨러모스 보안 요원에게 인계된다. 언덕의 화학자들은 대기하고 있다가 이 귀중한 물건을 금속 우라늄으로 만든다.

핸퍼드에서는 화학적 분리 방법을 이용하여 플루토늄을 생산하고 있었다. 원자로에서 반응을 거친 우라늄 속에는 250 ppm (100만 분의 250) 정도의 플루토늄이 들어 있다. 나머지는 우라늄과 핵분열 방사능 물질이 혼합된 것이다. 미량의 플루토늄을 분리해 내기 위하여서는 체전체 화학이 필요하다(마리 퀴리와 오토 한이 사용한 부분 결정화 방법). 이 플루토늄은 먹었을 때 독성이 매우 강하지만 방사능은 그렇게 세지 않다. 취급상 안전을 기하기 위하여 핵분열 파편이 0.1 ppm 이하가 되도록 정제하여야 한다. 마지막 공정을 제외하고는 모든 작업을 두꺼운 차폐막 뒤에서 원격 조정 장치를 이용하여 수행하여야 한다.

시보그 팀은 원자가 상태에 따라 서로 다른 플루토늄의 화학적 성질을 이용하기 위하여 두 가지 공정을 개발했다. 한 공정에서는 체전체로 비스무트 인산염을 사용했다. 다른 공정에서는 란탄 불화물을 사용했다. 비스무트 인산염은 우라늄과 분열 파편물을 제거하는 목적으로 사용됐다. 란탄 불화물은 용액 속에 들어 있는 플루토늄을 뽑아 내는 데 사용한다.

핸퍼드 공장은 듀퐁이 지금까지 건설하고 운영했던 어떤 공장보다 큰 규모였다. 재처리 공장은 세 곳이 건설되어 두 곳은 사용하고 나머지 한 곳은 예비로 남겨 두었다. 안전을 고려하여 재처리 공장은 원자로에서 10마일 떨어진 게이블 산 뒷편에 건설했다. 각 건물은 길이가 800피트, 폭이 65피트 그리고 높이가 80피트의 크기였다. 대량의 콘크리트를 부어 넣었으므로 건설 노동자들은 퀸 메리(Queen Mary)라고 불렀다. 건물 내부는 조그만 방으로 나뉘어져 있으며, 강한 방사능으로부터 보호하기 위하여 벽은 두께를 7피트로, 각 방의 윗쪽 뚜껑은 6피트의 두께로 했다.

퀸 메리에는 40개의 방이 있고, 각 방의 뚜껑은 무게가 35톤이었다. 건물 내부에 크레인이 있어 뚜껑을 열고 닫았다. 반응이 끝난 우라늄은 깊이가 16.5피트 되는 저수조에 반감기가 짧은 방사능 물질들이 붕괴될 때까지 보관했다. 이 물은 방사능 입자들 때문에 푸른 빛을 발했다. 우라늄 덩어리들은 차폐된 통 속에 넣어 특별히 만든 궤도차로 퀸 메리까지 운반됐다. 두 개의 방에는 원심분리기, 저장탱크, 침전기 그리고 용액 탱크 등이 있다. 이들은 모두 내부식성 강철로 만들었다. 우라늄 덩어리를 뜨거운 질산에 녹인 액체 용액은 압력 수증기를 이용한 빨아 들이는 장치에 의해 한 장비에서 다른 장비로 이동된다. 분리과정에는 세 가지 단계가 필요하다.

용해, 침전 그리고 침전물의 원심 분리 작업이다. 이 세 가지 단계가 계속하여 반복된다. 마지막에 나오는 방사성 폐기물은 지하 탱크에 저장한다. 소량의 고도로 정제된 플루토늄 질산염을 얻게 된다.

퀸 메리가 일단 방사능으로 오염된 뒤에는 아무도 건물 안에 들어갈 수가 없다. 장비 운용자들도 전적으로 원격 조작에 의하여 정비하여야 한다. 운용자들은 델라웨어 주 듀퐁 사, 오크리지 그리고 핸퍼드에 있는 모의 설비에서 훈련을 받았다. 운영 책임을 맡은 레이먼드 제네로우(Raymond Genereaux)는 1944년 10월 핸퍼드에 도착한 100명의 운용기사들에게 공정 장비들을 완성된 건물 속에 원격조작에 의하여 설치하도록 했다. 처음에는 매우 서툴렀으나 연습을 통하여 그들의 원격조작 기술이 향상됨에 따라 자신감을 갖게 됐다.

"퀸 메리가 가동되기 시작하자, 진한 질산 속에서 우라늄 덩어리가 녹으며 갈색의 연기가 하늘로 치솟기 시작했다. 수천 피트 상공에 도달한 후 식기 시작하자 바람에 날려 측면으로 흩어졌다"고 레오나 마셜이 당시를 기억했다. 1944년 12월 26일, B 파일에서 끄집어낸 우라늄 덩어리가 221-T 분리 공장으로 운반됐다. "첫 번째 분리 작업의 가득율은 60~70퍼센트였다. 1945년 2월에는 95퍼센트에 달했다"고 시보그는 자랑스럽게 말했다. 처음으로 생산된 플루토늄 질산염 소량이 포틀랜드에서 로스앤젤레스까지 기차로 운반됐다. 로스앤젤레스에서 로스앨러모스 수송관에게 인계됐다. 그 후에는 나무상자 속에 있는 금속상자에 넣어 육군 앰뷸런스로 보이지, 솔트 레이크, 그랜드 정션 그리고 프에블로를 거쳐 로스앨러모스에 도착했다.

시보그와 같이 일했던 프랑스 화학자 골드슈미트는 맨해튼 프로젝트의 절정기를 회고록에 기록했다. "3년 동안에 미국인들은 20억 달러를 들여 놀랄 만한 일을 창조했다. 무시무시하게 큰 공장과 실험실들은 당시의 미국의 모든 자동차 공장을 합쳐 놓은 것보다도 컸다."

제2차 세계대전의 미스테리 중의 하나는 초기에 미국이 독일의 원자 폭탄 개발 활동에 대한 정보를 얻으려는 노력을 하지 않았던 일이다. 기록에 반복적으로 강조됐듯이, 만일 미국이 독일의 원자 폭탄에 대하여 그토록 걱정했다면 정보기관이나 맨해튼 프로젝트에서는 왜 첩보활동을 전개하지 않았는가?

부시는 1941년 10월 9일 루스벨트 대통령을 만났을 때 첩보 수집 문제를 꺼냈다. 미국이 아직도 적대 관계에 있지 않았기 때문인지는 몰라도 부시는 만족할 만한 대답을 듣지 못했다. 그로브스는 그의 회고록에서 기존 정보 기관들, 육군의 G-2, 해군정보국 그리고 CIA의 전신인 OSS(Office of Strategic Services) 사이의 불편한 관계 때문에 협력이 이루어지지 못했다고 했다. 왜 자신은 1943년 말 육군 참모총장 조지 마셜이 직접 이야기할 때까지 이 문제에 대하여 아무 조치도 취하지 않았는지, 그는 아무 이야기도 하지 않았다. 한 가지 이유는 확실히 보안 때문이었다. 무엇을 알아내야 하는지를 알기 위하여 정보 요원들은 최소한 동위원소의 분리기술과 핵분열 연구에 대하여 어느 정도는 알고 있어야 한다. 만일 이들이 체포되거나 또는 전향한다면 반대로 미국의 비밀을 넘겨주는 것이 된다. 마침내 그로브스가 정보수집 활동을 명령했을 때, 그는 맨해튼 프로젝트에 관여하지 않았던 과학자를 선정했다. 그리고 연합군이 이미 탈환한 지역내에서만 활동을 하도록 했다.

1943년 말 그로브스가 승인한 첩보 부대는 알소스(Alsos)라는 위장 명칭을 사용했다. 알소스는 희랍어의 그로브(Grove, 작은 숲)와 같은 뜻을 가지고 있었다. 준장은 이름을 바꿀까 생각했지만, 이름을 바꾸면 오히려 더 관심만 끌게 될 것 같아 그대로 사용하기로 결정했다. 알소스의 대장으로 보리스 파쉬(Boris T. Pash) 중령을 임명했다. 파쉬 중령은 전직 고등학교 교사로 육군 G-2 보안 장교이며 FBI에서 훈련을 받았다. 그는 로렌스의 버클리 연구소 직원들의 공산주의 활동에 관한 조사로 국내 정보계에서는 유명한 인사가 되어 있었다. 그의 배경이 이유를 설명해 준다. 그의 소련 이민자 아버지는 북미 동방 정교회의 원로 주교였다. 오펜하이머와 공산주의자들과의 관계에 대하여 심문한 사람이 파쉬였다. 그는 확증도 없이 오펜하이머는 위장한 공산당원이며 스파이라고 결론지었다. 그로브스가 파쉬를 어떻게 생각했든 간에 파쉬가 성과를 올리는 사람이기 때문에 그를 선정했다. "그의 유능함과 추진력이 나에게 오래 남는 인상을 남겼다"고 말했다.

연합군이 노르망디에 상륙하여 프랑스로 진격할 때, 파쉬는 런던에 근거지를 설치했다. 그러고는 요원들을 이끌고 해협을 건너 지프로 파리를 향했다. 알소스 선발대는 오르세(Orsay) 188번 도로에서 미 제102 기병대와 합류했다. 군사 첩보는 그들의 근황을 보고했다. 샤를 드골(Charles de Gaulle)의 자유 프랑스군이 파리에 먼저 입성할 수 있도록 루스벨트에게 요구했으므로 미군은 파리 교외에서 기다렸다. 그러나 파쉬 중령은 즉석에서 묘안을 짜냈다. 파쉬 중령과 일행은 20번 도로로 가로질러 가서 프랑스 기갑사단과 합류했다. 알소스는 1944년 8월 25일 8시 55분에 파리 시내로 진입했다. 일행은 프랑스 차량 다섯 대의 뒤를 따라 시내로 전진했다. 파리에 입성한 최초의 미군 부대였다. 다섯 대의 프랑스 차량은 탱크였다. 비무장 지프차에 탄 파쉬는 여러 번 저격을 받았다. 그는 파리의 뒷골목을 달려 그날 늦게 목적지인 피에르 퀴리 가에 있는 라듐 연구소에 도착했다. 이날 밤 프레데릭 졸리오와 축하 샴페인을 마시며 이곳에서 쉬었다.

졸리오는 독일의 우라늄 연구에 대하여 기대했던 것만큼 알고 있지 못했다. 파쉬는 근거지를 수복된 파리로 옮기고 정보를 수집하기 시작했다. 가장 심증이 가는 곳은 스트라스부르(Strasbourg)였다. 알자스로렌(Alsace-Larraine) 지방 라인 강변에 있는 옛 도시로 연합군이 11월 중순에 점령했다. 파쉬는 스트라스부르 병원 건물 일층에서 독일 물리학 실험실을 발견했다. 알소스 팀의 과학자 사무엘 가우트스미트(Samuel A. Goudsmit)는 에렌페스트의 제자로 덴마크 이론 물리학자였다. 그는 범죄학도 공부했고 MIT 복사 연구소에서도 일한 적이 있다. 가우트스미트는 파쉬를 따라 스트라스부르에 왔다. 그는 입수한 문서들을 검토하기 시작했다. 그는 이 경험을 전후 회고록에서 이야기했다.

이 문서에는 정확한 정보는 없었지만, 독일의 우라늄 프로젝트에 대한 전반적인 상황을 판단하기에는 충분했다. 우리는 이틀 낮과 이틀 밤을 눈이 아플 때까지 촛불을 켜놓고 읽었다. …… 결론은 틀림없었다. 손에 쥔 증거는 독일이 원자 폭탄을 만들지 못했으며 그리고 이치에 맞는 것을 만들 수 있을 것 같지도 않다는 사실을 명백히 증명해 주었다.

그러나 종이 증거는 그로브스에게는 충분한 것이 되지 못한다. 1940년 독일이 벨기에를 침입했을 때 몰수해 간 1,200톤의 우라늄의 행방이 문제였다. 전쟁기간 동안 요아킴스탈 광산은 계속 감시됐고, 콩고의 우라늄 광석은 공급이 중단됐으므로 이 우라늄이 유일하게 독일이 사용할 수 있는 것이었다.

파쉬는 툴루즈(Toulouse)에 있는 프랑스 병기창에 비밀리에 보관되어 있던 31톤의 우라늄을 찾아 냈다. 3월에 연합군이 라인 강을 건너자 파쉬도 뒤따라 독일로 이동했다. 파쉬는 0.5구경 기관총이 장착된 장갑차 두 대, 기관총을 장착한 지프 네 대와 병력을 증원받아 직접 독일 원자 과학자들을 찾아 나섰다. "워싱턴은 미국이 알지 못하는 원자 연구가 나치에 의하여 수행되지 않았다는 절대적인 증거를 원한다. 또한 유명한 독일 과학자들이 도망가거나 또는 소련에 체포되어서도 안 된다." 알소스는 하이델베르크에서 발터 보테(Walther Bothe)를 체포했다. 그의 실험실에는 독일에서 유일하게 작동 가능한 사이클로트론이 있었다. 이곳의 문서들을 검토한 결과 슈타틸름(Stadtilm)에 쿠르트 디프너(Kurt Diebner)의 실험실이 있음을 알게 됐고 이 작은 마을이 독일 원자 연구의 중심지로 판명됐다. 하이젠베르크(Werner Heisenberg)와 그의 연구팀은 연합군의 폭격과 소련군을 피하여 남부 독일로 이동했고 소량의 산화우라늄을 슈타틸름에서 찾아냈다.

파쉬는 우라늄 광석을 아직 발견하지 못하고 있었다. 1944년 말부터 그로브스의 영국 주재 연락관이 북부 독일에 있는 슈타스푸르트(Stassfurt)에 있는 한 공장을 주목하고 있었다. 이곳에 우라늄 광석이 저장되어 있는 것 같았다. 1945년 4월 소련군이 이곳 근교까지 진격하고 있었다. 그로브스는 영국과 같이 존 랜스데일 2세(John Lansdale Jr.) 중령이 이끄는 특공팀을 조직했다. 특공팀은 괴팅겐에 있는 제12군 G-2와 만나 슈타스푸르트 작전의 승인을 요청했다.

우리의 제안을 설명했다. 그리고 우리가 찾고 있는 물자를 발견하

▲ 워싱턴 D.C.에 있는 카네기 대학교 지구 자기학과의 실험실에서 1939년 1월 28일 밤 핵분열을 실증하고 난 후의 기념 촬영. 왼쪽부터 로버트 마이어, 멀 튜브, 페르미, 리처드 로버트, 레온 로젠펠트, 에릭 보어, 닐스 보어, 그레고리 브라이트, 존 플레밍.

▲ 아인슈타인이 1939년 독일의 원자 폭탄 연구 가능성을 경고하는 편지를 프랭클린 루스벨트 대통령에게 보내자, FDR은 능력 없는 미표준국 소장 브리그를 우라늄 위원회 위원장으로 임명하였다.

▲ 전시 미국 과학계의 지도자들, 1940년. 왼쪽부터 로렌스, A. 콤프턴, 부시, 코난, C. 콤프턴, 루미스.

◀ 1939년 9월 1일 독일이 폴란드를 침공하자 유럽에서의 전쟁이 시작되었다. 바르샤바의 시민들이 나치의 포고문을 읽고 있다. 루스벨트 대통령은 적대국들에게 민간인을 폭격하지 않도록 호소했다.

◀ 노벨상 물리학상 수상자 유진 위그너는 실라르드, 텔러와 같이 '헝가리 음모'의 제3의 인물이다. 실라르드는 그를 시작부터 끝까지 '프로젝트의 양심'이라고 불렀다.

▲ 1941년 12월 7일, 일본의 진주만 기습 공격은 마침내 미국을 일본은 물론 독일, 이탈리아의 전쟁에 끌어들였다. 즉각적으로 미국은 원자 폭탄 개발 계획에 박차를 가했다.

프랭클린 루스벨트는 장기적인 잠재력을 이해하고 즉각 핵무기 정책의 결정권을 자신의 것으로 확보해 두었다.

▲ 1942년 8월 20일 루이스 위너와 버리스 커닝햄이 시카고에서 최초의 순수한 플루토늄 샘플을 분리해 내는 데 성공했다.

▲ 시카고 파일 No 1. 시카고 대학교에 건설 중인 최초의 핵반응로.

▲ 오크리지 알파 I 칼루트론. 우라늄 235를 전자기적인 방법으로 분리해 낸다.

▲ K-25 가스 확산 공장. 테네시 주 오크리지 소재. 건물의 길이는 800m이며 면적은 42.6에이커이다.

◀ 워싱턴 주 핸퍼드의 컬럼비아 강변에 세워진 플루토늄 생산 시설. 두 개의 물탱크탑 사이에 D파일이 보인다.

▼ 우라늄을 장전하는 관이 설치된 파일의 측면.

◀ 로스앨러모스에서 실시된 우라늄 235와 플루토늄 239 임계질량 결정 실험 장치.

◀ 로스앨러모스 연구 지역.

▶ 핵 물질이 없는 기폭 실험. 관측용 탱크가 아래 왼쪽에 보인다.

◀ 폴란드 수학자 스타니슬라브 울람은 로스앨러모스에서 유체동력학 계산을 담당했다. 그는 1951년 수소 폭탄의 기술적 돌파구를 고안해 냈다.

◀ 플루토늄 폭탄 개발에 크게 기여한 헝가리의 물리학자 에드워드 텔러(왼쪽)가 트리니티에서 시험 준비를 지휘한 해군 소속의 물리학자 노리스 브래드버리와 대화를 나누고 있다. 텔러는 로스앨러모스에서 수소 폭탄의 이론 연구를 수행했다.

◀ 인간이 일으킨 최초의 핵폭발. 1945년 7월 16일 05시 29분 45초. 화구가 점점 커지는 모습이 보인다. "우리가 태초에 존재했다고 이해한 자연의 힘이 여기에 나타났다"라고 이시더 래비가 말했다.

4.0 SEC
N
———— 100 METERS

2.0 SEC
N
———— 100 METERS

▲ 세스 네더마이어. 플루토늄 폭탄의 제조 과정에서 불순물 문제로 난관에 봉착하였을 때 핵 코어를 폭약으로 임계 상태까지 압축하는 그의 아이디어가 플루토늄 폭탄을 만들어 냈다.

▲ 로스앨러모스에서 우크라이나 출신 화학자 키샤코프스키는 원자 폭탄 '뚱뚱이'의 폭약 렌즈를 제작하고 시험하는 데 크게 기여하였다.

▲ 원폭 시험장 베이스 캠프.

◀ 1943년 7월 13일 금요일, 실험에 사용될 폭약을 트럭에서 내리고 있다.

◀ 실험에 사용될 폭탄을 타워 위에 설치하기 위하여 기중기로 들어올리고 있다.

▼ 1945년 7월 15일, 설치 완료된 폭탄 옆에 브래드버리가 있다.

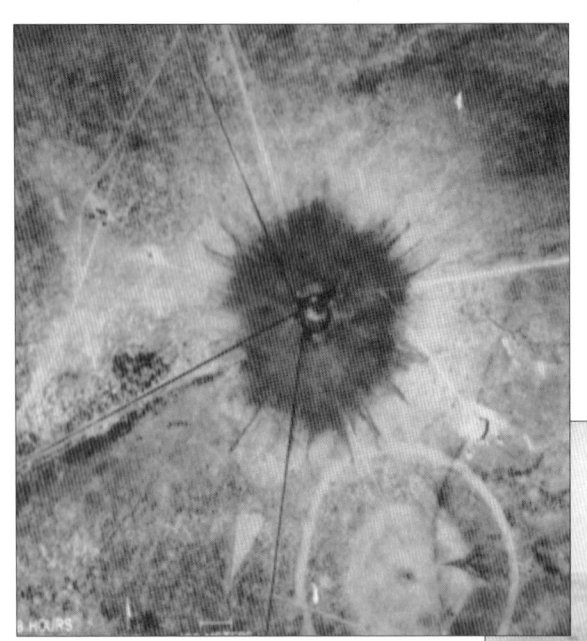

▲ 폭발 24시간 후 공중에서 바라본 삼위일체. 핵 웅덩이에서는 사막의 모래가 녹아 녹색의 유리같이 엉겨붙었다. 남쪽의 소형 웅덩이는 100톤의 재래식 폭약에 의하여 만들어진것이다.

▶ 로스앨러모스 연구소장 로버트 오펜하이머 (왼쪽)가 맨해튼 프로젝트의 사령관 그로브스 장군과 함께 폭발 후 타워의 기초 철근만 남아 있는 자리에 서 있다.

◀ 육군성 장관 헨리 스팀슨 (왼쪽)은 원자 폭탄 개발을 총괄적으로 지휘하였다. 국무장관 지미 번스(오른쪽)는 일본의 무조건 항복을 받아내기 위하여 원자 폭탄을 사용할 것을 트루먼 대통령에게 건의하였다.

▲ 미국의 수뇌부는 원자 폭탄의 실험이 성공적으로 끝나자 태평양 전쟁에 소련이 참전하지 않아도 된다고 생각했다. 포츠담 회담에서 (왼쪽부터) 스탈린, 트루먼, 처칠이 만났다.

◀ 히로시마에 떨어진 리틀 보이는 대포형 원자 폭탄으로 우라늄 235를 사용했다(1945년 8월 티니안에서).

▲ 히로시마 출격 전 에놀라 게이의 승무원들. 뒷줄 왼쪽부터 지상 정비사 포터, 항해사 밴 커크, 폭격수 페어비, 조종사 티베스, 부조종사 루이스, 레이더 장교 베서, 앞줄 왼쪽부터 레이더 운용병 스티보릭, 후미 사수 캐론, 통신사 넬슨, 항공 부기사 슈마드, 비행 기사 두젠버리. 폭탄 기사 파슨스와 전자 테스트 장교 제프슨은 사진에 나와 있지 않다.

▶ 1945년 8월 6일 히로시마의 버섯 구름.

▼ 히로시마 폭격 후 티니안에 착륙하는 에놀라 게이.

▲▶ 히로시마의 피해 광경. 도로의 일부는 치워졌다. 지진 대비 공법을 사용한 건물은 그대로 서 있다. 리틀 보이의 위력은 TNT 12,500톤에 해당한다. 오늘날 미뉴트맨 Ⅲ 미사일은 히로시마 원자 폭탄의 84배에 해당하는 위력을 갖고 있다.

◀ 폭발 중심으로부터 반경 1.6 km 이내 지역의 표면 온도는 순간적으로 1000도 이상까지 올라갔다. 전차가 그을린 모습으로 서 있다.

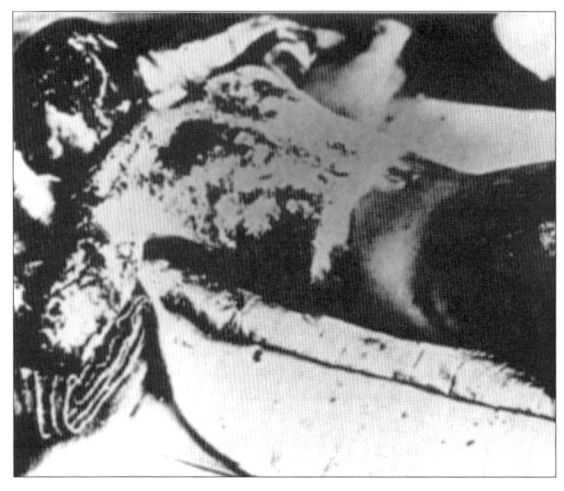

◀ 폭발 중심에서 1 km 정도의 거리에 있던 병사의 열상. 허리띠를 매었던 허리 부분만 타지 않았다.

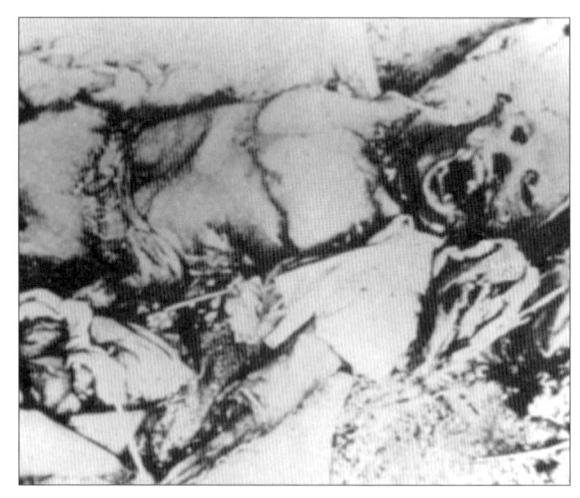

▶ 신원 미상의 히로시마 시체. 1945년 말까지 14만 명이 사망하였다.

◀ 1945년 8월 8일, 티니안에서 조립된 '뚱뚱이'. 다음날 나가사키에 투하되었다.

▶ 1945년 8월 10일 정오, 나가사키 원폭의 화구 중심 지점의 모습.

▼ 시체들을 화장하기 위하여 모아 놓았다.
▼ 1945년 8월 9일 11시 2분, 나가사키에 있는 일본 최대의 기독교 교회 건물 근처에서 플루토늄 폭탄이 터졌다. 위력은 TNT 22킬로톤에 해당하였다.

◀ 히로히토 천황은 나가사키 폭격 이후 대신들의 반대에도 불구하고 전쟁을 끝내기로 결심하였다. 8월 15일 발표한 항복 선언문에서 원자 폭탄을 "새롭고 그리고 가장 잔인한 폭탄"이라고 불렀다.

▼ 로스앨러모스는 육군과 해군으로부터 뛰어난 업적을 인정받아 E자가 쓰여진 깃발을 수여받았다.

▶ 최초의 운반 가능한 수소 폭탄 마크 17. 위력은 100만 톤 단위이며 중량은 21톤이다.

◀ 닐스 보어와 마가레스의 모습. 티스빌드의 여름 별장에서 찍은 사진. "우리는 전쟁으로 해결할 수 없는 완전히 새로운 상황에 처하게 되었다."

▲ 최초의 열핵폭탄 마이크 I은 1951년 1월 1일 마셜 군도의 에니에톡에서 시험되었다. 위력은 10.4 메가톤이었다. 마이크는 화구의 직경이 3마일에 달했으며, 섬을 완전히 기화시켰고 0.5마일 깊이에 지름 2마일 크기의 분화구를 남겼다.

면 즉시 수송해야 한다고 말했다. 이 작전은 비밀리에 신속히 수행되어야 한다고 말했다. 미군과 소련군이 조만간 이 지역에서 만나게 되며, 이 지역은 소련군 관할에 속한다고 알려 주었다. G-2는 당황한 듯 모든 종류의 어려움을 늘어놓았다. 나는 사령관을 만나 보라고 충고했다.

사령관은 오마르 브래들리(Omar Bradley) 장군이었다.

그는 혼자 제9군 사령관과 회의중인 브래들리 장군을 만나러 들어갔다. 두 사령관은 우리의 작전을 비공식적으로 승인했다. 브래들리 장군은 "러시아인들은 지옥으로 꺼져라"라고 소리쳤다.

4월 17일, 이 지역에 익숙한 보병사단 정보장교의 안내로 랜스데일과 그의 팀은 슈타스푸르트에 도착했다.

공장은 연합군의 폭격과 프랑스 노동자들의 약탈로 혼란한 상태였다. 산더미 같은 서류 더미에서 공장 재고 물품 목록을 찾아냈다. 우리가 찾고 있는 우라늄은 이 공장에 있었다. …… 광석은 다행히 지상에 보관되어 있었다. 그것은 통 속에 담겨져 있었으나 이곳에 너무 오랫동안 방치되어 있었다. 많은 통들이 터져 있었다. 약 1,100톤의 우라늄이 있었다. 대부분은 벨기에에서 정제된 상태였고, 8톤만이 산화우라늄이었다.

랜스데일은 그의 팀에게 재고를 조사하도록 지시하고 제9군 본부로 떠났다. 그는 2개 트럭 중대의 지원 약속을 받았다. 그는 미군이 관할하게 될 지역 내에 있는 가장 가까운 기차역을 찾았다. 이곳은 1만 명의 미군 포로를 후송하느라고 정신 없이 바빴다. 이 지역 부대장은 12명의 경비 요원을 차출해 주었다. 그는 근처의 비행장에서 빈 격납고를 발견하고 지뢰 제거 작업을 요청했다. 그리고 나서 슈타스푸르트로 돌아왔다.

많은 통들이 터져 있었고, 나머지 통들도 너무 낡아서 수송할 수 없는 상태였다. 주변에 있는 작은 마을에서 종이 포대 공장을 발견했다. 트럭을 보내어 튼튼한 종이 포대 1만 장을 실어왔다. 또 다른 작은 공장에서 포대를 꿰맬 수 있는 철사줄을 찾아냈다. 4월 19일 저녁, 우라늄을 종이 포대에 옮겨 담고 그날 저녁부터 비행장 격납고로 실어 날랐다.

한편 보리스 파쉬는 계속 독일 원자 과학자들을 뒤쫓았다. 알소스의 보고서에 의하면 하이젠베르크, 오토 한, 카를 폰 바이츠제커, 막스 폰 라우에 등은 독일 남서부 흑림(Black Forest) 지역의 휴양도시 하이거로흐(Haigerloch)에 있었다. 4월 말 경, 독일 전선이 붕괴되자 프랑스군이 맨 앞에서 진격했다. 이제 대대급으로 증원된 파쉬 부대는 한밤중에 이 소식을 듣고 짚차, 트럭 그리고 장갑차를 타고 프랑스군을 앞질러 하이거로흐로 향했다. 한편 랜스데일의 미·영 합동팀은 런던에서 재편성한 후 파쉬를 따라 유럽으로 건너 왔다.

하이거로흐는 아이아호(Eyach) 강에 걸쳐 있는 작고 아름다운 도시이다. 우리가 접근하자 긴 막대와 빗자루 등에 침대보, 손수건, 베갯잇 등 흰천을 묶어 창문에 내다걸고 항복 의사를 표시했다. ······ 알소스가 탈환한 마을의 경비를 강화하는 한편, 엔지니어팀들은 독일의 원자 연구시설을 찾아 나섰다. 그들은 곧 공중 관측과 폭격으로부터 거의 완벽하게 보호될 수 있게 설치된 시설을 발견했다. 절벽 위에 교회가 있었다.

현장에 급히 달려가, 절벽 한쪽 편에 있는 동굴에 세워진 상자와 같이 생긴 콘크리트 입구를 발견했다. 육중한 철문은 자물쇠로 잠겨 있었다. 문에 붙여진 종이에 관리인의 이름이 쒸어 있었다. …… 관리인을 불러오자, 그는 자기가 경리 담당일 뿐이라고 주장했다. 내가 관리인에게 문을 열라고 명령하자 그는 주저했다. 나는 한 병사에게 자물쇠를 총으로 쏴 버리라고 명령했다. 그리고 관리인이 방해하면 그도 쏴버리라고 했다. 그러자 관리인이 열쇠를 꺼내 문을 열었다.
…… 동굴 안에는 콘크리트 구조물 속에 두꺼운 금속 원통이 설치되어 있었다. 독일 포로는 그것을 우라늄 기계라고 불렀다. 실제적으로는 원자 파일이었다.

4월 23일, 파쉬는 가우트스미트와 몇몇 동료들을 하이거로흐에 남겨두고 근처에 있는 헤칭겐(Hechingen)으로 향했다. 그 곳에서 오토 한을 제외한 모든 독일 원자 과학자들을 찾아 냈다. 한은 이틀 후 타일핀겐(Tailfingen)에서 찾아 냈다. 하이젠베르크는 가족과 같이 바바리아(Bavaria)에 있는 호숫가 오두막에 있었다.

하이거로흐에 있는 파일은 카이저 빌헬름 연구소팀의 중성자 증식 연구에 사용됐다. 노르웨이에서 생산된 중수 1.5톤이 감속제로 사용되고 있었다. 연료로는 664개의 금속 우라늄 덩어리가 사용됐다. 카이저 빌헬름 연구소팀은 3월에 거의 7배의 중성자 증식을 달성했고, 하이젠베르크의 계산에 의하면 파일 규모를 50퍼센트 정도 증가시키면 연쇄 반응을 유지시킬 수 있었다.

"독일의 원자 폭탄이 가까운 장래에 위협이 되지 않는다는 사실을 알아낸 것은 전쟁 기간 동안 수집된 군사 정보 가운데 가장 중요한 것이었다"고 파쉬는 자랑스럽게 기록했다. 또한 알소스는 독일의 지도급 원자 과학자들이 소련군의 수중에 들어가는 일을 방지했다. 알소스가 툴루스에서 찾아낸 우라늄은 리틀보이(Little Boy)에 사용하기 위하여 이미 오크리지에서 가공되고 있었다.

1944년 말, 로스앨러모스에서 언제나 발명에 재간이 있는 프리슈는 대담한 실험 계획을 제안했다. 농축된 우라늄이 오크리지로부터 도착되고 있었다. 우라늄을 수소가 많이 들어 있는 플라스틱과 혼합하면 우라늄 수소 화합물을 만들 수 있고, 이것을 이용하여 저속 중성자는 물론 고속 중성자에 반응하는 임계 질량에 접근하는 실험을 할 수 있다. 프리슈는 G 연구부의 조립책임자였다. 이 실험은 중성자의 활동 증가를 측정하면서 1.5인치 크기의 수소 화합물 덩어리를 하나씩 쌓아 올려 임계 질량에 접근하는 것이다. 통상 이런 실험을 상자 같이 만든 베릴륨 덩어리 속에서 실시했는데 베릴륨이 중성자를 반사시켜 주므로 더 적은 양의 우라늄이 필요하게 된다. 1944년에 이런 실험을 십여 회 실시했다. "계속해서 수소의 양은 감소시키고 우라늄 235의 양은 증가시켰다. 반응 속도가 점점 더 빨라지는 것을 경험할 수 있었다."

그러나 완전한 임계 질량에 도달할 때까지 쌓아 나가는 것은 불가능한 일이다. 통제할 수 없는 상태에 이르면 방사능에 의하여 실험자는 죽게 되고 모두 녹아 버리게 된다. 프리슈는 어느 날 거의 통제할 수 없는 상태에 다다른 사고를 경험했다. 준임계 상태에 있는 우라늄 더미에 너무 가까이 몸을 기대었으므로 몸 속에 있는 수소가 중성자를 반사시켰다. "그 순간 나는 중성자 측정기의 램프가 깜박거리지 않고 계속 켜져 있는 것을 보았다. 깜박거림이 너무 빨라져서 우리 눈으로는 분간할 수 없게 된 것이다." 순간적으로 프리슈는 쌓아 놓은 우라늄 덩어리를 손으로 쳐서 쓰러뜨렸다. "램프는 눈으로 볼 수 있을 정도로 깜박거리고 있었다." 약 2초 동안에 1일 허용량의 방사능으로 피폭당했다.

이런 무서운 경험에도 불구하고, 프리슈는 지금까지 이론적으로만 계산된 임계 질량을 실험적으로 확인하고 싶었다. 리틀보이는 얼마만큼의 우라늄을 필요로 하는가?

이때에 폭탄을 만들기에 충분한 정도의 우라늄 복합물이 도착하고 있었다. 그래서 가운데에 빈 공간이 남도록 하고 충분한 양의 우라늄을 쌓아 놓았다. 이 공간을 통하여 중성자가 도망가므로 연쇄 반응은 일어나지 못한다. 그 다음에 나머지 한 덩어리의 우라늄 덩어리를 이 구멍을 통하여 떨어뜨리면 순간적으로 거의 폭발 상태에 도달할 것이다.

젊은 리처드 파인만은 프리슈의 계획을 듣고 웃으며 이름을 지어냈다. 그는 이 실험이 잠자는 용의 발에 간지럼을 태우는 격이라고 말했다. 그후 이 실험은 '용의 실험'이라고 불렸다.

외떨어진 오메가(Omega) 계곡에 프리슈는 실험대를 설치했다. 구멍의 윗부분에서 우라늄 덩어리를 떨어뜨리면 중력에 의하여 순간적으로 임계질량에 도달한다. 순수 우라늄 금속 대신에 수소화합물을 혼합시켰기 때문에 반응 속도는 매우 느리다. 이 실험으로 근사적이지만 이론적인 임계 질량을 검증할 수 있다.

우리는 원자폭발이 실제로 일어나기 직전까지 간 것이다. 결과는 매우 만족할 만한 것이었다. 모든 일이 일어나야 하는 방식 그대로 일어났다. 우라늄을 구멍 속으로 떨어뜨리자 갑자기 중성자의 수가 크게 증가했다. 매우 짧은 시간 안에 열이 발생하여 온도가 올라갔다.

4월 12일 목요일, 프리슈는 금속 우라늄 235를 사용하는 임계질량 실험을 끝냈다. 그 전날 오펜하이머는 키샤코프스키가 내폭 실험에 성공했다는 즐거운 소식을 그로브스에게 전했다. 키샤코프스키의 내폭 실험은 완전히 대칭적인 압축에 성공했고 이론적 예측치와 일치하는 결과를 얻었다. 미국 시간으로는 4월 12일 금요일이었고, 일본 시간은 4월 13일 밤이었다. B-29가 동경을 폭격했다. 니시나 요시오가 가스 열확산 실험을 하는 목조 건물도 화재의 위험이 있었으나 소방수와 직원들의 조기 진화로 간신히 구해낼 수 있었다. 그러나 다른 곳의 화재가 다 진화된 뒤에 이 건물이 다시 불길에 휩싸여 모두 타버렸다. 일본의 원자 폭탄 계획은 잿더미로 변하고 말았다. 유럽에서는 랜스데일이 독일이 숨겨 놓은 벨기에의 우라늄을 찾아내기 위하여 슈타스푸르트로 달려갈 준비를 하고 있었다. 그로브스는 나머지 우라늄을 모두 성공적으로 확보했다는 소식을 듣고 조지 마셜에게 보고했다.

  1940년 독일 육군은 벨기에에서 1,200톤의 우라늄 광석을 빼앗아 독일로 가져갔다. 이 물자가 독일의 통제하에 있는 한 우리는 독일이 원자 폭탄을 만들지 않는다고 확신할 수 없었다. 어제 나는 이 우라늄 광석을 독일 슈타스푸르트에서 발견하여 미국과 영국 당국이 통제할 수 있는 곳으로 운반중에 있다는 전보를 받았다. 유럽에 공급된 모든 우라늄 광석을 확보했으므로, 이제 독일이 원자 폭탄을 만들어 이 전쟁에 사용할 수 있는 가능성은 명백히 사라졌다.

이런 일들이 일어나고 있던 4월 12일, 또 다른 일이 끝났다. 조지아 주 웜스프링에서 초상화를 그리기 위해 앉아 있던 프랭클린 델러노 루스벨트(Franklin Delano Roosevelt) 대통령이 63세를 일기로 서거했다. 그는 뇌출혈을 일으켜 혼수상태에 빠졌다. 오후 3시 35분에 운명했다. 그는 13년 동안 대통령으로 자기 조국에 봉사했다.

　루스벨트의 서거 소식이 로스앨러모스에 전해지자, 오펜하이머는 사무실 밖으로 나와 모여든 사람들과 이야기했다. 그들은 모든 미국 시민들과 마찬가지로 국가의 지도자를 잃은 슬픔에 싸였다. 어떤 사람들은 맨해튼 프로젝트가 계속될 수 있을지 걱정했다. 오펜하이머는 모든 사람이 참석하여 일요일 아침 추도식을 갖기로 했다.

　일요일 아침 언덕은 눈이 쌓여 있었다. 밤사이 내린 눈이 온 마을을 덮었다. 모든 것이 흰색으로 통일됐다. 그 위에 밝은 해가 비치고 있었다. 마치 사람들의 슬픔을 조금이나마 위로하는 듯 했다. 모든 사람들이 극장에 모였다. 오펜하이머가 매우 조용하게 그와 그리고 우리의 마음에서 우러나오는 이야기를 이삼 분 동안 했다.

　사흘 전, 세계가 루스벨트 대통령의 서거 소식을 들었을 때 눈물에 익숙치 않은 많은 사람들이 울었고, 기도를 하지 않던 사람들도 신에게 기도했습니다. 우리들 중 많은 사람들이 앞날을 걱정했고, 많은 사람들이 우리들의 일이 잘 끝날 수 있을지 확신을 못했습니다. 우리 모두에게 한 인간의 위대함이라는 것이 얼마나 소중한 것인지 일깨워줍니다.

　우리는 사악하고 두려운 시간을 살아왔습니다. 루스벨트는 우리의 대통령이었고, 우리의 통수권자이었고 그리고 우리의 지도자였습니다. 전 세계의 사람들은 그가 안내해 주기를 원했고, 이 시대의 사악함이 반복되지 않기를 원하는 그들의 희망을 그에게서 찾았습니다. 지금까지 치러 왔고 앞으로도 치르게 될 희생은 이 세계를 인간이 살기에 좀 더 적합한 곳으로 만들 것입니다.

　힌두 성구에 이런 말이 있습니다. "인간은 믿음으로 만들어진 생명체이다. 그는 바로 그의 믿음이다." 루스벨트의 믿음은 세계의 모든 나라의 모든 사람들이 같이 공유하는 바로 그것입니다. 이런 이유로 우리는 희망을 가질 수 있고, 이 이유 때문에 우리가 이 희망에 몸을 바치는 것은 옳은 일입니다. 그의 훌륭한 업적은 그의 죽음과 같이 끝나지 않을 것입니다.

미주리 주 인디펜던스 출신 해리 트루먼(Harry S. Truman) 부통령은 맨해튼 프로젝트가 있다는 사실만 알고 있었다. 그는 엘리너 루스벨트(Eleanor Roosevelt)로부터 대통령직을 계승해야 된다는 이야기를 듣고, "나는 계속 생각했다. '번개가 쳤다! 번개가 쳤다!'" 대통령이 돌아가신 목요일과 추도식이 있었던 일요일 사이에 프리슈는 순수 우라늄235의 실험적 임계질량에 대한 보고서를 오펜하이머에게 제출했다. 리틀보이는 1임계질량 이상의 우라늄이 필요했다. 그러나 이제 우라늄의 확보는 시간 문제였다. 로스앨러모스에도 번개가 쳤다.

삼위일체

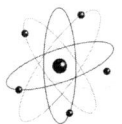

루스벨트 대통령이 서거한 지 24시간도 안 되어 해리 트루먼 신임 대통령에게 두 사람이 원자 폭탄에 대한 보고를 했다. 첫 번째는 육군성 장관 스팀슨이었다. 대통령 선서 직후 트루먼이 처음으로 소집한 국무회의가 끝난 다음 그는 간단하게 보고했다. "현재 거대한 프로젝트가 진행중인데, 믿을 수 없을 만큼 엄청난 위력을 가진 새 폭약을 개발하는 일입니다." 이것이 보고 내용의 전부였다. 트루먼은 이렇게 회고했다. "나는 이 말에 어리둥절했다. 이것이 원자 폭탄에 대하여 내가 접한 첫 번째 정보였으며, 그는 더 이상 자세하게 설명하지도 않았다."

트루먼은 전에 상원의원으로 국방계획 조사위원회 위원장이었으므로 맨해튼 프로젝트라는 것이 있다는 사실은 알고 있었다. 하지만 그가 예산을 많이 쓰는 이 비밀 프로젝트의 목적에 대해 조사하려고 하자, 스팀슨 육군성 장관은 단호하게 거절했었다.

트루먼은 행정부의 감시자라는 막중한 책임감과 하찮은 실마리라도 놓치지 않는 예리함을 겸비한 유능한 상원의원이었다. 그가 스팀슨의 단 한 마디에 수백만 달러의 정부 예산이 사용되는 사업에 대한 조사를 중지했다는 것은 스팀슨의 평판이 어떠했는지를 단적으로 보여주는 것이다.

트루먼이 대통령직을 승계했을 때 스팀슨은 77세였다. 그는 1년 학비가 60달러나 되지만 학생 자신이 직접 땔감을 잘라야 되는 뉴잉글랜드의 명문 예비학교 앤도버에서 공부했다. 그는 예일 대학과 하버드 법대를 졸업하고 태프트(Taft) 대통령 밑에서 육군성 장관, 쿨리지(Calvin Coolidge) 대통령 밑에서 필리핀 총독, 그리고 후버(Herbert Hoover) 대통령 밑에서 국무장관을 지냈다. 루스벨트는 1940년 그를 다시 현역으로 불러냈다. 그는 불면증과 편두통에 시달리면서도 육군 참모총장 마셜과 같은 유능한 조력자들의 도움을 받으며 미국 육군을 세계 최강의 군대로 만들었다. 그는 의무감이 강하고 판단이 올바른 사람이었다. "나의 인생에서 내가 배운 것은, 사람을 믿음직스럽게 만드는 유일한 방법은 그를 신뢰하는 것이며, 그를 믿을 수 없는 사람으로 만드는 방법은 그에게 불신을 보여주는 것이다"라고 그의 자서전에서 말했다. 스팀슨은 이 교훈을 국가와 국민들에게 똑같이 적용하려고 노력했다. 1945년 봄, 그는 원자 폭탄의 사용과 그 결과에 대하여 크게 걱정했다.

다음날(4월 13일) 66세의 캐롤라이나 사람 제임스 번즈(James Burns)가 트루먼 대통령과 만났다. 지난 3년 동안 루스벨트는 번즈를 '부대통령'이라고 불렀다. 루스벨트는 전쟁과 외교업무를 지휘했고 번즈는 경제 및 전시 동원 등 국내 문제를 담당했다. 그는 백악관에 사무실을 갖고 있었다. "지미 번즈가 나를 만나러 왔다. 매우 근엄한 태도로 몇 가지 자세하게 이야기하고 나서 우리가 전세계를 파괴할 수 있는 새로운 폭약을 만들고 있다고 말했다." 그러고 나서 트루먼 대통령이 다시 스팀슨 장관을 만나기 전에 번즈가 재차 찾아와 이 폭탄이 전쟁이 끝난 뒤 우리의 조건대로 일을 처리할 수 있게 해줄 것이라고 믿고 있다고 말했다.

처음 번즈를 만났을 때 트루먼 대통령은 그에게 얄타 회담에서 기록했던 속기록을 정리해 달라고 요청했었다. 번즈는 루스벨트의 자문역으로 수행하여 얄타 회담에 참석했었다. 트루먼은 부통령이었으므로 회담의 내용을 잘 모르고 있었다. 얄타 회담은 번즈가 직접 참여해 본 외교 경험의 전부였다. 그러나 그것은 트루먼의 경험보다도 더 많은 것이었다. 이런 상황에서 새로운 대통령은 번즈를 국무장관으로 임명하겠다고 했다. 번즈는 수락하는 조건으로 루스벨트가 그에게 국내 문제의 재량권을 주었던 것과 같이 똑같은 자유를 요구했다.

"체격은 작지만 강인하고 단정한 사람"이라고 다른 사람들이 그를 평했다. "둥그런 얼굴에 예리한 눈은 온화한 표정으로 사람들을 쳐다본다." 당시 국무차관이었던 딘 애치슨(Dean Acheson)은 번즈가 너무 자신만만하며 감각이 둔하다고 생각했다. 트루먼은 가끔씩 적는 개인 일기에서 사우스 캐롤라이나 사람을 매우 날카롭게 평가했다.

나의 유능한 국무장관과 오랫동안 이야기를 나눴다. 그는 영리하고 정직한 사람이다. 시골 정치가들은 모두가 똑같다. 그들은 다른 정치인들이 거래를 빙빙 돌린다고 믿고 있다. 꾸밈없는 진실한 이야기를 해주어도 결코 믿지 않는다. 때로는 이것이 자산이 된다.

정치가 중의 정치가인 번즈는 32년 동안의 공직생활 기간중 연방 정부의 사법, 입법 그리고 행정부를 두루 거쳤다. 그는 맨 아래에서부터 시작하여 자수성가했다. 그의 아버지는 그가 태어나기도 전에 돌아가셨으므로 어머니가 양재 기술을 배워 살림을 꾸려나갔다. 그는 열네 살 때 학교를 그만 두고 법률사무소에 취직했다. 변호사 중의 한 명이 학교 공부 대신 여러 가지 읽어야 될 책들의 목록을 가르쳐 주었다. 또한 어머니한테서 속기도 배웠다. 그는 스물한 살 때 법원 서기가 됐다. 자기가 모시는 판사 밑에서 법률 공부를 하여 1904년 변호사 시험에 합격했다. 1908년 사우스 캐롤라이나 주 지방 법무관 선거에 출마하여 당선된 후 살인범들을 기소하여 이름을 날리기 시작했다. 1910년 미 하원의원에 당선됐고, 1930년까지 14년 동안 하원의원으로 봉사한 후 상원의원이 됐다. 이때 그는 루스벨트의 대통령 선거운동에 열심히 참여했다. 그는 루스벨트의 선거유세 연설문 작성자 중의 한 명으로 활약했으며, 루스벨트가 당선된 후 상원에서 뉴딜 법안을 통과시키는 데 앞장을 섰다. 1941년 대법관에 임명됐으나 다음해 사임하고 백악관에 들어와 전시 노임 및 물가 통제 긴급계획을 담당했다. 루스벨트는 그를 부대통령이라고 불렀다.

1944년 모든 사람들이 루스벨트가 4선 임기를 마치면 더 이상 출마하지 않을 것이라고 생각했다. 그러므로 그가 부통령으로 선택한 사람이 1948년 대통령 선거에서 민주당 대통령 후보에 지명될 것이 거의 확실시되고 있었다. 번즈는 자신이 선택되기를 기대했고 또한 루스벨트도 그를 격려했다. 그러나 번즈는 남부 출신 보수 민주당원이었으므로 마지막 순간에 루스벨트는 미주리 주 출신 해리 트루먼으로 바꾸었다.

"나는 실망했다고 솔직히 인정한다." 번즈는 어금니를 꽉 깨물고 말을 삼갔다. 그는 루스벨트 대통령의 결정으로 상처를 받았다. 1944년 9월 선거운동 기간 중 번즈는 육군 참모총장 마셜과 같이 유럽 전선 시찰 여행을 떠났다. 그가 돌아오자 루스벨트는 공식 서한을 번즈에게 보내 지지 연설을 해줄 것을 요청했다. 번즈는 사람들에게 이 편지를 보여주었다.

번즈가 트루먼을 강탈자라고 생각한 것은 의심할 바 없다. 트루먼이 아니었다면 그는 루스벨트의 뒤를 이어 지금쯤 미국 대통령이 됐을 것이다. 트루먼은 번즈의 심정을 이해하고 있었지만 국내외 문제에 대처하기 위해서는 번즈의 도움이 몹시 필요했다. 그래서 그를 국무장관에 임명하려고 하는 것이다. 국무장관은 국무위원 중에서 가장 높은 자리이며 부통령이 없는 상황에서는 대통령직을 승계할 수 있는 자리이다. 대통령직 다음으로 가장 강력한 자리를 트루먼은 그에게 주었다.

부시와 코난은 폭탄과 관련해 전후에 발생할 수 있는 문제를 고려하도록 스팀슨 장관을 설득하는 데 몇 달이 걸렸다. 1944년 10월, 스팀슨이 부시에게 필요한 조치를 준비하도록 요청했을 때 그는 준비가 되어 있지 않았다. 12월에 또다시 요청했을 때에도 준비가 되어 있지 않았다. 이때쯤 부시는 이 문제에 필요한 것이 무엇인지 겨우 파악하고 있었다.

우리는 육군성 장관에게 위원회를 구성할 수 있도록 대통령에게 건의해 달라고 부탁했다. 위원회에 입법 초안과 적절한 시기에 일반에게 알릴 계획을 수립하는 임무가 주어지게 될 것이다. …… 우리 모두는 국무성도 참여시켜야 된다고 생각했다.

스팀슨은 신뢰할 수 있는 보좌관 번디(Harvey H. Bundy)에게 위원으로 포함시킬 사람들의 명단과 위원회가 할 일의 목록을 작성하도록 지시했다. 그러나 그는 아직도 추천해야 될 기본 정책의 윤곽마저도 알고 있지 못했다.

이 당시 보어의 아이디어는 약간 희석되기는 했지만 워싱턴에 널리 유포되고 있었다. 보어의 아이디어는 일찍 소련과 상호 핵무장 경쟁의 위험성에 대하여 논의하여, 폭탄의 존재가 알려진 후 일어날 수 있는 군비 경쟁을 예방하자는 것이다(그는 4월에 다시 대통령을 만날 수 있도록 노력했다. 프랑크푸르터와 영국 대사 헬리팩스 경은 보어가 자연스럽게 대통령을 면담할 수 있는 방법을 토의하며 워싱턴 공원을 산책하던중 대통령의 서거를 알리는 교회의 종소리를 들었다). 명백히 미 행정부내에는 보어가 전망하고 있는 피할 수 없는 길을 이해하고 있는 사람이 아무도 없었다. 스팀슨도 정부내에 있는 다른 사람들과 마찬가지로 현명했지만, 12월에 루스벨트에게 소련도 이 불행한 소식을 알아야 된다고 주의를 환기시켰을 뿐이었다.

나는 소련과 관련하여 내가 보는 S-1(폭탄에 대한 스팀슨이 사용하는 암호명)의 미래에 대하여 그에게 이야기했다. 소련이 우리의 폭탄 개발에 대하여 알아내려고 노력하고 있지만 아직은 정확히 알고 있지 못했다. 나는 지금이라도 소련에게 알려주지 않는다면 나중에 어떤 결과를 가져올지 걱정하고 있었지만, 한편으로는 우리의 정직성을 그들이 솔직히 받아들여 상호 협력할 생각이라는 것을 확신할 수 있을 때까지는 그들을 믿지 않는 것이 중요하다고 생각했다. 나는 이것을 영원히 비밀로 감추어 둘 수는 없지만, 아직은 소련에게 알릴 시기는 아니라고 말했다. 그는 나의 의견에 찬동한다고 말했다.

2월 중순 부시와 이야기하고 난 뒤에, 폭탄 소식을 알려주는 대신 무엇을 원하는지 스팀슨은 일기에 비밀을 털어 놓았다. 어떤 의미에서 과학공화국을 모방한 개방된 세계만이 폭탄의 도전에 해답을 줄 수 있다는 보어의 확신은, 부시의 생각으로는 과학 연구의 국제공동체를 제안하는 것으로 바뀌어져 있었다. 스팀슨은 "S-1에 대한 교환으로 소련의 자유화에 대하여 우리가 얻어낼 수 있는 모든 것을 얻어내기 전에는, 이런 조치를 강력하게 추진하도록 추천할 수 없다"고 썼다. 미국이 소련의 자유화를 요구해야 된다는 것이 스팀슨이 생각한 보답이었다. 폭탄 문제의 해결책으로 세계를 개방시키면 소련의 사회적 그리고 정치적 차이가 모든 사람들에게 노출되어 결국 압력을 받고 개선되리라고 생각됐던 것을 스팀슨은 정보 교환의 전제 조건으로 상정했다.

마침내 3월 중순 스팀슨은 루스벨트에게 이야기를 꺼냈다. 이것이 그들의 마지막 만남이다. 4월에 그는 백악관에서 새로운 대통령에게 같은 이야기를 반복했다.

한편 루스벨트에게 자문했던 백만장자이며 주 모스코바 미국대사인 애브렐 해리먼(Averell Harriman)은 점증하는 소련의 배반에 대하여 해리 트루먼을 설득하려고 노력했다. 그는 새 대통령에게 보고하기 위하여 워싱턴으로 달려왔다. 트루먼은 해리먼이 자기에게 "스탈린이 합의를 지키지 않는다는 것을 루스벨트는 이해했는데 당신은 이해하고 있지 못한다"라는 이야기를 했다고 말했다. 해리먼은 좀 더 겸손하게 표현하기 위하여 "최근의 모든 전문을 읽어볼 시간이 없었을 것"이라고 말했다.

독학으로 성공한 트루먼은 누구보다도 많은 문서를 하루에 소화해낼 수 있다고 자신하고 있었다. 트루먼은 대사에게 긴 메시지를 계속 보내라고 말했다.

해리먼은 "우리는 소련의 야만적인 유럽 침공에 직면하고 있다"고 트루먼에게 말했다. 소련은 주변국들을 차지하여 비밀 경찰에 의해 통제된 사회주의 체제를 만들려고 한다고 말했다. 그는 우리가 소련인들과 서로 해결할 수 있는 기반을 만들 수 있다고 생각하기 때문에 비관적인 것은 아니라고 덧붙였다. 그는 우리의 정책에 대한 재고가 필요하며 소련이 국제 문제에 대하여 다른 나라들과 같은 원칙으로 행동할 것이라는 환상은 버려야 한다고 믿고 있었다.

트루먼은 루스벨트의 조언자에게 자기가 우유부단하지 않을 것이라는 확신을 주도록 애썼다. "나는 다음과 같이 말하고 토의를 끝냈다. '나는 소련 정부에 단호히 대처할 생각이다.'" 그 해 4월, 새로운 국제연합(UN)의 헌장을 제정하기 위하여 각국의 대표가 샌프란시스코에 모여들고 있었다. 해리먼은 트루먼에게 물었다. "만일 소련이 참여하지 않는다고 해도 이 세계기구 계획을 계속 추진해 나갈 것인가?" 트루먼은 현실적으로 대답한 것을 기억했다. "소련 없이는 세계기구도 없다." 그러나 트루먼은 사흘 후 소련 외상 몰로토프(Molotov)를 만났을 때 그를 거칠게 대했다. 그는 지금까지 소련과의 합의는 일방적인 것이었다고 느꼈고 그래서 그런 식으로는 계속할 수 없다고 생각했다. 그는 샌프랜시스코 계획을 계속 추진할 의도이며, 소련이 참여하지 않겠다면 지옥으로 가라고 고함질렀다.

스팀슨은 참아야 된다고 트루먼에게 말했다. "큰 군사적 문제에서는 소련 정부가 약속을 지켰다. 그래서 미국의 군사 지도자들은 그들을 믿게 됐다. 사실 그들은 약속한 것 이상으로 성실하게 실천에 옮겼다." 육군 참모총장 마셜도 스팀슨 장관과 같은 의견이었지만 새로운 대통령이 듣기 원했던 것은 충고가 아니었다. 마셜은 트루먼이 염려하는 점을 알고 있었다.

그는 군사적 관점에서는 유럽의 상황은 안정됐지만, 우리에게 도움이 될 수 있을 때 소련이 일본과의 전쟁에 참여해 주기를 희망한다고 말했다. 소련은 우리가 힘든 일을 모두 끝낼 때까지 극동에서 참전하지 않고 기다릴 수도 있다. 그는 소련과의 결별 가능성이 매우 크다는 스팀슨의 지적에 동의했다.

트루먼이 태평양 전쟁을 끝내는 데 소련이 필요하다면 소련인에게 지옥으로나 가라고 말할 수는 없다. 마셜이 참는 것이 옳다고 생각하는 것은 스탈린이 외교적 수완에서 대통령을 능가한다는 뜻이다. 트루먼도 계속 그렇게 할 의도는 아니었다.

그는 몰로토프와 외교적인 첫 만남에서 공격적인 자세를 취했다. 쟁점은 전쟁이 끝난 뒤 폴란드 정부의 수립에 관한 것이었다. 몰로토프는 여러 가지 안을 내놨지만 모두 소련에 유리한 것뿐이었다. 트루먼은 전에 얄타 회담에서 합의한 대로 자유선거를 통하여 폴란드 정부를 구성할 것을 요구했다. 트루먼은 "폴란드에 관한 문제는 이미 합의됐고 단 한 가지 남은 일은 스탈린 원수가 자기의 약속을 지키는 것뿐이다"라고 단호히 대답했다. 몰로토프가 다시 말했다. 트루먼도 다시 단호히 거절하며 자기 요구를 반복했다. "나는 다시 한번 미국이 소련과의 우정을 원하고 있지만 이것은 합의 사항을 상호 존중하는 데 그 근거를 두는 것이지 일방통행에 그 근거를 두는 것이 아니라는 점을 명확히 이해하여 주기 바란다"라고 말했다. 이것은 언쟁하는 말투라고는 할 수 없겠으나 몰로토프의 반응으로 보아 대통령은 당시 매우 신랄하게 말했던 것 같다.

"나는 지금까지 이런 식으로 이야기를 들어본 적이 없습니다"라고 몰로토프가 말했다. 트루먼이 그에게 말했다. "합의사항을 실천하세요. 그러면 그렇게 말하지 않을 것입니다."

이 의견 교환으로 트루먼의 기분은 좋아졌는지 몰라도 스팀슨은 불안해졌다. 새로운 대통령이 폭탄과 그것의 운명적인 결과에 대한 잠재력을 알지 못하고 그렇게 행동한 것이다.

트루먼은 4월 25일 수요일 정오에 스팀슨을 만나기로 했다. 대통령은 그날 저녁 샌프랜시스코에서 열리는 유엔 개회식에 라디오 연설을 하기로 예정되어 있었다. 그 사이에 다른 일이 중간에 끼어들었다. 화요일에 조지프 스탈린으로부터 친서를 받았다. 몰로토프는 트루먼과 만났던 일을 소련 수상에게 보고했다. 스탈린도 같은 주장을 되풀이했다. 그는 폴란드가 미국이나 영국이 아니라 소련과 국경을 접하고 있다고 말했다. "벨기에와 그리스가 영국의 안전에 중요한 것과 같이 폴란드도 소련의 안전에 중요하다." 연합군이 벨기에와 그리스 정부를 세울 때 소련과는 전혀 상의하지 않았다. "소련 국민들이 폴란드의 해방을 위하여 흘린 많은 피는 소련에 우호적인 폴란드 정부를 요구한다." 그리고 마지막으로 언급했다.

나는 당신의 요구를 들을 준비가 되어 있습니다. 그리고 평화로운 해결책을 찾기 위하여 모든 일을 할 것입니다. 그러나 당신은 나에게 너무 많은 요구를 하고 있습니다. 당신은 나보고 소련의 안전을 포기하라고 요구하지만, 나는 나의 조국에 대하여 등을 돌릴 수가 없습니다.

이 도전을 염두에 두면서 트루먼은 그의 육군성 장관을 만났다.

스팀슨은 기술적 사항을 보충 설명할 수 있도록 그로브스를 대동했으나 일반 정책 문제를 토의하는 동안 밖에서 기다리도록 했다. 그는 보고서를 읽기 시작했다.

우리는 4개월 이내에 폭탄 한 개로 전 도시를 파괴할 수 있는 인류 역사상 가장 무서운 무기를 완성할 수 있을 것입니다.

스팀슨은 계속 읽어 나갔다.

우리는 영국과 공동으로 개발하고 있지만 폭약을 만드는 공장은 우리가 통제하고 있습니다.
'그리고 다른 어떤 나라도 앞으로 수년 이내에 이런 상황에 도달할 수 없습니다.' 우리가 영원히 이 무기를 독점할 수 없다는 것은 확실합니다. 그러나 '아마도 수년 이내에 원자무기를 생산할 수 있는 나라는 소련뿐입니다.'

기술 발전 수준과 비교해 볼 때 현재의 도덕적 수준에서는 결국에는 세계가 이 무기의 자비에 맡겨질 것이다. 바꾸어 말하면, 현대 문명은 이 무기로 인해 완전히 파괴될 수도 있을 것이다.
스팀슨은 지난해 앤더슨이 처칠에게 강조했던 바를 트루먼에게 강조했다. 즉, 폭탄이 아직도 비밀에 싸여 있는 동안 '세계 평화 기구'를 수립하는 일은 현실적인 것 같아 보이지 않는다는 것이다.

지금까지 고려된 어떤 통제 체제도 폭탄의 위협을 제거하기에는 적절치 못합니다. 어떤 특정 국가에서 그리고 세계의 여러 국가들 사이에 이 무기를 상호 통제한다는 것은 매우 어려운 일이며 지금까지 생각해 보지 못했던 철저한 사찰 권한과 내부 통제가 필요하게 될 것입니다.

스팀슨은 중요한 대목에 이르렀다.

더구나, 이 무기와 관련된 우리의 현재 입장에 비추어 이 무기를 다른 나라와 공유한다는 문제는 매우 중요한 것입니다. 만약 공유한다면 무슨 조건으로 어떻게 해야 되는가? 이것은 국제 관계에서 중요한 문제가 될 것입니다.

보어는 다른 나라들에게 상호 핵무기 경쟁의 위험성을 알리자고 제안했었다. 스팀슨과 그의 유능한 조언자들의 손으로 이 현명한 제안은 무기 자체를 공유하는 문제로 변질됐다. 통수권자로서, 제1차 세계대전에 참전했던 사람으로 그리고 상식적인 사람으로 트루먼은 그의 육군성 장관이 도대체 무슨 이야기를 하고 있는지 어리둥절했을 것이다. 특히, 스팀슨이 미국이 핵기술 개발을 선도했기 때문에 있을지도 모르는 문명의 재앙에 대한 회피할 수 없는 도덕적 책임을 져야 된다고 말했을 때 더욱더 어리둥절했을 것이다. 미국은 새로운 전쟁무기를 나누어 주어야 하는 도덕적 의무가 있다는 말인가?

스팀슨은 그로브스를 대통령 집무실로 불러들였다. 장군은 이틀 전 육군성 장관에게 보고했던 맨해튼 프로젝트의 현황 보고서를 가지고 들어왔다. 스팀슨과 그로브스는 대통령이 보고서를 읽어보기를 권했다. 대통령은 싫어하는 태도였다. 그는 스탈린으로부터 위협적인 편지를 받았고 스팀슨이 방금 폭탄을 무시하고 유엔 회의를 진행하는 일은 유감된 일이라고 알려 주었음에도 불구하고 유엔 개회를 준비해야 했다. 애브렐 해리먼에게 긴 메시지를 계속 보내도록 하라고 자랑스럽게 지시했던 대통령이 상원의원으로 있을 때 조사하기 위하여 집요하게 싸웠던 비밀 프로젝트의 사소한 일에 관한 공무교육을 피하려고 하는 희극이 벌어졌다. 그로브스는 완전히 오해했다.

트루먼 대통령은 긴 보고서를 읽는 것을 좋아하지 않았다. 이 보고서는 프로젝트의 규모를 생각하면 긴 것이 아니었다. 그것은 24페이지였다. 그는 계속해서 읽기를 중단하고 "나는 서류를 읽는 일을 싫어하는데"라고 말했다. 그래서 스팀슨 장관과 나는 "우리는 이것을 더 이상 요약된 말로 설명할 수가 없습니다. 이것은 큰 프로젝트입니다"라고 대답했다. 예를 들자면, 우리는 영국과의 관계를 약 네 줄 또는 다섯 줄로 기술했다. 그것은 이 정도로 압축되어 있었다. 우리는 모든 과정을 설명해야 했고 단지 그것들이 무엇이고 무엇에 대한 것인가만 설명했다.

보고서를 읽고 난 뒤에 외국과의 관계에 대하여 토의했으며, 특히 소련 문제가 강조됐다. 트루먼은 다시 원래의 문제에 되돌아가서 이 프로젝트의 필요성에 전적으로 동의한다는 점을 명백히 했다.

스팀슨 보고의 마지막 요지는 부시와 코난이 주장하는 행정부와 입법부가 취해야 할 조치를 건의하기 위한 특별위원회 구성에 대한 것이었다. 트루먼은 이를 승인했다.

원자 폭탄은 투하하게 될 도시를 선정하기 위한 표적 선정 위원회가 처음으로 펜타곤(Pentagon)에 있는 로리스 노스타드의 회의실에서 열렸다. 맨해튼 프로젝트를 대표하여 그로브스 밑에서 일하는 토머스 파렐(Thomas F. Farrell) 준장이 위원장직을 맡고 공군에서 대령과 중령 각각 한 명씩 그리고 노이만과 영국 물리학자 윌리엄 페니를 포함하는 다섯 명의 과학자가 참석했다. 그로브스는 그들의 임무가 매우 중요하다는 것 그리고 비밀을 지켜야 한다는 것 등의 그가 으레 말하는 내용으로 개회 인사를 했다. 그는 이미 군사정책위원회에서 표적에 관하여 토의했으므로 위원들에게는 네 군데의 표적만 선정하도록 당부했다.

파렐이 기본적인 사항을 설명했다. 이 중요한 임무를 위한 B-29의 비행거리는 1,500마일 이내일 것, 지금까지 사용해 보지 않은 귀중한 폭탄을 확실히 표적에 투하하고 사진을 촬영하기 위하여 육안 폭격을 할 것, 표적은 일본의 도시 또는 산업 지역이며 7월과 8월 또는 9월에 폭격할 것, 한 개의 주목표에 두 개의 예비목표를 선정할 것, 정찰 목적의 항공기가 사전에 표적 지역의 시계를 확인할 것 등이었다.

오후 늦게 그들은 표적을 선정하기 시작했다. 그로브스는 파렐의 지침을 좀 더 자세히 설명했다.

> 나는 선정된 표적은 전쟁을 계속하겠다는 일본인들의 의사에 가장 부정적인 영향을 줄 수 있는 곳이어야 한다고 말했다. 그 밖에도, 표적은 중요한 군사본부가 있는 곳이든지 또는 군인들이 많이 모여 있는 곳 또는 군사장비나 보급품 생산 센터 등이 있는, 성격상 군사적인 곳이어야 한다. 또한 최초의 표적은 피해가 그 내부에 한정될 수 있는 정도의 크기여서 폭탄의 위력을 좀 더 확정적으로 결정할 수 있는 곳이어야 된다.

그러나 이렇게 신선한 표적은 이미 일본에서는 찾아보기 힘들었다. 만일 첫 번째로 선정되는 표적이 피해를 모두 수용할 수 있을 만큼 크지 못하다면, 남아 있는 것 중에서 골라야 될 것이다.

히로시마는 제21 폭격 사령부의 우선순위 목록에 올라있지 않았으므로 지금까지 폭격되지 않은 도시 중 가장 큰 것이었다. 이 도시를 고려해 보아야 한다.

동경도 가능성이 있는 곳이지만 실질적으로 황궁을 제외하고는 거의 모두 폭격됐고 불타버린 상태였다. 표적 위원회는 자기들의 권한이 얼마나 큰지 아직도 확실히 이해하지 못하고 있었다. 위원들이 그로브스에게 몇 마디만 한다면, 그곳은 역사적인 운명을 선물해 줄 리메이의 사정 없는 불 폭격에서 면제되어 벚꽃이 피는 봄날의 아침과 여름밤의 장마를 무사히 맞이하게 될 것이다. 위원들은 자기들이 논의하는 일의 우선 순위가 첫 번째가 아니고 리메이의 임무 다음으로 두 번째의 것이라고 생각했다.

위원들은 도쿄만, 요코하마, 나고야, 오사카, 고베, 히로시마, 후쿠오카, 나가사키 그리고 사세보를 포함하는 열일곱 개의 후보지들을 검토해 보기로 했다. 이미 파괴된 표적은 목록에서 제외시켜 나갈 것이다. 페니는 '폭탄의 폭발 규모, 예상되는 파괴량, 인명 살상거리' 등을 고려하기로 했다. 노이만이 계산을 담당했다. 표적 선정 위원회는 다음 번 회의를 5월 중순 로스앨러모스에 있는 오펜하이머의 사무실에서 개최하기로 했다.

스팀슨 장관은 자기가 대통령에게 건의했던 특별위원회를 구성했다. 5월 1일, 독일 라디오 방송이 히틀러의 자살 소식을 보도하던 날 뉴욕 생명보험회사의 사장이며 스팀슨의 특별 자문역을 맡은 조지 해리슨(George L. Harrison)은 전적으로 민간인들로 구성된 위원 명단을 스팀슨에게 제출했다. 스팀슨을 위원장으로 부시, 코난, MIT 총장 칼 콤프턴, 국무성 차관보 윌리엄 클레이튼(William L. Clayton), 해군성 차관 랄프 바드(Ralph A. Bard) 그리고 대통령이 지명할 대리인으로 구성됐다. 스팀슨은 위원장 후보로 해리슨의 이름도 포함시켜 5월 2일 트루먼에게 명단을 가지고 갔다. 트루먼은 동의해 주면서 스팀슨이 위원회를 이끌어 가도록 했다. 대통령은 자기 대리인을 지명할 생각도 하지 않았다. 그날 밤 스팀슨은 일기에 다음과 같이 기록했다.

대통령은 추천된 위원들의 명단을 승인하며, 자신을 대리할 사람은 필요없다고 말했다. 나는 그런 사람이 포함되는 것이 좋겠다고 말하며, 그런 사람은 첫째, 대통령과 개인적으로 가까운 사람 둘째, 비밀을 지킬 수 있는 사람이어야 한다고 제안했다.

트루먼은 현 국무장관 에드워드 스테티니어스 2세(Edward Stettinius, Jr.)가 샌프란시스코에서 열리는 유엔 회의에 미국 대표단을 이끌고 참석하고 있기 때문에 번즈를 아직 국무장관으로 임명하지 않고 있었다. 그러나 국무장관이 바뀔 것이라는 소문은 이미 워싱턴에 퍼져 있었다. 해리슨은 스팀슨에게 번즈를 참가시키도록 제안했다. 5월 3일, 스팀슨은 이 생각을 트루먼에게 전달했다. 그리고 "오후 늦게 대통령이 직접 전화를 걸어 제안에 대하여 이야기를 들었으며 동의한다는 의사를 전달해 왔다. 그는 이미 사우스 캐롤라이나에 있는 번즈에게 전화를 걸어 그의 동의를 구했다." 번디와 해리슨은 매우 기뻐했다. 그들은 위원회에 두 번째로 강력한 후원자를 얻었다고 생각했다. 사실 그것은 찌르레기 새를 그들의 보금자리로 맞아들인 격이었다.

다음날 스팀슨은 초청장을 내보냈다. 그는 의회의 특권을 침해하는 것 같이 보이지 않도록 새로운 그룹을 임시 위원회로 부를 것을 제안했다. 그는 위원들에게 전쟁이 끝난 뒤 더 이상 비밀을 지킬 필요가 없을 때 의회는 영구적인 조직을 구성할 수 있을 것이라고 설명했다. 그는 임시 위원회의 비공식 회의를 5월 9일에 소집했다.

위원들은 중대한 변화의 물결 속에서 모이게 됐다. 유럽의 전쟁은 마침내 끝났다. 5월 8일, 연합군의 최고 사령관 아이젠하워 (Dwight D. Eisenhower) 장군은 화요일 전국 라디오 방송으로 승리를 축하했다.

나는 약 오백만 명의 자랑스런 병사들을 대신하여 말씀드릴 수 있는 보기 드문 특권을 가졌습니다. 그들과 그들을 훌륭히 도와준 여성들이 서유럽을 해방시킨 연합 원정군을 구성하고 있습니다. 그들은 적군을 파괴하거나 포로로 잡으며 수백 마일을 전진했습니다.

이 놀라운 성공은 슬픔과 고통이 없이는 얻을 수 없습니다. 이 전장에서는 팔만 명의 미국 병사와 거의 같은 수의 연합국 병사들이 남아 있는 우리들이 자유의 햇빛 속에서 살 수 있도록 하기 위하여 스스로를 희생했습니다. ……

그러나 마침내 유럽의 전쟁은 끝났습니다. 이 시간 이후부터는 미국의 가정들에 슬픔을 가져 온 죽음과 손실의 소식이 더 이상 전해지지 않을 것입니다.

유럽에서 전쟁의 소리는 사라졌습니다.

제2차 세계대전 중 이천만 명의 소련인들이 죽었다. 팔백만 명의 영국인과 유럽인들이 죽었고 또 다른 오백만 명의 독일인들이 죽었다. 나치는 육백만 명의 유대인들을 살해했다. 모두 삼천 구백만 명이 목숨을 잃었다. 반세기 동안에 두 번째로 유럽은 납골당이 됐다.

일본이 시작했고, 이제는 패주하면서 무조건 항복을 거부하는 태평양 전쟁만 남았다.

공식적으로는 번즈는 은퇴한 사람이었다. 그러나 그는 은밀히 워싱턴을 방문하여 쇼어햄(Shoreham) 호텔 방에서 국무성의 야간 브리핑을 받았다. 유럽에서 승리한 날 오후에도 스팀슨과 단 둘이 두 시간 동안 만났다. 그리고 나서 해리슨, 번디 그리고 그로브스가 합석했다. "우리는 임시 위원회의 기능에 대하여 토의했다. 토의를 하는 과정에서 위원회의 위원으로서 번즈의 도움이 클 것이라는 것이 명백해졌다."

다음날 아침 임시 위원회가 스팀슨의 사무실에서 개최됐다. 이번 모임은 번즈, 클레이튼 그리고 바드에게 기본적인 사실을 설명하는 예비적인 것이었으나 스팀슨은 번즈를 트루먼의 개인적인 대표라고 소개했다. 번즈의 특별 신분으로 그의 말에는 무게가 실리게 됐.

표적 선정 위원회의 위원들은 원자 폭탄 개발에 참여하는 과학자들이 유용한 충고를 제공할 수 있을 것이라는 판단 아래 과학자들로 구성된 소위원회를 부속 기구로 두기로 했다. 부시와 코난은 같이 머리를 맞대고 콤프턴, 로렌스, 오펜하이머 그리고 페르미를 추천했다.

표적 위원회는 5월 10일과 11일 이틀 동안 로스앨러모스에서 모였다. 오펜하이머, 파슨스, 톨맨, 램지, 베테 그리고 로버트 브로디 등이 자문역으로 참여했다. 오펜하이머가 토의 주제를 정리하여 회의를 이끌어 나갔다.

A. 폭발 고도
B. 날씨와 작전에 관한 보고
C. 폭탄 투하 및 착륙
D. 표적 상황
E. 표적 선정의 심리적 고려 요인
F. 군사 목표에 대한 사용
G. 방사능의 영향
H. 공중작전의 관리
I. 훈련
J. 항공기 안전을 위한 작전 요구사항
K. 제 21공군 계획의 조정

폭발 고도에 따라 얼마나 넓은 면적이 폭풍에 의하여 파괴될 것인가가 결정된다. 너무 높은 고도에서 터진 폭탄은 공기를 밀어내는 데 많은 에너지가 소모된다. 너무 낮은 고도에서 폭발하면 많은 에너지가 흙 구덩이를 파는 데 쓰이고 말 것이다. 높은 것보다는 낮은 것이 낫다. "최적고도보다 40퍼센트 정도 낮은 고도에서 폭발하면 피해 면적은 24퍼센트 정도 줄어든다. 그러나 고도가 14퍼센트 정도 높으면 같은 피해 면적이 감소하게 된다." 토의 내용을 보면, 예측되고 있는 폭탄의 위력이 얼마나 불확실한가 알 수 있다. 베테는 리틀보이의 위력을 5,000에서 15,000톤의 TNT와 같다고 판단했다. 뚱뚱이(내폭형 폭탄)는 700, 2,000, 5,000톤 등의 경우에 맞추어 조정할 것이다. 그러나 마지막 순간에 신관을 다른 위력에 맞추어 조정할 수 있도록 한다. ……트리니티의 실험결과가 이 장치에 사용될 것이다.

과학자들은 긴급 상황 하에서 B-29의 상태가 양호하면 폭탄을 가지고 기지로 귀환하도록 추천했고 위원들은 이에 동의했다.

"극히 조심하여 정상 착륙을 시도하여야 된다. ……비상 착륙으로 인한 핵폭발이 일어날 확률은 극히 작다." 뚱뚱이는 수심이 깊지 않은 곳에 투하해도 큰 문제가 없다. 리틀보이는 문제점이 있다. 대포형 폭탄에는 우라늄235의 임계질량보다 두 배 이상의 우라늄이 들어 있으므로 바닷물이 새어 들어가면 배경 중성자를 감속시켜 파괴적인 연쇄 반응이 일어날 수 있다. 리틀보이를 육상에 투하하면 우라늄235 탄환이 포신 속에서 표적 우라늄 쪽으로 밀려가서 핵폭발을 일으킬 수 있다. 그러므로 리틀보이의 경우 최선의 긴급 상황 대처 방안은 폭약을 제거하고 비상 착륙을 시도하는 것이다.

표적 선정 작업이 진전됐다. 위원회는 고려사항을 세 가지로 압축했다. '지름이 3마일 이상되는 도시'로 '폭풍에 의하여 파괴될 수 있으며' 그리고 '다음 8월까지 공격을 받지 않을 곳으로' 한정했다. 공군은 원자 폭탄의 투하지역으로 다섯 곳을 제안하기로 했다.

(1) 교토: 이 표적은 도시 산업 지역으로 인구가 100만이다. 일본의 옛 수도로 폭격을 받은 다른 지역으로부터 많은 사람들과 산업 시설이 이곳으로 이주했다. 심리적 관점에서 보면 교토는 일본의 지적 중심지로 사람들이 이런 무기의 중요성을 쉽사리 이해하게 될 것이다.

(2) 히로시마: 이 도시는 산업 지역으로서 군의 보급창과 항구가 있다. 좋은 레이더 표적이며 도시의 많은 부분이 광범위한 피해를 입을 수 있는 정도의 크기이다. 주변은 얕은 산으로 둘러있어 수렴 효과로 폭풍 피해가 증가될 것이다. 강이 흐르고 있어 불 폭격 표적으로는 적당치 않다.

나머지 제안된 세 개의 표적은 요코하마, 고쿠라 병기창 그리고 니가타였다. 한 열성적인 위원은 굉장한 여섯 번째의 표적을 고려할 것을 제안했으나, 별로 지지를 얻지 못했다.

"천황의 황궁 폭격 가능성이 토의됐다. 우리는 추천하지 않기로 의견이 모아졌으나, 황궁에 대한 폭격은 군사정책 위원회에서 결정해야 될 것이다."

오펜하이머의 사무실에서 열렸던 표적 선정 위원회는 교토, 히로시마, 요코하마 그리고 고쿠라 병기창을 더 연구해 보기로 했다. 그의 사무실 벽에는 링컨이 한 말이 약간 수정되어 붙어 있었다. "세계의 반이 노예이면 나머지 반도 자유인일 수가 없다."

위원들과 로스앨러모스 과학자들은 원자 폭탄의 방사능 효과(재래식 고폭약과 가장 중요한 차이점)에 대하여 마음을 쓰지 않는 것은 아니지만, 일본인들보다는 미국 폭격기 승무원들에 대한 위험을 더 많이 걱정했다. 오펜하이머는 그가 준비한 방사능 영향에 관한 메모를 제시했다. ……이 메모가 기본적으로 추천하는 것은 다음과 같았다. (1)방사능 때문에 항공기는 폭발 지점으로부터 2.5마일 이내에 있어서는 안 된다(폭풍 효과 때문에 이보다 더 먼 거리에 위치하여야 된다). (2)항공기는 방사능 구름을 피해야 한다.

위원들은 로스앨러모스를 방문하여 폭탄에 대하여 더 많이 이해하게 됐고, 다음 회의는 5월 28일에 국방성에서 갖기로 했다.

5월 14일, 두 번째 열린 임시 위원회에서 스팀슨은 과학자 그룹을 구성하는 문제에 대하여 승인을 받고, 산업가들로 구성된 유사한 그룹을 만들 것을 제안했다. 이런 그룹은 '다른 국가들이 우리의 산업계가 해낸 일을 반복할 수 있는지에 관한 자문'을 해줄 수 있을 것이다. 즉, 다른 국가들이 원자 폭탄을 만들기 위한 거대하고도 혁신적인 생산 시설을 갖출 수 있느냐 하는 문제이다.

이날 아침 회의에서 위원들은 부시와 코난이 작년 9월 30일 스팀슨에게 보냈던 메모의 복사본을 받아보았다. 자유로운 과학 정보의 교환과, 전세계의 연구소들뿐만 아니라 군사시설에 대한 사찰이 필요하다는 보어의 아이디어에 대한 토의가 이루어졌다. 부시는 재빠르게 이렇게 공개된, 세계에 대한 자기 입장의 도피구를 마련해 놓았다.

나는 메모의 의미를 명확히 설명하는 동안 우리가 그런 방향으로 확정적으로 돌이킬 수 없는 일이 추진된 것은 하나도 없다는 것을 지적했다. 그러나 초기에 이런 아이디어에 대한 토의가 이루어져 그 결과로 이 문제를 더 깊이 연구해 나감에 따라 우리의 생각이 바뀔 수도 있다고 생각했다. 그리고 지난 9월 이후 시간이 많이 흘렀으므로 의심할 바 없이 메모를 약간 다르게 써야 될 것이라고 말했다.

회의가 끝난 후 번즈는 이 자료를 가지고 돌아가 흥미를 가지고 연구했다.

국무장관 내정자는 모든 일을 빨리 배워나가고 있었다. 위원회가 5월 18일 금요일 다시 모였을 때, 그로브스도 참석했으며, 번즈는 일본에 최초의 원자 폭탄이 투하된 뒤 언론에 공개할 발표문 초안을 검토하고 나서 부시-코난 메모 건을 거론했다. 부시가 회의에 참석하지 못했으므로 코난이 소식을 전했다.

번즈 씨는 우리의 메모를 조심스럽게 읽어보았고 많은 인상을 받은 것 같았습니다. 이것이 우리가 원래 원했던 것입니다. 그는 특별히 소련이 3년 내지 4년 이내에 따라올 수 있을 것이라는 내용에 영향을 받은 것 같았습니다. 그로브스 장군은 이십 년은 걸릴 것이라고 강력히 이의를 제기했습니다. 장군은 소련인들의 능력이 보잘 것 없다는 관점에서 이렇게 긴 시간을 예측했으나, 나는 이것이 매우 위험스런 가정이라고 생각했습니다.

    4년의 짧은 기간이 의미하는 바에 대한 토의가 있었고, 여러 가지 국제 문제들에 관한 논의가 있었습니다. 특별히 7월 시험 후 대통령이 폭탄의 존재에 대하여 소련에 통보할 것인가 또는 하지 않을 것인가 하는 문제를 토의했습니다.

원자 폭탄이 현실적인 것이 되기 이전에 소련을 토의에 끌어들여야 한다는 보어의 제안은 이제 첫 번째 폭탄이 실험되고 두 번째 폭탄이 일본에 투하되기 전에 이 사실을 소련에 알릴 것인가 또는 말 것인가 하는 문제로 변질되어 있었다. 번즈는 이 문제에 대한 대답은 소련이 얼마나 빨리 미국이 성취한 바를 달성할 수 있느냐에 달려 있다고 생각했다.

    원자 폭탄을 일본에 사용하기 전에 소련에 알리는 문제는 퀘벡 합의 내용을 재검토하게끔 만들었다. 번즈 씨는 그로브스에게 합의의 대가로 우리가 얻는 것이 무엇인가 하고 물었다. 장군은 벨기에령 콩고를 통제하는 조치라고 대답했다. …… 번즈 씨는 이 논의를 간단히 끝냈다.

1943년의 퀘벡 합의는 핵개발에서 미국과 영국의 동업관계를 재확인한 것이었다. 그로브스는 이 합의의 대가로 벨기에의 우라늄 광석을 미국과 영국에만 판매하도록 영국이 돕는 것이라고 생각했다. 영국과 미국의 관계는 이보다 더 깊은 데에 그 기반을 두고 있었다. 코난이 재빨리 끼어들었다.

우리들 중의 몇 명은 역사적 배경에 대하여 지적했다. 그리고 영국과의 관계는 과학적 정보를 완전히 교환하기로 한 최초의 합의에서 이루어졌다. …… 나는 이 부분에 대한 앞으로의 많은 어려움을 예견할 수 있었다. 번즈 씨가 의회가 앞으로 이 문제에 큰 관심을 가질 것이라고 생각하는 것은 흥미 있는 일이다.

번즈가 맨해튼 프로젝트를 수행한 사람들을 존경하면서 위원회의 업무를 시작했다면, 이제 그들에 대한 그의 존경심이 약간 떨어지고 있음이 틀림없었다. 스팀슨과 부시가 퀘벡에서 처칠과 이야기를 나눴다고 코난이 번즈에게 이야기했다. 만일 그들이 영국에 넘어가 폭탄의 비밀을 넘겨주고(번즈가 어떻게 상상했든지 간에) 그 대가로 몇 톤의 우라늄 광석을 받았다면, 그들의 판단력의 가치는 도대체 얼마나 되는 것인가? 왜 폭탄과 같이 엄청난 것을, 그 대가로 똑같이 엄청난 것을 얻어내지 못하고 그냥 주어버리는 것인가? 번즈는 국제 관계도 국내 정치와 마찬가지로 이루어진다고 믿었다. 폭탄은 새로 만들어진 권력이다. 정치에 있어서 권력은 은행에게 돈과 같은 교환의 수단이다. 어리석은 바보들만이 그것을 대가 없이 주어 버린다.

누구보다 더 열심히 그리고 더 오랫동안 연쇄 반응의 결과에 대하여 생각해 왔던 실라르드는 정부의 고위층과 계속 접촉을 할 수 없으므로 조바심이 났다. 정치적으로 활발한 젊은 과학자 유진 라비노비치(Eugene Rabinowitch)는 "이런 감정은 다른 사람들도 갖고 있었다. 우리는 일종의 방음벽에 둘러싸여 있어서, 워싱턴에 편지도 보내고 워싱턴에 가서 어떤 사람들과 이야기도 하지만 아무 반응도 없었다."라고 말했다. 생산반응로와 분리공장들이 성공적으로 가동되기 시작하자 금속연구소는 별로 할 일이 없었다. 콤프턴 밑에 있는 사람들은, 특히 실라르드는 미래에 대하여 생각해 볼 수 있는 한가한 시간을 얻었다. 실라르드는 "폭탄을 시험하고 사용하는 지혜에 대하여 생각하기 시작했다"라고 말했다. 라비노비치는 "오랜 시간 동안 실라르드와 같이 이 문제들에 대하여 토론하고 무엇을 할 수 있는가 생각하면서 산책했다. 그리고 잠 못 이루는 밤이 많았다"고 기억했다.

이 문제를 가지고 그로브스, 부시 그리고 코난과 이야기하는 것은 쓸데없는 일이라고 생각했다. 비밀을 지켜야 되는 의무가 중간 수준의 관계자와 토의하는 것을 가로막았다.

"우리가 이야기할 수 있는 사람은 대통령뿐이었다." 실라르드는 루스벨트에게 보낼 메모를 준비하고 다시 한번 아인슈타인의 도움을 구하기 위하여 프린스턴으로 갔다.

아인슈타인은 해군을 위하여 사소한 이론적 계산을 해준 것 이외에는 전시 핵개발 업무에서는 제외되어 있었다. 부시는 그 이유를 전쟁 초기에 고등연구원 원장에게 설명했다.

> 만일 아인슈타인에게 모든 것을 공개한다면, 그가 이것을 공개적으로 토의하지 않을 것이라고 전혀 확신할 수가 없었습니다. ······ 나는 그에게 모든 것을 알리고 싶었지만, 워싱턴에 있는 그의 이력을 조사하여 보았던 사람들의 관점에서는 이것은 불가능한 일이었습니다.

이 훌륭한 이론물리학자가 루스벨트에게 보낸 편지가 미국 정부에 경고하는 데 도움이 되었음에도 불구하고, 비밀 보안과 그의 거리낌없는 정치 활동(그의 평화주의와 아마도 시온주의 관련 활동)에 대한 적대감 때문에 그에게는 무기개발에 공헌하는 기회가 주어지지 않았다. 실라르드는 아인슈타인에게 그의 메모를 보여줄 수 없었다. 그는 옛 친구에게 간단히 앞으로 어려운 일이 있을 것 같다고 이야기하고 대통령에게 보낼 소개 편지를 써달라고 부탁했다. 아인슈타인은 그렇게 해주었다.

실라르드는 루스벨트의 부인을 통하여 접근했다. 엘리너 루스벨트는 5월 8일에 그를 만나 보겠다고 약속했다. 힘을 얻은 실라르드는 정상 경로를 통하지 않은 잘못을 고백하기 위하여 아서 콤프턴의 사무실로 찾아갔다. 콤프턴이 용기를 북돋아주자 그는 놀랐다. "저항을 예상했었으나 아무 반대가 없는 것을 알고 나는 의기양양해졌다." 나는 사무실로 돌아왔다. "사무실에 돌아온 지 5분도 채 되지 않아, 누군가가 방문을 두드렸다. 콤프턴의 조수가 들어와 방금 라디오에서 루스벨트 대통령이 서거했다는 뉴스를 들었다고 말했다."

"나는 며칠 동안 완전히 무엇을 해야 할지 모르는 상태로 지냈다." 실라르드는 계속했다. 그에게는 새로운 접근 방법이 필요하게 됐다. 결국에는 금속연구소와 같이 많은 사람을 고용한 곳에는 해리 트루먼의 정치적 본거지인 미주리 주의 캔자스 시에서 온 사람도 있을 것이라는 생각이 떠올랐다. 그는 대학원 시절 학비를 벌기 위하여 캔자스시티의 톰 펜더그스트(Tom Pendergst)를 위해 일한 적이 있는 젊은 수학자 앨버트 칸(Albert Cahn)을 발견했다.

칸과 실라르드는 4월 말경 캔자스 시로 갔고 마침내 사흘 후 백악관을 방문할 수 있는 기회를 얻었다.

트루먼의 비서인 코넬리(Mathew Connelly)는 문을 가로막았다. 아인슈타인이 쓴 편지와 메모를 읽은 다음 태도를 바꾸었다. "알겠습니다. 이것은 중요한 문제군요. 방문 신청이 캔자스 시를 통하여 접수됐기 때문에 처음에는 약간 의심했습니다." 트루먼은 실라르드가 걱정하고 있는 내용을 짐작했다. 대통령의 지시로 코넬리는 헝가리인 방랑자들을 사우스캐롤라이나 주로 보내 지미 번즈라는 한 시민을 만나보게 했다.

시카고 대학교의 학장인 월터 바트키(Walter Bartky)가 실라르드와 동행하여 워싱턴에 왔다. 권위를 추가하기 위하여 실라르드는 노벨상 수상자 유리와 같이 세 사람이 남행 야간 열차에 올랐다. "우리는 왜 대통령이 제임스 번즈를 만나보라고 하는지 이해하지 못했다. ……그가 전후에 우라늄 연구의 책임을 맡게 될 사람인가? 우리는 알지 못했다." 트루먼은 번즈에게 방문객이 가고 있는 중이라고 미리 알려주었다. 번즈는 이들을 조심스럽게 자기 집에서 맞이했다. 그는 아인슈타인의 편지를 먼저 읽었다. "나는 실라르드의 판단력을 믿고 있습니다." 상대성 이론가는 증언했다. 그러고 나서 메모를 읽었다.

그것은 선견지명이 있는 문서였다. 그것은 폭탄의 시험을 준비하고 사용하게 됨으로써 미국이 지금까지 유지하고 있던 강력한 위치를 파괴하는 길로 접어들고 있다고 주장했다. 실라르드는 정신적 우월이 아니라 산업적인 우월을 언급하고 있었다. 그는 다른 데에 쓴 글에서 "미국은 군사력은 본질적으로 미국이 무기를 다른 어떤 나라보다 더 많이 생산할 수 있다는 사실에 기인한다"라고 썼다. 다른 나라가 수년 내에 핵무기를 생산하게 되면 이 우세를 잃게 된다. "아마도 우리가 직면하는 가장 큰 위험은 우리의 원자 폭탄 사용 때문에 미국과 소련 사이에 이 무기의 생산 경쟁이 일어날 가능성이다."

나머지 내용들은 대부분 위원회에서 토의하고 있는 종류의 내용이며, 국제 통제와 미국의 독점 유지 기도에 대하여 질문하고 있었다. 그러나 실라르드의 호소는 보어의 것과 마찬가지로 이 문제와 관련된 국가 지도자들이 아무도 이해하고 있지 못하는 문제에 대한 것이었다. 즉, "이 결정들은 원자 폭탄에 관계되는 현재의 상황에 근거해서는 안 되며 지금부터 몇 년 후 우리가 직면하게 될 상황의 관점에서 이루어져야 된다고 주장했다. 현재의 상황으로는 폭탄의 위력은 그저 그런 것이며 미국이 독점하고 있다. 어려움은 미래에 무엇이 나타날지 결정하는 일이다."

실라르드는 그의 메모에서 이 상황은 관계된 사실에 직접적인 지식을 갖고 있는 사람들, 즉 이 일에 활발하게 참여하고 있는 과학자들에 의하여 평가될 수 있다고 결론지음으로써 번즈의 기분을 상하게 했다. 이와 같이 그가 번즈는 자격이 없다고 생각하는 것을 알려주고 나서 어떻게 부적격함을 시정할 수 있는지 이야기했다.

만일 내각에 작은 소위원회(위원으로는 육군성 장관, 재무장관 또는 내무장관, 국무성의 대표 그리고 위원회의 총무로 활동할 대통령의 대리자)가 존재하고 있다면 과학자들은 이 위원회에 그들의 추천사항을 제출할 수 있다.

그것은 다시 나타나는 웰스의 공공연한 음모였다. 그것은 45년 동안에 걸친 어려운 정치적 노력 끝에 최고의 위치까지 이른 번즈를 전혀 감동시키지 못했다.

실라르드는 자신과 그의 동료들이 폭탄의 사용에 대한 정부의 정책을 충분히 알고 있지 못하다고 불평했다. 그는 자신을 포함하는 과학자들이 국무위원들과 같이 이 문제를 토의하여야 된다고 생각했고, 나는 이것이 바람직한 일이라고 생각하지 않았다. 그의 전반적인 태도와 정책결정에 참여하려는 욕망이 나에게 좋은 인상을 주지 못했다.

번즈는 직접적인 지식의 결핍에서 오는 위험성을 실증으로 보여주었다.

내가 "만일 우리가 폭탄의 힘을 보여주고 그리고 일본에 대하여 사용한다면, 소련도 곧 폭탄을 만들게 될 것이다"라고 말하자, 그의 대답은 다음과 같았다. "그로브스 장군은 소련에 우라늄이 없다고 내게 말했다."

그래서 실라르드는 번즈에게 그로브스가 세계의 고품질 우라늄 광석을 모두 사들이는 데 바쁘지만 이해하고 있지 못하는 것을 설명해 주었다.

고품질 광석은 매우 희귀한 원소 라듐을 추출해 내기 위하여 필요하지만, 소련에도 의심할 바 없이 매장되어 있는 저품질 광물도 폭탄을 만들기에는 전적으로 만족할 만한 것이다.

실라르드의 주장은 원자 폭탄의 사용은 물론 시험하는 것까지도 무기의 존재를 드러내는 것이므로 현명한 일이 못된다는 것이었다. 번즈는 물리학자에게 국내 정치를 가르쳐 주었다.

그는 폭탄을 개발하는 데 20억 달러가 소요됐다고 말했다. 그리고 의회는 지출된 돈으로 무엇을 얻었는지 알고 싶어한다. 그는 말했다. "이미 사용된 돈의 결과를 보여주지 않는다면 어떻게 의회에서 원자에너지 연구를 위한 돈을 얻을 수 있겠는가?"

그러나 실라르드의 관점에서 보면 번즈의 가장 위험한 오해는 소련에 대한 오해였다.

번즈는 전쟁은 6개월 이내에 끝날 것이라고 생각했다. …… 그는 소련의 전투 행동에 대하여 걱정했다. 소련군은 헝가리와 루마니아에 진격했다. 그리고 번즈는 소련 군대를 이들 나라로부터 철수하라고 설득하는 것은 매우 어려울 것이라고 생각했다. 그러므로 미국의 군사력에 대한 인상을 받게 되면 좀 더 다루기에 쉬워질 것이다. 폭탄의 실증은 소련에 그런 인상을 주게 될 것이다. 나도 전후 소련의 영향력에 대한 번즈의 걱정에 동의했다. 그러나, 나는 폭탄을 흔들어 대어 소련을 다루기 쉽게 만들 수 있다는 가정에 소스라치게 놀랐다.

실망한 세 사람은 그로브스의 보안요원이 뒤따르고 있다는 것을 알고는, 다음 기차를 타고 워싱턴으로 돌아왔다. 같은 날 표적 선정 위원회가 열리고 있었다. 이번에는 폴 티베스, 톨맨 그리고 파슨스가 참석했다. 토의 내용의 대부분은 티베스의 훈련 계획에 관한 것이었다. 그는 승무원들을 6주 동안 쿠바로 파견하여 그들에게 레이더 사용 경험과 바다 상공의 비행 경험을 얻도록 했다. 승무원들은 총중량 135,000파운드로 이륙하여 10,000파운드 폭탄을 싣고 4,300마일을 비행한 뒤 32,000피트에서 폭탄을 투하하고 기지에 900갤런의 연료가 남아있는 상태로 귀환했다. 그러나 좀 더 많은 시험 비행을 거쳐 남는 연료를 500갤런으로 줄일 계획이다. 제509 폭격부대는 티니안으로 이동중이다. 호박 생산은 증가하고 있고 19개가 웬도버에 공급되어 몇 개가 이미 투하됐다.

리메이도 바쁘게 움직이고 있다. 이 프로젝트의 3개의 표적에 대한 폭격은 유보됐다. 현 폭격 진행 상황으로 보면 1946년 1월 1일을 기해 일본에 대한 전략 폭격은 완수될 것으로 예상된다. 그래서 앞으로 폭격 표적의 가용성이 문제가 될 것이다. 만일 맨해튼 프로젝트에서 서두르지 않는다면 일본에는 폭탄을 투하할 도시가 남아 있지 않게 될 것이다.

교토, 히로시마 그리고 니이가타가 폭격이 유보된 세 개의 도시이다. 위원회는 표적이 군사적이어야 한다는 주장을 포기하고 검토를 끝마쳤다.

다음과 같은 결론에 도달했다.

(1) 조준점은 명시하지 않는다. 이것은 기상조건이 알려졌을 때 기지에서 결정하도록 한다.
(2) 이 세 도시의 산업지역은 작고 그리고 도시 변두리에 흩어져 있으므로 산업지역을 정조준 표적으로 삼지 않는다.
(3) 첫 번째 폭탄을 선정된 도시의 중앙에 투하하도록 시도한다. 즉, 완전한 파괴를 위하여 나중에 1개 또는 2개의 폭탄이 더 필요하지 않도록 한다.

표적 선정 위원회는 더 이상 소집하지 않고 대기 상태에 있기로 했다.

스팀슨은 도시 폭격을 매우 혐오했다. 전후에 3인칭 어법으로 쓴 그의 회고록에서 "30년 동안 스팀슨은 국제법과 도덕성의 기수였다. 병사와 국무위원으로 그는 반복해서 전쟁 자체도 인도주의의 범주

내에서 자제되어야 한다고 주장했다. ……"

"아마도, 그가 나중에 이야기하겠지만, 그는 계속적인 정밀폭격 이야기를 듣고 판단을 그르쳤는지도 모른다. 그러나 그는 공군력조차도 '적법한 군사 표적'이라는 옛날 개념에 의하여 사용이 제한되어야 한다고 믿었다. '불폭격'은 그가 언제나 싫어했던 종류의 전쟁 수법이다. 그는 트루먼과 5월 16일에 토의했듯이 원자 폭탄에도 똑같이 적용된다고 생각했던 것 같아 보였다."

나는 가능한 한 공군이 유럽에서 매우 성공적으로 수행했던 '정밀폭격'에만 한정하도록 갈망한다. 나는 그것이 가능하고 적절하다는 이야기를 듣고 있다. 미국이 공정하고 인도주의적이라는 평판은 앞으로 다가오는 시대의 평화를 위한 세계의 가장 큰 자산이다. 민간인을 구하는 똑같은 규칙을 적용해야 된다고 믿는다.

그러나 육군성 장관은 그에게 관리하도록 위임된 군사력에 자기가 원하는 만큼의 통제력을 갖고 있지 못했다. 9일 후 5월 25일 리메이의 B-29 464대는 다시 한번 성공적으로 16평방마일의 동경 시가지를 불태워 버렸다. 전략 폭격 평가는 지난번 대화재시의 86,000명의 사상자에 비하여 단지 수천 명이 죽었다고 주장했다. 신문들은 5월 하순의 불폭격을 대서특필했다. 스팀슨은 깜짝 놀랐다.

5월 30일, 그로브스는 버지니아 가에 있는 그의 사무실에서 포토맥 강을 건너왔다. 일본 도시의 폭격에 대한 스팀슨의 분노는 운명적인 논쟁에 불을 붙였다. 장군은 나중에 인터뷰에서 다음과 같이 말했다.

내가 폭탄과 관련된 어떤 문제에 대하여 그에게 이야기하기 위하여 그의 사무실에 들어가자 그는 표적이 선정됐는가에 대해 나에게 물었다. 나는 그 보고서는 준비되어 내일 아침 마셜 장군의 승인을 얻을 예정이라고 대답했다. 그러자 스팀슨 씨가 말했다. "당신의 보고서는 모두 완성됐겠지?" 나는 말했다. "스팀슨 씨, 나는 아직 검토하지 못했습니다. 나는 모든 것이 제대로 됐는지 확실히 하고 싶습니다." 그가 말했다. "내가 좀 보고 싶네." 그래서 내가 말했다. "그것은 강 건너에 있어서 가지러 가려면 시간이 걸리겠는데요." 그가 말했다. "나는 온종일 시간이 있네. 그리고 자네 사무실이 얼마나 빨리 움직이는지 알고 있네. 이 책상 위에 전화가 있네. 당신 사무실로 전화를 걸어 그것을 가지고 오도록 하게." 보고서를 가지고 오는 데 15분 내지 20분 정도 시간이 걸렸다. 나는 내심으로 마셜 장군을 건너 뛴다는 사실에 조바심이 났다. …… 그러나 내가 어떻게 할 수 있는 일은 아니었다. 내가 마셜 장군에게 먼저 보고해야 되지 않겠는가 하고 약간의 항의를 하자, 스팀슨 씨는 말했다. "이번 한 번만은 내가 마지막 결정권자가 되려고 하네. 아무도 나에게 이것에 대하여 어떻게 하라고 말할 수 없네. 이 문제에 관한 한 내가 결정권자일세. 당신은 보고서만 가지고 오면 되네."

그는 내가 어떤 도시 또는 표적들을 폭격하려고 계획하고 있는지 물었다. 나는 교토를 표적으로 생각한다고 말했다. 그곳이 폭탄의 효과에 대한 의문이 제기될 수 없는 정도의 알맞는 크기이기 때문에 첫 번째 표적이었다. …… 그는 즉시 말했다. "나는 교토를 폭격하는 것을 원치 않는다." 그러고는 계속해서 일본의 문화 중심지로서, 옛날의 수도로서 오랜 교토의 역사에 대하여 이야기했다. 계속해서 왜 그가 교토를 폭격하길 원치 않는가 하는 여러 가지 이유를 이야기했다. 보고서가 도착하여 내가 그에게 건네주자 그의 마음은 결정됐다. 이것에 대해서는 의심할 여지가 없다. 그는 그것을 읽어보고 그의 사무실과 마셜 장군의 사무실 사이에 있는 문으로 걸어가 문을 열고 말했다. "마셜 장군, 바쁘지 않다면 잠깐 건너와 주시오." 그러고는 장관은 정말로 나를 배반했다. 왜냐하면 그는 아무 설명 없이 마셜 장군에게 애기했다. "마셜, 그로브스가 방금 나에게 표적에 관한 보고서를 가지고 왔어요"라고 말했다. "나는 이것에 반대입니다. 나는 교토에 사용하는 것을 싫어합니다."

793년에 수립된 일본의 로마, 명주와 칠보자기로 유명하고, 불교와 신도의 중심지로 수백 개의 역사적 사찰과 신사가 있는 교토는 구제됐다. 그로브스는 앞으로도 수주일에 걸쳐 그의 상관의 결심을 시험하게 된다. 동경의 황궁도 이와 유사한 이유로 제외됐다. 아직도 전쟁의 파괴성에는 제한이 있었다. 무기들은 아직도 이렇게 세부적인 차이를 허용하도록 위력이 대단치 않았다.

중간위원회는 5월 31일 목요일과 6월 1일 금요일 과학자들과 산업계 인사들의 전체회의를 갖기로 예정되어 있었다. 합참 의장이 5월 25일 태평양 사령관들과 합 아널드에게 앞으로 수개월에 걸친 일본에 대한 미국의 군사정책을 정의하는 공식적 지시를 발표하자 이 회의가 소집된 것이다.

합참 의장은 다음과 같은 목적을 달성하기 위하여 1945년 11월 3일, 규슈 상륙작전(올림픽 작전)을 감행하도록 지시했다.

(1) 일본의 봉쇄와 공중폭격을 강화한다.
(2) 적의 주력군을 포위 섬멸한다.
(3) 일본의 산업 심장부에 상륙할 유리한 조건을 형성할 목적으로 전진을 지원한다.

트루먼은 아직 일본 상륙문서에 서명하지 않았다. 그의 조언자 중의 한 명은 일본인들이 굶주려 항복하도록 해상 봉쇄를 건의했다. 대통령은 곧 여러 가지 방안 중에서 미군의 손실을 최소화할 수 있는 것을 선정하여 합참 의장에게 지시할 것이다. 마셜은 맥아더와 같은 의견으로 일본의 규슈 상륙 후 첫 30일 동안의 사망, 부상 그리고 실종 등의 총 손실이 31,000명 이내일 것으로 추정했다. 동경 평야를 가로지르는 혼슈의 상륙은 그만큼 더욱 격렬할 것이다.

실라르드는 사우스 캐롤라이나에서 워싱턴으로 돌아오자마자 임시위원회에 참석하기 위하여 도착한 오펜하이머와 만났다. 첫 원자 폭탄을 완성하기 위하여 오펜하이머가 매우 바쁘게 열심히 일하고 있었으므로 그로브스는 2주 전만 하더라도 그가 5월 31일 회의에 시간을 낼 수 있을지 의심했다. 오펜하이머는 세상만사를 제쳐두더라도 이렇게 고위층에 자문하는 일에는 빠지지 않는다. 그러나, 그가 생각하고 있는 이 무기의 미래는 그가 이해하고 있는 직접적인 이 무기의 필요성 만큼이나 낭만적인 것이 아니었다. 실라르드의 관점에서 보면 그는 잘못 알고 있었다.

 나는 오펜하이머에게 원자 폭탄을 일본에 투하하는 것은 매우 잘못된 생각이라고 말했다. 오펜하이머는 다른 생각을 갖고 있었다. 그의 대답은 나를 깜짝 놀라게 했다. "원자 폭탄은 시시한 것이다"라고 말했다. "무슨 뜻인가?" 내가 물었다. "이것은 군사적으로 별 의미가 없는 무기이다. 원자 폭탄은 요란한 소리만 낼 것이다. 정말로 큰 소리를 내겠지만, 그러나 전쟁에는 별로 소용이 닿지 않는 무기이다"라고 대답했다. 그는 우리가 원자 폭탄을 가지고 있고 그리고 일본에 사용할 의도라는 것을 소련이 나중에 알고 놀라게 하는 것보다는 미리 알려주는 것이 좋을 것이라고 생각했다. 이것은 합리적인 생각 같이 들렸다. …… 그러나 이것은 어디까지나 필요한 것이지 충분한 것은 못된다. 오펜하이머가 물었다. "우리가 소련에게 우리의 의도를 말해주고 폭탄을 일본에 사용한다면, 소련은 그것을 이해할 수 있겠는가?" 그래서 내가 말했다. "그들은 너무나도 잘 이해할 것이다."

스팀슨은 5월 30일 밤을 불면증으로 고생하고 다음날 아침 펜타곤에 도착했다. 그의 위원회는 10시에 열렸다. 마셜, 그로브스, 하비 번디 그리고 또 다른 보좌관이 초청을 받고 참석했다. 그러나 스팀슨의 관심은 네 명의 과학자들에게 집중되어 있었다. 그 중 세 명은 노벨상 수상자들이다. 연로한 육군성 장관은 그들을 따뜻하게 환영했다. 그들이 성취한 바를 축하하고 그리고 자기와 마셜이 그들이 개발한 것이 단순히 더 크게 만든 병기가 아니라는 것을 이해하고 있다는 것을 확신시키려고 노력했다.

오펜하이머는 놀랐고 그리고 감명을 받았다. 그는 오후에 한 강연회에서 말했다. "루스벨트가 죽었을 때 우리는 무서운 사별을 느꼈다. 왜냐하면, 우리는 워싱턴에 있는 누구도 앞으로 해야될 일을 걱정하고 있으리라고 확신하지 못했기 때문이다."

이제 그는 "스팀슨 장관이 진지하고도 열성적으로 우리가 만들어 낸 것이 인류에 의미하는 바와 그리고 우리가 무너뜨린 미래로 향한 길에 세워진 장벽에 대하여 생각하고 있는 것을 보았다." 오펜하이머는 스팀슨이 보어와 같이 이야기를 나눈 적이 없다는 것을 알고 있지만, 장관은 보어가 이해하고 있는 상보성과 같은 뜻의 이야기를 하고 있다고 생각했다.

스팀슨의 인사가 끝나자 아서 콤프턴이 핵개발에 대한 기술적 검토 결과를 발표하고 경쟁자가 미국을 따라오려면 적어도 6년은 걸릴 것이라고 결론지었다. 코난이 열핵폭탄에 대하여 언급하고 그렇게 격렬한 장치가 만들어질 수 있으려면 얼마나 걸리겠는가 오펜하이머에게 물었다. 오펜하이머는 최소 3년은 걸릴 것으로 판단했다. 그리고 로스앨러모스 소장은 관련된 폭발력에 대하여 이야기했다. 일단계 폭탄들, 즉 뚱뚱이와 리틀보이같이 투박한 것은 2,000 내지 20,000톤의 TNT와 동등한 위력을 가질 것이라고 말했다. 이것은 5월 중순에 베테가 표적 선정 위원회에서 이야기한 것보다는 큰 위력이었다. 2단계 무기는 내폭 시스템이 개선된 분열 폭탄으로 5만 톤 내지 10만 톤의 TNT와 동일한 것이다. 열핵무기는 1000만 톤에서 1억 톤의 TNT와 맞먹는 위력을 가질 수 있다.

회의에 참석했던 대부분의 사람들은 그때쯤에는 이런 숫자들에 익숙해져 있었다. 그러나 번즈는 처음 듣는 것이었고 크게 걱정했다. "과학자들이 무기의 위력을 예측하는 이야기를 듣고, 나는 완전히 겁에 질렸다. 나는 다른 나라가 이런 무기를 보유했을 때 우리 나라가 직면하게 될 위험을 어렴풋이 볼 수 있었다."

로렌스는 미국이 어느 나라보다도 더 많이 알고, 더 많이 연구하므로써 세계에서 가장 앞서 가야 한다고 주장했다. 그는 이전에 있었던 회의에서는 전혀 논의되지 않았던, 이 나라가 앞으로 가야 할 방향을 명백히 제시했다. 이 길은 오펜하이머의 원자 폭탄은 시시한 것이라는 깊은 통찰력과는 정반대되는 가정에 근거한 것이다.

> 로렌스 박사는 공장 설비를 계속 확장하고 동시에 폭탄과 원료들을 축적하여야 된다고 건의했다. …… 필요한 공장을 확장하고 기본 연구를 수행하여야만 이 나라가 앞서 갈 수 있다.

이것이 소련이 도전을 시작하자마자 일어날 군비경쟁에 대한 처방이다. 아서 콤프턴은 즉시 서명했다. 그의 형 카를 콤프턴도 서명했다. 오펜하이머는 자원 배분에 대한 주석을 달고 찬성했다. 스팀슨이 토의의 결과를 종합했다.

(1) 우리의 공장을 그대로 유지한다.
(2) 군사, 산업 그리고 연구용으로 상당한 물량을 확보한다.
(3) 산업개발을 위한 문호를 개방한다.

오펜하이머는 과학자들을 그들이 속했던 대학으로 돌려보내야 된다고 이의를 제기했다. 전쟁 기간 동안 그들은 전에 했던 연구가 이루어 낸 과일을 따냈다고 말했다. 부시도 오펜하이머의 의견에 동의했다.

위원회는 국제통제에 관한 문제도 토의했다. 오펜하이머가 먼저 발언했으나 정확한 표현은 남아 있지 않다. 그러나 회의록에 요약된 것이 정확하다면 오펜하이머가 강조한 것은 보어의 아이디어와는 다르고 잘못 인도하는 것이었다.

오펜하이머 박사는 당장의 문제는 전쟁을 단축시키는 것이라고 지적했다. 이런 개발 업무를 이끌어 낸 연구는 단지 미래의 발견을 위한 문을 연 것뿐이다. 이 주제에 관한 기본적인 지식은 이미 전 세계에 널리 퍼져 있으므로 우리의 발전을 세계에 알리는 조치가 빨리 추진되어야 할 것이다.

그는 미국이 전 세계에 자유로운 정보교환을 제안하고 특히 평화적 이용을 강조하는 것이 현명할 것이라고 말했다. 이 분야에서 모든 노력의 기본 목표는 인간의 복지를 위하여 확장되어야 할 것이다. 만일 우리가 폭탄을 실제로 사용하기 전에 정보를 교환한다면 우리의 도덕적 위치는 크게 강화될 것이다.

보어가 이해한 것은 폭탄은 공포의 원천이며 또 이 이유로 인하여 희망의 원천이기도 하다는 것이다. 또한 핵의 공포에 의하여 국가들을 서로 붙들어 매어둘 수 있는 수단이기도 한 것이다. 미국의 도덕적 위치를 개선하기 위하여 정보를 교환하는 문제가 아니었다. 문제는 새로운 무기가 가져올 상호간의 위험을 뛰어넘는 방법을 지도자들이 같이 앉아 협의하는 것이다.

안전을 보장하기 위한 협상에 따라 개방되는 것이지, 비밀과 의심의 현실 세계에서 협상에 앞서서 개방이 이루어지는 것은 비현실적인 일이다. 1963년 보어에 관한 강의에서 오펜하이머는 그의 제안이 갖고 있는 기본적인 취약점을 너무도 잘 이해하고 있었다.

> 부시, 콤프턴 그리고 코난에게는 그들이 희망을 가지고 직면할 수 있는 미래는 모든 일이 국제적으로 통제되는 것이었다. 스팀슨도 이것을 이해했다. 그는 이것이 인간의 생활에 커다란 변화를 의미한다는 것을 이해했다. 그는 당시에 핵심문제는 소련과 우리의 관계에 달려 있다는 것도 이해했다. …… 그러나 여기에는 차이가 있었다. 보어는 때를 놓치지 않는 책임 있는 행동을 주장했다. 그는 참여하고 행동할 수 있는 권력을 갖고 있는 사람들이 이 일을 맡아야 된다는 것을 깨달았다. 그는 늦기 전에 원자에너지의 군사적 사용 목적을 폐기하고 평화적 이용 방법만을 추구한다면 문제의 성격이 바뀔 것이라고 생각했다. 그는 정치가들을 믿었다. 그는 이 말을 여러 번 반복했다.

이 사람들이 보어 같은 사람이 겨우 상상해 낼 수 있는 미래와 투쟁했다고 판단해서는 안 된다. 그러나 오펜하이머가 보어의 생각을 권력을 가진 자들에게 제시할 수 있었던 기회가 있었다면 바로 그날 아침이었다. 그는 보어의 흔들리지 않는 평범한 진리를 말하지 않았다. 그는 대신에 보어의 모세들에게 모세의 형 아론(Aaron)의 입장에서 이야기했다. 보어는 워싱턴에서 기다리고 있었으나 회의에 참석하도록 초청받지 못했다.

스팀슨조차도 오펜하이머의 제안은 그릇된 판단이라고 생각했다. 그는 즉각적으로 질문을 했다. "과학적인 자유와 결부된 국제 통제 프로그램 하에서 전체주의 정권에 대한 민주 정부의 위상은 어떻게 되는가?"

마치 세계의 개방이 민주주의 또는 전체주의 국가 중 하나는 변하지 않고 그대로 남는 것처럼 생각되고 있다. 오펜하이머의 혼동이 불러온 또 다른 혼동이다. 장관은 말했다. "……자기의 생각으로는 민주국가들이 이 전쟁에서 꽤 잘 해나왔다. 부시 박사는 이 의견에 크게 찬성했다." 그러고는 부시는 보어의 공개된 세계의 국내 모델을 개략적으로 설명했다. "그는 우리의 유리한 입장이 주로 우리의 협력체제와 정보의 자유교환에서 얻어질 것이라고 말했다." 그러고는 재빨리 스팀슨의 논리에 빠져버리고 말았다. "그는 반대급부 없이 자유경쟁 하에서 우리의 연구 결과를 소련인들에게 완전히 넘겨준다면 영구히 우리가 선도해 나갈 수 있는 능력이 없어지는 것이라고 말했다."

점점 더 이상해져 갔다. 그들 사이에 앉아있던 번즈는 TNT 1억 톤과 동등한 무기를 상상해 보려고 애썼다. 이런 무기를 보유한다는 것이 무엇을 의미하는 것인지를 생각하려고 노력하며 하버드, MIT, 프린스턴 그리고 예일 등지에서 고도의 교육을 받은 사람들이 이런 무기를 만드는 방법을 알려줘 버리자고 즐겁게(적어도 그렇게 보였다) 제안하고 있는 것을 듣고 있었다.

스팀슨은 백악관 행사에 참여하기 위하여 도중에 자리를 비웠다.

그들은 소련에 대한 이야기를 계속했다. 번즈는 현재 소련이 야수와 같이 폴란드를 삼켜 버렸다는 것을 알고 있었다. 오펜하이머가 다시 토의를 선도해 나갔다.

오펜하이머 박사는 소련이 언제나 과학에 우호적이었다고 지적했다. 그리고 우리가 이 정보를 개략적이고도 가장 일반적인 방법으로, 세부사항은 그들에게 알려주지 말고 공개하자고 제안했다. 그는 우리가 국가적으로 이 프로젝트에 큰 노력을 기울였으며 그들과 이 분야에서 협력하고자 하는 희망을 표시할 수 있다고 말했다. 그는 이 문제에 대한 소련의 태도를 미리 판단해서는 안 된다고 강조했다.

조지 마셜이 오펜하이머의 의견에 동조했다. 그는 최근 소련과의 관계에 대하여 길게 이야기하고, 소련을 좋지 않게 이야기하는 주장들이 근거가 없는 것이라고 지적했다. 마셜은 소련이 비협조적이라는 평판은 '안전을 유지하려는 필요에서 나온 것이라고' 생각했다. 그는 우선 생각이 같은 강대국들이 서서히 이런 방향으로 나아가면서 서로 제휴하여 소련을 끌어들이는 방법을 생각했다. 이런 방법은 이제 거의 지나가고 있는 재래식 폭약의 시대에는 가능했을 것이다. 원자 폭탄의 시대에는 한 나라가 세계를 상대할 수 있으므로 가능한 방법이 될 수 없을 것이다.

이날 아침에 가장 놀라운 것은 아마도 모스크바에 공개하자는 마셜의 아이디어였다. 그는 트리니티 시험에 소련의 유명한 과학자 두 명을 참관자로 초청하자고 제안했다. 그로브스는 질겁을 했음에 틀림없다.

수년 동안에 걸친 비밀, 수천 시간의 보안 요원들의 힘든 노력 끝에 얻은 값진 것을 포기하는 것이다.

번즈는 충분한 의견을 들었다. 그는 얄타 회담에서 루스벨트의 뒤에 앉아 있었다. 공식적인 것은 아니지만 헨리 스팀슨보다도 높은 지위에 있었다.

번즈 씨는 만일 개괄적인 것이라 할지라도 소련에 정보를 넘겨 주는 것은 그들을 동업자로 끌어들이는 결과가 된다는 우려를 표시했다. 그는 영국과의 협력 약속과 우리의 참여 관점에서 보면 그렇게 될 가능성이 크다고 생각했다. 이와 관련하여 부시 박사는 영국인에게 조차도 공장의 설계도는 주지 않았다고 지적했다. 번즈 씨의 의견은 참석했던 대부분의 사람들이 동의했다. 가장 바람직한 프로그램은 가능한 한 빨리 생산과 연구를 추진하여 확실히 앞서 나가며 동시에 소련과 우리의 정치적 관계를 개선하도록 노력하는 것이다.

스팀슨이 돌아오자 콤프턴이 그 사이에 있었던 토론의 중요한 내용을 요약해서 이야기했다. "우리 자신이 우세한 위치를 지켜나갈 필요성을 충족시키면서 동시에 적절한 정치적 합의를 얻도록 노력한다." 마셜은 다른 바쁜 일이 있어서 일찍 떠났고 다른 사람들은 점심을 먹으러 갔다.

그들은 펜타곤 식당에서 두 자리로 나누어 앉았으나 대화는 같은 내용이 계속됐다. 오전에 잠깐 언급은 됐으나 결정되지 않은 사항이 다시 이야기됐다. 리틀보이를 일본에 경고 없이 투하할 것인가? 고집 센 적에게 미리 경고를 하지 않거나 또는 위력 시위만 할 수 있겠는가?

스팀슨이 한 팀의 대화의 중심이었고(번즈는 다른 팀에서 이야기하고 있었다) 민간인의 대량 살육과 자신의 연루 문제에 대하여 이야기한 것 같다. 오펜하이머는 다음과 같은 이야기를 이날 들었던 것으로 기억했다.

스팀슨은 전쟁이 가져온 놀라울 만한 양심의 결핍과 연민에 대하여 강조했다. …… 자기 만족, 무차별 그리고 침묵으로 일관한 유럽과 그리고 무엇보다도 일본에 대한 대량폭격. 그는 함부르크, 드레스덴, 동경의 폭격에 대하여 기뻐하지 않았다. 스팀슨은 민간인의 살육은 그것으로 충분하다고 느꼈다. 이 상처를 치유하기 위해서는 새로운 생명과 새로운 바람이 필요하다고 느꼈다.

오펜하이머는 스팀슨의 생각에 감탄했다. 그러나 일본인들에게 경고하거나 또는 원자 폭탄을 시범적으로 보여주는 문제에 대해서는 여러 가지 반응이 나왔다. 오펜하이머는 적절한 시범 방법을 생각해 낼 수 없었다.

온건파와 강경파로 나뉘어져 있는 일본 정부가 매우 높은 고도에서 거대한 핵 불꽃이 터지고 피해는 매우 적다면 어떤 영향을 받으리라고 생각되는가? 당신의 대답이 내 답과 똑같을 것이다. 나는 모르겠다.

국무장관으로 내정된 사람이 참여하고 행동할 권한을 갖고 있으므로 번즈의 반응이 무게를 갖고 있다. 그는 1947년 회고록에서 몇 가지를 회상했다.

우리는 만일 일본인들에게 원자 폭탄이 투하될 장소를 알려준다면, 그들은 전쟁 포로로 잡혀 있는 우리 아이들을 그곳에 데려다 놓을 것이라고 생각했다. 또한 전문가들은 뉴멕시코에서 실시할 시험에서 성공한다 하더라도 그것은 폭탄이 항공기에서 투하될 때 반드시 터진다는 보장은 아니라고 경고했다. 만일 우리가 새로운 고도의 파괴 무기에 대하여 경고하고 난 뒤에 그것이 터지지 않는다면 일본 군국주의자들을 도와주는 꼴이 될 것이다. 그 후 항복을 이끌어내기 위한 희망으로 우리가 발표하는 어떤 이야기도 일본 사람들은 믿지 않을 것이다.

그 후 텔레비전 인터뷰에서 그는 좀 더 정치적인 면에서 강조했다. "대통령이 세계에 대하여 우리가 원자 폭탄을 가졌고 그리고 그것이 얼마나 무서운 것인지 발표해야 될 것이다. …… 그리고 만일 그렇다는 것을 증명하지 못했다면 전쟁이 어떻게 진행됐겠는지는 신만이 알 수 있다."

이 날 참석자 중의 한 명이 "폭탄으로 죽게 되는 사람의 숫자는 이미 불폭격으로 죽은 사람의 숫자보다 많지 않을 것이라고 말했다"고 로렌스가 기억했다.

위원들은 스팀슨의 사무실에 돌아와 대부분의 오후를 폭탄의 효과와 일본인들의 전투의지에 대한 이야기로 시간을 보냈다. 누군가가 폭탄의 파괴력을 현재의 불폭격과 크게 다르지 않을 것이라고 말했다. 오펜하이머는 전자기파와 방사선의 방출 등을 언급하면서 원자 폭탄을 옹호했다.

    오펜하이머 박사는 원자 폭탄의 가시적 효과는 대단할 것이라고 말했다. 거대한 불덩어리가 1만 내지 2만 피트 상공으로 치솟을 것이다. 폭발시 방출되는 중성자는 적어도 3분의 2마일 반지름 이내의 모든 생물체를 죽게 할 것이다.

이날 오후 토의중에 오펜하이머가 원자 폭탄이 도시 상공에서 폭발할 경우 예상되는 희생자의 추정치를 발표했다. 아서 콤프턴은 이 숫자를 만 명으로 기억하며, 공습이 시작되면 폭탄이 터지기 전에 사람들이 방공호에 대피한다는 가정 하에 산출된 것이라고 말했다. 그때 스팀슨이 교토 이야기를 꺼냈던 것을 기억했다. "교토에 투하해서는 안 된다." 장관은 여전히 '목적은 군사적인 파괴이지 민간인의 생명'이 아니라고 주장했다.

스팀슨의 경고의 모순점은 그가 3시 30분 회의에 참석차 떠나기 전에 오후의 토론을 요약한 내용에도 그대로 남아있다.

여러 형태의 표적과 그리고 폭발 효과에 대한 토의 뒤에, 장관은 대부분이 동의하는 결론을 내렸다. 일본인들에게 사전경고를 할 수 없고, 민간인 지역에 투하할 수는 없으나 가능한 한 많은 주민들에게 깊은 심리적 인상을 심어주도록 해야 한다.

코난 박사의 제안대로 가장 바람직한 표적은 많은 수의 노동자들이 일하고, 그들의 주택으로 둘러쌓인 중요한 전쟁 물자 생산 공장이다.

이것은 일반적인 유럽의 경우였다. 그러나 리메이의 말에 의하면 일본인들은 가정에서 가족들과 같이 일을 했다.

우리는 군사적인 표적을 찾고 있었다. 단지 죽이기 위하여 민간인을 살해하는 것은 의미가 없다. 일본의 산업시설은 분산되어 있었다. 폭격 후 다시 돌아가보면 허물어진 집에 구멍 뚫는 기계들이 가동되고 있는 것을 볼 수 있다. 전국민, 남자, 여자, 어린이들이 비행기와 탄약을 만들고 있다. 우리가 도시를 태울 때 많은 여자들과 어린이들이 죽게 된다는 것을 알고 있다.

스팀슨이 떠난 뒤, 아서 콤프턴은 금속연구소 문제에 대하여 이야기하길 원했다. 마지막 안건을 토의하기 전에 실라르드의 문제가 터졌다. 그로브스는 방금 또 다른 실라르드식의 음모를 발표했다. 장군은 분노했다. "그로브스 장군은 이 프로젝트는 시작부터 분별력이 없고 충성심도 의심이 가는 과학자들 때문에 괴로움을 받아왔다고 말했다." 실라르드는 오펜하이머와 이야기하고 나서 뉴욕으로 돌아갔다. 그리고 그날 아침 소련 태생 프랑스 사업가이며, 초기 콜럼비아 대학에서 연구하던 시절 도움을 받았던 보리스 프레겔(Boris Pregel)을 찾아갔다. 프레겔이 그레이트 베어(Great Bear) 호수 근처에 소유하고 있는 광산에서 맨해튼 프로젝트에 우라늄 광석을 공급했다. 5월 16일 실라르드는 프레겔에게 그의 트루먼 메모를 보냈다(그로브스는 이 사실들을 알고 있었다). 실라르드는 번즈와 만난 뒤 곧바로 프레겔에게 "정부의 고위층(번즈)에게 (미)육군이 (소련에) 우라늄 광석 매장량이 없다고 잘못된 정보를 제공했다고 말했다. 실라르드는 이 잘못된 정보가 의도적으로 제공됐다고 주장했다." 둘은 서로 음모의 냄새를 맡는 놀이를 하고 있었다. 그들은 막중한 전쟁에 관한 토의를 하는 중에도 이 놀이를 계속했다.

다음 날 아침, 6월 1일, 임시위원회는 4명의 산업계 인사들과 만났다. 듀퐁 사 사장 월터 카펜터(Walter Carpenter)는 소련이 핸퍼드와 같은 플루토늄 생산시설을 갖추려면 적어도 4년 또는 5년이 걸릴 것이라고 말했다. 테네시 이스트만(Eastman) 사 사장 제임스 화이트(James White)는 소련이 전자기 분리공장과 같은 정밀장치를 만들 수 있는지조차 의심했다. 웨스팅하우스(Westinghouse) 사 사장 조지 부커(George Bucher)는 만일 소련이 독일 기술자와 과학자들을 활용한다면 전자기 분리장치를 3년 이내에 만들 수 있을 것이라고 생각했다. 유니언 카바이드(Union Carbide) 사의 부사장 제임스 래퍼티(James Rafferty)는 가스 확산 공장을 처음부터 세우는 데는 10년이 걸리겠지만, 만일 장벽 기술을 빼내간다면 3년이면 건설할 수 있을 것이라고 말했다.

번즈는 머릿속으로 공장 건설 기간을 계산했다. "나는 다른 나라가 폭탄을 만들려면 7년 내지 10년이 걸릴 것이라고 결론지었다." 정치적으로 7년은 유구한 세월이다.

스팀슨은 여전히 원자 폭탄이 전 도시를 파괴한다는 사실에 겁을 먹고 있었다. 그는 오후의 회의에 참석하지 않고 합 아널드와 정밀폭격 문제를 논의했다. "나는 일본에 정밀폭격만 수행한다는 약속을 받았는데……. 나는 실상이 무엇인지 알고 싶다고 말했다." 아널드는 스팀슨에게 분산된 일본의 산업시설에 대하여 설명하고 지역폭격만이 이들을 파괴할 수 있는 유일한 방법이라고 말했다. "그는 나에게 가능한 한 지역폭격을 자제하고 있다고 말했다." 스팀슨은 며칠 후 이 이야기를 트루먼에게 전했다.

나는 그에게 공군이 정밀폭격을 하도록 노력하지만 일본의 산업시설이 분산되어 있어 지역폭격을 전적으로 막는 것은 어렵다고 말했다. 나는 두 가지 이유 때문에 이 문제를 걱정한다고 말했다. 첫째는, 미국이 히틀러보다 더한 잔학행위를 한다는 평판을 얻는 것을 원하지 않기 때문이고, 둘째는 폭탄이 준비되기 전에 공군이 일본을 철저하게 파괴하여 새로운 무기의 위력을 보여줄 수 있는 곳이 모두 없어질까 약간 두렵기 때문이다. 그는 이해한다고 말했다.

스팀슨이 없는 동안 번즈는 신속하게 그리고 단호하게 위원회를 이끌어 나갔다. "번즈 씨는 무기의 사용에 관한 마지막 결정을 하는 것이 중요하다고 말했다"고 기록비서 아네슨(Arneson)이 전쟁이 끝난 뒤 기억했다. 그는 6월 1일자 회의록에 결정과정을 설명했다.

번즈 씨가 제안하고 위원회가 동의했다. 표적의 최종 선택은 본질적으로 군사적 결정임을 인정하면서, 위원회의 의견을 육군성 장관에게 자문한다. 가능한 한 빨리 일본에 폭탄을 사용한다. 노동자들의 집으로 둘러싸인 군수공장에 투하한다. 사전경고 없이 사용한다.

이 결정을 대통령에게 전달하고 승인을 받는 일만 남았다. 임시위원회가 끝난 뒤 번즈는 곧바로 백악관으로 향했다.

나는 대통령에게 임시위원회의 최종 결정을 보고했다. 트루먼 대통령은 이 문제를 여러 날 동안 진지하게 생각해 봤다고 나에게 말했다. 위원회가 조사하고 고려한 대안들에 대한 이야기를 듣고 나서 자신도 별 다른 안을 생각해 낼 수 없으므로 내가 말한 위원회가 추천하게 될 내용에 동의했다.

트루먼은 닷새 후 육군성 장관을 만났다. 그는 스팀슨에게 이미 번즈에게서 위원회의 결정에 대하여 들었다고 말했다. 트루먼은 폭탄을 투하하라는 지시는 하지 않았으나 이미 마음을 결정한 것 같아 보였다.

5월 31일의 임시위원회가 끝난 뒤 오펜하이머는 보어를 만났다. 1963년, 오펜하이머는 다음과 같이 당시를 기억했다. "나는 마셜 장군과 스팀슨의 지혜에 큰 감명을 받았다. 나는 영국 대사관에 가서 보어를 만나 그를 위로하려고 애썼다. 그러나 그는 위로를 받기에는 너무 현명했고 그리고 현실적이었다. 그 뒤 오래지 않아 그는 영국으로 떠났다."

보어는 6월 말에 떠나기 전에 마지막으로 미국 정부의 고위층 인사를 만나보려고 시도했다. 6월 18일, 번디는 다음과 같은 전언문을 스팀슨에게 보냈다. "이번 주말에 보어 교수가 떠나기 전에 그를 만나보시지 않겠습니까?"

전언문의 여백에 굵은 글씨로, 지쳤는지 또는 참을성이 없었는지 또는 이 문제가 자기 손을 떠났다고 생각해서였는지, 스팀슨은 "아니요"라고 썼다.

리틀보이가 작동할지 어떨지는 아무도 의심하지 않았다. 프리슈의 실험은 우라늄의 고속 중성자에 의한 연쇄 반응 가능성을 증명했다. 대포식 폭탄은 비효율적이며 낭비가 심한 장치이다. 남은 것은 내폭 실험이다. 물리학자들은 자기들의 에너지 방출 이론을 비교 검토해 볼 수 있는 기회이다. 트리니티는 지금까지 시도된 것 중 가장 규모가 큰 물리학 실험이다.

시험장을 선정하고 준비하는 작업은 하버드의 실험물리학자 베인브리지(Kenneth T. Bainbridge)가 담당했다. 로스앨러모스의 역사 기록에 의하면 그의 임무는 "극도의 비밀과 심적 부담 속에서 사막 황무지에 복잡한 과학 실험실을 만드는 것"이었다. 베인브리지는 자격이 충분했다. 문방구 도매상의 아들로 뉴욕 주 쿠퍼스타운(Cooperstown)에서 태어났고 러더퍼드 밑에서 일했으며 현재 맨해튼 프로젝트에서 사용하고 있는 하버드 사이클로트론을 만들었다. 그는 1941년 여름 MAUD 위원회의 이야기를 부시에게 전달했고, MIT와 영국에서 레이더를 연구했다. 로버트 베이커(Robert Bacher)가 1943년 여름 그를 로스앨러모스로 데려왔고 1944년 3월부터 트리니티를 맡았다.

그는 평탄하고, 외떨어지며, 날씨도 좋고, 로스앨러모스에서 다니기에도 편리하지만 연관성이 드러나지 않도록 충분히 먼 장소가 필요했다. 그는 지도 상에서 사우스캐롤라이나의 사막지대와 텍사스 만의 모래 지대 등을 포함하는 여덟 군데를 선정했다. 오펜하이머 그리고 육군 장교들과 같이 1944년 5월 군용 트럭을 타고 뉴멕시코 주의 여러 곳을 조사했다. 오펜하이머에게는 로스앨러모스의 업무를 떠날 수 있는 보기 드문 기회였다. 여러 번의 답사여행 끝에 앨러모고도(Alamogordo) 서북쪽 60마일 되는 곳을 발견했다. 로스앨러모스에서 남쪽으로 210마일 떨어진 곳으로 앨러모고도 폭격 시험장의 북서쪽 귀퉁이에 해당하는 곳이다. 제2공군 사령관 우잘 엔트(Uzal Ent)의 허락을 얻어 베인브리지는 길이가 24마일이고 폭이 18마일 되는 지역을 차지했다.

1944년 가을부터 1945년 2월까지는 내폭방식이 거의 가망성이 없어보였다. 그러나 문제가 해결되자 오펜하이머는 시험 예정일을 7월 4일로 결정했다. 베인브리지는 바빠지기 시작했다. 처음에는 25명이 일했으나 5개월 사이에 250명으로 증가했다. 앤더슨, P.B.문, 세그레 그리고 윌슨 등이 참여했다. 페니, 페르미 그리고 특히 바이스코프는 자문 역할을 했다.

육군은 데이비드 맥도널드(David McDonald) 목장을 빌려 야전 실험실과 헌병 사무실로 사용했다. 맥도널드 목장에서 3,400야드 되는 지점을 베인브리지는 그라운드 제로(Ground Zero)로 설정했다. 이 중심점으로부터 대략 북쪽, 서쪽 그리고 남쪽으로 1만 야드 되는 곳에 공병들이 콘크리트 지붕을 참나무 기둥으로 받치고 흙을 덮어 벙커를 만들었다. 제로에서 7마일 떨어진 N-10000에는 기록 장비와 탐조등이 설치됐다. W-10000에는 탐조등과 고속 카메라가 설치됐다. S-10000은 시험통제소로 사용될 것이다. S-10000 남쪽 5마일 지점에 텐트와 바라크를 설치하고 베이스 캠프로 사용했다. 제로 북

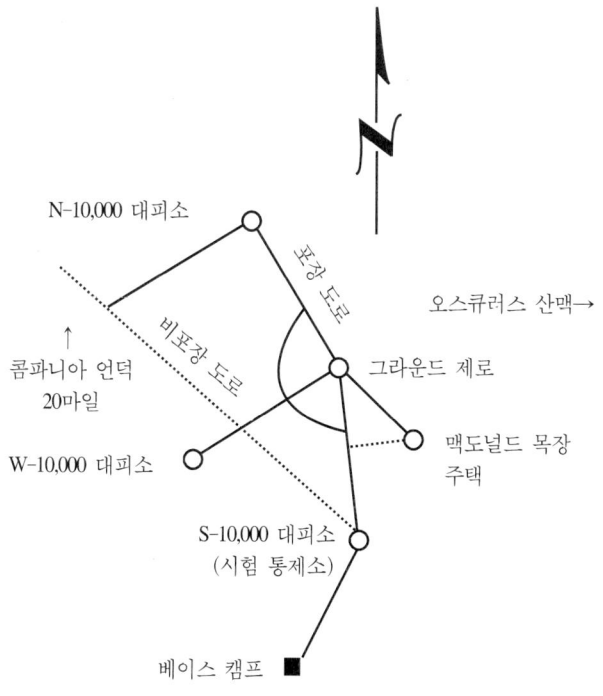

서쪽 20마일 거리에 있는 콤파니아(Compania) 언덕은 참관자들의 전망대로 이용될 것이다. 시험장 동쪽에는 고도 4000피트의 오스큐러스(Oscuras) 산이 있었다.

시험장 들판에는 사무라이 칼처럼 끝이 뾰족하고 날카로운 야카(yacca)가 자라고 있었고, 사람들은 아침에 일어나 구두 속에 들어 있는 전갈과 지네를 털어내야만 했다. 방울뱀, 불개미 그리고 독거미 등이 사방에 기어다녔다. 헌병들이 기관총으로 영양을 잡아 신선한 고기를 공급했다. 그로브스는 군인들에게 찬물 샤워만 허락했다. 그들의 근무 장소가 외떨어진 덕택에 전 미육군에서 성병 보유자가 가장 적어 상을 받게 될 것이다. 석회 성분이 섞여 있는 우물은 배변에 도움이 됐지만 한편 머리카락도 뻣뻣하게 했다.

두 개의 타워를 세웠다. 하나는 제로 남쪽 800야드 되는 지점에 20피트 높이의 목조 타워이다. 상부에 넓다란 댄스 홀 넓이의 플랫폼을 만들었다. 5월 초 어느 날, 건설 일꾼들이 강제 휴가에서 돌아와보니 이 타워가 사라져 버리고 없었다. 베인브리지가 이 타워 위에 100톤의 고폭약을 쌓아놓고 폭발연습 및 관측장비 시험을 위하여 폭파시켜 버렸기 때문이다.

비포장 도로 때문에 실험준비에 차질이 있으므로 그로브스에게 요청하여 25마일의 도로를 긴급히 포장했다.

제로 지점에도 타워를 세웠다. 미리 제작된 강철 기둥을 현장으로 운반하여 조립했다. 타워의 기둥과 기둥 사이의 간격은 35피트였고 높이는 100피트였다. 상부의 플랫폼에는 지붕을 씌우고 3면은 강철 판재로 막았다. 서쪽에 있는 카메라 벙커를 향한 한 면만 막지 않았다. 타워 꼭대기에는 2만 달러짜리 기중기가 설치됐다.

버클리에서 물리학 박사 학위를 받은 프랭크 오펜하이머도 형을 따라 이곳에서 일했다. 그는 처음 트리니티에 도착했을 때를 기억했다. "사람들은 사막 여기저기에 전선을 깔고 타워를 짓고 있었다." 콘크리트 구조물 카메라 벙커에는 구멍을 내고 방탄 유리를 설치했다.

베인브리지 팀은 사진촬영 외에도 세 가지 실험을 준비했다. 지진계, 지하감청기, 이온상자, 분광기, 사진건판 등을 이용하여 폭발현상을 자세히 연구하고 루이스 앨버레즈가 발명한 새로운 전기식 기폭기의 작동상태를 조사하는 것이다. 세 번째 실험으로는 허버트 앤더슨이 방사 화학적 측정을 계획했다. 하버드 물리학자 데

이비드 앤더슨(허버트 앤더슨과 인척 관계가 없음)은 육군으로부터 빌린 두 대의 탱크에 납판으로 만든 차폐막을 설치했다. 허버트 앤더슨과 페르미가 원폭실험 후 제로 지점에서 생겨날 웅덩이에 탱크를 타고 접근하여 로켓에 매달린 깡통으로 토양 샘플을 채취할 것이다. 분열 파편물과 분열되지 않은 플루토늄의 성분비를 구하면 에너지 방출량을 계산할 수 있다.

5월 31일, 임계질량 실험을 실시할 수 있는 정도의 충분한 양의 플루토늄이 로스앨러모스에 도착했다. 네더마이어가 설계한 구각 모양의 폭탄 코어는 내폭에 의하여 가장 많이 압축될 수는 있지만 손으로 계산하기에 너무 복잡한 형상이므로 채택되지 않았다. 그 대신 버클리 이론물리학자 로버트 크리스티(Robert Christy)가 속이 꽉 찬 반구를 두 개 합쳐놓은 형상을 고안했다. 이 구의 질량은 임계질량보다 약간 작다. 그러나 내폭에 의하여 밀도가 최소한 두 배 이상으로 증가하면 초임계질량을 갖게 된다. 프리슈 팀은 6월 24일 이 형상을 실험적으로 확인했다. 육중한 반사구내에 있는 고밀도 플루토늄의 임계질량은 11파운드이다. 핵 기폭기를 넣기 위한 작은 호두 크기의 공간이 중앙에 있지만 플루토늄 덩어리의 크기는 작은 오렌지보다도 작았다.

내폭렌즈를 만들기 위한 금형이 6월에 도착하기 시작했다. 위원회는 시험 날짜를 7월 16일로 변경했다. 키샤코프스키 팀은 밤낮 계속해서 폭약을 주조해 냈다. 그는 전후에, "가장 어려운 일은 폭약 내부에 기포가 생기는 것이다. 엑스선으로 조사하여 기포가 생겼으면 사용할 수가 없다. 그러므로 사용할 수 있는 것보다 버려야 되는 것이 더 많았다"라고 회고했다.

그로브스는 오펜하이머 그리고 파슨스와 같이 6월 27일 최초의 원자 폭탄을 태평양에 수송하는 계획을 토의했다. 그들은 리틀보이의 우라늄 235 포탄은 함정으로 수송하고, 우라늄 235 표적은 세 대의 항공기에 나누어 운반하기로 결정했다. 로스앨러모스의 금속기술자들은 6월에 우라늄 표적 한 개를 만들었고, 7월 3일 우라늄 포탄을 만들었다. 다음날, 독립기념일에 미·영 합동정책 위원회가 워싱턴에서 개최됐다. 퀘벡 합의에 따라 영국은 공식적으로 일본에 원자 폭탄을 사용하는 것을 승인했다.

트루먼은 베를린 교외의 포츠담(Potsdam)에서 스탈린과 처칠을 여름에 만나기로 합의했다. 그는 6월 6일 스팀슨에게 좀 더 시간을 얻기 위하여 회의 일자를 7월 15일로 연기했다고 말했다. 트루먼과 번즈는 스탈린에게 원자 폭탄에 관하여 이야기할 것인가는 아직 결정하지 않았지만 실험에 성공한다면 태평양의 상황은 바뀌게 될 것이다. 그렇게 되면 소련이 만주를 공격할 필요가 없게 되고 따라서 유럽에서 크게 양보할 필요도 생기지 않게 된다. 대통령이 포츠담에서 시험 소식을 들을 수 있도록 그로브스는 시험 일자를 7월 16일로 확정했다. 그는 6월 말 위험한 방사능 낙진이 뉴멕시코 주의 주민이 살고 있는 곳에 떨어질 수 있다는 가능성에 대한 이야기를 들었다.

7월 중순 사막지대의 한낮은 섭씨 38도까지 기온이 올라간다. 오펜하이머는 아서 콤프턴과 로렌스에게 전보를 보냈다. "15일 이후는 언제라도 낚시를 떠날 수 있다. 날씨가 확실치 않기 때문에 며칠 연기될지도 모른다."

원로 과학자들은 1달러씩 내고 폭발 위력에 대한 내기를 걸었다. 여러 가지 예측되는 위력을 써놓고 각자 한 가지씩 골랐다. 텔러는 낙관적으로 45킬로톤, 베테는 8킬로톤, 키샤코프스키는 1,400톤으로 예측했다. 오펜하이머는 겸손하게 300톤으로 잡았다. 램지는 냉소적으로 영이라고 했다. 시험일 며칠 전 래비가 도착했을 때는 18킬로톤만이 그가 선정할 수 있도록 남아 있는 위력이었다.

7월 9일 현재, 키샤코프스키는 한 개의 폭탄을 조립하는 데 필요한 양의 질이 좋은 폭약도 주조해 내지 못하고 있었다. 오펜하이머는 핵물질이 없는 폭약만 며칠 전에 터뜨려 보아야 한다고 주장하여 키샤코프스키의 문제를 더욱 복잡하게 만들었다. 한 개의 폭탄에는 96개의 폭약 덩어리가 필요하다. 키샤코프스키는 영웅적인 방법을 동원했다.

> 나는 지금까지 시도해 보지 않은 일을 다른 사람을 시킬 수 없으므로 할 수 없이 트리니티 시험 일주일 전 치과용 구멍 뚫는 기계를 직접 붙잡았다. 엑스선 사진에 나타난 기포에 도달할 때까지 구멍을 뚫었다. 그러고 나서 녹은 폭약을 구멍 속에 부어넣었다. 밤새 작업한 결과 원자 폭탄 2개를 만들 수 있을 만큼의 폭약 덩어리가 준비됐다.

"만일 50파운드의 폭약을 무릎 위에 놓고 작업을 한다면 당신은 그것이 무엇인지 잊어버리고 걱정을 하지 않게 됩니다"라고 키샤코프스키는 말했다.

버클리에서 물리학 박사학위를 받은 해군 중령 노리스 브래드버리(Norris E. Bradbury)가 폭약 조립업무를 담당했다. 7월 11일 수요일, 그는 키샤코프스키와 같이 폭약 덩어리를 품질에 따라 골라냈다. 모서리가 떨어진 것, 금이 간 것 그리고 다른 하자가 있는 것들은 모두 골라냈다. 원자 폭탄 한 개에 5,000파운드의 폭약이 사용된다. 모든 사람들이 다가오는 시험에 부담감을 느끼고 있었다. 또한 여러 가지 사소한 문제들도 발생했다. 정상적으로 행동하기가 어려웠다. 생각을 하지 않는 것도 어려웠다.

이때쯤 두 개의 작은 플루토늄 반구가 주조됐다. 부식을 방지하고 알파 입자를 흡수하지 못하도록 니켈을 도금했다. 그러나 시험일 3-4일 전에 반구의 평평한 면에 도금된 니켈이 울퉁불퉁 튀어나오기 시작하여 두 개의 반구가 서로 들어맞지 않았다. 도금막 내부에 도금 용액이 남아 있어서 문제가 발생했다. 도금막을 모두 벗겨내면 플루토늄이 노출된다. 금속공학자들은 부풀어 오른 곳만 부분적으로 갈아내고 금박지를 덧씌웠다. 최초의 원자 폭탄 코어는 금과 니켈로 단장하고 영광의 길을 가게 됐다.

서른아홉 살의 기상학자 잭 허바드(Jack M. Hubbard)가 예측한 대로 7월 10일 열대성 기단이 트리니티로 몰려왔다. 허바드는 7월 16일의 바로 전 주말은 일기가 나쁠 것으로 예측하고 있었다. 7월 12일 그로브스는 포츠담을 걱정하며 16일 아침 시험을 확정했다. 베인브리지가 이 소식을 허바드에게 전했다. 허바드는 "천둥 번개 속에서 시험을 하다니, 누가 이렇게 결정할 수 있는가?" 며 화를 냈다.

브래드버리 팀은 폭약을 조립하면서 폭약과 폭약 사이의 좁은 틈새를 그리스로 메워야 되는가 하는 문제로 토론을 벌였다. 키샤코프스키는 전보다 훨씬 더 정밀하게 주조됐고 약간의 틈새는 문제가 되지 않는다고 주장했다.

필립 모리슨이 목요일에 플루토늄 코어를 가지고 로스앨러모스를 떠났다. 플루토늄을 내충격 야전 운반용 케이스에 넣었다. 모리슨이 이 상자를 가지고 귀빈처럼 육군 세단의 뒷자리에 앉았다. 경비병들을 실은 차가 앞에 가고, 조립팀을 실은 차가 뒤를 따랐다. 6시경에 흰색 티셔츠와 하복 바지를 입은 하사관이 운반용 상자를 가지고 맥도널드 농장의 사무실로 들어섰다. 경비원들이 농가를 둘러

쌌다.

보안과 도로교통이 조금이라도 덜 복잡한 때를 택하여 고폭약을 운반했다. 키샤코프스키는 일부러 7월 13일 금요일 밤 자정에서 1분이 지난 뒤에 떠나기로 했다. 그는 선도 차량에 경비원과 같이 탔다. 그는 잠시 졸았으나 샌타페이 거리를 지나며 울리는 자동차의 사이렌 소리에 깜짝 놀라 깼다. 육군 운전병은 술취한 운전자가 샛길에서 튀어나오자 충돌하는 것을 방지하기 위하여 사이렌을 울렸다. 샌타페이를 지나자 속도를 시속 30마일로 줄였다. 트리니티에 도착하는 데 여덟 시간이 걸렸다. 키샤코프스키는 오는 동안에 잠을 좀 잘 수 있었다.

금요일 아침 9시에 폭약 조립팀은 흰 실험복을 입고 맥도널드 농장에 모여들었다. 파렐 준장이 그로브스를 대신하여 참관했다. 베인브리지와 오펜하이머도 나와 있었다. 농장 사무실은 철저히 진공청소기로 소제하고 창 틈은 먼지가 들어오지 않도록 검은 색 전기테이프로 모두 막았다. 조립을 시작하기 전에 베이커는 육군에게 물품 인수 영수증을 써달라고 요청했다. 이 물품들은 머지않아 사라져 버릴 것이지만, 로스앨러모스는 공식적으로 캘리포니아 대학에 속해 있고, 계약에 의해 육군을 위하여 연구개발한 대학교의 책임을 벗어버리고 싶었다. 베인브리지는 시간만 낭비하는 일이라고 생각했으나 파렐은 이치에 타당하다고 보고 동의했다. 긴장을 해소하기 위하여 파렐은 인수 물품의 무게를 달아보아야 된다고 주장했다. 폴로늄 같이 플루토늄도 알파 입자를 방출한다. "플루토늄 덩어리를 손으로 들어올리면 따뜻하여 마치 살아 있는 토끼처럼 느껴진다"고 레오나 마셜이 기억했다. 파렐은 플루토늄 반구를 책상 위에 내려놓고 영수증에 서명했다.

토요일 아침 8시경 시험용 폭탄이 타워에 올려졌다. 폭약의 점화 장치를 꽂을 자리만 먼지가 들어가지 않도록 테이프로 막아 놓았다.

이날 또다시 재앙이 나타났다. 로스앨러모스에서 자력선 진단 방법으로 내폭의 동시성을 측정하기 위하여 핵 코어가 없는 폭탄을 터뜨렸다. 오펜하이머는 트리니티 폭탄이 실패할 것 같다는 실망스런 소식을 보고받았다. "나는 즉시 나쁜 놈들의 두목이 되어 버렸고 그리고 모든 사람들이 나에게 강의를 늘어놓기 시작했다"고 키샤코프스키는 기억했다. 그로브스는 부시 그리고 코난과 같이 공무 비행기를 타고 앨버커키(Albuquerque)로 날아왔다. 그들은 소식을 듣고 놀랐고 키샤코프스키에게 불만을 늘어놓았다.

본부에 있는 모든 사람들이 화를 냈으며, 모두 나의 잘못으로 촛점이 맞추어졌다. 오펜하이머, 그로브스 장군, 부시 등 모두는 맨해튼 프로젝트에 비극적 실패를 가져온 무능한 놈으로 전 세계에 영원히 알려질 나에게 할 말이 많이 있었다. 나의 가까운 개인적인 친구인 코난은 임박한 실패의 원인에 대하여 꼬치꼬치 캐물었다.
그날 늦게 베이커와 같이 사막을 걸으며 나는 근심스럽게 자력선 실험 결과에 대하여 물어보았다. 베이커는 맥스웰 방정식(전자기학의 기본방정식)에 대하여 도전하는 것과 다를 바 없다고 화를 냈다. 나는 내폭이 성공할 것이라고 주장하며 나의 한 달치 월급과 그의 10달러를 내기로 걸자고 제안했다.

이런 난처한 사건 속에서도 리틀보이의 우라늄235 표적만 제외하고 나머지 부품 모두가 비밀리에 빠져 나갔다. 두 명의 육군 장교와 7대의 경호원 차량이 검은색 트럭을 경호하며 토요일 아침 로스앨러모스를 출발하여 알버커키에 있는 커트랜드(Kirtland) 공군기지를 향했다. 커트랜드에 대기중이던 DC-3 수송기는 화물과 경호 장교들을 싣고 샌프랜시스코 근처의 해밀튼 기지로 향했다. 이곳에서 해군 부두로 수송하여 대기중인 U. S. S. 인디애나폴리스 순양함에 싣고 티니안 섬으로 떠나게 된다.

트리니티의 모든 곳은 우울한 분위기였다. 오펜하이머는 알버커키의 힐튼 호텔에 가서 시험을 참관하도록 초청되어 모인 장군들, 노벨상 수상자들 그리고 다른 유명 인사들을 만났다. 그는 오늘 일찍 실시된 실험결과에 대하여 설명하고 트리니티 원폭실험은 실패할 가능성이 크다고 이야기했다.

베이스 캠프에 돌아온 오펜하이머는 이날 밤 4시간도 자지 못했다. 옆 방에 있던 파렐은 그가 계속 뒤척이며 잠을 이루지 못하고 계속 담배를 피워 기침하는 소리를 들었다.

한스 베테가 위기에서 벗어나오는 길을 발견했다고 키샤코프스키가 기억했다.

일요일 아침 또 다른 전화가 기쁜 소식을 전해왔다. 베테는 토요일 밤 이번 실험의 전자기적 이론을 분석해 보고 내폭이 완전하다 할지라도 이런 장비 설계로는 오실로스코프로 관측된 결과와 다른 결과가 나타날 수 없다는 것을 발견했다. 그렇게 하여 나는 다시 이 지역의 상류 사회에서 받아들일 수 있게 됐다.

그로브스가 전화를 걸어오자 오펜하이머는 베테의 결과에 대하여 신이 나서 이야기했다. 장군은 중간에서 말을 가로막고 "날씨는 어떻습니까?" 하고 물었다. "날씨는 변덕스럽습니다" 하고 변덕스러운 물리학자는 대답했다. 걸프 만에서 올라온 더운 공기는 이 지역에 그대로 머물고 있었으나 조금씩 변하기 시작했다. 기상학자 허바드는 다음날 바람이 약간 불 것으로 예측했다.

7월의 무더위는 대단했다. 전지를 교환하던 사진 기사들은 카메라의 금속상자에 손을 데었다. 프랭크 오펜하이머는 판자와 나무기둥을 이용하여 일본식 간이 주택(판자집)을 만들었다. 그로브스가 시간과 예산의 낭비라며 폭발위력 시험용 정식 주택을 짓지 못하게 금지했기 때문이었다.

브래드버리는 토요일 원자 폭탄의 준비를 완료했다. 그는 관련자들에게 7월 15일 일요일은 쉬면서 토끼 다리와 네잎 클로버를 찾아보라고 했다. 토끼 다리는 혹시 발견할 수 있을지도 모르지만 사막 한가운데에서 네잎 클로버를 찾는다는 것은 불가능한 일이다.

오펜하이머, 그로브스, 베인브리지, 파렐, 톨맨 그리고 육군 기상 예보관이 맥도널드 목장에서 허버드와 일기에 대하여 토의하기 위하여 만났다. 허버드는 그들에게 최적의 날씨는 아니지만 예정대로 시험을 실시할 수 있을 것이라고 말했다. 그로브스와 오펜하이머는 좀 더 두고 보기로 했다. 그들은 일기 회의를 새벽 2시에 다시 열고 그때 결정하기로 했다. 시험은 새벽 4시로 계획되어 있으므로 아직까지는 유효하다.

그날 저녁 일찍 오펜하이머는 타워에 올라가 마지막으로 폭탄을 점검했다. 배전함에서부터 전선들이 이리저리 연결되어 있고 외모는 볼품이 없었다. 그의 임무는 거의 끝났다.

새벽이 되자, 연구소장은 여전히 피곤했지만 침착성을 되찾을 수 있었다. 그는 시릴 스미스(Cyril Smith)와 목장의 저수지 옆에 서 있었다. 이곳에서 가축들이 물을 마시고 사람들은 가족과 가정에 대하여 이야기하며 철학에 대해서도 이야기했을 것이다. 스미스는 안정감을 되찾았다. 바람이 세차게 불어왔다. 오펜하이머는 컴컴한 오스큐러스 산을 바라보았다. "산이 언제나 우리들의 일에 용기를 불어넣어 주다니 이상하다"라고 그가 말하는 것을 금속 공학자는 들었다.

날씨가 바뀌고 있었고 베이스 캠프의 모든 사람은 잠이 모자랐으나 기분은 들떠 있었다. 이날 밤 페르미의 빈정거리는 태도가 베인브리지를 분노케 했으나, 그로브스에게는 좀 귀찮을 정도였다.

나는 페르미가 약간 성가시게 생각됐다. …… 그는 갑자기 과학자들에게 폭탄이 터지면 공기가 불에 탈 것인가(즉, 핵융합 반응으로 공기 중의 원소가 결합할 것인가)하는 질문을 던졌다. 만일 그렇다면, 단지 뉴멕시코 주만 파괴할 것인지 또는 전 세계를 파괴하게 될 것인지 내기를 걸자고 했다. 그는 또한 폭탄이 터지든지 또는 안 터지든지 큰 차이가 없다고 말했다. 왜냐하면 그 자체가 가치 있는 과학적 실험이기 때문이다. 만일 폭발하지 않는다면 우리는 원자 폭탄이 가능하지 않다는 것을 증명하게 되는 것이다.

실제적인 의미에서 페르미는 세계에서 가장 우수한 물리학자들이 노력했고 그리고 실패했다는 것을 솔직하게 설명하는 것이다.

베인브리지는 페르미의 허세가 열핵반응 온도나 화구의 냉각 효과 등에 대하여 지식이 없는 병사들에게 겁을 줄 수 있기 때문에 화가 났던 것이다. 새로운 힘이 곧 세상에 태어나려고 하고 있다. 그러나 아무도 페르미가 지적하듯이 그것의 출현 이후의 결과에 대해서는 확신을 갖고 있지 못했다.

오펜하이머는 텔러에게 원자 폭탄이 터진 뒤에 어떤 현상이 발생할 수 있는지 생각해 보라고 했다. 텔러는 그날 저녁 로스앨러모스에서 페르미가 했던 것과 똑같은 질문을 로버트 서버(Robert Serber)에게 했다.

어둠 속에서 집으로 돌아가던 중, 나는 서버를 만났다. 그날 오펜하이머로부터 트리니티로 오라는 연락을 받았다. 그는 오는 길에 방울뱀을 밟지 않도록 조심하라고 일렀다. 나는 서버에게 물었다. "내일 방울뱀에 대하여 어떻게 할 생각인가?" 그는 말했다. "나는 위스키를 한 병 갖고 가려고 합니다." 그러고는 나는 늘 하는 대로 내 이야기를 늘어 놓았다. 일이 이런저런 또는 제삼의 방식으로 통제를 벗어난 상태에 도달하는 것을 상상해 볼 수 있다. 우리는 이것들을 반복하여 여러 번 토의했었으며 우리가 어떠한 어려운 경우에 처하게 될지 아무도 모른다. 그리고 나서 그에게 물었다. "그것에 대하여 어떻게 생각하는가?" 어둠 속에서 그는 잠시 생각하다가 말했다. "나는 위스키를 한 병 더 가지고 갈겁니다."

베인브리지는 잠을 조금 잤다. 그는 폭탄을 무장시키는 책임을 맡았다. 그는 밤 11시까지 제로에 가서 폭탄을 무장시켜야 된다. 밤 10시에 헌병이 그를 깨웠다. 그는 키샤코프스키, 조지프 맥키븐 (Joseph Mckibben), 허바드와 그의 팀 그리고 두 명의 경비원과 같이 제로를 향해 떠났다. 가는 길에 베인브리지는 S-10000에 들려 카운트 다운용 시계 장치의 열쇠를 잠그고 갔다. 젊은 하버드 물리학자 도널드 호니그(Donald Hornig)가 타워 위에서 바쁘게 일하고 있었다. 그는 500파운드 무게의 고전압 축전지 X-장치를 설계했다. X-장치는 여러 개의 폭약 점화용 기폭기에 100만 분의 1초 이내에 동시에 전력을 공급한다. 그는 예행 연습때 사용했던 것을 새 것으로 바꾸고 있었다. 이번 실험에서는 폭발용 전기는 케이블을 통하여 S-10000 통제 벙커에서 공급된다. 항공기에서 투하될 폭탄은 내장된 배터리에서 전력을 공급받는다. "우리가 도착하고 나서 곧 호니그는 그의 일을 끝내고 S-10000으로 돌아갔다. 호니그가 타워 꼭대기에서 내려온 마지막 사람이다."

허바드는 이동식 기상 관측 장비를 작동시켰다. 풍속과 풍향을 측정하기 위하여 두 명의 육군 상사가 헬륨 풍선을 띄웠다. 밤 11시에 바람은 N-10000을 향해 불고 있었다. 로스앨러모스에서 이곳을 향해 여행하는 사람이 보면 밤하늘은 어둡고 검은 구름으로 덮여 있어 별이 하나도 보이지 않을 것이다.

7월 16일 새벽 2시에 베이스 캠프와 S-10000 지역에 천둥 번개가 치고 비가 오기 시작했다. 타워에 있는 폭탄이 벼락에 의해 폭발하지는 않을까 크게 걱정이 됐다. 바람은 시속 30마일로 불었다. 허바드는 제로 지역에서 마지막 관측치를 읽고 새벽 2시 회의에 8분 늦게 도착했다. 오펜하이머가 건물 밖에서 기다리고 있었다. 허바드는 오펜하이머에게 4시 시험 계획은 취소해야 되지만 5시와 6시 사이에 시험을 실시할 수 있겠다고 말했다. 오펜하이머는 안심이 되는 것 같아 보였다.

건물 내에 그로브스와 다른 사람들이 기다리고 있었다. "날씨가 웬일인가?" 장군은 그의 기상학자에게 인사했다. 허바드는 이 기회를 이용하여 7월 16일을 선택한 사람은 자신이 아니라는 이야기를 반복했다. 그로브스는 언제 폭풍이 지나갈 것인지 알고자 했다. 허바드가 설명했다. 17,000피트 상공에 생긴 역전층(찬 공기가 뜨거운 공기 위에 떠 있는 현상)은 새벽에나 가라앉을 것이다. 그로브스는 볼멘소리로 설명을 원하는 것이 아니고 시험이 가능한 시간을 알려달라고 했다. 허바드는 두 가지를 모두 이야기하고 있다고 대꾸했다. 허바드는 그로브스가 시험을 취소하리라고 생각했으나 포츠담의 압력으로 취소할 것 같아 보이지는 않았다. 그는 그로브스에게 원한다면 시험을 취소할 수 있지만 날씨는 새벽에는 누그러질 것이라고 말했다.

오펜하이머는 허바드가 훌륭한 기상학자이므로 그의 예보를 믿어야 한다고 주장했다. 톨맨과 다른 두 명의 육군 기상 예보관들도 동의했다. 그로브스는 누그러졌다. "예보가 들어맞는 것이 좋을 것이다. 그렇지 않으면 목을 매달아 버릴거야." 그로브스는 허바드에게 위협했다. 그는 시험을 5시 30분로 연기했다. 그러고는 뉴멕시코 지사를 잠자리에서 깨워 그가 비상사태를 선포해야 될지도 모른다고 경고하기 위하여 전화를 걸었다.

제로에 있던 베인브리지는 그가 직접 S-10000의 회로를 개방시켜 놓고 왔지만 계속 걱정이 됐다. "때때로 쏟아지는 비가 문제였다"고 회고했다. "······16,000야드 떨어진 베이스 캠프와 S-10000에는 벼락이 떨어지지 않았으나 많은 전선들이 타워에 연결되어 있었다." 새벽 3시 30분쯤 베이스 캠프에 강풍이 불어 부시의 텐트가 쓰러졌다. 그는 3시 45분부터 분말 달걀, 커피 그리고 프렌치 토스트가 제공되는 식당으로 갔다.

세그레는 저녁 내내 앙드레 지드의 『위조범』을 읽고 잠을 잤다. "잠을 자던 중 밖에서 시끄러운 소리가 나서 잠을 깨었다. 샘 앨리슨과 같이 전지를 비추며 밖으로 나가보니 빗물이 고인 웅덩이에서 수백 마리의 개구리가 짝짓기를 하고 있었다."

허바드는 3시 15분에 베이스 캠프를 떠나 S-10000으로 향했다. 비는 지나갔다. 그는 제로에 전화를 걸었다. 기상관측 요원 중의 한 명이 구름이 흩어지기 시작하고 별이 몇 개 보이기 시작한다고 보고했다. 4시에 바람이 남서쪽으로 불기 시작했다. 기상학자는 마지막 예보를 S-10000에서 준비했다. 그는 4시 40분에 베인브리지에게 전화했다. 허바드는 날씨에 관해 보고해 주었다. 오전 5시 30분, 제로의 날씨는 가능하겠지만 이상적인 것은 아니라고 말했다.

우리는 17,000피트 상공의 역전층이 사라지기를 원하지만, 그렇다고 또 한 나절을 기다릴 수도 없었다(역전층이 남아 있으면 실험 후 방사능 낙진이 그 지역에 그대로 강하할 수가 있다). 나는 오펜하이머와 파렐 장군에게 전화를 걸어 오전 5시 30분이 'T = 0'임을 재확인했다. 허바드, 베인브리지, 오펜하이머 그리고 파렐이 모두 동의했다. 트리니티는 1945년 7월 16일 5시 30분, 동트기 바로 전에 실시될 것이다.

베인브리지는 어떤 일이든 잘못되면 S-10000으로 보고하도록 모두에게 일러두었다. "나는 맥키븐을 데리고 W-900으로 갔다. 내가 작업목록을 조사하는 동안에 그는 시계와 신호 스위치를 연결했다." 베인브리지는 제로에 돌아와 다음 과정을 점검하고 특별무장 스위치를 연결하도록 지시했다. 이 스위치가 닫혀지지 않으면 폭탄을 S-10000에서 기폭시킬 수가 없다. 마지막 작업은 지상에 한 줄로 늘어서 있는 전등을 켜주는 것이다. B-29가 이 전등을 목표지점으로 삼아 폭격연습을 하게 되어 있다. 공군은 수 마일 떨어진 3만 피트 상공에서 폭풍의 영향에 대하여 조사하기를 원했다. 전등을 켜고 자동차로 S-10000에 돌아왔다. 키샤코프스키, 맥키븐 그리고 경비원이 그와 같이 타고 왔다. 그들이 마지막으로 철수한 팀이다. 그들 뒤에는 탐조등 불빛이 타워에 집중되고 있었다.

무장팀은 S-10000에 5시 8분에 도착했다. 허바드는 베인브리지에게 서명된 일기예보를 전달했다. "나는 주 스위치의 자물쇠를 열었다. 그리고 맥키븐은 시계를 −20분에 맞추었다. 오펜하이머는 파렐, 호니그 그리고 앨리슨과 같이 S-10000에서 시험을 참관할 것이다." 마지막 카운트 다운이 시작되자 그로브스는 짚차로 베이스 캠프로 돌아갔다. 만일에 대비하여 그는 파렐과 오펜하이머와는 다른 장소에 있기를 원했다.

로스앨러모스와 기타 지역에서 버스를 타고온 방문객들은 새벽 2시에 제로에서 20마일 북서쪽으로 떨어진 콤파니아 언덕에 도착했다. 로렌스, 베테, 텔러, 서버, 맥밀런 등이 도착했다. 제임스 채드윅도 그가 발견한 중성자의 능력을 직접 보기 위하여 그곳에 와 있었다.

"사막의 싸늘한 새벽, 어둠 속에서의 기다림은 긴장감을 더해 주었다"라고 그들 중 한 명이 기억했다. 진행 상황을 청취할 수 있는 단파 라디오가 앨리슨이 카운트다운을 시작할 때까지 작동되지 않았다. 후에 노벨상을 수상하게 되는 리처드 파인만은 어린 시절 라디오 수리에 재미를 붙여 물리학을 시작하게 됐다. 그가 라디오를 고쳤다. 사람들은 각자 자기 위치로 돌아가기 시작했다. "우리는 모래 위에 엎드려 얼굴을 폭풍이 불어올 반대쪽으로 향하고 두 손으로 머리를 감싸라고 주의를 받았다." 그러나 아무도 따르지 않았다. 그들은 이 짐승을 눈으로 직접 볼 결심이었다. 라디오가 다시 고장이 났다. 그들은 S-10000에서 발사되는 경고 로켓을 기다렸다. "내가 그 많은 계산을 해낸 것으로부터 나는 얼굴을 돌리지 않을 것이다.······ 나는 폭발이 예상했던 것보다 더 클 수 있다고 생각했다. 그래서 선탠 로션을 발랐다." 텔러는 사람들에게 로션을 나누어 주었다. 이상한 예방 조치는 한 관측자의 마음을 심란하게 했다. "여러 명의 일급 과학자들이 칠흑 같은 어둠 속에서 심각하게 얼굴에 로션을 문지르는 광경은 무섭기조차 했다."

S-10000에서 카운트다운은 계속됐다. 5시 29분에 로켓이 하늘로 치솟았다. 베이스캠프에서는 짧게 사이렌이 울렸다. 베이스 캠프의 저수지 남쪽 편에 참호를 파놓았다. 이곳은 콤파니아 언덕보다

제로에 10마일이나 더 가까우므로 사람들은 참호를 이용했다. 래비는 코넬 물리학자 그라이센(Kenneth Greisen) 옆에 엎드렸다. "개인적으로는 불안했다. 왜냐하면 나의 그룹이 기폭기를 준비하고 설치했기 때문에 만일 폭약이 터지지 않으면 우리의 잘못이기 때문이었다."라고 그라이센은 회고했다. 그로브스는 부시와 코난 사이에 자리잡았다. "카운트 다운이 제로가 됐을 때 아무 일도 일어나지 않는다면, 내가 무엇을 해야 되나 하는 생각만 하고 있었다." 빅토르 바이스코프(Weisskopf)는 참관자들이 폭발의 크기를 측정하기 위하여 작은 막대를 10야드 앞에 세워놓았다고 기억했다. 이 막대기의 높이는 제로에서는 1,000피트에 해당했다. 필립 모리슨이 베이스 캠프 관측자들에게 확성기로 카운트 다운을 중계했다.

  2분 경고 로켓이 발사됐다. 베이스 캠프에서 긴 사이렌이 울려 시간을 알려 주었다. 1분 경고 로켓이 5시 29분에 발사됐다. 모리슨은 이 짐승을 직접 눈으로 보기 위하여 저수지의 남쪽 경사면에서 제로를 향하여 엎드렸다. 그는 선글라스를 끼고 한손에 스톱워치를 들고 다른 손에는 용접공이 사용하는 눈 보호장비를 들고 있었다. S-10000에서 누군가가 오펜하이머가 말하는 것을 들었다. "신이시여, 이 일들은 견디기 어렵습니다." 맥키븐이 분 단위로 시간을 재고 그리고 앨리슨이 방송을 했다. 45초가 되자 맥키븐은 더 정확한 자동 시보 장치를 작동시켰다. "통제실에는 많은 사람들이 모여 있었다. 나는 별로 할 일이 없으므로 자동 시보기가 켜지자마자 밖으로 나가 콘크리트 벙커를 덮고 있는 흙더미 위에 서 있었다(키샤코프스키는 위력이 약 1킬로톤이 될 것으로 추측했으므로 5마일 되는 거리는 매우 안전할 것으로 생각했다)."

  텔러는 콤파니아 언덕에서 단단히 준비했다. "나는 검은 안경을 쓰고 양손에 장갑도 끼었다. 그리고 용접공의 보호 장비를 얼굴에 갖다 대고 어떤 빛도 새어 들어오지 못하도록 했다. 그러고 나서 원자 폭탄이 터질 곳을 똑바로 쳐다 보았다."

호니그는 S-10000에서 타워에 있는 그의 X-장치와 폭탄 사이의 연결을 차단시킬 수 있는 스위치를 조사했다. 만일 어떤 일이 잘못된다면 마지막으로 취할 수 있는 조치이다. T=0의 30초 전에 그의 앞에 있는 통제 장치에 4개의 빨간 불이 들어 왔다. 그리고 X-장치의 축전지가 완전히 충전됐다는 것을 표시하는 전압계의 바늘이 왼쪽에서 오른쪽으로 재빨리 움직였다. 파렐은 무거운 짐을 진 오펜하이머 박사가 1초 1초 지나갈 때마다 더욱 긴장되어 숨을 몰아쉬고 있는 것을 보았다. 그는 자신을 지지하기 위하여 기둥을 잡고 있었다. 마지막 몇 초 동안 그는 앞을 똑바로 응시하고 있었다.

마지막 10초에 통제실에는 종이 울렸다. 베이스 캠프의 참호 속에 엎드려 있는 사람들은 죽기를 기다리고 있는지도 모른다. 코난은 그로브스에게 1초가 이렇게 긴 시간인지는 몰랐다고 말했다. 모리슨은 T = −5초까지 스톱 워치를 보고 있었다. "나는 머리를 낮추어 모래 언덕에 내 몸이 모두 가려지게 하고 용접공의 보호장비로 얼굴을 가리고 0초에 살짝 머리를 들어 그곳을 바라보았다." 로렌스는 콤파니아 언덕에서 위험한 자외선이 모두 차폐되도록 자동차 창문을 통하여 바라보기로 했다. "그러나 마지막 순간에 밖으로 나가기로 결정했다(내가 흥분하고 있었다는 증거이다).……" 위스키를 가지고 온 로버트 서버는 20마일 떨어진 제로 지점을 육안으로 그대로 바라보고 있었다. 호니그의 마지막 순간은 다음과 같았다.

이제 나머지 과정은 모두 자동시계로 통제되고 있었다. 단지 실제 폭파 순간까지 어떤 때고 시험을 중지시킬 수 있는 것은 내가 잡고 있는 나이프 스위치뿐였다. …… 나는 계속해서 내 자신에게 말했다. "바늘이 움직이지 않으면 너는 행동을 취해야 한다." 바늘은 계속 내려오고 있었다. 나는 계속 말했다.

"너의 반응시간은 약 0.5초이다. 그러므로 수분의 일 초도 안심할 수 없다." …… 나의 눈은 계기에 고정되어 있었고 그리고 나의 손은 스위치를 잡고 있었다. 나는 시보기의 카운트를 들을 수 있었다. 3…2…1. 바늘이 0으로 떨어졌다…….

5시 29분 45초, 점화회로가 연결됐다. X-장치는 방전됐다. 32개의 기폭기는 동시에 점화됐다. 그들은 콤퍼지션 B 폭약에 불을 붙였다. 폭발파는 각각 번져나갔다. 바라톨(저연소속도 폭약)을 만나 속도가 느려지고, 곡선으로 변하고, 안팎이 뒤집어져 중심으로 향하는 구를 이루었다. 구형 폭발파는 두 번째 고속 연소 콤퍼지션 B를 만나 가속됐다. 우라늄 반사구의 벽에 부딪쳐 충격파로 변하여 압축하며, 액화시키며 통과해 나갔다. 플루토늄 코어의 니켈 도금막에 도달하여 압축시킨다. 작은 구는 자신 속으로 무너져 내려 호두알만해진다. 충격파는 중심에 있는 기폭기에 도달하여 베릴륨과 폴로늄을 혼합시킨다. 폴로늄에서 튀어나오는 알파 입자는 베릴륨 원자로부터 중성자를 떼어낸다. 중성자들은 플루토늄에 파고들어 연쇄 반응을 시작한다. 100만 분의 1초 사이에 분열은 80세대에 걸쳐 증식되어 수천만도, 수백만 파운드의 압력을 형성하는 에너지가 방출된다. 에너지가 복사되기 전에 호두알 속의 상태는 잠시 동안 최초의 대폭발 직후의 우주의 상태와 유사하다.

그러고 나서 팽창하기 시작한다. 연쇄 반응에서 나온 에너지는 충분히 뜨겁지 않아 엑스선의 형태를 갖추지 못한다. 이들이 어떤 폭발현상이 나타나기도 전에 먼저 광속으로 폭탄의 외부 케이스를 떠난다. 주위의 차가운 공기는 복사에너지에 불투명하므로 그들을 흡수하여 가열된다.

"그러므로 매우 뜨거운 공기가 차가운 공기로 둘러싸이게 되며, 이 외곽의 차가운 공기도 충분히 뜨거우므로 원거리에 있는 관측자에게는 외곽을 둘러싼 공기만 보이게 된다"라고 한스 베테는 기록했다. 엑스선의 흡수로 가열된 중심 구의 공기는 다시 더 낮은 에너지의 엑스선을 방출하고 경계면에서 다시 흡수되고 또다시 방출된다. 이렇게 내려오는 과정을 복사선 수송이라고 한다. 뜨거운 구는 식기 시작한다. 약 1만 분의 1초에 걸쳐 50만 도 정도로 온도가 떨어질 때 충격파가 발생하여 복사선 수송 현상보다 더 빠르게 퍼져나간다. "그러므로 충격파는 거의 온도가 고루 분포된 중심에 있는 매우 뜨거운 구조로부터 분리되어 나간다"라고 베테는 설명한다. 간단한 유체동역학이 수면의 파동 같은, 초음속 항공기에 의한 충격파 같은 충격파면을 설명한다. 충격파면은 뒤에 불투명한 등온구를 남겨놓고 퍼져나갔다. 등온구는 외부 세계와는 고립되어 복사 수송에 의하여 천천히 1000분의 1초의 시간 동안 퍼져나간다.

세계가 보는 것은 충격파면과 그것이 식어서 가시화되는 섬광이다. 섬광의 시간 간격이 너무 좁아 육안으로는 구별할 수 없는 핵무기의 이중 섬광 중 1000분의 1초 동안 지속되는 첫 번째 섬광이다. 더 식으면 충격파면은 투명해진다. 만일 세계가 충격파를 통하여 화구의 더 뜨거운 내부를 볼 수 있는 눈을 아직도 갖고 있다면, 더 높은 온도가 자신을 드러내기 시작하기 때문에 총 복사 에너지가 두 번째 극대치를 향하여 증가하며 두 번째 더 긴 섬광이 나타나는 것을 볼 수 있을 것이다.

팽창하는 화구의 중심에 있는 등온구는 계속 불투명하여 보이지 않는다. 그러나 이것도 복사 수송에 의하여 경계면 밖으로 에너지를 잃게 된다. 즉, 충격파가 식어감에 따라 뒤에 있는 공기는 가열된다. 냉각파가 충격파와는 반대로 흘러들어와 등온구를 침식한다. 화구는 간단한 단 한 가지의 현상이 아니라 여러 가지가 한 번에 일어나는 것이다. 등온구는 보이지 않고, 냉각파가 흘러들어와 복사에너지를 흡수하고, 충격파면은 무엇이 발생할지도 모르는 공기를 뒤흔들어 놓는다.

결국에는 냉각파가 등온구를 완전히 침식하여 전 화구는 자신의 복사에너지에 투명하게 된다. 이제 구는 더욱더 천천히 식는다. 섭씨 5000도 이하가 되면 더이상 식지 못한다. 베테는 "화구는 부력으로 떠오르기 시작하며 다시 식는다. 떠오를 때 격렬한 혼합현상이 일어난다. 이것은 느린 과정이며 수십 초가 걸린다"라고 설명했다.

W-10000에 있는 고속 카메라는 화구의 이 후속단계를 기록했다. 베인브리지는 호두알 크기에서 거대하게 부풀어오른 불덩어리에 대하여 보고했다.

"화구가 지상에 닿기 전에 팽창하는 모습은 거의 대칭적이었다. 지상에 닿기까지는 0.65 ms(1000분의 1초)가 걸렸다. …… 화구의 지름이 약 945피트로 확장됐을 때(약 32 ms 후) 충격파 뒷면에 검은 흡수층이 나타나 천천히 팽창했으며 화구의 지름이 약 2,500피트쯤 될 때(0.85초 후) 보이지 않게 됐다. 충격파 자체는 0.1초에 보이지 않게 됐다.

화구의 윗부분은 2초에 떠오르기 시작했다. 3.5초에 버섯구름에 목부분이 나타나기 시작했다."

그러나 사람들은 이론물리학과 카메라가 볼 수 없었던 연민과 공포를 보았다. 베이스캠프에 있는 래비는 위협을 느꼈다.

"우리는 이른 새벽에 매우 긴장되어 엎드려 있었다. 동쪽에 몇 줄기의 황금빛이 나타나기 시작했다. 옆 사람을 희미하게 볼 수 있었다. 이 10초간은 내가 경험했던 것 중 가장 긴 10초간이었다. 갑자기 거대한 섬광이 나타났다. 내가 지금까지 본, 아니 누구라도 지금까지 본 중에서 가장 밝은 빛이었다. 그것은 터졌고, 그것은 갑자기 덤벼들었고, 그것은 나를 뚫고 지나갔다. 그것은 온몸으로 보는 광경이었다. 그것은 영원히 계속되는 것으로 보였다. 모두 약 2초 동안 계속됐다. 마침내 그것은 끝났다. 우리는 폭탄이 있던 곳을 쳐다보았다. 거기에는 거대한 화구가 있었다. 그것은 점점 커지며 구르기 시작했다. 그것은 공중으로 올라갔다. 노란 섬광이 주홍과 녹색으로 변했다. 그것은 위협적이었다. 그것은 나를 향해 다가오는 것 같았다."

새로운 것이 방금 태어났다. 새로운 통제, 인간이 자연에 대항하여 획득해낸 새로운 이해이다.

콤파니아 언덕에 있는 텔러에게는 폭발은 어두운 방의 무거운 커튼을 갑자기 열어 햇빛이 쏟아져 들어오는 것 같았다. 천문학자가 관측했다면, 그들은 달에서 반사되어 되돌아오는 빛을 볼 수 있었을 것이다.

맥키븐은 S-10000에서 비교했다. "우리는 통제장비의 영화를 촬영하느라고 조명을 많이 켜놓고 있었다. 폭탄이 터졌을 때 열어놓은 뒷문을 통하여 들어온 큰 불빛에 조명 빛이 모두 묻혀 버렸다."

콤파니아 언덕에 있던 로렌스는 자동차 문을 열고 나오다가 이 순간을 맞이했다. "내가 발을 땅에 딛자마자 나는 따뜻하고 밝은 황백색 불빛에 감싸였다. 한순간에 어둠에서 밝은 태양 빛으로 바뀌었다. 나는 순간적으로 깜짝 놀랐다."

같은 장소에 있었던 베테에게 그것은 거대한 마그네슘 불꽃이 1분 동안 계속되는 듯했지만 실제로는 1초 또는 2초 동안이었다. 서버는 시력을 잃을 수도 있는 모험을 했지만 화구의 초기 단계를 볼 수 있었다.

"폭발 순간에 나는 직접 육안으로 그것을 바라보고 있었다. 나는 처음에 노란 불빛을 보았다. 이것은 순간적으로 거대한 흰색 섬광이 됐다. 너무 강렬해서 나는 완전히 눈이 보이지 않았다.……1초 후에 나는 시력을 다시 찾았다……이 현상의 크기와 장엄함은 완전히 숨이 막힐 지경이었다."

베이스 캠프에 있던 세그레는 세상의 끝을 상상했다.

"가장 깊은 인상은 압도적인 밝은 빛이었다. ……나는 새로운 광경에 소스라쳐 놀랐다. 우리는 아주 검은 안경을 썼지만 전 하늘이 믿을 수 없는 밝은 빛으로 번쩍거림을 보았다. ……나는 한순간 폭발이 대기에 불을 붙인다고 생각했다. 나는 이것이 가능하지 않다는 것을 알고 있었지만 지구가 끝장이 난다고 생각했다."

"인생의 대부분의 경험은 과거의 경험에 의하여 이해될 수 있다"라고 브래드버리는 말했다. "그러나 원자 폭탄은 어느 누구도 경험으로 예측할 수 있는 일은 아니었다."

화구가 공중에 떠오르자 덮고 있던 구름 층의 아랫부분은 떠오르는 새벽 햇빛에 분홍빛을 띠었다. 바이스코프는 '구름이 끼어 있는 하늘에서 팽창하는 충격파가 그리는 원'을 볼 수 있었다. 화구의 빨간 빛이 사그러들기 시작하자 전 표면이 방사능 물질의 작용으로 빛나는 자주 빛을 띠었다.

페르미는 개략적으로 폭탄의 위력을 결정하기 위하여 실험을 했다.

"폭발 후 40초쯤 지나 폭풍이 내가 있는 곳에 도달했다. 나는 1.8 m 높이에서 조그만 종이 쪽지들을 떨어뜨려 폭풍의 도착 전후와 폭풍 속에서 날려 가는 거리를 측정했다. 당시에 바람이 불고 있지 않았으므로 폭풍에 의하여 종이가 날아가는 거리를 정확히 측정할 수 있었다. 종이 쪽지들은 약 2.5 m 거리에 떨어졌다. 나는 폭탄의 위력이 TNT 1만 톤에 해당한다고 추정했다."

"폭탄까지의 거리와 충격파에 의한 공기의 이동거리로부터 폭발 에너지를 계산할 수 있었다"라고 세그레는 설명했다. 페르미는 미리 계산해 둔 조견표를 이용하여 즉시 개략적으로 방출된 에너지를 알아낼 수 있었다. 페르미의 부인 로라는 "그는 종이쪽을 날리는 실험에 몰두해 있어서 굉장한 소리는 듣지 못했다"라고 말했다.

프랭크 오펜하이머는 그의 형과 같이 S-10000 통제 벙커 밖에 있었다. "불길한 생각이 우리들을 감싸고 있었다. 방사능 물질로 인하여 온 세상이 자주 빛으로 빛나고 있었다. 그리고 화구가 폭발지점에 영원히 매달려 있는 듯했다. 물론 그리 오래 지나지 않아 떠올라가 버렸다. 그것은 무서웠다. 그리고 굉음은 바위, 돌, 흙 등 모든 곳에서 반사되어 나왔다. 그것은 계속해서 메아리쳤다. 폭탄이 터졌을 때는 정말 무서운 시간이었다. 나의 형이 그때 한 말을 기억했으면 좋겠는데 생각이 나지 않는다. 그러나 우리는 단지 '작동했다'라고 말했다고 생각된다. 이것이 우리가 한 말인 것 같다. 작동했다."

트리니티 책임자 베인브리지는 그것의 축복을 적절하게 표현했다. "그것을 본 사람은 아무도 그것을 잊을 수 없을 것이다. 더럽고 무서운 과시였다."

베이스 캠프에서 그로브스는 "블론딘(Blondin)이 나이아가라 폭포에서 외줄타기를 하는 것을 생각했다. 나에게는 외줄타기가 거의 삼 년 동안 계속됐다. 이런 일이 가능하고 또 우리가 할 수 있다는 확신이 삼 년 동안 반복됐다." 폭풍이 도달하기 전에 그는 코난 그리고 부시와 악수를 나누었다.

S-10000에서 키샤코프스키는 폭풍에 쓰러졌다. 그는 휘청거리며 일어나 버섯구름이 떠오르는 것을 보았다. 그리고 나서 내기 돈을 받으러 오펜하이머에게 갔다. 나는 오펜하이머의 등을 치며 말했다. "오펜하이머, 내게 10달러 빚이 있네." 로스앨러모스 책임자는 지갑을 꺼냈다. "비어 있네." 그는 키샤코프스키에게 말했다. "기다려야 되겠네." 베인브리지는 이 사람 저 사람을 붙잡고 내폭방법의 성공을 축하했다. "나는 로버트(오펜하이머)에게 말했다. '이제 우리는 모두 개자식이다.' …… 그는 나중에 나의 딸에게 그것이 실험 후 받은 최고의 인사였다고 말했다."

"우리들은 처음에는 의기양양했다"라고 바이스코프가 기억했다.

"그리고 나서 우리는 피곤함을 느꼈다. 그 뒤 우리는 걱정거리에 휩싸이기 시작했다"라고 래비가 설명했다.

당연히 우리는 실험 결과에 대하여 매우 기뻐했다. 이 거대한 불덩어리가 우리 앞에 있는 동안 우리는 그것을 바라보았고, 그것은 굴러갔고 그리고 시간이 흘러가자 구름과 같이 퍼져나갔다. …… 그러고 나서 바람에 날려가 버렸다. 우리는 처음 몇 분 동안 서로 축하의 인사를 나눴다. 그러나 곧 싸늘함을 느꼈다. 그것은 새벽의 추위가 아니었다. 그것은 예를 들어, 케임브리지에 있는 나의 목조 가옥 그리고 뉴욕에 있는 나의 실험실 그리고 그 주위에 살고 있는 수백만 명의 사람들을 생각할 때 생기는 싸늘함이었다. 우리가 존재한다고 이해했던 자연의 힘이 이곳에서 나타났다.

오펜하이머는 힌두 경전을 인용했다.

　우리는 폭풍이 지나갈 때까지 기다렸다가 대피호에서 걸어나왔다. 매우 엄숙한 분위기였다. 우리는 세계가 전과 같지 않다는 것을 알고 있었다. 몇 명은 웃었다. 몇 명은 울고 있었다. 대부분의 사람들은 조용했다. 나는 힌두 경전의 한 구절을 기억했다. 비슈누(Vishnu)는 왕자에게 그의 의무를 지키도록 설득하려고 노력하고 있다. 그리고 왕자에게 인상을 주기 위하여 팔이 여러 개 있는 모습으로 "이제 나는 세계를 파괴하는 죽음이 됐다"라고 말한다. 우리 모두는 어떤 방법으로든지 간에 이것을 생각했다고 믿고 있다.

　다른 생각도 떠올랐다. 오펜하이머는 전후 한 강연에서 청중들에게 다음과 같이 이야기했다.

　뉴멕시코의 새벽에 최초의 원자 폭탄이 터졌을 때, 우리는 알프레드 노벨(Alfred Nobel)과 그의 희망, 즉 다이너마이트가 전쟁을 종식시킬 것이라는 그의 헛된 희망을 생각했다. 우리는 프로메테우스(Prometheus, 하늘에서 불을 훔쳐 인류에게 주었기 때문에 제우스 신의 분노를 사서 코카서스 산의 바위에 묶인 채 독수리에게 간을 먹히는 벌을 받았다고 한다)의 전설을 생각했다. 인간이 악을 인정하고 그리고 오랫동안 악을 알고 있었다는 것을 반영하는, 인간의 새로운 힘에 대한 깊은 죄의식을 생각했다. 우리는 그것은 새로운 세계라는 것을 알고 있었다. 그러나 우리는 새로운 것(악) 그 자체가 인간의 생활에서 매우 오래된 것이고 모든 우리의 수단이 그것에 뿌리를 두고 있다는 것을 더 잘 알고 있었다.

　실험에 성공한 로스앨러모스 폭탄연구소 책임자는 파렐과 같이 지프차를 타고 떠났다. 래비는 그가 베이스 캠프에 도착하는 것을 보고 변화를 느꼈다.

그가 돌아왔다. 모자를 쓰고 돌아왔다. 그는 우리가 있던 소위 우리가 말하는 본부로 돌아왔다. 그리고 그의 걸음걸이는 '하이 눈 (High Noon)'과 같았다. 내가 더 이상 어떻게 더 잘 표현할 수는 없다. 점잔을 뺀 걸음걸이였다. 그는 그렇게 걸어왔다.

"파렐이 내게 다가왔을 때," 그로브스가 계속해서 이야기했다. "그의 첫마디는 '전쟁이 끝났다'였다. 나는 '그렇다, 폭탄 두 개를 일본에 떨어뜨리면 끝난다'라고 대답했다. 나는 조용하게 오펜하이머에게 축하했다. '나는 당신이 자랑스럽습니다.' 그는 간단히 대답했다. '고맙습니다.' '이론물리학자는 철학을 하는 가장 좋은 방법으로 물리학을 찾아냈다'라고 베테는 말했다. 그는 역사에서 자기 몫을 차지했다. 그것은 노벨상보다도 더 큰 것이었지만 애증이 병존하는 것이었다."

마굿간에 있는 헌병의 말들은 아직도 겁에 질려 웅성거렸다. 베이스 캠프에 있는 먼지를 흠뻑 뒤집어쓴 풍차는 폭풍의 에너지로 아직도 세차게 돌고 있었다. 웅덩이에 있던 개구리들은 짝짓기를 중단했다. 래비는 위스키를 한 병 꺼내 쭉 돌렸다. 모두 한 모금씩 마셨다. 오펜하이머는 그로브스와 같이 포츠담에 있는 스팀슨에게 보낼 보고서를 작성했다.

"인간의 마음에 대한 나의 믿음이 약간 회복됐습니다." 허바드가 오펜하이머의 말을 엿들었다. 그는 폭탄의 위력을 21킬로톤으로 추정했다. 페르미는 종이조각 실험으로 적어도 10킬로톤이 된다고 했다. 래비는 18킬로톤에 내기를 걸었다. 그날 아침 페르미와 허버트 앤더슨은 흰색 수술용 가운을 입고 납판으로 둘러싼 두 대의 탱크로 제로에 접근했다. 페르미가 탄 탱크는 1마일 정도 가다가 고장이 나서 걸어 돌아왔다. 앤더슨은 계속 접근했다. 잠망경을 통하여 폭탄이 만든 웅덩이를 조사했다. 타워, 2만 달러짜리 기중기, 오두막집 그리고 강철 기둥 등은 모두 기화해서 날아가고 다리 부분의 콘크리트 철근만 이리저리 휘어진 채 조금 남아있었다. 아스팔트 포장 도로는 모래가 녹아 엉겨붙어 녹색의 옥같이 반짝거렸다. 앤더슨의 로켓에 매달린 컵으로 토양 샘플을 채취했다. 뒤에 방사 화학적 분석으로 위력이 18.6킬로톤으로 판명됐다. 이것은 예상했던 것보다 네 배나 되는 위력이었다. 래비가 내기에서 이겼다.

페르미는 지연 반응을 경험했다. 그는 그의 아내에게 말했다. "트리니티에서 돌아오며 그는 처음으로 자기가 운전하는 것이 안전하지 않다고 느꼈다. 그는 자동차가 커브에서 커브로 뛰어넘는 것같이 느껴졌다. 그는 남이 운전하는 차에 타기를 싫어했지만, 친구에게 운전해 달라고 부탁했다. 스태니슬라브 울람은 시험을 참관하지 않았다. 그는 버스를 타고 돌아오는 사람들을 보고, 즉시 그들이 이상한 경험을 하고 왔다는 것을 알 수 있었다. 그들의 얼굴을 보고 알 수 있었다. 나는 무엇인가 매우 중대하고 강렬한 것이 그들의 미래에 생겼다는 것을 볼 수 있었다."

폭탄의 폭발은 모래, 선인장 그리고 공기를 오염시킨 외에는 사막에 큰 피해를 주지 않았다. 그러나 트리니티의 방사능 안전성을 조사한 의사 워렌(Stafford Warren)은 치명적인 효과를 발견했다.

제로로부터 800야드 거리에서 불에 타 죽은 야생 토끼들을 발견했다. 3마일 떨어진 빈 농가는 문짝이 떨어져 나가고 큰 피해를 입었다. 9마일 거리에서 잠시 동안 눈이 보이지 않을 정도로 빛이 강렬했고, 빛, 열 그리고 자외선에 의하여 5~6마일 거리에서는 며칠 동안 볼 수 없든지 또는 영구히 눈을 멀게 했을 것이다.

프랑크 오펜하이머가 세웠던 오두막들은 1000야드 거리에서 불에 탔고, 2000야드 거리에서는 검게 그슬렸다. 1520야드에서 온도는 순간적으로 섭씨 400도까지 올라갔다.

폭풍 효과를 연구한 영국 물리학자 윌리엄 페니는 닷새 후 트리니티에 대하여 보고했다. 그는 이 무기가 30만 내지 40만 명이 사는 도시를 완전히 파괴할 수 있다고 예측했다. 그는 이 숫자에 확신을 갖고 있었다. 이것이 현실이었다.

트리니티 시험이 진행되고 있을 때쯤, 샌프랜시스코 만에서는 리틀보이가 순양함 인디애나폴리스에 선적되고 있었다. 함장은 납통 속에 들어있는 리틀보이의 우라늄 포탄을 부관방에 보관하고 방문을 용접해 버렸다. 로스앨러모스에서 온 두 명의 육군 장교가 티니안에 도착할 때까지 열흘 동안 하루 24시간 교대로 지킬 것이다.

태평양 시간으로 8시 36분, 인디애나폴리스 호는 금문교를 통과하여 태평양으로 나아갔다.

죽은 자의 세계

19 45년 3월 말, 커티스 리메이의 폭격기들이 일본의 도시들을 바쁘게 폭격하고 있는 동안, 엘머 커크패트릭(Elmer Kirkpatrick) 육군 대령이 티베스의 제 509 복합 그룹이 주둔할 장소를 건설하기 위하여 마리아나스에 도착했다. 커크패트릭은 도착 당일인 3월 30일, 리메이 장군을 만나고 나서 체스터 니미츠(Chester Nimitz) 태평양 함대 사령관을 만나기 위하여 괌으로 갔다. 두 명의 사령관들은 매우 협조적이었다. 다음날 그는 그로브스에게 보고했다. "섬의 곳곳을 조사하고 장소를 결정했음. 공병들이 설계 작업을 시작했음." B-29 폭격기들을 위한 시설은 부족한 것이 없으나 시멘트와 건물이 부족했다.

4월 5일, 커크패트릭은 다시 괌으로 가서 필요한 물자도 구하고 작업 승인도 받았다. 워싱턴에서 받아온 편지를 들고 공군과 해군의 명령 계통을 찾아 다녔다. 사이판에는 그에게 충분한 물자를 공급해 주라는 지시 텔렉스도 도착해 있었다. 해군 건설대대 '바닷벌'이 건물을 짓고 땅도 파낼 것이다. 폭탄이 너무 커서 그대로 B-29에 적재할 수 없으므로 땅을 파내어 지상과 비행기의 폭탄 투하실 사이에 공간을 확보해야 한다.

6월 10일, 티베스의 전투 요원들이 특별히 개조된 새로운 B-29를 타고 티니안에 도착했다. 지난 가을에 공급됐던 B-29는 이제 사용하지 않는다. 티베스는 전쟁이 끝난 뒤 한 신문에 다음과 같이 기고했다.

> 시험 결과 우리가 갖고 있는 B-29는 원폭 투하에 적합하지 않았다. 중량이 너무 무겁고 구식이었다. 엔진을 80퍼센트 출력으로 가동시키면서 3만 피트 고도에 상승하면 과열되어 밸브가 고장났다. 나는 새로운 경량화된 B-29를 요청했다. 연료 분사 장치로 기화기를 대체했다.

새로운 B-29는 특수 폭탄과 증원된 승무원을 수용할 수 있도록 개조됐다. 뚱뚱이는 전방 폭탄실에 실을 수 있게 됐다. 책상, 걸상, 산소 공급기 그리고 인터폰이 추가로 설치되어 비행중에 무기 담당자가 폭탄의 상태를 점검할 수 있도록 했다. 이 특별 B-29의 성능은 뛰어난 것이었다. 6월 말까지 11대의 신형 B-29가 태평양에 도착했다.

유타 주 웬도버의 세찬 바람과 먼지에 익숙해져 있던 509 부대원들에게 티니안은 천국의 정원처럼 보였다. 주위의 푸른 바다와 팜 트리들이 어우러져 이런 광경을 만들어 냈을 것이다. 필립 모리슨은 뚱뚱이의 조립을 돕기 위하여 이곳에 도착했다. 그는 1945년 말 미상원의 한 위원회에서 다음과 같이 이야기했다.

티니안은 하나의 기적이다. 샌프란시스코로부터 6,000마일 떨어진 이곳에 미국 군대는 세계에서 가장 큰 공항을 건설했다. 여섯 개의 활주로가 만들어졌다. 각각 10차선 고속도로 넓이에 길이가 약 2마일이나 됐다. 활주로 옆에는 수백 대의 은빛 나는 비행기들이 줄지어 늘어서 있었다. 맨해튼보다 조금 작은 이 섬을 공중에서 내려다보면 거대한 항공모함의 갑판에 폭격기들이 꽉 차게 실려 있는 것 같았다.

석양 무렵 전 비행장은 엔진의 굉음으로 뒤덮인다. 거대한 비행기가 활주로에 굴러간다. 그들의 워낙 크기 때문에 천천히 움직이는 것 같아 보이지만, 때때로 달려가는 지프보다도 훨씬 빠르다. 매 115초마다 B-29 한 대가 공중에 떠오른다. 정확하고도 질서 있게 한 시간 반 동안 이륙이 계속된다. 태양이 바다 속으로 가라앉은 뒤에도 비행기들의 불빛을 볼 수 있다. 때때로 이륙에 실패하여 바다로 빠지거나 또는 해변가에 처박혀 거대한 횃불 같은 불길이 치솟는다. 우리는 때때로 언덕 위에 올라가 무서움 속에서 이런 광경을 바라보곤 했다. 대부분의 비행기들은 다음 날 아침 돌아온다. 한번에 10대 혹은 12대씩 떼지어 돌아온다. 한 대가 착륙하자마자 또 한 대가 수평선에 나타난다. 언제나 시야에는 똑같은 수의 비행기가 보인다. 한두 시간 내에 모든 비행기가 착륙하면 비행장은 다시 꽉 차게 된다.

7월 중순까지 폭탄 조립 및 시험 시설들이 완비됐다. B-29 승무원들은 비행 연습을 위해 유황도까지 갔다오는 길에 아직도 일본군이 점령하고 있는 로타(Rota)와 트럭(Truk) 섬을 재래식 폭탄으로 폭격했다.

해리 트루먼과 지미 번즈는 그로브스와 오펜하이머가 트리니티에서 보고서를 작성하고 있던 시간에 무개차로 폐허가 된 베를린 시내를 구경하기 위하여 포츠담 교외를 떠났다. 포츠담 회의는 그날 오후에 시작될 예정이었으나 이오시프 스탈린의 기차가 늦게 도착했다(그는 전날 가벼운 심장마비를 일으켰다). 베를린 시찰은 트루먼에게 연합군의 폭격과 소련군의 포격으로 부서진 시가지를 직접 볼 수 있는 기회를 제공했다.

7월 3일, 번즈는 백악관의 장미 가든에서 그의 하원, 상원 그리고 대법원 시절의 동료들이 참석한 가운데 국무장관에 취임했다. 번즈가 선서를 하고 나자 트루먼이 농담을 했다. "지미, 성경에 키스하게." 번즈는 성경에 입을 맞추고 나서 대통령에게 건네주며 그도 키스하라고 시켰다. 트루먼도 입을 맞추었다. 전직 부통령과 그 기회를 놓쳤던 국무장관 사이의 관계를 이해하는 관중들이 웃었다. 나흘 뒤 두 명의 지도자는 순양함 오거스타(Augusta)를 타고 대서양을 건너, 지금 나란히 베를린을 시찰하고 있다.

헨리 스팀슨은 이들보다 먼저 도착했지만 시찰 여행에 대통령을 수행하지 않았다. 육군성 장관은 번즈가 취임하기 전날 대통령을 만나 일본에 대하여 항복 권고문을 발표하도록 제안했다. 그 자리를 떠나며 그는 대통령에게 포츠담 회의에 초청하지 않은 것이 자신의 건강에 대한 배려 때문인지 물었다. 대통령은 그렇다고 대답했다. 스팀슨은 여행을 할 수 있으며 자기도 참석하고 싶다고 말했다. 다음날 트루먼은 스팀슨의 요청을 수락했다. 그러나 스팀슨은 별도의 군용 함정으로 혼자 출발했고 포츠담에서도 대통령의 숙소에 같이 머무르지 않았으므로, 사적인 토의 시간에 참석하지 못했다. 스팀슨의 보좌관 중의 한 명은 "국무장관 번즈는 스팀슨의 참석을 탐탁치 않게 생각했다고 느꼈다. …… 해군성 장관도 참석하지 않았는데 왜 스팀슨 씨가 참석해야 되는가?" 번즈는 1947년에 출판한 그의 자서전의 포츠담 회담 관련 부분에서 스팀슨의 이름은 단 한 번도 거론하지 않았다. 사실, 포츠담에 스팀슨은 트루먼과 번즈에게 연락병 이외의 역할은 하지 못했다. 그러나 그가 가져온 소식은 운명적인 것이었다.

스팀슨이 7월 2일 트루먼에게 제안한 것은 지금까지 중립을 지켰던 소련이 태평양 전쟁에 참여하는 문제를 포함하여 일본의 상황에 대한 것이었다. 그는 일본이 절망적이라고 판단했다.

일본은 동맹국도 없이 혼자 싸우고 있다. 일본의 해군은 거의 전멸되어 해안 봉쇄에 취약성을 드러내고 있다. 일본의 도시와 산업시설들은 우리의 집중적인 공중 공격에 그대로 노출되어 있다. 일본은 영국과 미국의 군사력뿐만 아니라, 중국과 소련의 위협에도 직면해 있다. 우리는 일본의 잠재력을 소진시킬 수 있는 끝 없고 완전한 상태의 산업자원을 가지고 있다. 우리는 약삭빠른 일본의 선제 공격의 희생자가 됐으므로 도덕적 측면에서도 유리한 입장에 놓여있다.

다른 한편으로는, 스팀슨은 일본의 산악 지형과 일본인들의 철저하게 대항하는 애국심에 대해서도 이야기했다. 미국은 아마도 "일본에 상륙한다면 독일에서보다도 더 철저한 끝내기 전투를 치루어야 될 것이다." 그렇다면 다른 대안이 있는가? 스팀슨은 대안이 있다고 생각했다.

나는 일본이 이런 위기 상황에서 현재 우리의 언론이나 다른 곳에서 이야기하는 것보다 훨씬 더 사리에 민감하다고 믿고 있다. 일본은 우리와 전적으로 다른 사고 방식을 갖고 있는 미치광이들만 있는 국가는 아니다. 이와는 반대로 지난 한 세기 동안 매우 짧은 시간 안에 복잡한 서양 문명을 문화적, 정치적 그리고 사회적인 면에서 받아들인 매우 지적인 사람들이다. 이런 관점에서 그들의 발전은 역사에서 찾아볼 수 없을 정도의 놀랄 만한 것이었다.

그러므로 나의 결론은 적절한 시기에 일본에 경고를 해야 된다는 것이다. 나는 개인적으로 이 경고에 현재의 왕조 아래 합헌 군주제를 해도 좋다는 것을 추가하여야 된다고 생각한다. 이것이 그들의 수락 가능성을 크게 제고시킬 것이다.

육군성 장관은 그의 제안서에서 몇 번이나 이 항복 권유는 "무조건 항복과 동등한 것"이라는 점을 강조했다. 그러나 다른 사람들은 그렇게 받아들이지 않았다. 번즈는 포츠담으로 떠나기 전에 앓아 누워 있는 코델 헐(Cordell Hull)에게 그 제안서를 가지고 갔다(헐은 루스벨트 대통령 밑에서 1932년부터 1944년까지 국무장관을 지냈다). 헐은 즉시 '현 왕조(많은 미국 사람들은 일본의 군국주의를 히로히토 천황으로 의인화하여 생각하고 있었다)'를 잔존케 하는 것은 양보라고 지적했다. 그리고 번즈에게 너무 일본에 유화 정책을 쓰는 것 같다고 말했다.

스팀슨, 트루먼 그리고 번즈가 포츠담에 도착하고 나서 그것이 일본이 받아들일 수 있는 최소의 항복 조건이라는 것을 알게 됐다. 미국 정보당국은 동경에서 모스크바 주재 일본 대사 사토 나오다케에게 소련이 일본의 항복을 중개해 주도록 요청하라는 지시 전문을 감청하여 해독했다. "제국에 대한 내외 정세가 매우 심각하다." 외무상 도고 시게노리는 7월 11일 사토에게 전문을 보냈다. "그래서 사적으로는 전쟁의 종결조차 고려되고 있다. …… 우리는 이와 관련하여 소련을 활용할 수 있는 범위에 대하여 탐색하고 있다. …… 이것은 황궁에서도 크게 걱정하는 문제이다." 그리고 7월 12일 다시 전문을 보냈다.

전쟁을 속히 종결하고자 하는 것은 천황 폐하의 염원이시다. 그러나 미국과 영국이 무조건 항복을 주장하는 한 우리 나라는 다른 대안이 없고 생존과 조국의 명예를 위하여 모든 노력을 기울여야 할 것이다.

일본 지도자들에게는 무조건 항복은 일본의 본질적이며 역사적인 국체를 포기하라는 요구로 받아들여졌다. 유사한 상황 아래서 미국인도 그들의 생명을 대가로 치르더라도 받아들이기를 주저할 수 있는 요구이다. 이런 이유로 스팀슨은 그가 제안한 항복 조건을 조심스럽게 선정했었다. 그러나 천황의 정부가 군국주의로 더럽혀졌으므로 왕조를 보존하는 것은 일본을 경영하고, 전쟁을 시작하고 싸워온 군사 정권을 보존하도록 제의하는 것같이 보일 수도 있다. 틀림없이 미국 국민들은 그들의 희생이 무책임하게 배반당했다고 생각하게 될 것이다.

헐은 이 어려움을 생각하고 번즈가 대서양을 건너고 있었을 7월 16일 전문을 보냈다. 전 국무장관은 천황이 그대로 제위에 머물도록 허용한다 하더라도 일본이 항복하라는 권유를 거절할 수도 있다고 말했다. 이 경우 군국주의자들은 연합군의 의지가 약해지는 징조로 받아들이고 고무될 수 있으며 미국에서는 정치적 타격을 입을 수도 있다. 연합군의 폭격이 최고조에 달하고 소련이 전쟁에 참가할 때까지 기다리는 것이 좋을 것이라는 의견을 제시했다.

일본에 경고를 하는 것은 상륙 작전으로 인한 살상을 피하자는 희망에서 조기 항복을 권고하는 것이다. 소련이 참전할 때까지 기다리자는 의견은 트루먼이 수개월 동안 불편하게 매달려온 상황에 아무 진전도 가져다 주지 못하는 것이다.

그날 밤 포츠담에 방정식의 조건을 변화시키는 또 다른 소식이 전해졌다. 워싱턴으로부터 조지 해리슨이 트리니티의 성공 소식을 스팀슨에게 전했다.

오늘 아침 작동됐음. 결과 분석은 완전히 끝나지 않았으나 만족스러워 보이며 이미 예상을 넘어 섰음. 곳곳에서 흥미를 갖고 있으므로 언론 발표가 필요할 것 같음. 그로브스 박사도 기뻐하고 있음. 그는 내일 돌아올 예정임. 다시 소식 전하겠음.

스팀슨은 안도하면서 하비 번디에게 이야기했다. "이 원자 모험에 사용한 20억 달러에 대하여 내가 책임지고 있다. 이제 성공했으므로 나는 감옥에는 가지 않을 것이다." 육군성 장관은 방금 베를린에서 포츠담으로 돌아온 트루먼과 번즈에게 전보를 가지고 갔다.

번즈는 스팀슨의 환영할 만한 소식을 듣고 일본에 대한 경고를 연기할 것을 생각했다. 그는 그날 밤 헐에게 답신을 보냈다. "다음 날 나는 국무장관 번즈로부터 경고는 연기되어야 하며, 발표될 때에는 천황에 관한 언급이 삭제되어야 한다는 답신을 받았다"라고 헐은 말했다. 이제 번즈는 경고 발표를 연기할 수 있는 좋은 이유를 갖고 있다. 최초의 전쟁용 원자 폭탄이 완성되기를 기다리는 것이다. 만일 일본이 미국의 경고를 무시한다면, 미국은 인과응보적인 반응을 보일 수 있게 된다. 미국은 이런 무기를 갖고 있으므로 무조건 항복 조건을 타협할 필요가 없다. 그리고 미국은 더 이상 태평양에서 소련의 도움도 필요하지 않게 됐다. 이제 문제는 소련을 끌어들이는 것이 아니라 참가하지 않도록 하는 것이다. "시험이 성공했다는 소식을 듣고 대통령과 나는 그들이 전쟁에 참가하는 것을 달갑지 않게 생각하게 됐다."

미국 대표단 중 번즈와 몇몇 사람들은 만일 히로히토가 일본 군대를 설득하여 총을 버리게 한다면 천황제를 계속하는 것도 의미가 있는 정책이라고 생각했다. 국무장관은 미국인들이 들고 일어나지 않고, 일본인들에게는 확신을 줄 수 있는 적절한 선언문의 초안을 작성하고 있었다. 참모총장이 최초의 안을 작성했다. "앞으로의 전쟁 상황에 따라 변경될 수도 있지만 일본인들은 자유로이 그들의 정부 형태를 선정할 수 있을 것이다." 일본의 국체는 황가에 있지 국민에 있지 않다. 일본인들에게 인기 있는 정부에 대한 조항은 무조건 항복 조건이나 똑같은 조건이다.

7월 21일, 조지 해리슨은 스팀슨에게 전보를 보냈다. "준비 작업에 착수한 군사 고문들이 모두 당신이 아끼는 도시를 선호하고 있습니다." 그로브스는 여전히 교토를 제외시킬 요인을 발견하지 못했다. 그와는 반대로 여기에서 새롭게 제기되는 요인들은 교토를 확인하는 경향이 있었다.

해리슨은 다시 만일 계획의 변경이 있다면 7월 25일까지 알려 달라고 요청했다. 동시에 그로브스는 8월 5일에서 10일 사이에 일본에 투하할 새로운 무기에 대하여 모르고 있는 더글라스 맥아더에게 보고할 수 있도록 조지 마셜의 허락을 요청했다. 제509 공군 부대는 전투 경험도 쌓고 또한 일본인들이 고공에 높이 뜬 한두 대의 B-29에 익숙해지도록 일본 상공의 연습비행을 개시했다.

그로브스가 보낸 트리니티 시험에 대한 생생한 설명이 토요일 낮 12시 조금 전에 도착했다. 스팀슨은 트루먼과 번즈를 의자에 앉혀놓고 큰소리로 읽었다. 그로브스는 폭탄의 위력을 15,000톤 내지 20,000톤의 TNT와 동등한 것으로 판단했다. 그리고 토머스 파렐은 가시적인 효과를 '미증유의, 굉장하고, 아름답고, 거대하고 그리고 무서운' 것이었다고 불렀다. 베인브리지의 '더럽고 그리고 무서운 광경'이 파렐에 의해 '훌륭한 시인들이 꿈꾸었으나, 부적절하고 서투르게 표현한 아름다움'이 됐다. 추측컨대 파렐은 최상의 것을 의미하려고 했던 것 같다. "현 전쟁에 관한 한, 무슨 다른 일이 일어난다 할지라도 이제 우리는 재빨리 종결시킬 수 있는 수단을 확보했고 수천 명의 미국인들의 생명을 구할 수 있게 됐다는 느낌이 있었다." 이 보고로 트루먼은 굉장히 고무된 것 같이 보였다. 그는 전적으로 새로운 자신감을 갖게 됐다고 말했다.

대통령은 다음날 그로브스의 보고에 관하여 토의하기 위하여 번즈, 스팀슨, 마셜 그리고 아널드와 만났다. 아널드는 오랫동안 재래식 전략폭격만으로도 일본을 항복시킬 수 있다는 입장을 견지해 왔다. 6월 말 경 상륙이 결정되자 그는 리메이를 워싱턴으로 급히 불러 협의했다. 리메이는 10월 1일까지 일본의 전시 산업을 완전히 파괴할 수 있다고 했다. "이렇게 하기 위하여 그는 20 내지 60개의 크고 작은 도시들을 파괴하여야 했다"고 아널드는 회고했다. 5월과 8월 사이에 리메이는 58개의 도시를 파괴했다. 그러나 마셜은 공군의 평가에 동의하지 않았다. 그는 6월에 트루먼에게 태평양 상황은 노르망디 상륙 후 유럽의 상황과 실제적으로 동일하다고 말했다. "공군력만으로는 일본인들을 내쫓기에는 충분치 못하다. 유럽에서도 그것만으로는 독일을 이길 수가 없었다." 그는 전후에 한 인터뷰에서 포츠담에서 자기가 주장했던 것을 설명했다.

우리는 원자 폭탄을 투하하는 문제는 극히 중요한 것으로 생각했다. 우리는 방금 오키나와에서 쓰디쓴 경험을 했다(미군 12,500명이 사망 또는 실종됐으며, 일본인은 100,000명 이상이 82일에 걸친 전투에서 사망했다). 이 전투 이전에도 태평양의 다른 섬들에서 비슷한 경험을 했다. 매번 일본인들은 항복하지 않고 죽을 때까지 싸웠다. …… 일본 본토에서의 저항은 더욱 격렬할 것이다. 우리는 동경을 폭격하여 하룻밤에 10만 명을 죽였다. 그러나 그것은 아무 영향도 미치지 않을 것 같다. 일본의 도시들을 파괴했지만 그들의 사기에는 전혀 영향을 미치지 않았다. 그래서 만일 우리가 할 수 있다면 그들이 행동에 옮기도록 그들에게 큰 충격을 주는 것이 필요한 것 같아 보였다. …… 우리는 전쟁을 끝내야 했다. 우리는 미국인들의 생명을 구해야 했다.

그로브스의 보고가 도착하기 전에, 실제적이며 엄격한 아이젠하워 사령관은 상당히 다른 평가를 하여 스팀슨을 화나게 만들었다. "우리는 독일에 있는 사령부에서 기분 좋은 저녁을 같이 보내고 있었다." 연합군 최고 사령관은 기억했다. "저녁 만찬이나 모든 것이 훌륭했다. 그때 스팀슨이 폭탄이 완성되어 투하할 준비가 됐다는 내용의 전보를 받았다." 이 전문은 트리니티 시험 후 그로브스가 워싱턴에 돌아온 뒤 해리슨이 두 번째로 보낸 것이었다.

　　의사는 방금 돌아왔다. 그는 리틀보이도 형처럼 튼튼하다고 자신만만했다. 그의 눈에서 나오는 빛은 하이홀드(High hold)에서도 볼 수 있었고 그리고 그가 외치는 소리는 나의 농장에서도 들을 수가 있었다.

하이홀드는 워싱턴에서 250마일 떨어진 롱아일랜드 주의 스팀슨의 저택이 있는 곳이다. 트리니티 섬광은 제로에서부터 이보다 더 먼 거리에서도 볼 수 있었다. 해리슨의 농장은 워싱턴에서 50마일 되는 거리에 있었다. 아이젠하워는 우스꽝스러운 암호에는 별로 흥미가 없었고 단지 내용은 '재앙'에 관한 것이라는 것은 알 수 있었다.

죽은 자의 세계　355

전문은 통상 하는 방식대로 암호로 씌어졌다. 그는 미국이 그것을 일본에 투하할 것이라고 나에게 말했다. 나는 듣고만 있었다. 나는 아무 말도 하지 않았다. 왜냐하면 유럽에서 나의 전쟁은 끝났고 그것은 내가 결정할 문제가 아니었기 때문이다. 그러나 나는 단지 그것을 생각하는 것만으로도 기분이 울적해졌다. 그러고 나서 그는 나의 의견을 물었다. 그래서 나는 두 가지 이유로 그것에 반대한다고 말했다. 첫째, 일본은 항복할 준비가 되어 있으므로 그 무서운 것으로 때릴 필요가 없다. 둘째, 나는 우리 나라가 이런 무기를 사용하는 최초의 국가가 되길 원치 않는다. 그러자, 노신사는 진노했다. 나는 그가 왜 그러는지 알고 있다. 결국 폭탄을 개발하기 위하여 막대한 비용을 쓴 것은 그의 책임이며, 그는 그렇게 할 권리가 있고 그리고 그렇게 한 것(폭탄을 만든 것)이 옳았다. 그러나 여전히 폭탄을 투하하는 것은 다른 문제였다.

아이젠하워는 트루먼에게도 이야기했다. 그러나 대통령은 이미 자신의 생각을 굳혔으므로 마셜의 판단에 의견을 같이했다. "일본인들은 소련이 들어오기 전에 손을 들 것이다." 그는 트리니티 성공 소식을 듣자마자 그의 일기에 적었다. "나는 맨해튼이 그들의 본토에 나타나면 그들이 항복할 것이라고 확신한다."
언제 포츠담 선언을 발표하느냐 하는 것은 이제 언제 최초의 원자 폭탄이 투하할 수 있는 준비가 되느냐 하는 문제가 됐다. 스팀슨은 해리슨에게 물었고, 7월 23일 회신이 왔다.

수술은 환자의 준비 상태와 기후 조건에 의존하지만 8월 1일 이후에는 어느 때고 가능하다. 환자만의 관점에서 보면 8월 1일에서 3일 사이 또는 8월 4일에서 9일도 좋은 기회이다. 예상치 못한 일을 제외한다면 8월 10일 이전에는 거의 확실하다.

스팀슨은 표적 명단도 요청했었다. 해리슨은 순서대로 히로시마, 고쿠라, 니이가타 등을 보내왔다.

7월의 마지막 한 주를 남겨 놓고 나가사키는 아직 명단에 포함되어 있지 않았다. 며칠내 그곳도 포함되게 된다. 공군의 공식적인 역사 기록자는 리메이의 참모들이 그곳을 제안하지 않았는가 추측했다. 육안 폭격의 필요성이 아마도 그곳을 포함시켰을 것이다. 히로시마는 니이가타에서 440마일 남서쪽에 위치하고 있다. 나가사키와 고쿠라는 규슈에 있으며 서로 인접해 있다. 히로시마로부터 남서쪽 220마일 거리에 있다. 만일 한쪽의 날씨가 흐리다면 다른 곳은 맑을 수도 있다. 또한 나가사키는 일본에서 아직 폭격을 받지 않고 남아 있는 몇 개의 주요 도시들 중 하나였다.

세 번째 전보로 그날의 교신이 끝났다(로스앨러모스에서 뚱뚱이에 사용될 플루토늄 코어를 제작 완료했다). 전문에는 앞으로 설계 변경 가능성도 시사했다. 우라늄 235와 플르토늄 합금으로 코어를 제작하는 것이다.

시험한 것과 같은 종류(뚱뚱이)의 것이 8월 6일까지 태평양 기지에서 준비가 될 것입니다. 두 번째 것은 8월 24일까지 가능합니다. 추가로 9월에는 3개가 준비 가능하도록 서두르고 있으며 12월에는 7개 또는 그 이상 가능하리라 희망합니다. 한 달에 3개 이상 만들기 위해서는 설계 변경이 필요하며 그로브스는 전적으로 타당한 일이라고 믿고 있습니다.

7월 24일 화요일 아침, 스팀슨은 해리슨의 전문 내용을 트루먼에게 보고했다. 대통령은 기뻐했으며 포츠담 선언 발표 시기를 정하기 위해 이 소식을 참고하겠다고 말했다. 장관은 이 순간을 이용하여 트루먼에게 만일 일본인들이 항복 조건으로 계속 주장한다면 그들의 천황을 그대로 모실 수 있다는 것을 사적으로 알려줄 것을 호소했다. 그렇게 할 생각이 없으면서도 대통령은 기억해 두겠다고 말했다.

스팀슨은 떠나고 번즈가 트루먼과 오찬을 같이 하기 위하여 찾아왔다. 그들은 어떻게 하면 스탈린에게 폭탄에 관하여 가능한 한 가볍게 이야기할 것인가에 관하여 토의했다. 트루먼은 전시의 동맹자인 스탈린이 그의 등 뒤에서 미국이 획기적인 신무기를 개발했다는 것을 알았을 때 방어할 구실을 찾기를 원했고 동시에 스탈린에게는 자세한 것을 알려주기를 꺼려했다. 번즈는 신중하게 대처했던 이유를 1958년 역사가 허버트 파이스(Herbert Feis)에게 이야기했다.

 회담의 첫 주 동안 소련인들을 상대해 본 그의 경험에 비추어 그는 소련이 태평양 전쟁에 참가하는 것은 바람직한 일이 아니라고 결론지었다. …… 그리고 만일 스탈린이 새로운 무기의 위력을 알게 된다면 즉시 소련군에게 진격 명령을 내리지 않을까 두려워했다.

그러나 스탈린은 이미 트리니티 시험에 대하여 알고 있었다. 미국에 있는 그의 정보요원이 그에게 이미 보고했다. 그는 별로 인상을 받은 것 같아 보이지 않았다. 그날 본 회의가 끝나고 트루먼이 즉석에서 스탈린에게 접근했던 이야기는 유명하다. 트루먼은 통역관을 남겨두고 회의용 탁자를 빙 돌아 스탈린에게 다가갔다. "나는 별 일이 아닌 듯 스탈린에게 파괴력이 큰 새로운 무기를 갖고 있다고 말했다." 그는 별로 큰 관심을 보이지 않았다. 그는 반갑다고 말하고 일본에 대하여 잘 사용할 것을 희망했다.

우리는 세계 역사상 가장 무서운 폭탄을 발견했다. 그것은 노아와 전설적인 방주 이후에 유프라테스(Euphrates) 계곡 시대에 예언된 불의 파괴일 수도 있다. 우리는 원자를 붕괴시키는 방법을 발견했다고 생각된다. 뉴멕시코 사막에서의 실험은 놀라운 것이었다. 이 무기는 지금부터 8월 10일 사이에 일본에 대하여 사용될 것이다. 나는 육군성 장관 스팀슨에게 그것을 사용하도록 지시했고 그리고 군인들이 표적이지 여자와 아이들이 표적이 아니라고 말했다. 일본인들이 야만적이고 무자비하며 미치광이라 할지라도, 공동의 복지를 추구하는 세계의 지도자로서 우리는 이 무서운 폭탄을 옛 수도나 또는 새로운 수도에 투하할 수는 없다.

나는 그와 같은 생각을 갖고 있다. 표적은 순수히 군사적인 것이 될 것이며 우리는 일본인들에게 항복하여 인명을 구하도록 요청하는 경고문을 발표할 것이다. 나는 그들이 그렇게 하지 않으리라고 확신하지만 우리는 기회를 줄 것이다. 히틀러의 무리나 스탈린의 무리들이 원자 폭탄을 만들지 못한 것은 세계를 위하여 좋은 일이다. 그것은 지금까지 발명된 것 중에서 가장 무서운 것 같아 보이지만 그러나 유용하게 사용될 수 있다.

트루먼이 스탈린에게 새로운 무기에 대하여 언급한 화요일 합동 참모들은 그들의 소련 상대자들과 만났다. 붉은 군대 참모총장 알렉세이 안토노프(Alexei E. Antonov) 장군은 소련군이 만주 접경에 집결하고 있으며 8월 후반부에 공격할 준비가 완료될 것이라고 말했다. 스탈린은 전에 8월 15일이라고 말했었다. 번즈는 소련이 그들답지 않게 기일을 지키게 되지는 않나 하고 걱정했다.

그날 오후 워싱턴에서 그로브스는 역사적인 원자 폭탄 사용 지시서의 초안을 작성했다. 그것은 해리슨을 통하여 육군 참모총장 마셜이 받아보도록 송신됐다. "당신의 승인과 육군성 장관의 승인을 가능한 한 빨리 얻기 위하여……" 무선으로 보낸다고 했다. 마셜과 스팀슨은 포츠담에서 지시서를 승인하고 그것을 트루먼에게 보여준 것으로 추측되지만 그의 공식적 승인 기록은 나타나 있지 않다. 지시서는 새로 임명된 태평양 전략 공군 사령관에게 다음 날 아침 하달됐다.

　칼 스파츠(Cark Spaatz) 장군, CG, USASTAF: 제20공군
1. 제509 복합 그룹은 1945년 8월 3일 이후 육안 폭격이 가능한 날에 다음 표적들 중 한 도시에 최초의 특수 폭탄을 투하한다: 히로시마, 고쿠라, 니가타 그리고 나가사키 …….
2. 추가 폭탄들은 위에 언급된 표적들에 준비가 되는 대로 투하한다.
3. 일본에 대한 폭탄 사용에 관한 모든 정보의 발표권은 육군성 장관과 미국의 대통령에게 있다.
4. 앞의 지시는 미국의 육군성 장관과 참모총장의 승인과 지시로 발송된 것이다.

　그로브스가 지시서의 초안을 작성하고 있는 동안 로스앨러모스에서는 대포형 폭탄의 표적 우라늄 링이 주조됐다. '리틀보이'를 완성시키기 위한 마지막 부품이었다.
　순양함 인디애나폴리스는 7월 26일 티니언에 도착했다. 공군 수송 사령부의 세 대의 C-54 수송기가 리틀보이의 표적링을 한 개씩 각각 나누어 싣고 커트랜드 공군 기지를 떠났다. 두 대의 C-54가 뚱뚱이의 기폭기와 플루토늄 코어를 싣고 떠났다. 한편 트루먼의 참모들은 오후 7시에 포츠담 선언을 언론에 발표했다. 미국의 대통령, 자유중국 총통 그리고 영국의 수상을 대신하여 일본에 '전쟁을 끝낼 수 있는 기회'를 제공했다.

　우리의 조건을 수락할 것. 우리는 이 조건에서 물러나지 않을 것

이다. 대안은 없다. 우리는 지연을 허용하지 않을 것이다.

일본 국민을 세계 정복에 나서도록 속이고 오도한 권력과 영향력을 행사한 자들은 제거되어야 한다.

이러한 새 질서가 수립될 때까지는…… 일본의 영토는 점령될 것이다.

일본의 주권은 혼슈, 홋카이도, 규슈, 시코쿠 그리고 우리가 결정하는 섬들로 제한될 것이다.

일본군은 완전히 무장해제된 후 그들의 집으로 돌아가도록 허용될 것이며 평화롭고 생산적인 생활을 영위할 기회가 주어질 것이다.

우리는 일본인들을 종족으로서 노예로 삼거나 혹은 국가를 멸망시킬 의도는 갖고 있지 않다. 그러나 모든 전쟁 범죄자들은 단호한 법의 심판을 받게 될 것이다.

언론의 자유, 종교 그리고 사상의 자유와 기본적인 인간의 권리에 대한 존경이 수립될 것이다.

일본은 경제를 유지하도록 산업 활동을 계속 하도록 허용될 것이다.

연합국의 점령군은 이런 목적들이 성취되는 대로 일본에서 철수할 것이다. 그리고 자유로이 표현된 일본 국민들의 의사에 따라 평화적이며 책임 있는 정부가 수립될 것이다. 우리는 일본이 이제 모든 군대의 무조건 항복을 선언하도록 촉구한다. ……일본의 대안은 즉각적이고 철저한 파괴뿐이다.

"우리는 무서운 결정에 직면했다"고 번즈는 1947년 그의 자서전에 기록했다. "우리는 일본이 소련에게 평화 협상 중재를 요청했다는 것을 폭탄을 사용하지 않더라고 일본이 무조건 항복하리라는 증거로 받아 들일 수 없었다. 사실, 스탈린은 일본이 자기에게 보낸 마지막 메시지가 '무조건 항복을 받아들이기보다는 차라리 죽을 때까지 싸우겠다'는 것이었다고 말했다. 이런 상황에서 협상에 동의하는 것은 잘못된 희망만 불러 일으킬 수 있다. 대신에 우리는 포츠담 선언에 의존했다."

선언문의 내용은 샌프란시스코에서 라디오 방송을 통해 일본에 전달됐다. 일본은 7월 27일 7시에 동경에서 수신했다. 일본 지도자들은 하루 종일 이상한 내용에 대하여 토의했다. 외무성의 일차 분석에 의하면 소련은 이 선언에 참여하지 않음으로써 중립성을 지켰다. 또한 연합국은 무조건 항복이란 조건을 일본군에게만 특별히 적용하고 있었다. 외상 도고는 점령 요구와 일본의 해외 점령지를 모두 빼앗아 버린다는 것을 싫어했다. 그는 사토 대사의 요청에 대한 소련의 반응을 보고 선언에 대응할 것을 건의했다.

일본 수상 스즈키 간타로 남작도 같은 의견이었다. 군사 지도자들은 동의하지 않았다. 그들은 즉각 거부할 것을 주장했다. 그렇지 않으면 사기가 저하된다고 생각했던 것이다.

다음 날 일본의 신문들은 포츠담 선언문의 내용 중에서 무장해제된 군인들은 고향으로 돌려 보내겠다는 것과 일본인들은 노예가 되거나 살해되지 않는다는 것을 삭제하고 발표했다. 오후에 스즈키는 기자 회견을 했다. "나는 세 나라에 의한 공동선언은 카이로 선언의 재판이라고 믿고 있다. 정부로서는 어떤 중요한 가치도 없는 것이라고 판단한다. 그것을 전적으로 무시하고 성공적으로 전쟁을 끝내기 위하여 결연히 싸워야 된다." 스즈키는 일본말로 선언을 '묵살'하는 것 외에는 다른 길이 없다고 말했다. 이것은 '선언을 말없이 무시해 버린다'는 것을 뜻할 수도 있다. 역사가들은 스즈키가 어떤 의미를 생각하고 있었는지 수년 동안 논쟁했다. 그러나 어찌 됐든 나머지 그의 발표는 '일본은 계속 싸우겠다'는 내용이었다.

"일본이 거부하자," 스팀슨은 1947년에 《하퍼》에 기고한 글에서 설명했다. "우리는 최후 통첩에서 밝혔듯이 만약 일본이 전쟁을 계속하면 우리의 결의로 뒷받침된 모든 군사력을 사용할 수밖에 없었다. 이것은 일본 군대의 완전한 파괴를 의미하며 피할 수 없이 일본인들의 고향을 철저히 파괴하지 않으면 안 된다. 이런 목적을 위하여 원자 폭탄은 뚜렷하게 적합한 무기였다."

스즈키가 기자 회견을 하던 저녁에 5대의 C-54가 앨버커키로부터 티니안에 도착했다. 일본에 6,000마일이나 더 가깝게 다가왔다. 한편 3대의 B-29는 뚱뚱이에 사용될 고폭약을 싣고 커트랜드를 떠났다.

한편 미국의 상원은 유엔 헌장을 비준했다. 인디애나폴리스 호는 리틀보이의 대포와 포탄을 티니안에 하역하고 7월 26일 괌을 향해 떠났다. 괌에서 호송도 받지 않고 필리핀을 향했다. 이곳에서 1,196명의 병사가 2주 동안 훈련을 받은 다음 규슈 상륙을 준비하고 있는 오키나와 주둔 95 특공대에 합류할 계획이었다. 일본 함대와 공군이 모두 파괴됐으므로 후방 지역에서는 미 함정들이 종종 호송을 받지 않고 항해했다. 그러나 인디애나폴리스 호는 구형 함정이며 잠수함 탐지용 소나도 장착되지 않았고 매우 무거웠다. 일본 잠수함 I-58이 필리핀 해역에서 7월 29일 일요일 자정 조금 전에 순양함을 발견하고 전투함으로 오인했다. I-58은 잠망경 깊이로 잠수하여 1,500야드 거리에서 6발의 어뢰를 발사했다. I-58의 함장 모치츠라 하시모토 중령은 다음과 같이 기억했다.

나는 잠망경을 통하여 살펴 보았다. 그러나 아무 일도 일어나지 않았다. 잠수함을 적과 나란히 달리게 하고 우리는 기다렸다. 1분이 몇 시간이나 되는 듯했다. 그때 적의 우현 전방 포탑 근처와 후방 포탑 근처에서 물기둥이 솟아오르고 빨간색의 섬광이 나타났다. 그리고 또 다른 물기둥이 1번 포탑 근처에서 솟아 오르며 적의 함정 전체를 에워싸는 듯했다. "명중, 명중!" 나는 각각의 어뢰가 터질 때마다 소리쳤고, 선원들은 기쁨에 춤을 추기 시작했다. …… 곧 큰 폭음이

들렸다. 어뢰가 명중되는 소리보다도 훨씬 더 컸다. 연속해서 세 번의 폭음이 들렸고 다시 여섯 번이나 더 폭발했다.

어뢰의 폭발에 뒤이어 탄약과 비행기 연료가 터지며 순양함의 이물과 발전실을 파괴했다. 전력 공급이 중단되자 무선 통신사는 조난 신호도 보내지 못했다(그는 적어도 신호를 보내는 동작은 취했었다). 함교와 엔진실 사이의 통신도 두절됐다. 엔진이 계속 작동하여 배를 추진시켰기 때문에 선체 구멍을 통하여 바닷물을 퍼올리는 결과를 가져왔다. 더위를 피하여 갑판에서 자고 있던 병사들은 바다로 떨어졌다. 퇴함 명령은 입에서 입으로 전달되어야 했다.

배가 45도로 기울자 놀라고 부상당한 병사들은 재난 대피 훈련에 따라 움직였다. 불이 어둠을 밝혔고 연기에 휩싸였다. 군의관은 항공기 연료 폭발로 화상을 입은 30여 명의 병사들에게 모르핀 주사를 놓고 그들의 상처 위에 구명대를 입혔다. 그들은 다른 사람들과 같이 기름에 뒤덮인 바다로 뛰어 들었다. 배의 후미로 걸어가 바닷물로 뛰어 내릴 수가 있었지만 부주의한 사람들은 회전하고 있는 3번 스크루에 휘감겨 죽었다.

약 850명이 탈출했다. 뱃머리가 100피트쯤 들어올려지더니 침몰하고 말았다. 생존자들은 사라지고 있는 함정 속에서 고함치는 소리를 들었다. 그들은 밤의 어둠 속에서 12피트의 파도에 휩쓸리고 있었다.

대부분의 사람들은 구명대를 입고 있었다. 몇 명은 구명정을 타고 있었다. 그들은 서로 서로 붙잡고 떼를 지어 떠 있었다. 튼튼한 사람들이 주위를 돌며 잠에 빠진 사람들이 떠내려가는 것을 막았다. 한무리에 삼백 명 내지 사백 명이 몰려 있었다. 그들은 부상자들을 파도가 좀 잔잔한 중앙으로 밀어 넣고 조난 신호가 발신됐기만 빌었다.

50명 이상의 부상자들이 밤사이에 죽었다. 동료들은 아침에 그들의 구명대를 벗겨주고 떠나가도록 했다. 바람은 가라앉았으나 햇빛이 기름 층에서 반사되어 눈이 부셔 앞을 볼 수 없을 지경이었다. 그때 상어 떼들이 몰려왔다. 떠다니는 감자 상자를 향해 수영하고 있던 한 수병이 상어의 공격을 받고 사라졌다. 공포에 질려 사람들은 무리를 지어 서로 바싹 조여 들었다. 어떤 사람들은 발로 물장구를 치고, 다른 사람들은 난파선에서 표류하는 물건인 양 꼼짝도 하지 않았다. 상어는 수병들의 다리를 낚아채었다. 평형을 잃은 몸둥이는 구명대를 착용한 채 뒤집어졌다. 한 생존자는 25명이 상어의 밥이 되는 것을 목격했고, 군의관은 자기가 속해 있던 큰 그룹에서 88명이 희생됐다고 기억했다.

구조선은 오지 않았다. 그들은 월요일부터 화요일 밤까지 마실 물도 없이 보냈다. 구명대의 솜이 물에 젖어 점점 가라앉았다. 결국에는 목이 말라 미칠 지경이 된 사람들이 바닷물을 마셨다. "바닷물을 마신 사람들은 미친 듯이 몸부림을 쳤다"라고 군의관이 증언했다. "그들은 정신을 잃고 물에 빠져 죽었다." 생존자들은 햇빛으로 눈이 멀었고, 구명대는 햇빛에 익은 살갗에 눌어 붙었다. 그들은 고열에 시달렸고 환각 증세를 보였다.

수요일 하루 낮과 밤 동안 상어들은 빙빙 돌다가 달려들어 먹이를 채갔다. 사람들은 헛것을 보기 시작했다. 어떤 사람은 섬을 보고 수영해가기 시작했고, 또 다른 사람은 배를 보고 쫓아갔다. 어떤 사람은 대양의 깊은 바닥에서 흘러나오는 샘물을 마시러 잠수했다. 모두 돌아오지 못했다. 싸움이 벌어져 서로 칼을 가지고 휘둘렀다.

8월 2일 목요일 아침, 한 대의 해군 비행기가 생존자들을 발견했다. 필리핀에서는 업무 태만으로 인디애나폴리스 호가 실종된 것도 모르고 있었다. 구조 활동이 시작됐다. 음식과 물 그리고 구조장비가 투하됐다. 배들이 달려오기 시작했다. 318명이 구조됐다.

이때 마신 물은 "너무도 맛이 있어 일생 먹어본 것 중에서 가장 맛있는 것이었다"고 한 수병이 회상했다. 84시간 동안의 사투 끝에 500명 이상이 상어에 잡아 먹혔거나 바다 속에 수장됐다.

잠수함 함장 하시모토는 현장을 탈출하여 일본인들이 가장 좋아하는 콩을 넣은 쌀밥과 장어 그리고 소고기 통조림 등으로 축하연을 베풀었다. 이날 태평양 사령관 칼 스패츠는 워싱턴에 텔렉스를 보냈다.

　　전쟁 포로의 말에 의하면 네 도시 중 히로시마에만 연합군 포로 수용소가 없다.

전쟁 포로가 있거나 없거나 표적을 바꾸기에는 너무 늦었다. 다음날 워싱턴은 회신을 보냈다.

　　표적은 결정됐음. …… 변화 없음. 그러나 정보가 정확하다고 믿는다면 히로시마에 최우선권을 주어야 할 것임.

주사위는 던져졌다.

트리니티 실험이 성공하자, 사람들은 그것을 사용해야 할 이유를 찾아냈다. 스팀슨이 1947년에 말한, 가장 강력한 이유는 다음과 같은 것이었다.

내가 가장 추구했던 것은 가능한 한 미군의 희생을 최소화시키고 전쟁을 승리로 끝내는 것이었다. 이러한 목적을 달성할 수 있는 무기를 가지고 있는 사람이 그것을 사용하지 않는다면 나중에 국민들의 얼굴을 쳐다볼 수는 없을 것이다.

폭탄은 일본인들에게 포츠담 선언이 농담이 아니라는 것을 보여주기 위한 것이었다. 그것은 그들이 항복하도록 충격을 주기 위한 것이었다. 그것은 소련인들에게도 알려주어, 스팀슨의 말을 빌면, '절실히 필요한 평형 장치'의 역할을 하도록 하기 위한 것이었다. 그것은 세계에 어떤 일이 다가오는지 알리기 위한 것이었다. 실라르드는 이런 이론적 근거를 생각하느라고 1944년을 허비했다. 그는 1945년 결론에 도달했다. 도덕적 이유로 폭탄은 사용되어서는 안 된다. 그리고 정치적인 이유로 그것은 비밀에 부쳐져야 한다. 1945년 7월 초, 텔러는 과학자들에게 실라르드가 돌린 청원서에 대한 회신으로 변형된 이론적 근거를 부활시켰다.

무엇보다도 먼저 나는 나의 양심을 깨끗이 할 희망이 없다는 것을 말하고 싶다. 우리가 지금 만들고 있는 것은 너무나 무서운 것이다. 아무리 항의하거나 또는 정치적으로 움직인다 하여도 우리의 영혼을 구하지 못할 것이다.
그러나 나는 당신의 반대에 확신하지 못하겠다. 어떤 한 가지의 무기를 불법으로 단정할 수는 없다고 생각한다. 만일 우리가 살아남을 약간의 기회라도 있다면 그것은 전쟁을 없애버리는 것에 있다. 무기가 결정적인 것이면 그럴수록 그것은 더욱더 확실히 전쟁에 사용될 것이다. 어떤 합의도 도움이 되지 않을 것이다.
우리의 단 하나의 희망은 우리의 결과를 사람들에게 알리는 것이다. 이것이 모든 사람에게 다음 전쟁은 치명적이라는 것을 확신시키는 데 도움이 될 것이다. 이런 목적 때문에 실제 전쟁에 사용하는 것이 제일 좋은 일이 될 수도 있다.

　국회에 대하여 20억 달러의 지출을 정당화하고 그로브스와 스팀슨이 감옥에 가지 않도록 하기 위하여 폭탄은 사용되어야 했다.
　"끝없는 살상을 피하기 위하여, 전쟁을 끝내기 위하여, 세계에 평화를 가져오기 위하여, 고통받는 사람들을 치유하기 위하여 몇 번의 폭발을 사용하는 것은 기적의 구원같이 느껴졌다"고 윈스턴 처칠은 그의 『제2차 세계대전의 역사』에서 요약했다.
　그러나 몇 번의 폭발은 폭탄이 투하될 도시에 살고 있는 민간인들에게는 구원의 기적 같아 보이지 않았다. 이들에게는 좀 더 강력한 이유가 제시되어야 할 것 같다. 폭탄의 사용은 일본이 항복하지 않았기 때문이 아니라 무조건 항복하지 않기 때문에 승인된 것이다. 제1차 세계대전 이후에 조건부 평화는 괴멸됐고 제2차 세계대전에서는 무조건 항복을 요구하게 했다. 먼젓번 전쟁의 검은 그림자들이 수년 간 드리우고 있었다. 옥스퍼드의 G. E. M. 앤스콤(Anscombe)은 1957년 해리 트루먼에게 명예 박사 학위를 수여하는 것을 반대하는 팸플릿에서 "무조건 항복의 고집이 모든 죄악의 근원이다"라고 말했다. "이런 요구와 가장 잔인한 전쟁 방법의 사용 필요성 사이의 관계는 명백하다. 전쟁에서 무조건의 조건을 제안하는 것은 야만적이며 바보 같은 짓이다."
　제2차 세계대전은 교전 상대국 모두에게 야만적이고도 바보짓 같은 것이 되어 버렸다. "전쟁을 끝낼 목적으로 죄 없는 사람들을 죽여 버리는 것은 살인이다. 그리고 살인은 인간의 행동 중에서 가장 나쁜 것이다. …… 일본 도시들에 대한 폭격은 전쟁을 끝낼 목적으로 죄 없는 사람들을 죽이기로 결정한 것임에 틀림없다." 일본 국민들을 대나무 창으로 무장시켜 상륙군에 대항하여 죽을 때까지 싸우도록 하는 것도 전쟁을 끝낼 목적으로 죄 없는 사람들을 죽이는 것이다.

야만주의는 군인이나 또는 지도자에게만 한정된 것은 아니었다. 그것은 모든 나라의 민간인의 생활에도 퍼져 있었다. 독일과 일본, 영국, 소련 그리고 확실히 미국에서도 그랬다. 그것이 지미 번즈와 같은 정치인 중의 정치인 그리고 국민의 사람인 해리 트루먼이 무방비 도시에 있는 민간인들을 대량 살상할 수 있는 새로운 무기를 멋대로 그리고 어쩔 수 없이 사용하지 않으면 안됐던 궁극적 이유이다. "그것이 미국 국민들의 심리 상태였다"고 래비는 결론지었다. "나는 그것을 군사적이라는 이유로 정당화하지 않는다. 그러나 미국 국민들이 지지하는 군사적인 분위기가 존재했다. 이 분위기는 승리에 대한 흥미와 전쟁의 고통이 끝나기를 학수 고대하는 감정이 뒤섞인 것이었다. 그들은 한 번에 때려 부수고, 불태워 버리고 그리고 죽이기를 원했다."

1945년, 《라이프(Life)》는 미국에서 가장 유명한 잡지였다. 이 잡지는 십 년 후 텔레비전이 널리 보급되기 전까지 수백만 명의 미국인의 가정에 뉴스와 흥미거리를 제공했다. 미국이 원자 폭탄을 사용하기 바로 직전에 인쇄된 잡지의 한 페이지에 '한 일본인이 불에 타다'라는 제목의 기사가 사진과 같이 실렸다. 우편엽서 여섯 장 크기의 흑백 사진은 산 채로 불에 타죽는 한 일본인을 보여 주고 있었다.

지난달 오스트레일리아 7사단이 보르네오 섬의 발릭파판(Balikpapan) 근처에 상륙했을 때 그들은 일본군의 강한 저항을 받았다. 늘 하는 대로 일본군들은 동굴, 참호 그리고 어느 곳이든 숨을 만한 곳에 숨었다. 전에 일본군과 전투해 본 경험이 있는 7사단 군인들은 재빨리 화염 방사기를 사용했다. 일본군 중의 일부는 항복했으나, 여기 사진에서 보여준 것같이 다른 사람들은 거부했다. 그래서 그들을 불태워 죽여야 했다.

　사람들은 기억할 수 없는 아주 오랜 옛날부터 서로 싸웠지만, 화염 방사기는 지금까지 개발된 어떤 무기보다도 가장 잔인하고 가장 무서운 무기이다. 이것은 숨어 있는 곳에서 질식해서 죽게 하거나 또는 화염으로 적의 몸뚱이를 까맣게 태워 버린다. 그러나 일본인들이 구멍에서 나오지 않고 싸움을 계속하는 한 이것만이 유일한 방법이다.

　《라이프》는 태평양 전쟁 말기의 잔인한 교훈을 보여 주었다.

　7월 31일, 리틀보이는 준비 완료됐다. 이륙시와 육안 폭격이 불가능하여 되돌아 오는 경우를 대비하여 안전조치로 고폭약만 조립하지 않고 남겨 두었다. 7월 31일, 세 대의 B-29가 마지막 폭격 훈련을 했다. 그들은 티니안을 이륙하여 유황도 근처 바다에 모의탄을 투하하고 급강하 훈련을 마친 다음 돌아왔다.

　모든 준비가 완료됐으므로 파렐은 그로브스에게 8월 1일에는 임무를 수행할 수 있다고 보고했다. 맨해튼 프로젝트의 사령관은 계획대로 진행하도록 승인했다. 일본에 태풍만 불지 않았다면 리틀보이는 8월 1일에 투하될 수 있었다.

　8월 2일 목요일, 뚱뚱이의 부품들을 실은 세 대의 B-29가 뉴멕시코로부터 도착했다. 조립팀은 곧 조립 작업을 시작하여 한 개는 낙하 시험용으로, 두 번째 것은 실제 폭격용으로 조립했다. 세 번째 것은 예비용으로 8월 중순이 되어야 로스앨러모스에서 플루토늄이 도착할 것이다.

　8월 3일, 폴 티베스는 장기 예보와 날씨를 비교하여 보았다. 실제의 날씨가 예보와 거의 동일했으므로 준비 작업을 시작했다.

첫 번째 임무에서 일기 보고, 관측 그리고 폭격을 수행할 7대의 B-29 승무원들에 대한 임무 브리핑을 시작했다. 브리핑은 8월 4일 15시로 계획됐다. 카빈 소총으로 무장한 헌병들이 에워싸고 있는 브리핑장에 승무원들이 도착했다. 15시 정각에 티베스가 나타났다. 그는 방금 지금까지 로버트 루이스(Robert Lewis)가 조종했던 B-29 82호기를 둘러보고 돌아오는 길이다. 82호기는 아직 이름이 없었다. 무선 통신사 에이브 스피처(Abe Spitzer) 상사는 티니안에서의 경험을 일기에 적었다. 이것은 금지된 일이었다.

티베스가 승무원들에게 말했다. 그들이 투하하려는 폭탄은 최근 미국에서 성공적으로 시험됐다. 이제 그들은 이것을 적에게 투하하려고 한다. 두 보안장교가 509 부대장 뒷편에 있는 표적 도시의 항공 사진을 덮고 있던 천을 걷어 냈다. 히로시마, 고쿠라 그리고 나가사키의 사진이었다(니기타는 날씨 때문에 제외됐다). B-29 한 대가 임무 당일 미리 현지에 도착하여 날씨와 구름 상태를 조사한다. 두 대의 B-29는 그를 따라와 사진을 찍고 관측한다. 7번째 B-29는 티베스의 비행기가 고장나는 경우를 대비하여 유황도 폭탄 탑재장 옆에서 대기한다.

제509 부대장은 파슨스를 소개했고, 그는 한 단어도 낭비하지 않고 설명했다. 그는 승무원들에게 그들이 투하하려고 하는 폭탄은 전쟁 역사상 가장 새로운 것이며 가장 파괴력이 큰 것이다, 지름 3마일 크기의 지역을 완전히 파괴할 것이라고 말했다. 그들은 모두 놀랐다. 꿈이라고 생각하기에는 너무 생생한 것이었다.

파슨스를 트리니티 시험의 기록 영화를 보여주기 위하여 준비했다. 그러나 영사기가 잘 작동되지 않았다. 그는 대신 말로 설명했다. 얼마나 멀리 떨어진 곳에서 섬광을 볼 수 있었는지, 폭발 굉음을 들을 수 있었는지 그리고 폭풍효과와 버섯구름 등에 대하여 설명했다. 그는 폭발 에너지가 어디에서 나오는 것인지는 이야기하지 않았다. 그는 10,000야드 거리에 떨어져 있던 사람이 폭풍에 쓰러진 것과 10마일 내지 20마일 거리에 있던 사람들이 잠시 동안 눈이 보이지 않았던 것을 이야기해 주었다.

티베스가 다시 이어 받았다. 그들은 이제 공군에서 가장 중요한 승무원들이라고 강조했다. 그는 집에 편지를 쓰거나 또는 동료끼리라도 이 임무에 대하여 토의하는 것을 금지시켰다. 그는 비행에 대하여 설명했다. 8월 6일 이른 아침에 출발할 것이라고 말했다. 구조 장교가 구조 작전에 대하여 설명하고 티베스가 마지막 설명을 덧붙였다.

대령은 자기를 포함하는 우리 모두가 지금까지 사용한 폭탄은 이제 앞으로 할 일에 비하면 작은 감자에 지나지 않는다고 말했다. 그러고는 통상적으로 하는 이야기를 한 다음 우리와 같이 일하게 된 것이 얼마나 자랑스러우며, 우리의 사기가 얼마나 높았는지 그리고 무슨 일을 하는지도 모르고 준비해 온 어려움에 대하여 이야기했다. 그는 자신은 물론 우리 모두가 이 일에 참여하게 되어 얼마나 명예로운지 모르겠다고 말했다. 그는 이 임무로 전쟁이 6개월은 단축된다고 말했다. 그의 이야기를 듣고 이 폭탄이 정말로 전쟁을 끝낼 수 있다는 느낌이 들었다.

다음날 아침 일요일, 괌에서 표적 도시들의 날씨가 내일이면 갤 것이라는 보고가 있었다. 8월 5일 14시, 리메이 장군은 임무가 8월 6일에 수행될 것임을 공식적으로 확인했다.

그날 오후 폭탄을 B-29에 실었다. 사진기사들이 작업 광경을 모두 촬영했다. 세계 최초의 원자 폭탄은 날개가 달린 기다란 쓰레기 통같이 생겼다. 길이가 10.5피트이고 지름이 29인치이다. 무게는 9,700파운드였다. 삼중 신관 장치에 의하여 무장됐다. 주 신관장치는 레이더 장비로 폭탄이 사전에 결정된 고도에 도달하면 접속 스위치를 닫아준다. 리틀보이와 뚱뚱이는 이런 레이더를 4대 장착했다. 4대의 레이더 중 2대의 레이더에서 일치하는 고도 측정치가 얻어지면 폭발 신호가 발생하여 다음 단계 신관 장치에 전달된다.

로버트 루이스는 자신이 조종하던 B-29 82호에 이름을 붙이지 않았었다. 폭탄을 적재하던 날 티베스는 루이스의 부하 장교와 상의하고 이름을 지었으나 루이스와는 상의하지 않았다. 제509 부대장은 82호를 그의 어머니의 이름을 따서 에놀라 게이(Enola Gay)라고 불렀다. 왜냐하면, 그가 비행사가 되겠다고 가족들과 말다툼을 했을 때 어머니가 그에게 비행사가 되어도 죽지 않을 것이라고 확신을 주었기 때문이다. 그 후 비행기를 타고 위험에 처할 때마다 그는 그녀의 침착한 말을 기억했다. "내가 큰 일을 준비하며 무슨 일이 생길지도 모른다는 생각을 떨쳐 버릴 수 없었지만, 어머니의 말씀을 기억해 내고는 모든 걱정이 사라졌다." 그는 야구를 하고 있던 페인트 병을 찾아내어 82호기 동체 앞부분에 이름을 커다랗게 써넣도록 명령했다.

건장하고 몸무게가 200파운드나 되는 루이스는 이틀 전에 티베스가 조종할 것이라는 것을 알고 실망했으나, 여전히 82호기를 자기 비행기로 생각하고 있었다. 그가 오후 늦게 비행기의 동체에 '에놀라 게이'라고 페인트 칠이 된 것을 보고 "누가 내 비행기에 저걸 써 놨는가?"라고 소리치는 것을 동료 승무원 중의 한 명이 들었다. 그는 티베스가 시켰다는 것을 알아내고는 그에게 달려갔다. 제509 부대장은 침착하게 상관의 특권으로, 부하 장교가 이의를 제기할 줄은 몰랐다고 말했다. 루이스는 마음에 들지 않았지만 달리 어찌할 도리가 없었다.

5일 저녁식사 시간까지 모든 준비가 완료됐다. 원자 폭탄은 준비됐고, 항공기에는 연료가 채워졌고 그리고 점검이 끝났다. 이륙은 새벽 2시 45분으로 결정됐다. 티베스는 잠을 좀 자두려고 했으나 사람들이 계속 찾아와 잘 수가 없었다. 에놀라 게이의 항해사 더치(Dutch) 대위는 수면제를 두 알 삼켰으나 잠이 오지 않아 저녁 내내 포커 게임을 했다.

마지막 브리핑이 8월 6일 0시에 시작됐다. 티베스는 폭탄의 위력을 강조하고 나서 승무원들에게 보안경을 꼭 쓰도록 일렀고 그리고 명령을 따를 것과 작전 계획서대로 행동할 것을 다시 당부했다. 기상 장교는 표적 상공의 구름은 새벽에는 모두 흘러갈 것이라고 예보했다. 티베스는 군목에게 기도를 부탁했다.

자정 브리핑이 끝나고 햄과 달걀로 이른 아침을 먹었다. 트럭을 타고 비행기가 있는 곳으로 갔다. 에놀라 게이 앞에서 모든 승무원들이 함께 기념 사진을 찍었다. 조명등을 밝히고 영화도 촬영했다. 사진을 찍고 또 찍었다.

기상관측 B-29 세 대와 유황도에서 대기할 비행기는 이미 떠났다. 티베스는 2시 27분에 엔진 시동을 걸도록 명령했다. 에놀라 게이의 총중량은 65톤이었다. 7,000갤런의 연료와 4톤의 폭탄을 싣고 있었다. 15,000파운드의 중량이 초과됐다. 티베스는 엔진의 회전속도를 충분히 높이기 위하여 2마일 활주로를 가능한 한 모두 사용하기로 했다. 관제탑에서 이륙 허가가 떨어졌다. 그는 2시 45분에 제동장치를 풀었다. 커다란 폭격기 밑으로 활주로가 멀어졌다. 마지

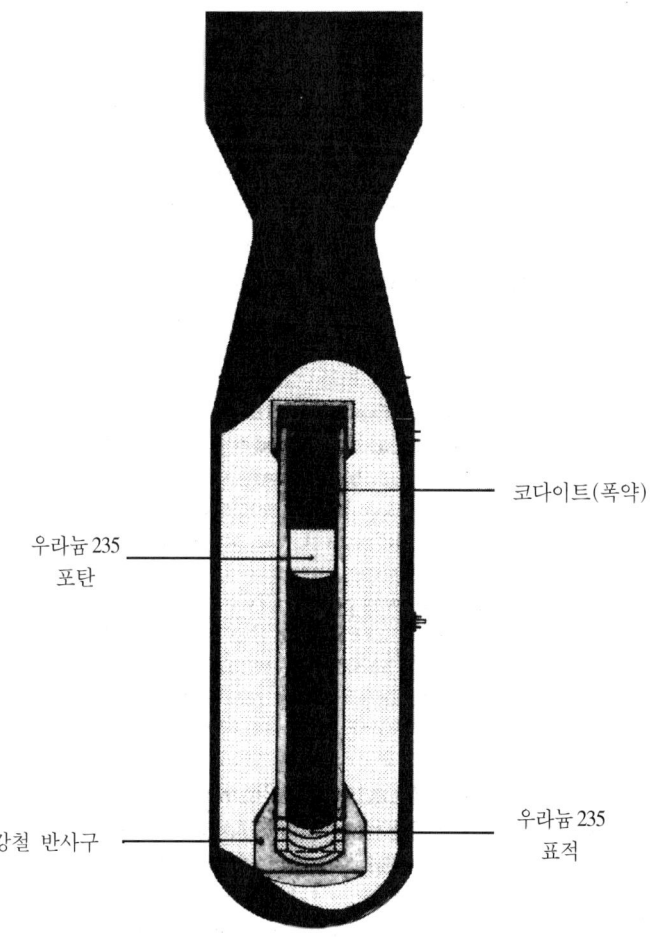

코다이트(폭약)

우라늄 235
포탄

우라늄 235
표적

강철 반사구

막 이륙 가능 지점에서 에놀라 게이는 하늘로 솟아 올랐다.

10분 후 그들은 사이판의 북쪽 끝을 비행하고 있었다. 고도 4,700 피트에서 북북서 방향으로 날고 있었다. 그들은 연료도 절약할 겸 난방이 안된 폭탄실에서 마지막 작업을 하고 있는 파슨스와 제프슨

죽은 자의 세계 375

(Jeppson)이 너무 춥지 않도록 낮은 고도로 비행했다. 조립 작업은 3시에 시작됐다. 파슨스는 포신 후미에 폭약을 장전했다. 그 다음에 점화 회로를 점검했다. 이제 남은 일은 아침에 무장 손잡이를 뽑아내는 일뿐이다.

티베스는 자동 조정 장치를 작동시키고 부조종사 루이스에게 맡긴 다음, 비행기의 후미와 연결된 터널 속을 기어 후미 사수 캐론 (Caron)에게 다가갔다. 티베스는 캐론이 이 비행기에 실려 있는 것이 무엇인지 알고 있는지 궁금하여 물어 보았다. '화학자의 악몽.' 후미 사수 캐론이 추측했다. "물리학자의 악몽"이라고 대답했다. "꼭 그런 것은 아니지." 티베스는 다시 조종실로 돌아오고 있었다. 그의 발이 터널 속으로 사라지려 할 때 캐론이 뒤에서 갑자기 잡아 당겼다. 그는 급히 되돌아 나오며 무엇인가 잘못됐다고 생각했다. "무슨 일이야?" 티베스가 물었다. "대령, 오늘 우리가 원자들을 부쉬 버립니까?" 티베스는 이상한 표정으로 캐론을 쳐다보았다. "그것과 비슷한 거야"라고 대답했다.

그는 조종석에 돌아와 인터폰을 통하여 미스터리의 마지막 부분을 털어놓았다. 그들은 원자 폭탄을 운반하고 있으며, 처음으로 비행기에서 투하하는 것이다. 그들은 물리학자들은 아니었지만 적어도 전쟁에서 사용하던 다른 폭탄과는 다르다는 것을 알고 있었다.

5시 22분에 유황도에 도착했다. 티베스는 9,300피트로 고도를 높여 관측 및 사진 촬영용 B-29와 합류했다. 에놀라 게이는 유황도 상공을 한 바퀴 돌았고 호위 항공기 두 대를 발견하여 같이 목표 지점을 향하여 계속 비행했다.

7시 10분에 아래 쪽에 깔린 구름들이 흩어지기 시작했다. 이제 폭탄 투하까지는 두 시간이 남았다. 그들은 하늘과 바다 사이의 중간

세상에서 역사 속으로 날아가고 있었다. 커피를 마시고 햄 샌드위치를 먹었다. 엔진은 계속 부릉거리며 돌아가고 있었다.

7시 30분에 파슨스는 폭탄실로 내려가 리틀보이를 무장시키는 손잡이를 뽑았다. 그리고 내부 배터리를 작동시켰다. 티베스는 고도를 높이기 시작했다. 파슨스는 티베스에게 리틀보이는 준비 완료라고 알렸다.

폭탄은 이제 비행기와는 무관하게 됐다. 그것은 이상한 느낌이었다. 이제 폭탄은 자신의 생명을 갖고 있고 우리와는 아무 관계가 없게 됐다. 나는 그것이 끝나서 티니안에 돌아가는 길이라면 좋겠다고 생각했다.

히로시마에 도착한 기상관측 항공기가 8시 15분(히로시마 시간 7시 15분)에 날씨를 보고해 왔다. 약 20퍼센트 정도의 구름이 끼어 있었다. 다른 두 대의 비행기도 날씨를 보고해 왔다. 히로시마의 날씨가 제일 좋았다. 티베스는 승무원들에게 "목표는 히로시마이다"라고 지시했다.

그들은 8시 4분에 고도 31,000피트에서 수평 비행을 했다. 그들은 비행기 내부의 압력을 높이고 난방 장치를 가동시켰다. 외기 온도는 영하 23도였다. 10분 후 히로시마 동쪽에 있는 시코쿠에 도착했다. 승무원들은 두꺼운 대공포 방탄복을 입었다. 쫓아오는 일본 전투기도 보이지 않았고 대공포도 발사되지 않았다. 두 대의 호위 항공기는 에놀라 게이에게 작전 공간을 내주기 위하여 뒤로 빠졌다. 티베스는 승무원들에게 보안경을 쓰도록 지시했다.

그들은 지도를 갖고 있지 않았으나 항공 사진을 보고 연구하여 이 도시를 잘 알고 있었다. "표적까지 12마일!" 폭탄수 페어비(Ferebee)는 조준경을 작동시켰다. 여덟 척의 대형 선박이 히로시마 항구에 정박하고 있었다. 에놀라 게이의 지상 속도는 시속 328마일이었다.

히로시마 중심부의 오타 강 위에 T자형 다리가 있었다. 아이오이 교가 페어비가 선정한 조준점이었다.

페어비는 비행 경로를 두 번 수정했다. 경호 B-29에게 무선으로 2분 이내에 폭탄이 투하된다는 경고를 보냈다. 잠시 후 페어비는 준비가 완료됐다는 신호로 고개를 끄덕였다. 그는 무선 통신사에게 최후 경고를 보내도록 지시했다. 연속적인 신호음이 발신됐다. "15초 이내에 폭탄을 투하한다."

멀리 떨어져 있던 기상 관측기도 신호음을 들었다. 이오지마에 있는 예비 B-29도 신호음을 수신했다. 관측기에 타고 있던 루이스 앨버레즈는 오실로스코프의 사진을 찍을 준비를 했다. 그가 설계한 측정기는 낙하산에 매달려 폭탄이 투하될 때 동시에 투하되어 리틀 보이의 위력을 측정하여 무선으로 자료를 보내 올 것이다.

폭탄실의 문이 열렸다. 페어비는 유럽에서 63회 폭격 출격 후 미국에 돌아와 509 부대에 차출되기 전에 폭격 교관으로 있었다. 전쟁 전에는 야구 선수가 되기를 원했다. 그는 메이저 리그 팀의 봄철 연습 경기까지 치뤘다. 그의 나이는 24세였다.

무선 신호음이 그쳤다. 티베스는 "폭탄이 투하됐다!"라고 선언했다. 폭탄에 연결되어 있던 줄이 낙하될 때 빠지며 리틀보이의 시계가 작동되기 시작했다. 폭탄에는 서명과 메시지 등의 낙서가 써 있었다. 그중의 하나에는 "인디애나폴리스의 병사들이 천황에게 인사를 보낸다"라고 적혀 있었다. 4톤이나 가벼워진 B-29는 급강하하여 현장을 빠져 나갔다.

나는 자동 조종 장치를 끄고 에놀라 게이를 급회전시켰다. 보안경을 벗어 던졌다. 보안경을 끼고는 볼 수가 없었다. 밝은 빛이 비행기 내에 꽉 찼다. 최초의 충격파가 우리를 때렸다. 우리는 원자 폭탄 폭발 중심으로부터 11.5마일 떨어져 있었다. 그렇지만 비행기의 동체가 심하게 흔들렸다. 나는 대공포 부대가 우리를 발견한 것으로 생각하고 "대공포다!"라고 외쳤다.

후미 사수가 첫 번째 충격파가 다가오는 것을 보았다. 대기중에서 반짝거리는 것을 볼 수 있었다. 그러나 그것이 비행기에 충돌할 때까지 그는 무엇인지 알지 못했다. 두 번째 충격파가 다가오자 그는 경고를 발했다.

우리는 히로시마를 보기 위하여 기수를 돌렸다. 도시는 무서운 구름 속에 싸여 있었다. …… 끓어오르는 버섯 모양의 구름은 믿을 수 없을 만큼 컸다.

한동안 모두 말이 없었다. 그러고 나서 모두들 떠들기 시작했다. 루이스가 내 어깨를 치며 소리친 것을 기억하고 있다. "저것 좀 보아! 저것 좀 보아! 저것 좀 보아!" 폭격수 페어비는 방사능이 우리 모두를 불임증 환자로 만드는 것이 아닌가 걱정했다. 루이스는 핵분열의 맛을 볼 수 있었다고 말했다. 그는 그것이 납 맛 같았다고 했다.

"여러분, 우리는 방금 역사상 처음으로 원자 폭탄을 투하했습니다"라고 티베스가 인터폰에 대고 외쳤다.

밴 커크(Van Kirk)는 두 개의 충격파를 기억했다. 하나는 직접 불어 닥쳤고 다른 하나는 지상에서 반사되어 올라왔다.

급회전 후 급강하하고 다시 돌아서느라고 에놀라 게이의 승무원들은 초기의 화구를 보지 못했다. 그들이 히로시마를 다시 보았을 때는 숨막히는 듯이 자욱한 보라색 연기로 뒤덮여 있었다. 루이스는 전쟁이 끝난 뒤 인터뷰에서 다음과 같이 말했다.

아무도 이런 광경을 보리라고는 상상도 하지 못했다. 2분 전에 보았던 맑게 갠 도시는 더 이상 찾아 볼 수가 없었다. 산에서도 연기와 불꽃이 치솟았다.

현장을 떠나며 후미 사수 캐론은 오랫동안 히로시마를 바라보았다.

나는 혼란 속의 도시의 사진을 계속 찍었다. 그러면서 그 광경을 인터폰으로 설명했다. …… 버섯구름 자체가 굉장한 광경이었다. 끓어오르는 자주 빛과 회색의 연기 속에서 빨간 불덩어리를 볼 수 있었다. 우리가 차츰 멀어지자 버섯의 밑기둥을 볼 수 있었다. 그 아래에는 부서진 것들이 흩어져 있었다. 불꽃이 사방에서 타오르기 시작했다. 누군가가 몇 개나 되는지 세어 보라고 했다. 이곳 저곳에서 빠르게 번지고 있어서 셀 수가 없었다. 용암이 전 도시를 뒤덮은 것 같았다. 외곽 쪽으로 흘러 나가며 모든 것을 태우고 있었다. 곧 연기에 뒤덮여 아무것도 보이지 않게 됐다.

리틀보이는 히로시마 시간으로 08시 16분 02초에 폭발했다. 항공기에서 투하된 지 43초 후 시마(Shima) 병원 상공 1900피트에서 터졌다. 아이오이 다리에서 550피트 떨어진 지점이다. 폭탄의 위력은 12,500톤의 TNT와 동일한 것이었다.

"내가 만일 백년을 산다 해도 나의 마음속에서 이 몇 분 동안은 영원히 잊을 수가 없을 것이다. 히로시마의 사람들도 마찬가지일 것이다"라고 루이스는 말했다.

나의 마음의 눈에는

깨어 있는 꿈처럼
나는 아직도 불의 혓바닥이
사람의 육신을 핥고 있는 것을 볼 수 있다.

—— 이부세 마스지, 「검은 비(Black Rain)」

    혼슈 남서쪽에 흐르는 오타 강의 삼각주 섬은 1589년과 1591년 사이에 봉건 영주 모리 테루모토가 그의 가문이 소유하고 있는 영지의 출구를 확보하기 위하여 그곳에 성을 쌓기 이전에는 아시하라(갈대 숲) 혹은 고카우라(다섯 마을)이라고 불렸다. 모리는 자기의 성을 히로-시마조, 즉 '넓은 섬의 성'이라고 불렀다. 그리고 주변에 생겨나기 시작한 상인과 예술인들의 마을에 그 이름을 사용하기 시작했다. 직사각형의 돌 성벽 주위에는 호를 파서 방호했고 성의 한 귀퉁이에는 5층탑 같이 생긴 타워가 있었다. 모리 가문은 더 강력한 후쿠시마 가문에 의해 멸망했고, 다시 1619년에는 아사노가 이 지역을 차지했다. 아사노 가문은 도쿠가와와 긴밀한 연맹 관계를 유지하여 250년 동안 히로시마 영지를 지배했다. 이 기간 동안 마을은 번성했다. 아사노 가문은 강 하구의 얕은 곳을 메꾸어 섬들을 연결시키는 방법으로 점차 마을을 확장해 나갔다. 오타 강의 7개의 지류로 나뉜 길고 좁은 구역으로 형성된 히로시마는 활짝 펼친 손바닥 모양을 하고 있다.

    1868년, 명치 천황의 왕정 복고와 봉건제도의 타파로 히로시마 봉토는 히로시마 현과 마을로 바뀌고 현대화 작업이 시작됐다. 1889년 이곳이 공식적으로 도시가 되자 한 의사가 초대 시장으로 임명됐다. 이 당시의 인구는 83,387명이었다. 5년 동안에 걸친 매립과 건설 작업으로 같은 해 우지나 항구가 개항되어 히로시마는 주요 상업적 항구 도시가 됐다. 철로가 19세기 말에 개통됐다.

그 당시 히로시마와 그 성은 육군 기지로 활용됐다. 제국군대 5사단이 이 성에 주둔하고 있었다. 1894년 청·일 전쟁이 일어나자 5사단이 제일 먼저 전투에 참가했다. 우지나 항구는 주요 출발 지점이 됐으며 이후 50년 동안 이 역할을 계속했다. 명치 천황은 전쟁을 지휘하기 위하여 그의 본부를 9월에 히로시마 성으로 옮겼다. 일본 국회의 특별회기도 이곳에서 개최됐다. 다음해 4월 일본의 승리로 대만과 남만주를 차지하고 전쟁이 끝나자 천황은 동경으로 돌아갔다.

20세기의 첫 30년 동안 일본의 해외 모험이 증가해 나가자 히로시마에 군사적 그리고 산업적 투자가 크게 증가했다. 1945년 가을 미국이 조사한 바에 의하면 히로시마는 상당한 군사적 중요성을 갖는 도시였다. 남부 일본이 방어를 지휘하는 제2군 본부가 이 곳에 있었다. 통신의 중심지이며, 보급품의 집결지였고 그리고 군대의 집합장소였다. 일본인들의 보고를 인용하면 출정하는 군인들을 환송하는 만세 소리가 전쟁이 시작된 후 1000번 이상 부두에 울려 퍼졌다. 일본 육군 참모 본부는 임박한 미국의 상륙에 대비하여 규슈 방어 준비를 이곳에서 지휘했다.

전쟁 초기에 이 도시의 인구는 40만 명이었으나 전략폭격의 위협에 대비하여 여러 차례 소개시킨 결과 8월 6일 당일에는 28만 내지 29만 명의 민간인과 43,000명의 군인들이 있었다. 트루먼이 그의 포츠담 일기에서 약속했듯이 순수한 군사적 표적은 아니었다.

히로시마 체신 병원 원장인 의사 미치히코 하치야는 8월 6일의 일기를 다음과 같이 시작했다. "이른 아침, 조용하고, 따뜻하며 아름다웠다. 반짝거리는 나뭇잎들은 구름 한 점 없는 하늘의 햇빛을 반사하고 나의 정원에 기분 좋은 그림자를 드리우고 있었다." 여덟

시의 기온은 26.6도, 습도는 80퍼센트였다. 바람은 조용했다. 오타 강의 일곱 개 지류는 걷거나 자전거를 타고 출근하는 시민들의 곁을 지나 천천히 흐르고 있었다. 아이오이 다리 북쪽으로 두 블럭 떨어져 있는 후쿠야 백화점 앞에 정차한 전차는 초만원이었다. 수천 명의 군인들이 웃통을 벗고 열을 맞추어 시가지를 달렸다. 전날 동원된 8천 여 명의 여학생들이 소이탄 공격에 대비하여 시내 중심지의 집을 허무는 작업을 돕고 있었다. 아침 7시 9분에 공습경보가 발령됐다. 기상 관측기가 떠나자 7시 31분에 공습 경보가 해제됐다. 8시 15분 경 세 대의 B-29가 또다시 나타났으나 대피하는 사람들은 거의 없었고 머리를 들어 은빛 물체를 바라 보았다. "하늘을 쳐다보고 있었는데 갑자기 흰색 섬광이 번쩍거렸다. 그 불빛 속에 푸른 나뭇잎들은 마른 나뭇잎 같은 색으로 보였다"라고 당시 교외에 있는 집에 안전하게 있었던 다섯 살 먹은 소녀가 기억했다.

가까운 곳에서는 섬광이 더욱 강렬했다. 당시 전문대에 재학중이었던 젊은 여인은 방화선을 치는 작업을 돕고 있었다. "선생님이 '오! 저기 B가 있다' 하는 소리에 모두 하늘을 쳐다 보았다. 그 순간 거대한 불빛을 느꼈다. 순간적으로 우리는 모두 눈이 멀었고 의식 혼돈 상태에 빠졌다."

더 가까운 지점에서는 이날의 경험을 말해줄 수 있는 생존자가 없었다. 수개월 후 미·일 공동연구팀의 병리학자로 참가했던 예일 의과대학의 애브릴 리보우(Averill A. Liebow)의 조사 결과는 다음과 같았다.

  순간적인 섬광은 열도 동반했다. …… 그 시간은 10분의 1초보다도 짧지만 너무 강렬하여 주변의 가연성 물질은 모두 태웠다. 하이포센터(Hypocenter, 폭발 중심의 직하 지점)에서 4,000야드 떨어져 있는 전신주는 숯덩이가 되어 버렸다. …… 600 내지 700야드에서는 화강암의 조각이 떨어져 나가고 표면이 울퉁불퉁하게 녹았다. 1,300야드 지점의 타일은 녹아서 끓어 올랐다. 이런 효과를 내기 위해서는 1650도의 열을 4초 동안 가열하여야 된다. 그러므로 히로시마 폭발 온도는 이보다 훨씬 더 높았던 것을 알 수 있다.

맨해튼 프로젝트의 연구에 의하면, 섬광과 수반된 열은 너무 짧은 시간 동안 작용하므로 냉각 작용이 일어날 시간적 여유가 없었다. 그러므로 사람의 피부는 2~3마일 거리에서 처음 1000분의 1초 동안 50도까지 올라간다.

히로시마 폭탄의 가장 권위 있는 연구는 34명의 일본인 과학자와 의사들의 자문을 받아 1976년에 실시된 것이다. 이 지옥의 일사병의 결과 검토에 의하면 하이포센터에서 반 마일 떨어진 곳에서 섬광은 태양빛보다 3,000배나 더 강렬했다.

폭발 지점의 온도는 …… 3,000도였다. …… 그리고 1차 원자 폭탄 열화상은 하이포센터에서 2마일 이내의 거리에서 일어났다. 1차 화상은 특별한 성질의 것으로 보통 일상 생활에서는 경험할 수 없는 것이다.

일본인들의 연구는 1차 열화상을 5등급으로 구분했다. 1도는 빨갛게 데는 것에서부터 3도는 흰색 화상 그리고 5도 이상의 열화상은 하이포센터로부터 0.6 내지 1마일 반지름 이내에서 일어났다. 2 내지 2.5마일 범위에서는 1도에서 4도까지의 화상을 입었다. …… 극히 강력한 열 에너지는 탄화현상뿐만 아니라 내장이 기화하는 현상을 일으켰다. 리틀보이의 화구로부터 반 마일 거리에 있던 사람의 내장은 수분의 일 초 이내에 끓어 올랐고 신체는 타서 숯이 되어 버렸다. 며칠 후 하치야 의사를 찾아온 한 환자는 "선생님, 사람이 구워지니까 아주 작아지네요"라고 말했다. 작고 검은 덩어리들이 히로시마의 도로, 다리 위 그리고 인도에 수천 개가 널려 있었다.

같은 시간에 새들은 공중에서 그대로 타 죽었다. 모기와 파리, 다람쥐 그리고 애완동물들이 사라졌다. 유류 저장 탱크의 나선형 계단은 표면에 그림자를 남겼다. 은행 입구의 화강암 계단에는 사람의 그림자가 남겨졌다. 손수레를 끌던 사람 때문에 가려진 아스팔트는 그 부분만 끓어 오르지 않고 그대로 남아 있었다. 좀 떨어진 거리의 교외에 있던 사람들의 살갗은 햇볕에 탄 것처럼 색소가 생겨 5개월이 지나도록 없어지지 않았다.

죽은 자의 세계는 산 자의 세계와는 다르다. 죽은 자의 세계를 방문한다는 것은 거의 불가능하다. 그날 히로시마에서는 이 두 세계가 거의 같이 존재했다. 하이포센터에서 1킬로미터 이내의 거리에서 건물 밖에 있던 사람들은 열에 아홉이 죽었다. 더 가까운 곳에서는 모두 죽었다. "무서우리만치 조용했다. 모든 사람, 모든 나무 그리고 모두가 죽은 것같이 느껴졌다"고 생존자 요코 오타(히로시마에 살았던 작가)는 기억했다. 죽은 자는 소리를 내지 않는다. 산 자들이 그들을 기억할 뿐이다. 그들은 폭발의 중심에 가까이 있었기 때문에 죽었다. 그들은 미국과 다른 국체에 속했기 때문에 죽었다. 그러므로 그들을 죽이는 것은 공식적으로 살인이 아니었다. 그들의 경험이 가장 정확하게 우리의 공동 미래의 최악의 경우를 보여주고 있다.

의사인 하치야

나는 고야마 의사에게 환자들의 눈 부상에 대하여 물어 보았다. "비행기를 쳐다본 사람들의 눈은 망막이 타버렸다"라고 그는 대답했다. "섬광이 동공을 통해 들어가 망막의 중심 부위를 태웠다. 대부분의 망막 부상은 3도 화상이므로 치료가 불가능하다."

가톨릭 예수회 수사

콥(Kopp) 신부가 집에 가려고 수녀원 앞에 서 있었다. 갑자기 불빛이 번쩍였다. 열파를 느꼈다. 그리고 그의 손에 커다란 물집이 생겼다.

수포가 생기는 흰색 화상은 4도이다. 이제 빛과 폭풍이 함께 일어났다. 가까이에 있던 사람들에게는 동시에 일어난 것같이 느껴졌다.

전문대학에 다니던 한 여학생

아, 그 순간! 나는 등 뒤에서 누가 큰 망치로 때리는 것같이 느꼈다. 그러고는 끓는 기름 속으로 던져졌다. …… 나는 북쪽으로 상당한 거리를 불려 날아간 것 같다. 나는 동서남북이 모두 바뀐 것 같은 느낌이 들었다.

건물 내에 있던 사람들은 화상은 입지 않았으나, 폭풍이 그들을 찾아갔다.

강가에 있던 집 안에서 그 순간 강 쪽을 바라보고 있었다. 폭발이 일어난 순간 집이 무너지기 시작하며 그는 길을 건너 강뚝까지 날려

갔다. 날아가는 도중에 창문을 한두 개 통과했으므로 온몸에 유리가 박혔다. 그는 피투성이가 됐다.

폭풍은 하이포센터에서 수백 야드 떨어진 거리에서는 초속 3킬로미터 이상이었다. 그러고 나서 점차 줄어 음속과 같게 됐다. 거대한 먼지와 연기의 구름을 일으켰다. "내 몸은 모두 까맣게 됐다"라고 한 히로시마의 물리학자가 말했다. "모든 것이 깜깜했다. 모두 어두웠다. ……그리고 나는 생각했다. 세상이 끝나는구나!" 작가 오타 요코도 같은 두려움을 느꼈다.

나는 왜 주위의 모든 것이 한순간에 변해 버리는지 이해할 수가 없었다. ……나는 이 일이 전쟁과는 상관이 없는 것으로 생각했다. 나는 세상의 마지막에 일어난다는 지구가 무너지는 것이라고 생각했다.

심하게 부상당했던 의사 하치야가 말했다.
"도시 내의 하늘은 흐린 먹물을 칠해 놓은 것과 같았다. 그리고 사람들은 단지 예리한, 눈을 멀게 하는 불빛을 보았을 따름이다. 반면에 도시 밖의 하늘은 아름다운 황금색이었고 귀를 먹게 하는 굉음이 뒤따랐다." 도시 안에서 폭발을 경험한 사람들은 그것을 번쩍이라고 불렀다. 좀 멀리 떨어져 있던 사람들은 그것을 '번쩍-꽝'이라고 불렀다.
하치야와 그의 부인은 집이 무너지기 전에 뛰어 나왔다.

거리로 나가는 가장 빠른 길은 옆집을 통하여 가는 길이다. 그래서 우리는 뛰기 시작했다. 넘어지고, 일어나고, 다시 뛰었다. 나는 거리에서 무엇인가에 걸려 넘어졌다. 일어나며 살펴보니까 사람의 머리였다. "실례합니다. 실례합니다." 나는 울부짖었다.

식료품 가게 주인도 거리로 나갔다.

　사람들의 모습이 …… 그들의 피부는 화상으로 검게 변해 있었다. ……머리카락도 없었다. 왜냐하면 머리카락이 모두 타버렸기 때문이다. 얼핏 보아서는 그들을 앞에서 보는 것인지 또는 뒤에서 보고 있는 것인지 알 수가 없었다. 그들의 얼굴, 손 그리고 몸에서 피부가 벗겨져 늘어져 있었다. …… 이런 사람이 한두 명이라면 나는 이렇게 강렬한 인상을 받지 않았을 것이다. 그러나 어디를 가도 이런 사람들을 만났다. …… 많은 사람들이 길거리에서 죽었다. 나는 아직도 그들의 모습을 기억하고 있다. 걸어 다니는 유령 같았다. 이 세상의 사람 같아 보이지 않았다. …… 그들은 걷는 방법이 특별했다. 어기적 어기적 매우 천천히 걸었다. …… 내 자신도 그들 중의 하나였다.

얼굴과 몸에서 벗겨진 피부는 열파에 의하여 순간적으로 수포가 생긴 다음 폭풍이 피부를 벗겨낸 것이다.

한 젊은 여인

　나는 나무 뒤에서 도와 달라는 소녀의 외침 소리를 들었다. 그 소녀의 등은 완전히 살갗이 벗겨져 엉덩이에 매달려 있었다. …… 구조대가 나의 어머니를 집으로 데려왔다. 그녀의 얼굴은 평시보다 커졌다. 입술은 크게 부풀어 오르고 눈을 감고 있었다. 양손의 피부는 벗겨져 고무장갑 같이 너덜거렸다. 상체가 심하게 데었다.

한 전문대 여학생

거리의 양편으로 이부자리와 옷가지를 깔고 그 위에 시뻘겋게 화상을 입은 사람들이 누워 있었다. 온 몸은 무섭도록 부어올랐다. 세 명의 여학생들이 걸어오고 있었다. 그들도 온 몸에 화상을 입어 두 팔을 가슴 위까지 들고 손만 아래쪽을 향하고 있었다. 벗겨진 피부는 종이처럼 매달려 있었다. 그들은 마치 몽유병 환자처럼 비틀거렸다.

젊은 사회학자

근처의 공원에 죽은 시체들을 화장하기 위하여 쌓아 놓았다. 모든 것이 끔찍했다. 이것이 내가 책에서 읽은 지옥이구나 하는 생각을 했다.

5학년 남학생

어둠 속을 밝히려는 듯 무너진 집들은 불타기 시작했다. 얼굴이 풍선 같이 부어오른 어린아이가 신음소리를 내며 걸어다녔다. 살갗이 감자 껍질처럼 벗겨진 노인은 기도문을 중얼거리며 걸어갔다. 또 다른 남자는 상처에서 흐르는 피를 손으로 누르며 자기 아내와 아이들의 이름을 미친 듯이 부르고 다녔다.

열파와 폭풍은 사방에서 화재를 일으켰고 곧 이어 불폭풍으로 변했다. 움직일 수 있는 사람들은 도망쳤으나, 허물어진 곳에 깔린 사람들은 피할 수가 없었다. 두 달 후 리보우의 그룹이 히로시마 생존자들을 조사하여 보니 팔 다리가 부러진 사람들은 4.5퍼센트도 안 됐다. 이것은 부상자들이 없었던 것이 아니라 모두 움직이지 못하고 죽었기 때문이었다.

다섯 살 난 소녀

나는 1945년 8월 6일, 히로시마를 삼켜버린 원자 폭탄을 생각하면 몸서리가 쳐진다.

우리는 살려고 뛰고 있었다. 가는 길에 배가 퉁퉁 부어오른 병사의 시체가 강에 떠내려 가고 있었다. 조금 더 가니 죽은 시체들이 줄지어 있었다. 조금 더 가다 보니 쓰러진 커다란 나무 밑에 어떤 여인의 두 다리가 끼어 꼼짝 못하고 있었다.

아버지가 그것을 보고 소리쳤다. "이리 와서 도와 줍시다." 그러나 한 사람도 도우러 나서지 않았다. 그들도 모두 자신을 돕기에 바빴다. 마침내 아버지가 화가 나서 외쳤다. "당신들은 일본 사람이 아닌가?" 아버지는 녹슨 톱을 구해와 그녀의 다리를 자르고 구해주었다.

좀 더 떨어진 곳에서는 걷다가 그대로 타 죽은 사람을 보았다.

엄마가 무너진 집 속에 묻혀 있었던 1학년 여학생

나는 어머니를 놔두고는 도망가지 않을 생각이었다. 그러나 불길이 계속 번졌다. 나의 옷에도 이미 불이 붙었다. 나는 더 이상 참을 수가 없었다. 그래서 "엄마, 엄마!" 부르며 불꽃 속으로 뛰어들었다. 가도가도 불 속에서 헤어날 길이 없었다. 그래서 내 옆에 있던 민방공 물탱크 속으로 뛰어들었다. 불똥이 사방에서 튀어들었다. 나는 양철 조각으로 머리를 덮었다. 탱크 속의 물은 목욕탕 물처럼 뜨거웠다. 나 이외에도 네 명 또는 다섯 명이 누구의 이름인지 부르고 있었다. 내가 물통 속에 있는 동안 모든 것이 꿈같이 지나갔고 나는 의식을 잃었다. …… 5일이 지난 후 어머니가 그 곳에서 돌아가신 것을 알았다.

당시 열세 살였던 한 여인도 20년 후에 그날 어머니를 구하지 못한 죄책감에 사로잡혀 있었다.

　나는 그곳에 어머니를 남겨놓고 떠났다. …… 나는 나중에 이웃 사람들로부터 나의 어머니가 물 탱크에 얼굴을 담근 채 죽어 있는 시체로 발견됐다는 이야기를 들었다. …… 내가 어머니를 놔두고 떠난 곳에서 매우 가까운 곳이었다. …… 내가 좀 더 나이를 먹었거나 또는 기운이 세었다면 어머니를 구할 수 있었을텐데 …… 지금도 나는 어머니가 구해달라고 나를 부르는 소리를 듣고 있다.

35세 남자

　턱이 떨어져 나간 여인이 신쇼마치 지역에서 방황하고 있었다. 혀가 늘어져 있었다. 그녀는 도움을 울부짖으며 북쪽을 향해 갔다.

한 여학생은 발이 없는 남자가 무릎으로 걷는 것을 보았다.

한 여인이 기억하고 있었다.

　두 눈알이 튀어나온 남자가 내 이름을 불렀다. 나는 무서웠다. …… 사람들의 몸은 퉁퉁 부어 올랐다. 사람의 몸이 얼마나 크게 붓는지 상상할 수도 없다.

아들을 잃은 사업가

　제1중학교 앞에는 내 아들과 같은 나이 또래의 많은 소년들이 죽어 있었다. 한 소년의 시체 위로 다른 소년이 기어서 도망가려다가 둘 다 불에 타 죽어 있었다.

30세 여인

  길바닥에 누워 있는 시체는 즉사한 것 같았다. …… 두 손을 하늘을 향해 뻗치고 있는데 손가락은 파란 불꽃을 내며 타고 있었다. 검은 액체가 손에서 흘러 내리고 있었다.

3학년 여학생

  한 사람은 두 눈에 큰 나무조각이 박혀 있었다. 그는 볼 수도 없는데 이리저리 뛰고 있었다.

1학년 여학생

  전차는 모두 타고 뼈대만 남았다. 안에는 승객들이 까맣게 타죽어 있었다. 이것을 보았을 때 온몸이 오싹해지며 떨기 시작했다.

역사학 교수 리프턴(Lifton)

  나는 가족들을 찾으러 갔다. 나는 동정심이 없는 사람이 되어 버렸다. 왜냐하면 내가 동정심이 있었다면, 나는 시가지를 걸어 다닐 수 없기 때문이다. 가장 인상에 남는 것은 사람들의 눈의 표정이다. 온 몸에 화상을 입고 눈은 그들을 도와주러 오는 사람을 찾고 있었다. 그들은 나를 보고 자기들보다 튼튼하다는 것을 알고 있었다. …… 나는 그들의 눈에서 실망의 눈빛을 보았다. 그들은 나를 큰 기대를 가지고 쳐다보았다. 똑바로 쳐다보았다. 그들과 눈길이 마주치는 것은 참으로 어려운 일이었다.

5학년 남학생

　지구 위의 모든 인간이 죽었다고 생각됐다. 단지 우리 가족 다섯 명만이 죽은 사람들의 세계에 남겨져 있었다. …… 나는 몇 명이 반쯤 부서진 저수조에 엎드려 물을 마시고 있는 것을 보았다. …… 내가 물탱크 내부를 볼 수 있을 정도로 가까이 다가갔을 때, 나는 "악!" 하고 소리치며 뒤로 물러났다. 수면에 반사되어 보이는 것은 피투성이가 된 괴물 같은 얼굴들이었다. 타다 남은 그들의 블라우스를 보고 그들이 여고생들임을 알 수 있었다. 머리는 모두 불타고 남아 있지 않았다. 찢어진 피부와 화상을 입은 얼굴은 붉게 물들어 있었다. 나는 저것이 인간의 얼굴이라고는 믿을 수가 없었다.

하치야를 찾아온 환자의 이야기

　응급 처치소에는 화상을 입은 사람들이 너무 많이 몰려와 마치 오징어를 말리는 듯한 냄새가 났다. 그들은 삶은 문어 같았다. ……
　나는 부상으로 눈알이 빠져나온 사람을 보았다. 그는 손에 눈알을 들고 있었다. 나를 오싹하게 만든 것은 나를 빤히 쳐다보고 있는 그 눈알이었다.

사람들은 불폭풍을 피하기 위하여 강으로 몰려 들었다.

3학년 남학생

　남자들은 전신이 피로 뒤범벅이 됐다. 여자들은 피부가 기모노처럼 늘어져 있었다. 외마디 소리를 지르며 강으로 뛰어들었다. 이 사람들은 모두 시체가 되어 바다로 떠내려 갔다.

6학년 여학생

　부패되어 퉁퉁 부어오른 시체들이 아름다웠던 강물에 떠내려 왔다. 어린 소녀의 장난치고는 너무도 잔인하게 그것들을 조각냈다. 인간의 육신이 타는 이상한 냄새가 도시의 곳곳에 스며들었다.

3학년 남학생

　나는 매우 목이 말라 물을 마시러 강으로 갔다. 상류에서 검게 탄 시체들이 떠내려 왔다. 나는 시체들을 한쪽으로 밀어젖히고 물을 마셨다. 강가에는 여기저기 시체들이 널려 있었다.

5학년 남학생

　강은 흐르는 물이 아니라 떠다니는 죽은 시체들의 흐름이었다. 내가 아무리 과장하여 이야기한다 해도 사실은 이보다 더 끔찍하고 처절했다.

아사노 가의 개인 공원에서 생존자들은 두 번째로 죽음의 순간을 맞이했다.

　수백 명의 사람들이 아사노 센타이 공원으로 피신했다. 그들은 접근해 오는 불길을 잠시 동안 피할 수 있었으나, 점차 번져오는 불길은 그들을 강 쪽으로 내몰았다. 곧 그들은 강물이 내려다보이는, 가파르게 경사진 강둑까지 밀렸다.
　강폭은 백 미터가 넘었으나 건너 편에서 불어오는 불길은 곧 공원 내에 있는 소나무들에 불을 붙였다. 사람들은 공원에 있으면 불에 타 죽고, 강으로 뛰어들면 빠져 죽을 지경에 이르렀다. 나는 그들이 소리치고 울부짖는 것을 들을 수 있었다. 몇 분이 지나지 않아 그들은 연속으로 쓰러지는 도미노처럼 강으로 빠져 들었다. 수백 명에 이어 또 수백 명이 밀고 밀리며 강으로 빠졌다. 그들 대부분은 모두 익사했다.

공원의 서쪽 편에는 전차 길을 따라 수많은 부상자와 죽은 자들이 널려 있어 걸을 수도 없었다.

5학년 여학생

방공호에 있던 모든 사람들이 울부짖고 있었다. 그들은 우는 것도 아니었다. 그들의 신음 소리는 뼛속까지 파고 들고 머리카락이 쭈뼛 서게 한다.
나는 여러 번 화상을 입은 나의 팔과 다리를 잘라 달라고 얼마나 애걸했는지 모른다.

다음 날 아침, 당시 다섯 살 난 소년이 히로시마는 완전히 폐허의 땅이었다고 기억했다. 교외에서 형제들을 도우러 달려온 예수회 수사는 파괴 정도를 증언했다.

지난밤, 어둠 속에 일부 감추어져 있던 모든 것들이 밝은 새날에 모두 드러났다. 도시가 있던 자리는 모든 것이 재와 폐허로 변해버렸다. 내부는 모두 타버린 건물의 허물어진 뼈대만 몇 개 남아 있었다. 강둑에는 시체들이 널려 있었고 밀려오는 조수에 시체들이 떠 있었다. 하쿠시마 구의 넓은 거리에는 화상으로 죽은 시체들이 특히 많았다. 부상자들 중에는 아직도 살아 있는 사람들이 있었다. 몇 명은 불타버린 자동차 밑에 기어 들어가 있었다. 심하게 다친 사람들이 구원을 애걸하고는 쓰러졌다.

역사학 교수 리프턴

　나는 히키야마 언덕에 올라가 내려다 보았다. 히로시마는 사라져 버렸다. …… 내가 그때 느꼈던 그리고 아직도 느끼고 있는 것은 말로는 표현할 수 없다. …… 나는 그 광경에 충격을 받았다. 물론 그 후에도 많은 몸서리쳐지는 광경을 보았지만, 아무것도 남아 있지 않는 히로시마를 내려다 보고는 너무 충격을 받아 내가 느꼈던 것을 표현할 수도 없다. …… 히로시마는 존재하지 않는다. 그것이 내가 본 것이다. 히로시마는 단지 존재하지 않았다.

오타 요코에게는 시의 역사 자체가 무너져 버렸다.

　나는 다리에 이르러 완전히 부서져 내린 히로시마 성을 보았다. 나의 심장은 거대한 파도같이 흔들렸다. …… 히로시마 시, 완전히 평탄한 땅은 흰색의 성이 존재함으로 해서 삼차원적인 공간이었다. 그리고 그것이 옛 정취를 간직하고 있었다. 히로시마는 자신의 역사를 갖고 있었다. 내가 이런 것들을 생각하자, 역사의 시체를 밟고 서 있는 슬픔이 내 가슴을 짓눌렀다.

　히로시마에 있던 76,000개의 건물 중 70,000개가 손상을 입거나 부서졌다. 48,000개는 완파됐다. 전 도시가 한순간에 부서졌다는 것은 과장이 아니다. 물자의 손실만 해도 110만 명의 1년치 소득에 달했다. 히로시마의 주요 시설들, 현청, 시청, 소방서, 경찰서, 철도역, 우체국, 전신전화청, 방송국 그리고 학교가 완전히 파괴됐다.
　전차, 도로, 전기, 가스, 수도 그리고 하수 시설 들은 수리할 수 없을 정도로 부서졌다. 18개의 병원과 32개소의 응급처치실이 파괴됐다. 이 도시 의료인들의 90퍼센트가 죽거나 부상당했다.

생존자들은 건물에 대하여 걱정하지 않았다. 그들은 각자 자기 부상에 대하여 스스로 할 수 있는 일을 하는 데에도 바빴다. 일본인들에게 특별히 중요한 의무는 죽은 자들을 모아 화장시키는 일이었다. 한 남자는 몸뻬를 입은 여인이 등에 철모를 쓴 어린아이를 업은 모습을 목격했다.

그녀는 죽은 아이를 화장할 장소를 찾고 있었다. 그녀의 등에 있는 어린아이의 얼굴은 알아볼 수 없을 정도로 화상을 입었다. 그녀는 길에서 주운 철모에 아이의 뼈를 넣을 생각인 것 같았다. 그녀가 아이를 화장시킬 땔감을 찾으려면 멀리까지 가야 했다.

방화선 작업을 감독하던 여인은 한쪽 어깨에 화상을 입었다. 그녀는 대량 화장을 하던 광경을 기억했다.

우리는 죽은 시체들을 산더미 같이 쌓아놓았다. 그리고 기름을 붓고 불을 붙였다. 그러자 의식을 잃고 있던 사람이 정신이 들어 달려 나왔다.

죽지 않고 살아남은 사람들은 한동안 나아지는 듯했다. 그러나 그들은 다시 고통에 시달리기 시작했다. 리프턴이 이것을 다음과 같이 설명했다.

생존자들은 자신과 다른 사람들에게 이상한 형태의 질병이 나타나는 것을 알게 됐다. 어지럽고, 구역질이 나고 그리고 입맛이 없었다. 변에는 피가 많이 섞여 있고 설사를 했다. 열이 나고 무기력해지며, 몸의 곳곳에 자줏빛 반점이 생겼다. 입이 붓고 헐기 시작했다. 목과 잇몸에서 피가 나고 소변에도 피가 섞여 나왔다. 머리와 다른 부분에서도 털이 빠졌다. …… 피검사를 해본 사람들은 백혈구 수가 심하게 감소되어 있었다. …… 그리고 많은 경우에는 서서히 죽어갔다.

과로에 지친 의사들은 차츰 방사선에 의한 병이라는 것을 깨닫기 시작했다. '원자병'은 의학사상 처음 보는 질병이었다. 극히 적은 수의 사람들이 우연한 사고로 엑스선에 과도하게 노출됐거나 또는 실험실 동물들이 연구를 위하여 노출된 경우는 있었지만 이렇게 많은 사람들이 온 몸에 방사선 피폭을 입기는 처음이었다.

방사선은 더 많은 고통을 가져왔다. 하치야는 일기에 적었다.

'번쩍' 뒤에 화상을 입었거나 부상당한 사람들은 치료하면 호전될 것으로 생각했다. 그러나 실제적으로는 그렇지 못했다. 회복되는 것 같아 보이는 사람들에게 다른 증상이 나타나기 시작했다. 많은 환자들이 사망 원인도 모르는 채 죽어갔다.

처음 며칠 동안 수백 명이 죽었다. 그리고 나서 사망률이 감소했다. 이제 다시 증가하기 시작했다. …… 시간이 지남에 따라 입맛이 없고 설사를 하는 증상이 매우 심하게 나타났다.

폭탄에서 직접 방출된 감마선이 노출된 부위의 근육을 파괴했다. 방사선은 세포분열을 막았다. 그래서 증상이 지연되어 나타났다. 피를 만들어 내는 골수에 피해가 컸다. 특히 감염에 대항하는 백혈구를 만드는 골수에 피해가 더 심했다. 방사선에 많이 노출되면 항응고제가 많이 생산된다. 이 결과로 많은 세포가 대량으로 죽었고, 출혈이 심했으며 그리고 감염 증상이 심하게 나타났다. 병리학자들은 사체 부검을 통하여 인체의 모든 기관에 변화가 있었음을 알 수 있었다. 뇌, 골수 그리고 눈 등에도 박테리아에 의한 감염이

심했다. 히로시마 교외에 있는 화장장 관리인은 시체들이 검은색이었다고 말했다. 그리고 이상한 냄새가 났다고 했다. 이들이 살아 있는 동안 이미 내장이 부패하기 시작하여 고약한 냄새가 났던 것이다. 오타 요코는 분개했다.

우리는 우리들의 의사에 관계 없이 우리가 전연 모르는 것에 의하여 살해당했다. …… 새로운 공포와 두려움의 세계에 던져진다는 것은 처참한 일이다.

깊은 슬픔에 잠긴 히로시마의 한 4학년 학생

어머니는 침대에서 꼼짝할 수 없었다. 머리카락은 거의 다 빠졌고, 그녀의 가슴은 곪아 들어갔다. 등 뒤에 있는 5센티미터 크기의 구멍에는 구더기들이 바글거렸다. 그곳은 파리, 모기 그리고 벼룩이 들끓었다. 지독한 냄새가 곳곳에 배어 있었다. 보이는 곳마다 움직일 수 없는 이런 사람들로 꽉 찼다. 저녁에 우리가 도착했을 때 어머니의 상태는 더욱 나빠졌다. 우리가 보는 앞에서 점점 더 기운을 잃어가는 것이 보였다. 우리는 밤새 해 드릴 수 있는 모든 일을 했다. 다음 날 아침 할머니와 나는 죽을 끓여왔다. 우리가 그것을 어머니에게 가지고 가자 그녀는 마지막 숨을 쉬었다. 그녀가 호흡을 그쳤다고 생각했을 때, 어머니는 한 번 더 깊은 숨을 쉬었다. 그러고는 더 이상 숨을 쉬지 않았다. 8월 19일 아침 9시였다. 일본 적십자 병원은 화장하는 냄새로 꽉 차 있었다. 너무나 큰 슬픔은 나 자신을 잊어버리게 만들었다. 슬픔에도 불구하고 울 수도 없었다.

히로시마에서 사람만이 죽은 것은 아니었다. 그 밖의 것도 파괴됐다. 한나 아렌트(Hannah Arendt)가 공동의 세계라고 부르는 나누는 삶도 사라졌다.

원자 폭탄의 경우 …… 한 지역 사회가 단지 충격을 받는 것이 아니라, 지역 사회 자체가 파괴된다. 하이포센터에서 2킬로미터 이내의 지역에서는 모든 생명과 재산이 부서지고, 불타고 그리고 잿더미에 묻혔다. 사람들이 한때 일상 생활을 영위하던 도시의 가시적 형태는 흔적도 없이 사라졌다. 파괴는 갑자기 다가와 모든 것을 철저히 부셔버렸으므로 도망칠 기회도 없었다. 대 파괴에서 가족을 잃지 않은 사람은 태양이 떠오를 때 볼 수 있는 별만큼이나 희귀했다.

원자 폭탄은 모든 종류의 사람들의 조직을 파괴해 버렸다. 가족, 친척, 이웃 그리고 친구와 직장 동료들마저도 파괴해 버렸다. 전통적인 지역 사회는 한순간에 무너졌다.

파괴된 것은 남자, 여자 그리고 수천 명의 어린아이들뿐만 아니라 식당, 여관, 세탁소, 극장, 나무들과 정원들, 사찰, 급우, 책, 피복, 식료품, 시장, 전화, 개인 편지들, 자전거, 말, 악기, 약품, 안경, 시청의 기록들, 기념비, 약혼, 결혼, 시계, 예술품 등등 모든 것이었다.

'사회의 모든 것의 기반'이 파괴됐다고 일본인들의 연구는 결론 지었다. 미국의 심리학자는 이 무기는 "모든 것을 무로 만드는 힘을 갖고 있다"고 말했다.

얼마나 많은 사람이 죽었는가 하는 질문이 남아 있다. 미 육군 의무단 장교는 8월 28일 희생자는 16만이며 그 중 8,000명이 죽었다고 밝혔다. 예수회 수사의 판단이 현실에 더 접근한 것 같다.

얼마나 많은 사람들이 이 폭탄으로 희생됐는가? 이 파멸을 견디고 살아남은 사람들은 죽은 사람들이 적어도 10만은 된다고 말했다. 히로시마의 인구는 40만 명이었다. 공식적 통계는 실종자를 제외하고 9월 1일까지 죽은 사람이 7만 명이라 했다. 13만 명이 부상당했으며

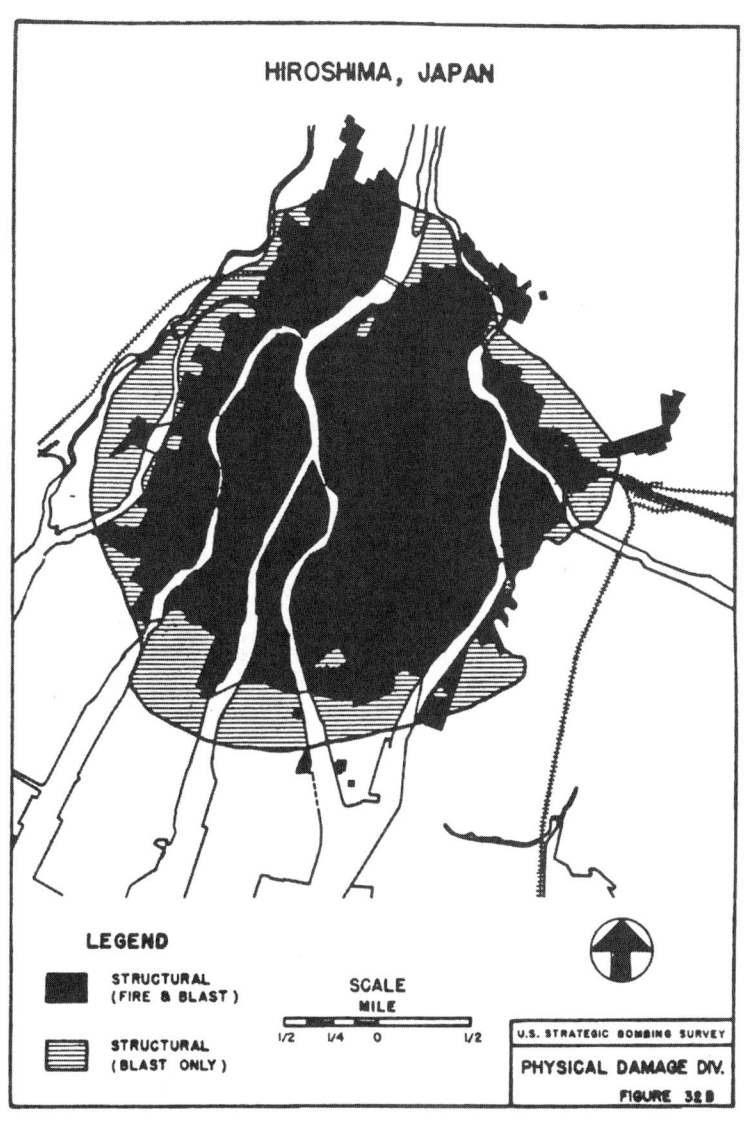

죽은 자의 세계 401

이중 4만 3000명은 중상이었다. 우리가 조사한 바로는 10만 명 사망은 그리 많은 숫자가 아니었다. 우리 근처에 두 동의 바라크가 있었는데 각 동에 40명의 조선인 노동자들이 살았다. 그날 이들은 히로시마 거리에서 일하고 있었다. 한 동에는 4명이 살아 돌아왔고 다른 동에는 16명이 살아 돌아왔다. 기독교 계통 여학교의 학생 600명은 공장에서 일했다. 단지 30명 또는 40명 정도만 돌아왔다. 근교에 살고 있던 농부 가족들은 대부분 한두 명씩 도시의 공장에서 일하던 가족들을 잃었다. 우리 옆집 다무라 씨 댁도 두 아이를 잃었고 자신도 그날 도시에 들어갔다가 심하게 다쳤다. 히로시마 시장과 이곳에 장교로 주둔하고 있던 조선 왕자도 죽었다. 그리고 다른 고위 장교들도 죽었다. 대학 교수 32명이 죽거나 또는 크게 다쳤다. 특별히 피해가 컸던 것은 군인들이었다. 개척 연대는 거의 전멸했다. 막사가 폭발 중심 근처에 있었다.

1945년 말까지 희생자는 14만 명으로 집계됐다. 죽음은 계속됐다. 폭탄에 관련된 5년 동안의 사망자는 20만 명이 됐다. 1945년 말까지 사람들의 사망률은 54퍼센트였다. 3월 9일 동경의 불폭격시 사망율은 100만 명 중 10만 명이었다. 단지 10퍼센트였다. 영국에서 창안된 표준화된 부상률을 사용하여 미 육군이 계산한 결과로는 리틀보이는 사망자를 포함하여 재래식 고폭탄보다 6,500배나 더 큰 피해를 입혔다. 당시 히로시마에서 대학 4학년에 재학중이었던 한 여인은 "원자 폭탄을 발명한 과학자들은, 만일 폭탄이 투하되면 무슨 일이 일어나리라고 생각했는가?"라고 질문했다.

해리 트루먼은 오거스타 호를 타고 포츠담에서 미국으로 돌아가던 중 점심을 먹다가 히로시마 원자 폭탄 투하 소식을 들었다. "이것은 역사상 가장 위대한 일이다"라고 같은 식탁에서 식사하던 사람들에게 말했다. "이제 우리가 집으로 돌아갈 시간이다."

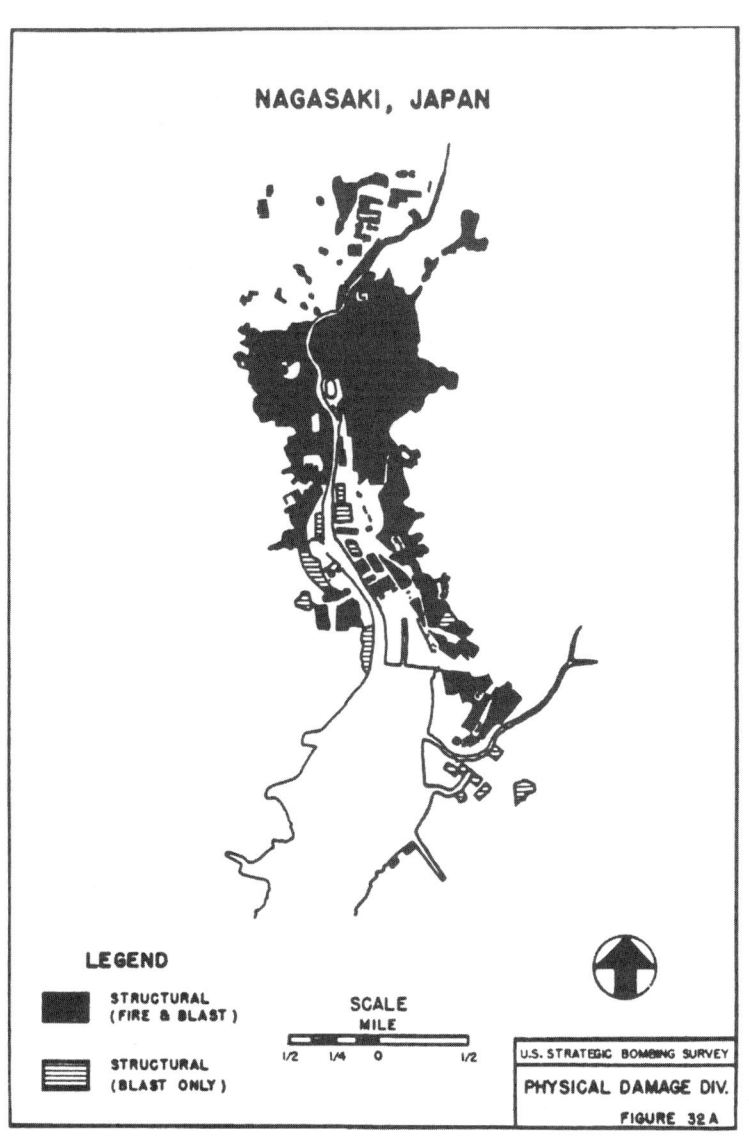

죽은 자의 세계 403

그로브스는 8월 6일 오후 2시 워싱턴에서 오펜하이머에게 전화를 걸어 소식을 전했다.

G 장군 : 나는 당신과 당신의 모든 사람들이 자랑스럽습니다.
O 박사 : 잘 됐습니까?
G 장군 : 거대한 '뻥' 소리가 나며 터졌습니다.
O 박사 : 언제였습니까? 해가 진 뒤였나요?
G 장군 : 아니오. 비행기의 안전 문제로 낮 시간이었지요.
　　　　 이 문제는 그곳 사령관에게 일임했습니다.
O 박사 : 그래요. 모든 사람들이 기분 좋게 생각하고 있습니다. 진심으로 축하합니다. 먼 길이었습니다.
G 장군 : 예, 먼 길이었지요! 그리고 내가 지금까지 했던 것 중에 가장 현명했던 일은 당신을 로스앨러모스 책임자로 선정했던 일이라고 생각합니다.
O 박사 : 천만의 말씀입니다. 그로브스 장군.
G 장군 : 아시다시피 나는 그렇지 않다고 생각한 적이 한 번도 없었습니다.

파괴 정도에 대해서는 아무것도 모르던 오펜하이머가 '상당히 좋게' 느꼈다면, 실라르드는 소름이 끼쳤다. 그날 백악관에서 발표된 원자 폭탄에 대한 견해는 '조직화된 과학에 의한, 역사상 가장 위대한 성취'였다. 그리고 일본인들에게 '지구상에서 지금까지 보지 못했던 파괴의 비가 공중에서 내린다'라고 위협했다. 시카고에서 실라르드는 성급히 게르프루드 바이스(Gerfrud Weiss)에게 편지를 썼다.

　　오늘 신문을 읽었으리라 생각합니다. 일본에 대하여 원자 폭탄을 사용한 것은 역사상 가장 큰 실수 중의 하나입니다. 나는 이것을 사전에 방지하기 위하여 노력했습니다만 오늘 신문에 나온 것처럼 실패했습니다. 지금부터 어떤 현명한 방도가 있는지 알기 어렵습니다.

영국의 시골 저택에 독일 원자 과학자들과 같이 연금되어 있던 오토 한은 큰 충격을 받았다.

 처음에는 사실이 아니라고 믿지 않았다. 그러나 나중에 그것은 미국의 대통령이 공식적으로 확인한 사실이라는 것을 받아들여야 했다. 나는 충격과 절망에 빠셨다. 수없는 무고한 여인들과 어린아이들의 말로 다 할 수 없는 처참함을 생각하는 것은 견디기 어려운 일이었다.
 진을 한 잔 마시고 좀 안정을 되찾은 후 동료 포로들에게도 소식을 전했다. …… 저녁 내내 설명하려는 노력과 스스로를 꾸짖는 토의 끝에 내가 너무 흥분하여 막스 폰 라우에와 다른 동료들이 크게 걱정했다. 그들은 새벽 2시에 내가 잠이 들자 걱정을 그쳤다.

어떤 사람들은 그 소식에 마음이 어지러웠다면, 다른 사람들은 의기 양양했다. 프리슈가 로스앨러모스에서 일어난 일을 다음과 같이 말했다.

 트리니티 이후 3주일쯤 지난 어느 날, 실험실은 갑자기 시끄러워졌다. 뛰어가는 발소리와 떠드는 소리가 들렸다. 누군가 내 방문을 열고 외쳤다. "히로시마가 파괴됐다!"
 약 10만 명이 죽었다. 많은 친구들이 샌타페이에 있는 라폰다(La Fonda) 호텔에 전화를 걸어 축하하기 위하여 자리를 예약하는 것을 보고 나는 불안감과 현기증을 느꼈다. 물론 그들은 연구에 성공하여 매우 기뻐했지만 비록 적이라고 하더라도 10만 명이 갑자기 죽었는데 성공을 축하한다는 것은 잔인한 것 같아 보였다.

일본에서는 민간 지도자와 군사 지도자들 사이에 교착 상태가 계속됐다. 민간인들에게는 원자 폭탄은 수치심 없이 항복할 수 있는 절호의 기회로 판단됐다. 그러나 제독들과 장군들은 아직도 무조건 항복 권유를 얕잡아 보고 따르기를 거절했다. 외상 도고는 8월 8일까지도 소련이 중재해 주기를 바라고 있었다.

이날 사토 대사는 몰로토프와 면담을 요청했다. 몰로토프는 저녁 8시에 만날 약속을 했다가, 다시 5시로 앞당겼다. 미리 소련에게 새로운 무기에 대하여 알려 주었음에도 불구하고 미국의 원자 폭탄이 일본의 도시를 황폐하게 만들었다는 소식에 스탈린은 매우 놀랐고 충격을 받았다. 그래서 그는 전쟁 계획을 가속시켰다. 그날 오후 몰로토프는 일본 대사에게 소련은 내일부터 일본과 전쟁상태에 들어갈 것이라고 선언했다. 잘 무장된 160만 명의 소련 군인들이 만주 국경지역에 대기하고 있다가 자정에서 한 시간 지난 후 일본인들을 공격했다.

티니안 섬의 냉방 장치가 된 건물내에서 뚱뚱이 F 31이 조립되고 있었다. F 31은 티니안 조립팀이 두 번째로 조립하고 있는 내폭형 폭탄이었다. 처음에 조립한 F 33은 핵물질이 들어 있지 않은 투하 시험용으로 이미 8월 5일 조립이 완료됐으나, 주요 509 승무원들이 히로시마 폭격에 참가했고 그후 결과 설명에 바빴으므로 8월 8일에나 사용할 예정이었다.

램지가 F 31 뚱뚱이에 대하여 설명했다.

> 8월 11일에 투하할 예정이었다. …… 그러나 8월 7일이 되자 계획을 8월 10일로 하루 앞당길 수 있다고 판단됐다. 파슨스와 램지가 계획 수정을 티베스에게 제안하자, 그는 계획이 하루 대신에 이틀이

앞당겨지는 것이 좋겠다고 말했다. 왜냐하면 8월 9일의 날씨는 좋을 것으로 예보됐으나 그 후 닷새 동안은 날씨가 나쁠 것으로 예측되기 때문이었다.

마침내 우리는 8월 9일까지 준비하기로 약속했으나, 일정을 갑자기 이틀씩 앞당기는 데에는 많은 어려움이 따르므로 최대한으로 노력해 보기로 했다.

조립팀의 일원이었던 해군 소위 버나드 오키프(Bernard J. O'Keefe)는 전쟁의 위협이 여전히 매일 존재하고 있던 곳에서 있었던 긴급 상황을 기억했다.

히로시마에서의 성공으로, 훨씬 더 복잡한 내폭형 장치를 준비해야 된다는 압박감으로 괴로웠다. 우리는 하루를 앞당겼다. 모든 사람들이 또 다른 임무를 빨리 수행한다면 일본은 우리가 이런 무기를 많이 갖고 있다고 생각하여 빨리 항복할 것이라고 생각했다. 하루를 앞당기면 전쟁도 하루 더 빨리 끝날 것이라고 확신하고 있었다. 매일 비행기가 출격하고 사람들이 B-29의 격추뿐만 아니라 해전에서도 죽어가고 있으므로 우리는 하루의 중요성을 알고 있었다. 인디애나폴리스 호의 침몰도 우리에게 큰 영향을 미쳤다.

긴급함에도 불구하고 과학자들은 파슨스를 만나 경고했다. 이틀을 완전히 앞당기면 중요한 몇 가지 점검과정을 다 끝마치지 못할 수도 있었다. 그러나 명령은 명령이었다.

이 로드 아일랜드 주 태생 젊은이는 1939년 조지 워싱턴 대학교의 학생이었으며 그해 1월 25일 보어가 원자의 분열 현상 발견을 발표했을 때 학회에 참석했다. 이제 6년 이상이 지난 1945년 8월 7일 밤, 티니안에서 뚱뚱이의 외부 케이스를 조립하기 전에 마지막 점검을 하는 중요한 임무가 그에게 맡겨졌다. 특히, 그는 내폭구 앞에 설치된 점화 회로와 꼬리 날개에 설치된 4개의 레이더를 케이블로 연결하여야 했다.

내가 자정에 돌아왔을 때, 다른 사람들은 잠을 자러 돌아갔다. 나는 육군 기술병 한 명을 데리고 마지막 연결 작업을 했다. 나는 마지막 점검을 끝내고 케이블을 점화 장치에 연결시켰다. 그러나 케이블이 서로 들어 맞지 않았다. '무엇인가 잘못됐다'고 생각했다. '천천히 해라, 피곤해서 똑바로 생각하지 못하고 있다'고 하며 스스로를 타일렀다.

"나는 다시 보았다. 놀랍게도, 점화장치 케이블에는 암 플러그가 설치되어 있었다. 그리고 레이더 케이블의 끝에도 암 플러그가 달려 있었다. 나는 폭탄 주위로 돌아가서 레이더와 케이블의 다른 쪽 끝을 살펴 보았다. 나는 기술병을 시켜 다시 조사해 보도록 시켰다. 그도 내가 본 것을 확인했다. 나는 냉방 장치가 된 방 안에서 식은 땀을 흘리기 시작했다." 무슨 일이 일어났는지는 명백했다. 급한 나머지 누군가가 부주의로 케이블을 거꾸로 끼워 놨다.

케이블을 제거하고 다른 것으로 대체한다는 것은 내폭구를 부분적으로 분해하는 작업을 뜻한다. 그것을 조립하는 데 거의 하루가 걸렸다. 그들은 좋은 날씨를 놓치고, 티베스가 걱정한 5일 동안의 나쁜 날씨를 맞게 될 것이다. 두 번째 원자 폭탄은 일주일 정도 지연될 것이다. 그 사이에도 전쟁은 계속된다. 오키프는 이런 생각들을 했다. 그는 즉석에서 해결하기로 결정했다. 폭발물 조립실에서는 열을 발생할 수 있는 장비는 사용 금지되어 있었지만 그는 케이블의 연결부를 떼어내고 다시 납땜질을 하기로 마음먹었다.

나의 마음은 결정됐다. 나는 규칙이든 아니든 간에 아무에게도 이야기하지 않고 플러그를 바꿀 생각이었다. 나는 기술병을 불렀다. 조립실에는 전기 배선이 되어 있지 않았다. 우리는 전자 실험실에 가서 두 개의 긴 전선과 납땜 인두를 찾아냈다. 우리는 전기줄이 걸리지 않도록 문을 조금 열어 놓았다(또 다른 안전 수칙 위반이다). 나는 가능한 한 납땜 인두와 기폭기 사이의 거리를 유지하며 조심스럽게 케이블을 수정했다.

우리는 케이블을 레이더와 점화 장치에 연결하기 전에 다섯 번은 접속 시험을 실시했다. 연결 부위를 조였다. 나는 일을 끝냈다.

다음날 뚱뚱이의 외부 케이스가 조립됐다. 8월 8일 22시에 B-29의 전방 폭탄실에 적재됐다. 이번에는 찰스 스위니(Charles W. Sweeney) 소령이 조종하게 됐다. 스위니의 주 목표는 규슈 북쪽 해안에 있는 고쿠라 병기창이었다. 그의 두 번째 표적은 옛 포르투갈과 네덜란드의 영향을 받은 항구 도시 나가사키였다. 나가사키는 일본의 샌프란시스코로 기독교인들이 많이 살았고, 진주만 공격 때 사용된 미츠비시의 공중 투하용 어뢰가 제작된 곳이다.

스위니는 8월 9일 0347시에 티니안을 이륙했다. 폭탄수인 해군 중령 애쉬워스(Ashworth)는 랑데뷰까지의 비행 과정을 다음과 같이 설명했다.

우리가 이륙하던 날 밤, 열대성 스콜이 내렸다. 그리고 어둠 속에서 천둥 번개가 쳤다. 일기예보는 일본까지 계속 비바람이 불 것이라고 했다. 규슈 남동 해안에서 두 대의 관측 B-29와 합류하기로 되어 있었다.

스위니 소령은 스콜을 피하여 고도 17,000피트로 순항했다. 조종사는 얼마 후 후방 폭탄실에 있는 600갤런짜리 예비 연료통 연결 부위가 작동되지 않는 것을 발견했다. 그는 현지 시간 8시부터 8시 50분까지 호위 항공기를 기다리기 위하여 야코시마 상공을 선회했다. 두 대 중 한 대는 끝내 나타나지 않았다. 기상 관측기가 고쿠라에서 날씨를 보고해 왔다. 중고도에는 구름이 없었으나 저고도에는 10분의 3정도 구름이 끼어 있었다. 점차 구름이 흩어지고 있었다. 현장에 도착했을 때 지상 안개와 연기가 표적을 가렸다. 두 차례나 선회했으나 목표지점을 찾아낼 수 없었다.

리틀보이 투하시에도 대 전자 방해 대책(적의 레이더 교란에 대한 방어)을 담당했던 제이콥 베서(Jacob Beser)는 이번 작전에도 참가했다. 그는 고쿠라를 기억했다. "일본인들은 전투기를 올려 보내기 시작했고, 대공포를 쏘기 시작했다. 우리는 약간 위험한 상황에 처하게 됐다." 그래서 애쉬워스와 스위니는 폭탄을 가지고 귀환하거나 또는 바다에 던지는 대신에 나가사키로 향하기로 결정했다.

스위니는 오키나와에 긴급 착륙을 시도하기 전에 단 한 번 폭탄 투하 비행을 할 수 있을 정도의 연료만 갖고 있었다. 나가사키에 도착했을 때 도시는 구름으로 덮여 있었다. 연료가 모자랐으므로 레이더에 의존하여 폭격하든지 또는 수백만 달러나 되는 폭탄을 바다에 던지는 수밖에 없었다. 애쉬워스는 폭탄을 낭비하는 대신에 레이더에 의한 폭격을 감행하기로 결정했다. 마지막 순간에 구름 사이에 구멍이 뚫려 폭탄수는 20초 동안 육안 조종을 할 수 있었다. 계획된 목표 지점에서 몇 마일 떨어진 운동장을 향하여 폭탄을 투하했다. 뚱뚱이는 1945년 8월 9일 오전 11시 2분, 도시의 가파른 경사면 상공 1,650피트에서 폭발했다. 뒤에 위력이 22킬로톤으로 밝혀졌다. 가파른 언덕이 폭발 효과가 퍼지지 못하도록 막았으므로 파괴나 생명의 손실이 히로시마 때보다는 적었다.

그래도 그해 연말까지 나가사키에서 7만 명이 죽었고, 다음 5년 동안 총 14만 명이 죽었다. 생존자들은 이루 말로 형용할 수 없는 고통을 받았다. 9월 중순 현지를 방문했던 미 해군 장교는 자기 아내에게 편지를 보냈다.

> 죽음과 부패의 냄새가 이곳을 뒤덮었다. 보통 썩은 고기 냄새로부터 강한 암모니아성 냄새(질소 화합물이 분해되는 것으로 추정됨)까지 참을 수 없을 지경이다. 우리의 감각적인 느낌을 뛰어넘어, 부활의 희망이 없는 마지막이라는 의미에서 절대적인 죽음의 본질을 보고 있는 것 같다. 그리고 이것이 국소적인 현상만은 아니다. 모든 곳에서 그 어떤 것도 이 죽음의 손길을 벗어나지 못했다. 대부분의 폐허가 된 도시에서는 죽은 자를 묻고, 허물어진 것을 치우고 집들과 살아 있는 도시를 재건할 수 있다. 이곳은 그렇지 않다고 느껴진다. 옛날의 소돔과 고모라 같이 이곳에는 소금이 뿌려져 있고 출입구에는 영광은 사라졌구나 하는 탄식이 써 붙여졌다.

일본의 군부는 여전히 항복에 동의하지 않고 있다.

그러므로 히로히토 천황은 비상조치를 취했다. 항복 의사를 스위스를 통하여 8월 10일 금요일 아침 워싱턴에 전달했다. 그것은 천황 폐하의 주권 통치자로서의 특권을 침해하는 어떤 요구도 받아 들일 수 없다는 것을 제외하고는 포츠담 선언을 수용하겠다고 했다.

트루먼은 즉각 스팀슨과 번즈를 포함하는 자문역들과 만났다. 스팀슨은 대통령이 일본의 제안을 받아들일 것으로 생각했다. 그는 일기에 적었다. "천황 문제는 이제 우리 손 안에 있는 전쟁의 승리를 지연시키는 것에 비하면 사소한 문제이다." 지미 번즈는 동의하지 않았다. "나는 왜 우리가 원자 폭탄도 없고 그리고 소련도 참전하지 않았던 때 포츠담에서 결정했던 것보다 더 양보를 해야 되는지 이해할 수 없다"고 말했다. 그는 늘상 하는 대로 국내 정치를 생각하고 있었다. 일본의 조건을 받아들이는 것은 "대통령을 십자가에 못 박는 것"을 뜻할 수도 있다고 그는 경고했다. 해군성 장관 제임스 포레스탈(James Forrestal)이 타협안을 내놓았다. 대통령은 일본의 제안을 받아들일 용의가 있음을 알리되, 포츠담 선언의 의도와 목적이 명백히 성취될 수 있는 항복 조건들을 명시한다는 것이다.

트루먼은 타협안을 받아들였다. 그러나 회신의 초안을 번즈가 작성했다. 그것은 주요 조건들을 의도적으로 애매하게 표시했다.

> 항복하는 순간부터 천황과 일본 정부의 국가를 다스리는 권위는 연합군 최고 사령관에게 귀속된다. 천황과 일본의 고위 사령관은 항복 조건에 서명하여야 한다.……
> 포츠담 선언에 따라, 궁극적 정부의 형태는 일본 국민들의 자유로운 의사 표시에 의하여 결정될 것이다.

번즈는 서두르지도 않았다. 그는 회신을 하룻밤 동안 가지고 있다가 다음날 라디오 방송을 통하여 배포토록 했으며 스위스를 통하여 일본에 전달했다.

스팀슨은 금요일 아침 회의에서 미국은 원자 폭탄을 포함하는 폭격을 중지해야 된다고 주장했다. 트루먼도 별다른 이의가 없는 듯했으나, 오후에 국무회의가 열렸을 때 트루먼은 일부를 재고했다. "일본이 이 조건들을 받아들일 때까지 우리는 현재의 전쟁 강도를 유지할 것입니다. 그러나 더 이상의 원자 폭탄 투하는 제한합니다."

전직 부통령이었으며 이제는 상무장관인 헨리 월러스(Henry Wallace)는 대통령의 마음이 변한 이유를 일기에 기록했다.

트루먼은 원자 폭탄 투하를 중지하라고 명령했다고 말했다. 그는 또 다른 10만 명을 쓸어 버린다는 생각이 끔찍하다고 말했다. 그는 죽인다는 생각을 싫어했다. 그가 말한 것처럼 "그 아이들을 모두……".

일본정부는 8월 12일 일요일 자정이 조금 지난 뒤 번즈의 조건부 항복을 제안하는 회신을 받았다. 그러나 민간인들과 군사 지도자들은 교착 상태에 빠진 토론을 계속했다. 히로히토는 그의 항복 의사를 번복시키려는 설득 노력에 저항하며 지원 약속을 얻어 내기 위하여 어전 회의를 소집했다. 일본 국민들에게는 아직 번즈의 회신 내용을 발표하지 않았으나, 그들은 평화 협상에 대하여 알고 있었고 긴장 속에서 기다리고 있었다. 젊은 작가 미시마 유키오는 그 긴장감을 다음과 같이 표현했다.

그것은 우리의 마지막 기회이다. 사람들은 다음에는 동경에 원자 폭탄이 떨어질 것이라고 말했다. 흰 셔츠와 반바지를 입고 거리를 쏘다녔다. 사람들은 자포자기가 되다시피하여 오히려 즐거운 얼굴로 자기 일들을 하고 있었다. 한 순간에서 다음 순간으로 아무 일도 벌어지지 않고 넘어갔다. 곳곳에는 즐거운 흥분의 기분마저 감돌았다. 이미 부풀어 오른 장난감 풍선을 이제나 터질까, 저제나 터질까 궁금해 하며 계속 불고 있는 것과 똑같았다.

지난해 가미카제 공격 방법을 만들어 내고 강력히 추진했던 일본 해군 참모차장은 8월 13일 저녁 정부 지도자들과의 회의에서 일본식으로 충돌했다. 그는 눈물을 흘리며 5000만 명을 동원하여 일본인들을 특별 가미카제 공격으로 희생시키는 확실한 승리계획을 제안했다. 그가 2000만 명을 돌과 대나무 창으로 무장시켜 연합군을 공격할 생각이었는지는 기록에 나타나 있지 않다.

B-29 한 대가 동경 시내에 번즈의 회신 내용을 일본어로 번역한 전단을 뿌렸다. 천황의 옥새 관리자는 이런 공개가 군부의 항복 저항을 더욱 강경하게 만들 것이라고 생각했다. 그는 전단을 즉각 천황에게 가지고 갔다. 8월 14일 오전 11시, 천황은 각료들과 자문역들을 황실 방공 대피호로 불러들였다. 그는 연합군의 회신을 발견했다고 말했다. 적의 평화적이며 우호적인 의도의 증거라고 말하고 수용할 수 있는 것이라고 생각했다.

나는 더 이상 나의 국민들이 고통을 받게 하는 생각을 견딜 수 없다. 전쟁의 계속은 수만, 수십만 명의 사람들을 죽게 할 것이다. 전 국토가 잿더미가 될 것이다. 그러면 어떻게 내가 황실 선조들이 바라시는 바를 수행해 나갈 수 있겠는가?

그는 각료들에게 그가 직접 방송할 수 있는 황실 칙유를 준비하도록 요청했다. 관리들은 법적으로는 그렇게 할 수가 없었다. 그러나 천황의 권위는 정부의 법 테두리 밖에 있었다. 그러나 옛부터 법보다 더 깊은 연결 고리로 그들은 매여 있었다. 그래서 그들은 일을 시작했다.

한편 워싱턴의 인내심이 약해지기 시작했다. 트루먼은 지역 소이탄 공격을 재개하도록 지시했다. 아널드는 아직도 공군이 전쟁을 이길 수 있다는 것을 증명하기를 원했다. 그는 태평양에서 이용 가능한 모든 항공기를 전면 공격을 위하여 동원했다. 1,000대 이상의 항공기가 참여했다. 1200만 톤의 고폭탄과 소이탄이 구마가야의 반과 이세자키의 육분의 일을 파괴했고 일본의 항복이 스위스를 통하여 미국에 전달되고 있는 동안 수천 명의 일본인들이 더 죽음을 당했다.

최초의 항복 암시는 일본 뉴스 통신사 도메이로부터 8월 14일 오후 2시 49분 라디오 방송으로 태평양의 미군기지에 전달됐다.

동경, 8월 14일, 포츠담 선언을 수락하는 황실의 메시지가 곧 발표될 것으로 알려지고 있다.

트루먼은 오후에 일본의 항복을 발표했다. 동경에서는 마지막 순간 군사적 반란이 있었다. 고위 관리가 암살되고 황실 칙유를 녹음한 음반을 강탈하려는 기도가 있었다. 그러나 충성이 우세했다. 8월 15일, 천황은 울고 있는 국민들에게 방송했다. 그의 1억 신민들은 그들 천황의 높고 고충스러운 목소리를 처음으로 듣게 됐다.

모든 사람들이 최선을 다했으나……전쟁 상황은 일본에 유리한 방향으로 전개되지 못했다. 한편 세계의 일반적 경향이 모두 우리의 이익에 반대되고 있다.
더구나 적은 새롭고도 가장 잔인한 무기를 사용하기 시작하여 손실을 입히는 위력은 실로 대단하다. 죄 없는 많은 사람을 죽이며 …… 이것이 우리가 공동 선언의 조건들을 수용하도록 명령한 이유이다. ……
이후에 우리 국가가 받는 어려움과 고통은 확실히 클 것이다. 우리는 모든 신민들의 마음속 깊이 간직된 감정을 잘 알고 있다. 그러나 대세와 운명에 따라 참을 수 없는 것을 참으며, 이길 수 없는 고통을 받으며, 후세를 위하여 대 평화의 길을 열기로 결심했다.
전 국민이 후세에 길이길이 한가족으로 계속하기를…….

"만일 더 이상 계속됐다면 미치는 도리밖에 다른 길은 없었을 것이다"라고 미시마 유키오는 말했다.

히로시마와 나가사키에 관한 일본인들의 연구는 '원자 폭탄은 ……대량 살육의 무기'임을 강조했다. 사실 핵무기는 히로시마 통계가 보여 주는 것과 같이 간단하고도 효과적인 총체적 죽음의 무기이다.

죽은 사람들의 백분율은 일차적으로 하이포센터로부터의 거리에 관계된다. 사망률과 거리 사이에는 역비례의 관계가 있고 길 엘리엇 Gil Elliot이 강조하듯이 살생은 더 이상 선택적인 것이 아니다.

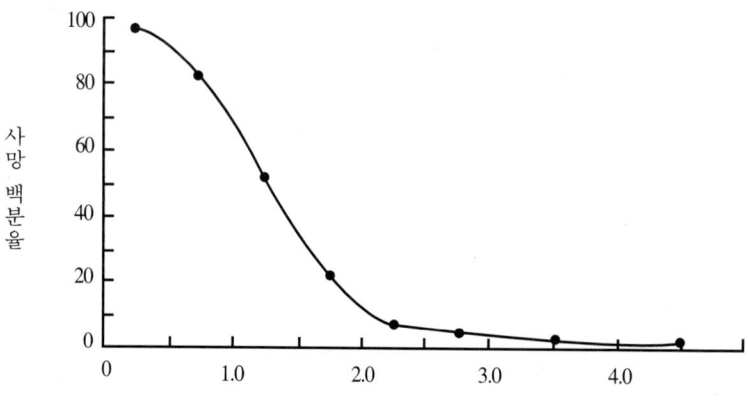

하이포센터로부터의 거리(km)

우리가 원자 폭탄을 갖게 되고, 표적에 쉽게 도달할 수 있으며 거대한 충격을 순간적으로 가할 수 있다는 것은 도시의 선택과 희생자의 구분이 완전히 무작위로 이루어진다는 것을 뜻한다. 인간의 기술은 스스로를 파괴할 수 있는 단계에 와 있다. 사람들이 많이 죽은 도시들은 베르됭(Verdun), 레닌그라드(Leningrad) 그리고 아우슈비츠(Auschwitz) 등이다. 그러나 히로시마와 나가사키에서 '죽은 자의 도시'라는 말을 문자 그대로 현실로 바꾸어 놓았다.

미래의 죽은 자의 도시는 바로 우리의 도시이며, 희생자들은 일본인, 프랑스인, 독일 군인, 소련 시민 그리고 유대인들이 아니라 특정한 구분 없이 우리 모두일 것이다.

일본인들의 연구는 "이 두 도시의 경험은 인류 멸망의 제1장에 지나지 않는다"고 강조했다.

8월 24일, 최근에 자기 눈알을 들고 있던 사람에 대한 이야기를 듣고 하치야 박사는 악몽을 꾸었다. 세계 최초의 원자 폭탄에 의하여 자신도 부상당하고서도 수백 명의 희생자들을 돌보아준 이 일본 의사의 악몽은 인류의 앞날을 이야기해 주는 것으로 생각되어야 할 것이다.

그날 밤은 모기가 많았다. 그래서, 나는 잠을 설치고 무서운 꿈을 꾸었다.
대지진이 일어난 후 나는 동경에 있었다. 내 주위에는 썩어가는 시체가 산더미처럼 쌓여 있었다. 모두 나를 쳐다보고 있었다. 나는 소녀의 손 위에 놓여진 눈을 보았다. 갑자기 그것은 하늘로 뛰어 올라 나에게 날아왔다. 그래서 위쪽을 쳐다보니 거대한 눈알이 내 머리 위를 빙빙 돌며 나를 똑바로 쳐다보고 있었다. 나는 움직일 수도 없었다.

"나는 숨이 차고 가슴이 뛰어 잠을 깼다"고 하치야 미치히코는 기억했다.

우리 모두도 그렇다.

산 자의 세계

히로시마와 나가사키에의 원폭 투하는 실라르드를 겁에 질리게 만들었다. 그는 이런 무서운 전쟁 무기 개발에 직접 참여했던 것에 대해 깊은 죄의식을 느꼈다. 1933년 런던에서 사우샘프턴 로를 건너며 그가 얼핏 예측했던 다가올 미래의 일들을 실현시키는 데 그도 역할을 했다. 실라르드는 1945년 7월 원자 과학자들 사이에 회람시켰던, 대통령에게 보낼 청원서(텔러는 오펜하이머와 상의한 후 서명하지 않았다)에서 미국은 이 폭탄을 보유했기 때문에 커다란 도덕적 책무를 짊어지게 됐다고 주장했다.

> 원자력의 개발은 국가들에게 새로운 파괴 수단을 제공하게 될 것이다. 우리가 갖고 있는 원자 폭탄들은 단지 이 방향으로의 첫걸음일 뿐, 미래의 개발 과정에서 거의 무제한의 파괴력이 이용가능하게

될 것이다. 그러므로 이런 새로운 자연의 힘을 파괴의 목적으로 사용하는 전례를 남긴 국가는 상상할 수 없는 규모의 파괴의 시대로 향하는 문을 연 책임을 짊어져야 될 것이다.

미국은 일본에서 이 전례를 남겼다. 실라르드는 8월 6일 이후 어떻게 행동하는 것이 현명한 것인지 판단하기 어렵다고 하면서 그의 절망감을 바이스에게 편지로 써 보냈다. 그러나 며칠이 지나지 않아 그는 미국의 원폭 투하에 항의하고 논쟁을 벌이기 위하여 움직이기 시작했다. 나가사키 투하 소식을 듣고 즉시 시카고 대학교 교목에게 종전을 기념하는 예배에 죽은 자에 대한 특별기도와 생존자를 위한 헌금을 포함시켜 줄 것을 요청했다. 그는 원폭 투하를 우리 자신의 도덕적 기준에 대한 극악무도한 위반이라고 부르며 즉시 중지해 줄 것을 요청하는 청원서의 초안을 작성했다. 그러나 일본의 항복으로 이 문제는 논의할 필요가 없게 됐고 청원서는 발송되지 않았다.

백악관과 육군성의 언론 발표 외에도 미국 정부는 지난해 프린스턴 물리학자 스미스(Smyth)가 준비한 원자 폭탄 개발의 과학적 측면에 관한 자세한 보고서를 발간했다. 이 보고서「군사 목적을 위한 원자에너지」는 보어가 연구 결과를 개방하도록 호소했던 활동의 결과라고 할 수 있겠다. 영국인들은 깜짝 놀랐고, 소련인들은 동위원소 분리를 추구하지 않아도 됐으므로 기뻐했다. 그로브스는 원자 폭탄 계획에 대하여 공표할 것과 비밀로 할 것을 구분하여 중요한 정보의 누출을 예방했다.

원자 비밀이 공개되자 실라르드는 시카고 대학교 총장 허친스(Robert Hutchins)를 만나서 원자 폭탄이 세계에 시사하는 바와 미국의 정책에 관하여 사려 깊고 영향력 있는 사람들을 불러 모아 무엇인가 논의해야 될 필요가 있다고 말했다. 실라르드는 시카고 대학이 회의를 소집하고 약 25명의 사람들을 초청하여 3일 정도에 걸쳐 이 주제에 대하여 토의하자고 제안했다. 허친스 총장은 이 제안에 찬성했고 헨리 월러스, 찰스 린드버그 등을 포함하여 약 50여 명의 학자와 과학자들과 접촉했다. 이 회의는 9월에 개최됐다.

나가사키에 원폭이 투하된 다음날 어니스트 로렌스는 신문기자들의 밀려드는 인터뷰 요청도 피할 겸 또 중간위원회가 과학소위원회에 작성하도록 지시한 전후 계획에 관한 보고서에 관하여 오펜하이머와 상의하기 위하여 뉴멕시코로 갔다. 사이클로트론의 발명자이며 일본 상륙 작전을 수행하지 않고도 항복을 얻어내기 위하여 원자 폭탄을 사용하는 것에 찬성했던 로렌스는 로스앨러모스의 동료가 피로와 죄의식에 빠져 풀이 죽어 있는 것을 발견했다. 오펜하이머는 히로시마와 나가사키의 생존자들이 일생 동안 폭탄의 영향으로 고통을 받는 것보다 차라리 죽은 자들이 더 다행스러운 것이 아닌가 하는 생각을 했다. 그는 어릴 적에 다녔던 윤리학교의 스승 스미스(Herbert Smith)에게 편지를 썼다. "이 일을 맡을 때 그런 불안이 없었던 것은 아닙니다. 그러나 미래에 대한 전망이 선명해진 오늘, 이 짐은 무겁습니다." 대공황 시절 버클리의 친구 슈발리에한테도 "걱정으로 인하여 분위기는 매우 무겁습니다. 너무나, 너무나 어렵습니다. 우리가 생각하는 세상으로 만들 수 있는 힘이 있다면 좋겠습니다"라고 썼다.

로렌스는 오펜하이머가 너무 심하게 양심의 가책을 받고 있다고 생각했다. 로렌스는 원자 폭탄을 전쟁을 끝낼 무섭고 재빠른 칼이라고 생각했었다. 그는 또한 그것을 자신의 의견으로 주장했었다.

히로시마 원폭 투하 다음날, 한 신문과의 인터뷰에서 로렌스는 누구보다도 자기가 원자 폭탄 개발에 책임이 있다는 것을 조심스럽게 인정했다고 스타니슬라브 울람이 장난기 있게 지적했다.

최고의 비밀 프로젝트에 참여했던 사람들 중에서 이 두 사람과 그들의 동료들은 혁명적인 발명가로 대중의 영웅이 됐다. 스노(C. P. Snow)의 논평에 의하면 "물리학자들은 하룻밤 사이에 국가가 소집할 수 있는 가장 중요한 군사적 자원이 됐다." 버클리와 로스앨러모스 연구소의 소장들은 전후 계획에 관한 편지에서 그들의 새로운 권위를 시험해 볼 수 있었다. 중간위원회의 과학 소위의 위원들인 로렌스, 오펜하이머, 콤프턴 그리고 페르미는 단순한 기술적인 자문은 제쳐두고 혁신적으로 국가정책을 재고할 것을 제안했다. 이 과정에서 자기들이 이해하고 있던 핵 딜레마를 간단하게 설명했다.

그들은 앞으로 이 분야에서 현재 이용가능한 무기보다도 수적으로나 질적으로나 훨씬 더 효과적인 무기들이 나타날 것이라고 말했다(이런 무기들 중에서 '슈퍼' 폭탄이 기술적으로 가장 전망이 밝다고 생각했다). 그러나 그들은 원자무기에 대한 군사적 대응 방법은 없다고 딱 잘라 말했다. 그들은 다음 10년 동안 원자무기 분야에서 이 나라가 주도권을 잡아 나갈 수 있는 계획도 제안할 수가 없다고 말했다. 또한 비록 주도권을 잡는다 해도 가장 무서운 파괴로부터 보호받을 수 있다는 확신도 없다고 했다. 그들이 생각한 것은 정치적 변화가 필요하다는 것이었다.

더 효과적인 원자무기의 개발이 앞으로 강력한 군사력을 유지하기 위한 국가정책의 가장 중요한 요소로 될 것이다. 그럼에도 불구하고 앞으로의 개발이 근본적으로 또는 영구히 전쟁을 방지한다고 보기는 어렵다. 우리는 이 나라의 안전이 전적으로 또는 주로 과학적 또는 기술적 개발에 달려 있다고 볼 수 없다. 그것은 미래의 전쟁을 불가능하게 만드는 것에만 근거를 두어야 할 것이다.

현재로는 핵분야의 기술적 가능성이 불충분하게 탐구됐음에도 불구하고, 이 목적을 위해 필요한 국제적 조치가 취해져야 한다는 것을 우리 모두는 만장일치로 그리고 긴급하게 제안하는 바이다.

오펜하이머는 보어와의 토의를 통하여 이런 믿음을 확인했다. 그러나 로렌스는 단지 두 달 전에 중간위원회에서 핵무기의 재고를 늘려야 한다고 주장했었다. 전쟁이 끝난 후 한동안 폭탄의 현실이 버클리의 노벨상 수상자를 적어도 제한적으로 국제주의화하게 만든 것 같다. 그는 이 기간 중에 "자유로운 과학과 과학자들의 교류를 통하여 소련에서 무엇이 진행되고 있는지 알아낼 수 있다. 사실 이것이 내가 생각해 낼 수 있는 유일한 가능한 방법이다"라고 썼다.

일본이 항복한 지 며칠 후 오펜하이머는 과학 소위원회의 편지를 가지고 워싱턴으로 갔으나 헨리 스팀슨은 출장중이었다. 그는 대신 스팀슨의 보좌관 조지 해리슨과 부시를 만났다. 그는 뉴멕시코에 돌아와서 로렌스에게 편지를 보냈다. "나는 물론 아무리 절망적이고 의견이 일치되지 않는다 해도 우리 모두는 국익을 위하여 정직하게 일할 것이라는 점을 강조했다. 그러나 지난번 세계대전 후 독가스와 마찬가지로 원자 폭탄 일을 계속하여 정말로 좋은 일이 일어날 수 있다고 약속하는 것은 마음이 내키지 않는다."

그가 새로이 얻은 권위가 무엇이든지 간에 전에 실라르드가 경험했듯이 오펜하이머도 정치권 밖에서 정책에 영향력을 미칠 수는 없었다.

나는 해리슨과 부시와 이야기를 나누면서 포츠담에서 소련을 협력이나 또는 통제에 끌어들이는 일이 거의 진전될 것 같지 않다는 인상을 받았다. 얼마나 진지하게 노력해 봤는지는 모르겠지만, 처칠, 애틀리(Attlee) 그리고 스탈린이 전혀 협조하지 않았다는 것이 거의 확실한 것 같았다. 그러나 이것은 모두 나의 추측일 뿐이다. 내가 워싱턴에 있는 동안 모두 반갑지 않은 일이지만 두 가지 일이 벌어졌다. 하나는 대통령이 원자 폭탄에 대한 어떤 공개도 금지하는 지시를 발표했는데 — 금지 내용이 너무 광범위하고 — 그에게 개인적인 통보도 하지 않은 것이다. 또 다른 하나는 우리들의 편지를 해리슨이 지미 번스에게 전달했는데 내가 떠날 때 "현재의 심각한 국제정세에 비추어 미국은 맨해튼 프로젝트를 전력 투구하여 추진하는 것 이외에는 대안이 없다"는 답변을 전해왔다. — 나는 우리의 앞날에 대하여 깊은 슬픔과 그리고 깊은 당혹감을 느끼고 있다.

원자에너지 통제에 관한 회의가 시카고 대학교에서 9월의 마지막 목요일과 금요일에 열렸다. 영향력 있는 시카고 대학의 경제학자 바이너(Jacob Viner)는 원자 폭탄은 지금까지 만들어진 인간 살상 방법으로는 가장 값싼 것이라고 했다. 그리고 계속하여, 소련과 미국 두 양대국 사이에서는 세계정부는 불가능하다고 말했다. 지난 200~300년 동안 어느 정도 평화를 유지해 왔던 것은 누가 자기의 자연적인 적이라는 것을 몰랐기 때문이었으나, 이제 양대국만이 남았으므로 적이 누구인가는 명확해졌다. 이미 이 나라에 심리적 영향을 미치고 있다. "원자 폭탄전은 신경 전쟁이다. …… 두 나라가 원자 폭탄을 갖게 되면 심리전이 시작된다. …… 원자 폭탄은 실제적으로 평화를 만든다고 믿고 있다. 억지 효과도 가져온다고 믿고 있다"고 바이너는 생각했다. 핵무기가 전쟁에 사용된 지 5주만에 바이너는 핵무장된 세계의 공포의 평형원칙인 억지원리의 본질을 찾아냈다.

실라르드는 자기의 생각을 금요일에 발표했다. 그는 마크 올리펀트의 이야기를 인용하여 백만 톤 그리고 천만 톤의 TNT와 동등한 폭탄들이 만들어질 수 있다는 것을 강조했다.

군비경쟁이 시작되고 있다. 만일 소련이 짧게는 2년 내지 3년 그리고 길게는 5년 내지 6년 이내에 원자 폭탄을 만들기 시작한다면, 우리는 무장된 평화를 갖게 되고 그것은 한동안 지속될 것이다.
그러나 우리는 세계정부보다 더 적은 비용으로 영구적인 평화는 누리지 못하게 될 것이다. 그러나 사람들의 마음이 변화되지 않는 한 세계정부는 실현시킬 수 없다. 우리가 세계정부를 만들지 못한다면 우리가 가질 수 있는 것은 지속적인 평화, 즉 억지 정책뿐일 것이다. 지속적인 평화의 단 한 가지 목적은 지금부터 20년 또는 30년 후에 세계평화를 가져올 상황을 만들어 내는 것이다. 이것은 사람들의 정신의 변화를 필요로 한다.
만일 우리가 제3차 세계대전이 또 일어난다고 확신한다면, 그것은 늦어질수록 더욱 우리에게 더 나쁜 것이 될 것이다. 다음 전쟁의 승리자가 세계정부를 만들게 될 것이다. 이 승리자가 미국이라고 할지라도 2500만 명의 인명을 잃게 될 것이다.

실라르드 자신도 자기의 예측이 그렇게 인상적인 것이 아니라고 믿었다. 그는 바이너의 발표가 더 낫다고 생각했다.

이 모임에서 발표된 것 중에서 가장 현실적인 것은 바이너가 이야기한 것이었다. 그가 말한 것은 다음과 같았다. "이런 일들은 아무것도 일어나지 않을 것이다. 예방적인 전쟁도 일어나지 않을 것이며 그리고 사찰을 포함하는 국제적 합의도 이루어질 수 없을 것이다. 미국만이 단독으로 수년 동안 원자무기를 보유하게 될 것이다. 그리고 폭탄이 어떤 미묘한 영향을 미치게 할 것이다. 그것은 모든 외교회의의 참석자들의 의식 속에 존재해서 영향력을 행사할 것이다. 조만간 소련도 폭탄을 갖게 될 것이고 그때에 가서 새로운 평형 상태가 수립될 것이다."

더 이상 육군의 비밀정책에 얽매이지 않고 실라르드는 정치적 활동을 계속했다. 그러나 죄의식 때문인지, 핵물리학이 그에게는 더 이상 미개척지가 아니라고 생각됐는지 또는 원자에너지의 방출로 인간이 지구를 파괴할 수 있게 됐다는 것을 이해하게 되어서인지 그는 1932년부터 그가 생각하기 시작했던 일을 마감하고, 1945년 롱아일랜드에 있는 콜드 스프링 하버(Cold Spring Harbor) 연구소에서 제공하는 강의를 청강하기 위하여 떠났다. 그는 물리학을 떠나 생물학 공부를 시작했다.

H. G. 웰스는 오래 살아서 히로시마와 나가사키의 소식을 들었다. 그는 말년에 매우 비관적이었으며, 1946년 8월 3일, 80세로 영면했다.

트리니티 시험이 끝난 직후 텔러와 페르미는 열핵반응의 이론 연구를 다시 시작했다. 연구 목적은 $1m^3$의 액체 이중수소를 태우는 폭탄이었다.

이런 폭탄은 TNT 천만 톤에 해당하는 에너지를 방출할 것이다. 그러나 일본이 항복하자 로스앨러모스의 수소 폭탄 연구는 지지부진하다가 중단됐다. 그로브스와 오펜하이머는 이 일이 자기들의 명령에 의하여 중지됐는지 아닌지는 명확히 기억하지 못했다. 아무튼 텔러는 좌절했고 그의 동료들이 무기 연구의 흥미를 잃었다고 생각했다. 실제로 어느 정도 그런 면이 있었고, 대부분의 사람들이 이제는 집에 돌아가기를 원했다. "우리는 군인들과 마찬가지로 우리의 의무를 다했으므로, 우리가 직업으로 선택한 순수과학의 추구와 교육으로 되돌아가야 한다고 느꼈다"고 베테는 기억했다. 더구나

1945년과 1946년의 평화로운 분위기에서 대규모 원자무기의 연구 필요성이 없다는 것도 명백했다.

텔러는 강한 반대 의견을 가졌었다. "그는 소련과의 관계를 매우 비관적으로 생각했다"고 베테는 기억했다. "그는 굉장한 반공주의자였으며 또한 소련에 대한 적대감도 매우 컸다. 이제 나는 그가 열한 살 때 헝가리에서 공산주의를 경험했고 그리고 공산주의에 강력히 반대하고 있다는 것을 알게 됐다. 텔러는 핵무기의 연구를 계속해야 된다고 말했다. …… 우리 모두가 떠나려고 하는 것은 잘못된 일이라고 말했다. 전쟁은 끝나지 않았고 소련은 독일 못지않는 위험한 우리의 적이라고 주장했다. 나는 그의 의견에 찬성할 수 없었다. 나는 집에 돌아가 대학 교육을 다시 시작하고 젊은 물리학자들을 훈련시키는 일이 더 중요하다고 생각했다."

베테는 코넬로 돌아가기로 했다. 오펜하이머는 여러 곳에서 제안을 받았지만 나머지 생애를 캘리포니아에서 보내고 싶다는 이유로 모두 거절했다. 페르미는 시카고 대학의 교수직을 수락했다. 텔러도 페르미와 같이 일하도록 초청됐다. 로스앨러모스를 떠난다는 것은 '슈퍼'를 남에게 맡긴다는 것을 뜻한다. 그러나 그대로 남아 있는 것은 오펜하이머가 두 번째 팀이라고 부른 조직의 일원이 된다는 뜻이다.

트리니티 폭탄 조립을 지휘했던 해군 물리학자 노리스 브래드버리(Norris Bradbury)가 오펜하이머의 뒤를 이어 로스앨러모스의 소장이 됐다. "전쟁 직후 연구소는 생존을 위하여 투쟁했다고 밖에 더 이상 어떻게 더 잘 설명할 방법이 없다"고 브래드버리는 기억했다.

1945년 9월의 로스앨러모스, 민간인 선임 과학자들은 전시 상황

아래에서의 생활, 전시 보안규정, 전시 육군기지 그리고 전시의 긴박한 업무 등에 지쳐 있었다. 그들은 대학의 연구실과 교실로 돌아가기를 갈망했다. 젊은 사람들은 중단됐던 학업을 계속하고 학위를 받기를 원했다.

로스앨러모스의 미래 설계에 대한 합의조차도 없었다. 일단의 사람들은 로스앨러모스를 기념관으로 만들고 군사적 사용을 위한 원자에너지 연구는 중단돼야 한다고 생각했다. 또 다른 사람들은 악화되어 가는 국제 관계를 비관적으로 판단하고 로스앨러모스를 원자무기 공장으로 만들어야 된다고 주장했다. 대부분의 사람들이 적어도 현재로서는 미국은 기본적인 핵물리학과 화학 그리고 군사적 응용 가능성 연구에 전념할 연구소가 필요하다는 데 의견을 같이 했다.

브래드버리는 텔러에게 이론 연구부를 맡아 줄 것을 요청했다. 텔러는 대신에 브래드버리가 주요 연구계획을 계속하겠다고 약속한다면 로스앨러모스에 머무를 생각이었다. "나는 가능한 한 단시일 내에 수소 폭탄을 개발하기 위하여 최대의 노력을 경주하든지 또는 새로운 분열폭탄 모델을 개발하고 1년에 12회 정도의 시험을 수행해 나가야 될 것이라고 말했다." 브래드버리는 두 가지 계획 모두 수행하고 싶지만 지금으로서는 모두가 현실성이 없다고 말했다. 무기 연구를 위하여 정부가 더 이상 지원하고 있지도 않고, 아무도 흥미를 느끼지 못하고 있었다. 새로운 소장이 잘못 알고 있든지 또는 텔러가 무엇을 잘못 판단하고 있든지 둘 중의 한 가지이다. 단지 몇 주 전 지미 번즈는 오펜하이머에게 전력 투구를 계속하는 방법밖에 없다고 대답했었다. 전후 로스앨러모스의 문제는 지원의 결핍이 아니라 권위의 결핍이었다. 전시에는 육군이 맨해튼 프로젝트를 운영했다. 이제 이 일은 국회의 승인과 예산지원을 필요로 한다. 혁신적인 새로운 분야인 원자에너지에 관한 법률이 제정되어야 하므로 모든 일이 지연되고 있었다.

텔러는 오펜하이머를 찾아가 그의 조언과 지원을 부탁했다.

나는 그에게 브래드버리와 나눴던 이야기를 해주고 말했다. "이것은 당신의 연구소였고 그래서 미래도 당신에게 달려있습니다. 만일 당신이 나의 목표 중의 하나를 성취할 수 있도록 영향력을 사용하여 지원해 주면서 나더러 그대로 남아 있으라고 한다면 나는 남아있겠습니다."

오펜하이머는 즉시 대답했다. "나는 그렇게 할 수도 없고 하지도 않을 것입니다." 오펜하이머가 어떤 방법으로든 무기 연구를 더 이상 지원하는 것을 원치 않는다는 것은 명백했다. 또한 오펜하이머의 명성이 이 프로그램에 정부의 관심을 끌어들일 수 있다는 것도 명백한 일이었다. 나는 그의 지원 없이는 일을 하고 싶지 않아서 시카고로 돌아가겠다고 말했다. 그는 웃으며 "잘 생각했습니다"라고 말했다.

그날 밤 데크 파슨스가 파티를 열었다. 오펜하이머가 텔러를 찾아와 물었다. "이제 시카고로 가기로 결정했으니까 기분이 좋지 않습니까?" 텔러는 기분이 좋지 않다고 불평했다. 그는 이제 겨우 그들의 일이 시작되는 것으로 느꼈다. "우리는 훌륭한 일을 했습니다." 오펜하이머가 말했다. "그리고 누가 어떤 방법으로든 우리의 일을 개선하려면 여러 해가 걸릴 것입니다." 텔러는 이 말을 듣고 화가 났다. 그것은 소련이 금방은 폭탄을 만들 수 없다는 것을 뜻할 수도 있고 또는 오펜하이머 팀이 분열 연구에서 이룩할 것을 텔러 팀이 열핵반응 연구로 쉽게 개선할 수 없다는 것을 뜻할 수도 있다. 텔러는 두 가지로 해석했으나 어느 것도 마음에 들지 않았다.

그는 즉각적인 반응으로 이 문제를 페르미와 상의했다. 페르미는 8월 17일 중간위원회에 보낸 편지의 내용대로 핵무기 문제의 해결책은 정치적인 것이라고 주장했다.

페르미는 텔러가 열핵폭탄의 전망에 대하여 너무 낙관적이라고 생각했다. 열핵반응 자체도 어려운 일일 뿐만 아니라 원자 폭탄도 열핵반응에 사용되기 전에 성능이 개선되어야 할 것이다. 그러나 두 사람은 가까운 친구였다. 페르미는 텔러에게 그의 의견을 편지로 써 주면 육군성 장관에게 전달해 주겠다고 약속했다.

1년 전 전쟁이 한참 진행중일 때 코난은 로스앨러모스를 방문하여 슈퍼에 대하여 텔러와 이야기를 나눴다. 텔러는 처음 이 프로젝트에 대하여 이야기를 들었을 때 분열 폭탄의 가능성이 희박했던 것만큼이나 슈퍼의 가능성도 희박하다고 말했다고 코난은 부시에게 보고했다. 4년 내지 5년이 걸릴 것이라는 예상은 페르미의 예상보다도 훨씬 낙관적인 것이다. 이제, 1945년 10월 텔러는 자기의 예상이 길어야 그렇게 걸린다는 상한선이라고 했다.

> 5년은 보수적인 예측이라고 믿고 있다. 이것은 열심히 노력한다는 가정 하에서 예상한 기간이다. 그러나 실제 업무는 예상했던 것보다 훨씬 더 쉬울 수도 있으므로 2년 이상 걸리지 않을 수도 있다. 미래의 위험을 고려한다면 이 일을 무시해서는 안될 것이다.

다른 나라가 얼마나 빨리 슈퍼 폭탄을 만들 수 있겠는가? 텔러는 이 나라의 기술능력과 산업적 선도에도 불구하고 미국보다 먼저 만들 수 있을 것이라고 생각했다. 필요한 시간은 그들이 원자 폭탄을 만드는 데 걸리는 시간보다 그렇게 더 길지는 않을 것이라고 생각했다.

도덕적 반대 의견에 대해서는? 이것은 기술의 돌진 앞에는 의미

없는 것이다.

　　나의 과학자 동료들 중에는 이것이 현재보다도 더 어려운 국제적인 문제를 만들어낼 것이라는 근거로 슈퍼의 개발에 대하여 주저하는 사람들이 있다. 나는 이것을 잘못된 의견이라고 생각한다. 만일 개발이 가능하다면 우리 힘으로 그것을 방지할 수 있다.

　　텔러는 도시를 분산시킨다든지 하는 민방위 대책이 원자 폭탄에 대해서는 유효할 것이지만 슈퍼에 대해서는 전혀 효과가 없을 것이라고 생각했다. 그는 아직 열핵반응의 평화적 이용 계획에 대해서는 자세한 것을 제안할 수는 없다. "그러나 슈퍼 폭탄이 우리가 현재 상상할 수 있는 어떤 자연현상을 능가하도록 우리의 능력을 확장해 줄 것이라는 것은 확실하다."

　　그는 로스앨러모스를 떠날 준비를 하면서 항의 편지를 작성했다. 오펜하이머 팀이 떠나므로 그는 그대로 머물렀을 수도 있다. 그의 아내가 곧 두 번째 아이를 낳을 것이다. 그는 그랜드 피아노를 차에 싣고 페르미와 물리학을 연구하기 위하여 시카고 대학교로 떠났다. 몇 년 동안 그는 가르치고 연구하며 가족과 같이 생활을 즐기게 될 것이다.

　　레슬리 그로브스 장군은 육군성 장관이 수여하는 감사장을 증정하기 위하여 10월 중순 로스앨러모스에 왔다. 10월 16일 오펜하이머가 소장으로 재직하던 마지막 날 거의 모든 사람들이 빛나는 뉴멕시코의 가을 하늘 아래 야외 행사장에 모였다. 그는 아직도 캘리포니아에 돌아가 대학에서 가르칠 것을 생각하고 있었다. 그러나 감사장을 받으며 그의 생애에서 다음 십 년 동안을 차지할 주제에 대하여 이야기했다.

앞으로 감사장에 새겨진 이 글과 그리고 그것이 의미하는 모든 것을 자랑스럽게 바라볼 수 있기를 희망합니다.

오늘은 이 자랑이 깊은 걱정 때문에 절제되고 있습니다. 만일 원자 폭탄이 세계의 무기고에 새로운 무기로 추가된다든지 또는 전쟁을 준비하는 국가의 무기고에 쌓여 간다면 인류가 로스앨러모스와 히로시마의 이름을 저주할 때가 올 것입니다.

세계의 모든 사람들이 단결하지 않으면 우리는 멸망할 것입니다. 지구를 이렇게 황폐하게 한 이 전쟁이 이것을 알게 해주었습니다. 원자 폭탄은 모든 사람들이 이해하도록 단어들을 하나씩 하나씩 읽어주었습니다. 다른 사람들도 다른 시대에, 다른 전쟁에서, 다른 무기를 가지고 이러한 것을 이야기했었습니다. 그러나 널리 이해되지 못했습니다. 인간 역사의 잘못된 분별에 의하여 오도된 사람들은 오늘도 그것이 이해되지 못할 것이라고 생각합니다.

우리는 이것을 믿지 않습니다. 우리는 법과 인류애에 대한 공동의 위험에 대항하여 단결된 세계를 만들기 위하여 헌신하고 있습니다.

그날 로스앨러모스의 남자와 여자들은 감사장 이외에도 각기 기념품을 한 개씩 받았다. 10센트짜리 은전 크기의 은 핀에 커다랗게 A자가 새겨져 있고 주위에 'BOMB'이라고 써넣은 메달이었다. 오펜하이머가 하원과 상원의 원자에너지 위원회에 증언하기 위하여 워싱턴으로 급히 떠나기 전에 한 신문기자가 원자 폭탄에 중요한 한계가 있는가 하고 물었다. "당신이 폭격을 받는 쪽에 있기를 원치 않는다는 사실에 한계가 있다"고 빈정대는 말투로 대답했다. 그러고는 예언하는 능력을 시험했다. "더 무서운 것을 만들 수 있느냐고 묻는다면, 대답은 예이다. 더 많이 만들 수 있느냐고 묻는다면, 대답은 예이다. 더 굉장히 무서운 것을 만들 수 있느냐고 묻는다면, 대답은 아마도 예일 것이다." 타임지는 담배 파이프를 들고 있는 그의 사진과 같이 그가 언급한 이야기를 국제란에 실었다. 타임지는 이름을 밝히지 않은 그의 동료의 말을 인용하여 그를 "그룹 중에서 가장 영리한 사람"이라고 했다. 그는 대중의 사랑을 받았다.

래비는 컬럼비아 대학교로 돌아갔다. 위그너는 프린스턴으로, 앨버레즈, 시보그 그리고 세그레는 버클리로, 키샤코프스키는 하버드로 돌아갔다. 바이스코프는 MIT로 돌아갔다. 울람은 잠시 UCLA로 갔었으나 다시 로스앨러모스로 돌아왔다. 채드윅과 대부분의 영국 과학자들은 주머니 가득히 비밀을 얻어가지고 영국으로 귀환했다. 9월에 이들을 위한 송별 파티가 언덕에서 열렸다. 제니아 파이얼스는 여러 양동이의 걸죽한 수프를 끓였다. 종이 접시에 스테이크와 파이를 담아 냈다. 위니프레드 문(P. B. 문의 부인)은 수백 상자의 포도주를 넣은 카스테라를 후식으로 만들었다. 그녀는 앞으로는 구역질 없이는 카스테라를 쳐다볼 수도 없을 것이라고 불평했다.

오펜하이머와 파이얼스가 상석에 앉았다(채드윅은 워싱턴을 방문중이었다). 제임스 턱이 건배를 제의했다. 식사 후, 전쟁기간 동안 낯설은 황야에서 토요일 저녁마다 했던 것처럼 모두들 함께 춤을 추었다.

보어는 코펜하겐에 있는 칼스버그 명예의 집으로 돌아가 11월 9일에 오펜하이머에게 편지를 썼다.

    내가 덴마크로 돌아오기 전에 만나보고 오지 못하여 매우 미안합니다. 마가레스와 나는 프로젝트의 비밀이 해제되기 전에 다시 미국에 들어오려고 했으나 선편을 구할 수가 없었습니다. 그래서 곧장 덴마크로 돌아왔습니다.
    애게와 나는 얼마나 자주 당신과 키티가 우리에게 보여준 친절에 대하여 생각했는지 모릅니다. 당신의 이해와 친절함이 내게는 매우 소중했습니다. 그리고 위대한 성취가 국가들 사이에 조화로운 관계를 이룩하는 데 결정적으로 공헌할 수 있다는 희망으로 나는 당신과 밀접히 관련되어 있다고 느꼈습니다…….

모든 문제가 희망적인 방향으로 진전되고 있다고 믿고 있습니다.

보어가 알고 있는 것과는 사정이 달랐다. 미국에서는 지키고 보호해야 될 원자 '비밀'이 큰 목소리로 이야기되고 있었다.

미 육군성은 9월 중순 소련 당국이 체코슬로바키아 육군 사령관들에게 독일의 원자에너지, 로켓 그리고 레이더에 관련된 모든 계획서, 부속품, 모델 그리고 공식들을 소련에 넘기도록 지시를 내리라고 강요하고 있다는 정보를 입수했다. 러시아 보병과 기술병들이 당시 중부 유럽에서 우라늄을 생산하는 유일한 곳인 성 요아킴스탈 마을과 공장들을 접수했다. 마틴 클라프로스가 우라늄이라고 불리는 무거운 회색 금속을 발견했고, 1921년 어린 오펜하이머가 도보여행을 했던 옛 광산은 소련의 수중에 들어갔다.

12월 24일, 모스코바 주재 미 대사관에 근무하는 무관으로부터 소련이 원자 폭탄을 만들려고 노력하고 있다는 공식적인 경고가 전달됐다. 여러 가지 증거를 종합해 볼 때 이미 활발한 연구활동을 하고 있으며 앞으로 최우선 순위 과업이 될 것이 거의 틀림없었다. 대부분의 미국 사람들에게는 소련은 달의 이면처럼 신비스럽고 먼 곳이었다. 새로운 발명이나 아이디어하고는 거리가 먼 곳으로 생각됐다. 당시에 소련인은 핵폭탄을 옷가방에 넣어 몰래 미국에 가지고 들어올 수도 없다는 농담이 유행했다. 왜냐하면 소련인들은 옷가방을 만들 수 없기 때문이다. 그러나 미국의 지도자들이 소련이 곧 원자 폭탄을 만들 수 있다고 믿지 않았다면, 그렇다면 소련이 무엇을 하고 있는지 그리고 그 동기가 무엇인가 하는 것이 미국정부내에서 열띤 논쟁거리가 되지 않았을 것이다.

세계가 역사상 처음으로 직면했던 더 깊은 문제는 비극적으로 이 논쟁에 가려 보이지 않게 됐다. 로버트 오펜하이머는 의회에서 증언했다. 1945년 11월 그는 공개적으로 핵 딜레마를 조사하기 위한 증언대에 섰다. 연구소장직을 떠났으므로 의사당의 커다란 강당을 꽉 메운 새로운 정치조직인 로스앨러모스 과학자 협회의 오백여 회원들 앞에서 그는 자유롭게 이야기했다. 수정되지 않은 기록은 당시 청중들이 들었던 내용 그대로 전해주고 있다. 그것은 다시 한번 보어가 폭로했고 그리고 정의했던 오늘날까지 이어지고 있는 제한 사항들과 기회들을 설명하고 있다.

"나는 오늘 저녁 여러분이 그것을 정당한 것으로 기억하신다면 과학자로서 그리고 적어도 우리가 처한 곤란한 입장에 대하여 걱정이 떠날 새 없는 사람으로서 여러분에게 이야기하고 싶습니다." 그는 관련된 문제는 '아주 간단하고 그리고 아주 깊은 것'이라고 생각했다. 그가 이야기하는 문제 중의 하나는 왜 과학자들이 원자 폭탄을 만들었는가 하는 것이다. 그는 몇 가지 동기들을 열거했다. 나치 독일이 먼저 만들지 않을까 하는 두려움, 그것이 전쟁을 단축시킬 것이라는 희망, 호기심, 일종의 탐험심 또는 어떤 것이 가능한 것인가 하는 것을 세계에 알리고 …… 그리고 그것에 대처하는 방법도 알 수 있도록 하기 위하여 등등이다. 그러나 기본적인 동기는 도덕적인 것과 정치적인 것이었다고 그는 생각했다.

우리가 이 일을 한 이유를 직설적으로 이야기한다면 그것은 기질적인 필요성 때문이었습니다. 당신이 과학자라면 이런 일을 중단할 수가 없습니다. 당신이 과학자라면 세계가 어떻게 작동하는가를 발견하는 것은 좋은 일이라고 믿습니다. 실체가 무엇인가 발견하는 일은 좋은 일이라고 믿습니다. 그것에 관한 지식과 가치에 따라 통제할 수 있는 최선의 능력을 인류에게 넘겨주는 일은 좋은 일이라고 믿고 있습니다.……

당신이 세계에 대한 지식과 그리고 이 지식이 주는 능력이 인류에게 고유한 가치라고 믿고 그래서 지식을 전파하는 데 도움이 되도록 그것을 사용하고 그리고 결과에 대하여 책임을 지려고 하지 않는다면 과학자가 되는 일은 불가능합니다.

여기에서 오펜하이머가 과학의 탓으로 돌리는 지식의 가치 속에서 정의되는 신뢰는 개방의 가치에 대한 보어의 간명한 공식을 모방한 것이다. 즉, 지식 그 자체가 문명의 근본이라는 사실이 현재의 위기를 극복하는 방법으로 개방을 직접적으로 지적하고 있다. 오래전에 토머스 제퍼슨(Thomas Jefferson)은 민주주의의 핵심 원리에 대한 확고한 이해를 바탕으로 하여 유사한 확신을 고백한 적이 있다. "나는 사회의 궁극적인 권력이 사람들 자신에게 가장 안전하게 보관되어 있다고 믿는다. 그리고 그것을 건전한 분별력을 가지고 통제할 수 있도록 충분히 깨우치지 못하고 있다면 해결책은 그들에게서 권력을 뺏는 것이 아니라 그들이 사리에 따르도록 알려주는 것이다."

오펜하이머는 계속해서 새로운 무기의 인류의 탐구정신에 대한 도전이 유발해 낸 정치적 변화에 대하여 언급했다.

그러나 원자 폭탄의 출현과 그것들은 별로 만들기가 어렵지 않아 사람들이 원하기만 하면 누구나 만들 수 있다든지, 어떤 나라에게도 경제적으로 큰 부담이 되지 않는다든지, 그리고 그들의 파괴력이 더욱 커져서 어떤 다른 무기보다도 이미 비교할 수 없을 정도라는 등의 잘못된 사실들이 새로운 상황을 만들어내고 있다고 생각합니다. 이 상황은 너무나도 새로운 것이어서 그것을 믿는 것만으로도 위험하며, 이것이 개발되기 이전에 존재했던 협정, 희망 등에 대한 새로운 논의가 일어나고 있습니다. 내가 뜻하는 바는 수년 동안 세계 연맹 혹은 유엔 조직을 주장해 온 사람들로부터 새로운 논증이 나타났다고 말하는 것을 듣고 싶다는 것입니다. 나는 그들이 부분적으로는 요점을 파악하고 있지 못하다고 생각합니다. 왜냐하면 요점은 원자무기가 새로운 논증을 구성한다는 것이 아니기 때문입니다.

언제나 좋은 논증은 있어 왔습니다. 요점은 원자무기가 또 하나의 새로운 분야를 구성하여 필수조건을 실현시키기 위한 새로운 기회를 준다는 것입니다. 사람들이 이것은 커다란 위험뿐만 아니라 커다란 희망이라는 사실을 이야기할 때에 그것은 위협이기 때문에, 그것은 위험이기 때문에 평화가 존재하기 위하여 필요한 변화를 실현시킬 가능성, 실현을 시작하는 가능성이 이 분야에 존재한다는 단순한 사실을 의미해야 된다고 나는 생각합니다.

그것들은 큰 영향을 미치게 될 변화입니다. 그것들은 정신적인 것, 법적인 것일 뿐만 아니라 개념에서 그리고 감정적인 면에서 국가들 사이의 관계에 대한 변화입니다. 나는 이런 것들 중 어느 것이 우선적인 것인지는 모르겠습니다. 그들은 모두 같이 작용해야 합니다. 그리고 이들 서로 간의 상호작용만이 변화를 실현시킬 수 있습니다. 나는 국제법을 만드는 일이 제일 먼저 해야될 것이라고 말하는 사람들에게 동의하지 않습니다. 우호적인 감정을 갖는 것만이 단한 가지 방법이라고 말하는 사람들에게도 찬성하지 않습니다. 이 일들이 모두 필요한 것입니다.

원자 무기가 세계의 모든 사람들에게 영향을 주는 위험이라는 것은 진실입니다. 그리고 그런 의미에서 나치를 격퇴시키는 것이 연합국의 공동문제였던 것 같이 완전히 공동문제라는 것도 진실이라고 생각합니다.

그는 계속했다.

나는 그것을 시험공장이라고 합니다. 왜냐하면, 원자 무기의 통제는 그 자체가 이런 변화의 목적이 될 수 없기 때문입니다. 궁극적인 목적은 전쟁이 없는 단결된 세계입니다.

반 세기에 걸친 군비 통제를 위한 제한된 그리고 때로는 냉소적인 협상은 보어의 상보성의 희망적인 전망인 오펜하이머의 근본적 요점과는 거리가 먼 것이었다.
다음으로, 오펜하이머는 보어가 포기의 필연성이라고 불렀을 것에 대하여 언급했다. 그는 미국의 예를 들었다.

내가 반복해서 우리가 깨닫도록 강조하고 싶은 점은 우리 정신의 거대한 변화가 관계되어 있다는 것입니다. 우리가 매우 소중히 여기는 것들이 있습니다. 민주주의가 그런 것들 중의 하나라고 말할 수 있겠습니다. 이 세계에는 민주주의가 시행되고 있지 않은 곳도 많이 있습니다. 우리가 소중히 여기고 또 그렇게 여겨야 되는 다른 것들도 있습니다. 그래서 내가 국제관계에서 새로운 정신을 이야기할 때는 우리가 소중히 여겼고 그리고 그것을 위해 미국인들이 목숨을 바쳤던 가장 깊은 것들까지도 의미합니다. 그런 가장 깊은 것들 중에는 그보다도 더 심오한 어떤 무엇이 있다는 것을 우리는 이해합니다. 즉, 모든 곳에 있는 다른 사람들과의 공동의 유대입니다. 우리가 만일 이 공동의 유대를 강화한다면 그것은(원자 폭탄을 만든 일은) 의미 있는 일입니다. 왜냐하면, 우리가 문제를 해결하기 위하여, "우리는 무엇이 옳은지 알고 있습니다. 그래서 네가 우리에게 따르도록 설득하기 위하여 우리는 원자 폭탄을 사용하고 싶습니다"라고 말한다면 우리의 입장은 크게 약화될 것이기 때문입니다.……
나는 이 문제를 가지고 격론해야 되는 사람들에게 최상의 동정을 표시하고 싶습니다. 그리고 여러분이 이 어려움을 과소평가하지 않도록 강력히 요구하고 싶습니다. 나는 하나의 유사한 예를 생각해 낼 수 있습니다.…… 19세기 전반에 많은 사람들, 대부분의 북쪽 사람들과 약간의 남쪽 사람들은 지상에서 노예제도보다 더 품위를 떨어뜨리는 죄악은 없다고 생각했습니다. 그래서 그들은 이 제도의 폐지를 위하여 기꺼이 목숨을 바치겠다고 했습니다. 나는 어렸을 때 항상 왜 링컨 대통령이 전쟁이 터졌을 때 남부와의 전쟁이 노예제도를 폐지하기 위한 전쟁이라고 선언하지 않았는지 궁금히 생각했습니다. 링컨은 당시에 과격론자들이라고 불렸던 노예 해방주의자들에게서 심한 비난을 받았습니다. 왜냐하면, 그는 그 전쟁의 중심 요점이었던 가장 중요한 일은 건드리지 않는 것처럼 보였기 때문입니다. 나는 지난 몇 달 동안에 이 일의 깊이와 지혜를 이해하게 됐습니다. 링컨은 노예 문제를 뛰어넘어 이 나라 사람들의 공동체 문제와 합중국의 문제를 이해했습니다. …… 합중국을 보존하기 위하여 링컨은 시급한 노예제도 폐지 문제를 중요시하지 않았으며 단결된 국민이 그것을 폐지하도록 했던 것입니다.

이러한 이해에 대하여 오펜하이머는 보어를 칭찬했다. "보어는 어려운 시기에 우리와 같이 있었고 많은 토론을 했으며 그리고 우리가 결론(힘의 사용의 전반적인 포기)에 도달하도록 도와주었습니다. 이 해결책은 바람직스러운 것일 뿐 아니라 독특한 것이며 다른 어떤 대안도 없는 것입니다."

그 비바람치던 날 밤 오펜하이머는 앞으로 수년 동안 영향을 미칠 이야기를 좀 더 계속했다. 법률 제정에 있어서 실제적인 문제와 동료 과학자들에게 그들의 노력의 결과에 대한 책임을 받아들여야 된다는 충고였다. 마지막으로 변화의 일정표에 대한 현실론으로 끝을 맺었다.

나는 발전을 위한 가장 위대한 기회가 내가 오랫동안 생각해 왔던 것보다 더 늦어질 것인지는 확신이 없습니다.

평범한 사실은 실제의 세계에서, 실제의 사람들이 무엇에 관한 것인가를 이해하기에는 시간이 걸리고 그리고 더 많이 걸릴 수도 있다는 것입니다. 내가 앞에서도 말한 바와 같이 다른 나라에서는 이 나라보다도 더 시간이 걸리지 않을 것이라는 확신도 없습니다.

1945년 사람들을 붙들어 매었던 이 기본적인 문제들은 마치 시간은 정지하고 굉장히 더 무서운 무기들을 만들어내는 기계만 돌아간 것처럼 아직도 우리를 속박하고 있다.

텔러는 비밀회의를 주관하기 위하여 1946년 4월 로스앨러모스에 돌아왔다. 이 회의의 목적은 그동안 슈퍼에 관한 연구결과를 검토하고 실제 제작 및 실험이 추진된다면 어떤 것들이 필요할 것인가를 제안하는 것이었다. 노이만, 울람 그리고 브래드버리가 다른 여러 사람들과 같이 회의에 참가했다.

이 회의에서는 전쟁 중에 텔러와 그의 그룹이 연구했던 열핵무기 설계에 대한 것만 조사했다. 이 고전적인 슈퍼는 원자 폭탄과 1세제곱미터의 액체 이중수소 그리고 양이 명시되지 않은 삼중수소로 구성되어 있다. 삼중수소는 반감기가 비교적 짧은 12.26년이기 때문에 자연에는 존재하지 않고 원자로에서 나오는 중성자를 이용하여 리튬을 때려주어 인공적으로 만들 수 있다. 어떻게 이들이 고전적인 슈퍼에 사용됐는지는 아직도 비밀로 분류되어 있다.

이 회의에서 전쟁 중에 실시했던 텔러 그룹의 계산에 근거하여 슈퍼 폭탄은 만들 수 있고 그리고 작동될 수 있을 것이라고 판단했던 것 같다. 결정적인 증거는 기대할 수 없으며 다만 실제 시험에 의해서만 최종결정을 내릴 수밖에 없을 것이다. 회의는 수학적인 자세한 계산이 필요하다고 판단했다(문제의 복잡성 때문에 텔러와 그의 그룹은 개략적이고 불완전한 계산만 수행했었다). 또한 이 회의에서 텔러의 설계는 전반적으로 작동가능한 것이라고 결정했다.

어떤 참석자들은 약간의 의문을 표시했으나, 그렇다면 간단한 설계 변경으로 이 모델을 가능한 것으로 만들 수 있다.

결론으로,

> 새롭고 그리고 중요한 슈퍼 폭탄 프로젝트를 착수하는 일은 앞으로 원자 개발에 사용될 자원의 상당한 부분이 필요하게 될 것이다 ……. 가장 심각한 의미를 갖고 있는 이 문제는 가장 높은 국가 정책의 일부로 결정되어야 한다는 것을 지적하는 것이 타당한 일이라고 생각한다.

슈퍼 회의로부터 3개월 지난 1946년 6월 미국의 핵무기 비축량은 아홉 개의 뚱뚱이뿐이며 핵기폭기의 부족으로 이 중에서 일곱 개만 사용가능한 상태에 있었다. 1년 후(전쟁이 끝난 때로부터는 이 년 후) 재고는 열세 개로 늘어났다. 플루토늄의 생산이 가장 장애요소였다. 핸퍼드 생산 파일에서 중성자가 너무 많이 발생되어 시설이 손상됐다. 파일 하나는 더 이상의 손상을 방지하기 위하여 5월에 가동을 중단시켰으며 다른 하나는 총출력의 80퍼센트 선에서 가동되고 있었다. 그러므로 소련과의 갈등이 점점 증가하고 있는 시점에서 분열폭탄의 성능을 향상시킬 수 있는 일이라면 어떤 것이든 미국의 핵병기창을 떠받쳐 주는 일이 될 것이다. 그럼에도 불구하고 1946년부터 1950년까지 로스앨러모스의 이론연구부의 시간 중 반은 슈퍼에 할애됐다. 사실, 당시에 원자 폭탄은 이론물리학적인 문제라기보다는 공학적인 문제였고 반면 열핵반응 문제의 복잡성은 대단한 것이었다.

이 때가 텔러의 생애에서 이상할 정도로 낙관적인 시기였다. 그의 아내 미시는 1946년 여름 두 번째 아이로 딸을 낳았고 그는 가족을 위하여 더 많은 시간을 보냈다. 그는 다시 기초과학의 고매함과 깊은 만족을 주는 창의성에 심취해 있었다. "로스앨러모스 이후 그가 다시 국가 안보 문제에 종사하게 될 때까지 몇 년 동안이 아마도 텔러에게는 과학적으로 가장 성과가 컸던 기간이었다고 생각된다"고 위그너가 말했다.

텔러는 강의도 하면서 열세 편의 논문을 동료들과 같이 발표하고 그리고 정기적으로 자문에 응하기 위하여 로스앨러모스도 방문했다. 또한 새로 발간된 원자 과학자들의 회보에 기고하기도 했다. 그는 이 기사에서 순수한 과학적 데이터에 대한 비밀조치를 해제할 것을 요구했다. 그는 1946년 미국이 유엔에 제출한 핵무기의 국제적 통제를 위한 바루크(Baruch) 계획의 기초가 된 애치슨-릴리엔탈(Acheson-Lilienthal) 보고서를 천재적이며 기본적으로 건전한 것이라고 극찬했다.

그는 1946년 4월, 무기의 절대성을 인정했다. 그는 슈퍼회의에서 "다음 세대의 방어를 위하여 우리가 계획하는 것은 세계의 연합 이외에는 아무것도 만족스러운 것이 없다"라고 놀랄 만한 믿음을 고백했다.

1년 뒤에도 여전히 원자무기에 대한 방어대책은 없다고 생각했다. 그는 공포와 혐오가 뒤섞인 측은한 감정으로 히로시마의 무서운 파괴를 설명했다. "무방비 상태에서 맹렬한 불의 공격을 받았고, 부상은 치료조차 할 수 없었으며 부상자들은 친구들 도와주기 위하여 서로 죽였다." 그는 '원자전쟁의 영향은 인간의 생존까지도 위협할 것'이라고 상상했다. 그는 1949년 12월 소련이 바루크 계획을 거부하는 여파 속에서 '소련과의 합의는 아직도 가능한 것 같아 보인다'라고 생각했다. 9세기와 10세기에 걸쳐 영국을 침략했던 덴마크 사람들도 한때는 이와 유사하게 제국적이었으며 야심만만했었다고 지적했다. "우리는 이제 세계법과 세계 정부를 만들어야 한다. …… 소련이 즉시 합류하지 않는다고 할지라도 성공적이고, 강력하고 그리고 인내심 있는 세계 정부는 장기적으로 결국 그들의 협력을 얻어낼 수 있을 것이다. …… 과학자들은 두 가지 명백한 의무를 가지고 있다. 원자에너지를 연구하는 것과 그리고 우리에게 자유와 평화를 줄 수 있는 세계 정부를 만들기 위하여 일하는 것이다."

앞날의 전망에 관하여 텔러의 입장의 급변은 수수께끼로 남아있다. 당시 텔러의 제자 중의 한 명이었던 영국인 이론물리학자 프리먼 다이슨(Freeman Dyson)은 그가 좋아했고 존경했던 스승은 그럼에도 불구하고 "이상주의자처럼 위험한 사람은 없다는 것을 말해주는 좋은 예"라고 전후 시카고에서 그의 가족에게 보낸 편지에 밝혔다. 텔러가 시카고 시절에 쓴 글들은 그 뒤에 쓴 것들과 감정적인 면에서 주목할 만하게 다르다.

그것은 그렇게 화가 나서 쓴 글은 아니었고 좀 더 낙관적인 것이었다. 물론 더 깊은 의미에서의 차이는 사람과 사람들이 만드는 제도가 국가 간의 분쟁을 억제할 수 있다는 가능성을 더 신뢰했다는 것이다. 텔러는 한동안 러시아를 1945년에 베테에게 설명했던 위협적인 존재가 아니고 '거대한 괴물'이라고 불렀다. 그러나 1949년 이후에는, 1948년 7월호 원자 물리학자 회보에 쓴 바와 같이, "우리의 생존을 위한 단 한 가지 희망은 세계정부이다. …… 나는 이 거대한 괴물, 소련의 위협에 열중해서는 안 된다고 믿고 있다. 우리가 현재 소련에 대항하는 데 필요한 일이 장기적으로는 무엇에 대항하는 일에 의하여 승리할 수 없다는 사실을 잊게 해서는 안 된다. 우리는 무엇인가를 위하여 일해야 한다. 우리는 세계 정부를 만들기 위하여 일해야 된다"고 점증하는 긴급성을 호소하게 된다. 이 태도의 차이를 가져온 이유는 부분적으로는 개인적인 것이기도 하지만 아마도 텔러 자신도 설명할 수 없는 것 같다. 그러나 뒤에 일어나는 일들 중 텔러의 대전 직후 안보 감각에 대해 가장 중요한 영향을 미쳤던 것은 원자 폭탄의 미국 단독 보유였던 것 같아 보인다.

그러나 아무도 그의 말에 귀를 기울이지 않았다. 냉전은 이미 시작됐다. 오펜하이머는 프린스턴 고등연구원 원장에 선임됐고 그리고 새로 설립된 원자력 위원회의 과학 자문 위원회 의장으로 선출됐다. 그는 국제적으로도 유명한 인사가 됐다. 1948년, 원자력 위원회의 1년 동안의 업적을 회고하는 글에서 헝가리 물리학자는 당시에 권력의 핵심부에 끼지 못했던 상황을 다음과 같이 표현했다. "저자의 제한된 경험 때문에 설명이 불충분하다."

1949년 초여름 텔러는 시카고 대학을 휴직하고 로스앨러모스에 돌아왔다. 그는 쉽게 결정하지 못했다. 오펜하이머가 강력히 권고했고 브래드버리는 울람을 보내 그를 설득했다. 그는 나중에 그의 글과 대중강연 그리고 정치적 활동이 별로 성과가 없었으므로 그가 할 수 있는 최선의 공헌은 로스앨러모스에 돌아가 자기가 알고 있는 폭탄 만드는 일을 돕는 것이라고 결정했다고 말했다. 그는 의심할 바 없이 1948년 겨울 체코슬로바키아에서의 소련에 의한 쿠데타와 다음해 여름의 베를린 봉쇄 그리고 박두한 중국에서의 공산당의 승리 등에 의해 영향을 받았을 것이다. 좀 더 개인적인 이유는 잠시 동안이라도 연합군의 통제 위원회의 보호 아래 자유를 누리던 헝가리의 운명이었다. 소련군이 계속 점령하고 있는 상황에서 공산당이

1948년 말 정권을 잡았다. 후보자가 단 한 명 출마하는 1949년 5월 15일 선거로 모든 것이 끝났다. 텔러의 아버지, 어머니, 누이동생 그리고 조카는 헝가리 유대인 학살에서 살아남아 부다페스트에 살고 있었다. 이제 다시 그들과 연락이 끊어졌다.

  1949년 9월 23일, 해리 트루먼 대통령이 최초의 소련의 원자 폭탄 조(Joe I)의 실험에 대해 발표하던 날, 텔러는 로스앨러모스에 돌아와 있었다. 대부분의 미국 국민들과 마찬가지로 텔러는 소련이 그렇게 빨리 성공하리라고는 예상하지 못했다. 그는 소련의 시험이 발표되던 날 오펜하이머에게 전화를 걸었다. 오펜하이머는 텔러에게 "옷깃을 단단히 여며라"고 충고했다. 텔러는 즉시 열핵폭탄 개발 생각에 빠져 들지는 않았지만, 10월 초에 로렌스 그리고 앨버레즈와 만나 개발 전망에 대하여 심도 있게 논의했다. 미국의 핵 독점은 끝났다. 거대한 괴물은 발톱을 갖게 됐다. 소련이 원자 폭탄을 실험했고, 수소 폭탄도 머지않아 만들 수 있지 않을까? 텔러는 계속적인 국가 안전은 미국이 슈퍼를 만드는 데 총력을 기울이는 방법뿐이라고 생각했다.

  소련이 분열폭탄 시험에 성공한 뒤 미국정부의 최초의 반응은 우라늄과 플루토늄 생산을 증가시키는 조치였다. 한편 미국정부 내에서 미국이 무엇을 해야 되는가 하는 문제에 대해서 비밀 토의가 벌어졌다. 당시 텔러의 제자였던 허버트 요크(Herbert York)가 토의에 참석했던 사람들에 대하여 설명했다.

  문제의 중요성을 고려하여 비밀 토의 참석자들의 수효는 매우 적었다. 원자력 위원회 자문위원들, 원자력 위원회 위원들과 그들의 참모, 상하 양원 원자에너지 공동위원회 위원들과 그들의 참모, 국방성의 몇몇 고위 관리들 그리고 극소수의 관련 과학자들 …… 모두 합쳐서 백명이 되지 못했다. 그들 대부분은 자신들이 가장 운명적인 결정에 관여하고 있다는 것을 잘 알고 있었다.

이 토의에 참석한 중요한 인사 중에는 국무장관 딘 애치슨(Dean Acheson)도 포함되어 있었다. 트루먼은 과학자들보다도 애치슨, 국방장관 루이스 존슨(Louis Johnson) 그리고 합참 의장의 이야기에 주의를 기울였다. 합참의장은 트루먼에게 합동 참모 본부의 평가도 제대로 거치지 않고 소련의 수소 폭탄은 "참을 수 없는 것"이라고 말했다. 애치슨도 역시 같은 의견을 이야기했다. 토의에 참가한 어떤 그룹도 미국의 선제적인 조치의 결과가 군비 경쟁을 불러 일으킬 가능성에 대해서는 연구하지 않았다. 대신 수소 폭탄의 지지자들에게는 수소 폭탄이 핵의 우위를 제공해 줄 것 같이 생각됐다. 1950년 1월 31일, 트루먼은 수폭 개발을 지지하는 발표를 했다.

텔러는 대통령의 결정을 개인적인 승리로 받아들였다. 지난 가을 오펜하이머의 전화 충고 이래 그의 친구 물리학자가 개인적으로 방해하고 있다고 느껴왔다. 오펜하이머는 지난 10월 원자력 위원회의 의장에게 자문해 줄 것을 요청받은 위원회의 의장이었다. 텔러는 이 위원회를 거치지 않고 직접 로비하기 위하여 워싱턴에 갔다. 많은 사람들 중에서도 특히 니콜스와 이야기를 나눴다. 니콜스는 장군으로 진급했고 그로브스가 은퇴했으므로 육군에서 가장 뛰어난 핵무기 전문가가 됐다. 지난 가을 어느 일요일 아침 텔러는 니콜스의 집앞 정원에서 매우 감정에 북받쳐 논쟁을 벌였다. 마침내 니콜스가 텔러에게 따졌다. "에드워드! 당신은 왜 그렇게 이 상황에 대하여 걱정하는 것입니까?" "나는 이 상황에 대하여 걱정하는 것이 아닙니다." 니콜스는 텔러의 대답을 기억했다. "나는 그것을 걱정해야 되는 사람들에 대하여 걱정하고 있는 것입니다."

자문위원회는 10월 29일과 30일에 열렸다(오펜하이머, 코난, 페르미, 래비, 캘텍 총장 리 두브리지(Lee DuBridge), 시릴 스미스, 벨 연구소장 올리버 버클리(Oliver E. Buckley), 엔지니어 하틀리 로웨(Hartley Rowe), 시보그는 불참했다). 자문위원회는 분열 물질의 생산을 증가시킬 것과 원자무기를 전술적 목적에 사용할 수 있도록 만드는 노력을 강화할 것을 추천했다. 그리고 무기 연구와 개발 활동을 위하여 더 많이 중성자를 생산하는 시설을 건설할 것을 제안했다. 또한 로스앨러모스에서 만들고 있는 원자 폭탄에 소량의 삼중수소를 집어넣어 더 효과적이며 더 강력한 폭발을 일으키도록 성능을 개선할 것을 강력히 추천했다(새로운 폭탄은 1951년 5월 성공적으로 시험됐다).

그러나 위원회는 슈퍼 폭탄 개발을 최우선적으로 추진하는 것에는 반대했다. 그 이유 중 하나는, 10메가톤 슈퍼는 대량 살상 무기일뿐 군사적으로 실용성을 갖고 있지 않다. 그리고 다른 하나는, 그것이 미국의 안전을 향상시키지 못한다는 이유였다.

1946년 슈퍼 회의에서 검토됐던 텔러의 설계, 고전적인 슈퍼는 대량의 삼중수소를 필요로 하는 것이다. 그리고 삼중수소와 플루토늄은 원자로에서 생산되어야 하므로 기존 생산능력으로는 모두 다 생산해 낼 수가 없다. 삼중수소는 플루토늄에 비해 생산비가 80배나 더 많이 필요하다. 1949년 말 미국은 약 200개의 원자 폭탄을 보유하고 있었다. 성공여부가 불확실한 새로운 폭탄을 만들기 위하여 원폭의 생산을 줄이는 것은 자문위원회의 과학자들과 엔지니어들한테는 합당한 것 같아 보이지 않았다. 오펜하이머가 요약한 것과 같이 "1949년의 H-폭탄 계획은 억지로 만들어진 것이었으므로 기술적으로는 별 의미가 없는 것이었다. 그러므로 비록 만들 수 있다고 해도 보유하길 원치 않는다고 얼마든지 논쟁을 벌일 수 있었다."

자문 위원들은 그들의 10월 30일 보고서의 설명문을 작성하기 위하여 다수파와 소수파로 나누었다. 코난이 다수파의 설명문의 초안을 작성했고 오펜하이머, 두브리지, 스미스 그리고 버클리가 서명했다. 이 설명문은 슈퍼를 "계획적 대량 살상 무기가 될 수 있을 것이다"라고 설명했다.

이런 폭탄은 결코 만들어서는 안 되며……소련이 이 무기의 개발에 성공할지도 모른다는 주장에 대해서는 미국이 그것의 개발에 착수한다 해도 그들에게는 억지력이 되지 못할 것이라고 주장했다. 또한 그들이 우리에게 이 무기를 사용한다면 우리의 원자 폭탄에 의한 대량 보복이 효과적일 것이라고 주장했다. 래비가 소수파의 설명문을 작성했고 페르미가 서명했다. 래비는 수소 폭탄 문제는 새로운 군비 통제 노력을 위한 새로운 출발점으로서의 역할을 할 수 있을 것이라고 했다. 그것은 슈퍼를 "실제적으로 계획적 대량살상(인종말살) 무기라고 했고, 어떤 관점에서 비추어 보아도 사악한 것"이라고 했다.

텔러는 진주만 공격 이전부터 이 강력한 무기의 선도적인 주창자였다. 자문위원회에 참가하고 있는 그의 맨해튼 프로젝트의 동료들 오펜하이머, 코난, 페르미, 래비, 스미스는 텔러를 격려해 주었고 그와 같이 나란히 연구하기도 했었다. 그때는 사악한 것이니 또는 대량 말살 무기니 하는 등의 이야기는 전혀 하지 않았다. 그들은 일본의 두 도시를 대량 파괴하는 데 사용된 무기를 만들고 높은 지위에 올랐으나 이제는 더 훌륭한 무기를 저주하고 있다. 지구상에서 지속적인 열핵반응에 불을 붙이는 것은 기본 물리학의 역사적인 실험이라는 것을 이해하는 사람들이 이 실험의 무기한 연기를 제안하여 위대한 업적을 이유 없이 소련인들에게 넘겨 주려고 한다. 원자력 위원회 의장 릴리엔탈의 승인을 받고 연구소의 부소장이며 자문위원회 총무인 존 맨리(John Manley)가 텔러를 포함하는 연구소의 부서장들에게 보고서를 보여 주었다. "에드워드는 물론 깜짝 놀랐다. 그는 우리가 즉시 슈퍼의 개발 계획에 착수하지 않는다면 자기가 미국에 있는 소련인들의 전쟁 포로가 될 것이라고 내기를 걸자고 했다"고 맨리가 텔러의 반응을 기억했다.

텔러는 1954년 《타임-라이프》와의 회견에서 그의 반응에 대하여 설명했다.

그들이 설명한 이유가 나를 화나게 만들었다. …… 어떤 과학에서든지 중요한 일은 할 수 있는 일을 하는 것이다. 과학자들은 의견을 표현할 권리와 의무를 갖고 있다. 그러나 그들의 과학이 그들에게 공무에 대한 특별한 통찰력을 주지는 못한다.

다른 과학자들조차도 원자와 수소 폭탄이 무서운 파괴 무기로서만 개발됐다고 생각하지는 않았다. 페르미가 말한 적이 있듯이 그것들은 '훌륭한 물리학'이었다.

트루먼의 발표가 있었을 때 카슨 마크(J. Carson Mark)가 로스앨러모스의 이론 연구부를 맡고 있었다. "트루먼의 말은 당시에 우리가 어떻게 작동가능한 수소 폭탄을 만들 수 있는지 몰랐기 때문에 우리가 해왔던 것과 훨씬 다른 일을 해야 한다는 것을 반드시 의미했던 것은 아니다"라고 카슨 마크가 논평했다. 1950년 2월 클라우스 푹스(Klaus Fuchs)가 1942년부터 1949년까지 7년 동안 비밀 정보를 소련에 넘겨 왔다는 것을 알게 됐을 때 트루먼은 국가 안보 위원회에 자문을 구했다. 위원회는 대통령에게 수소 폭탄의 개발 지시가 확실히 기록에 남도록, 애매한 1월 31일 지시를 명백하게 해줄 것을 요청했다. 동시에 이 무기의 실험 일정을 앞당기거나 그리고 성공을 보장할 수 있는 뚜렷한 방법은 없다고 강조했다. 트루먼은 위원회의 보고를 공식 정책으로 공포했다.

작동가능한 열핵무기를 만드는 데 필요한 다음 단계는 상세한 수학적 계산을 수행하는 것이었다. 분열 현상 뒤에 열핵반응을 일으키는 과정의 수학적 모델이 없이는 실험의 실패가 불가능함을 증명하는 것인지 또는 텔러의 고전적인 슈퍼가 적절치 않은 것인지 판별해 낼 수가 없기 때문이다.

'슈퍼 문제'라고 불리게 된 모의 시험은 그때까지 수행했던 어떤 계산보다도 큰 것이었다. 이것은 가열, 매우 복잡한 유체 동력학 그리고 물리적 반응 등 열핵폭발 과정을 100만분의 10초 단위로 시간을 증가시켜 가면서 계산하는 것이다. 1946년 슈퍼 회의에서 이런 계산을 요구했으나 전자계산기가 개발되기 전에는 적정한 기간내에 도저히 계산해 낼 수 없었다. 텔러는 1947년 9월 보고서에서 TX-14 또는 슈퍼 개발에 상당한 노력을 경주해야 될 것인지를 결정하기 위하여 약 2년의 기간이 필요하다고 했다. 즉, 이 계산을 수행하는 데 2년이나 걸리게 된다.

1949년 말, 수폭 개발이 결정되기 전에 로스앨러모스는 메릴랜드 주 아버딘 시험장에서 최초의 원시적인 전자계산기 에니악(ENIAC)을 이용하여 계산할 준비를 시작했다. 수폭 개발 결정 후 울람과 이론 연구부에서 일하는 코르넬리우스 에버렛(Cornelius J. Everett)은 단순화시킨 모델을 사용하여 손으로 계산해 보기로 했다. "우리는 계산척, 연필 그리고 종이를 가지고 매일 4시간 내지 6시간씩 계산했다. 대부분의 계산에는 추정치들을 사용했다. 길고도 힘든 계산이었다"고 울람이 기억했다. 그들은 핵분열 에너지가 열핵반응을 일으킬 수 있을 정도로 이중수소와 삼중수소를 충분히 가열시킬 수 있는지 보기 위하여 두 부분으로 나눠진 계산의 첫 번째 부분을 수행했다. 1944년과 1946년 사이에 텔러의 그룹이 더 간단한 모델을 가지고 첫 번째 부분을 계산했다. 1950년 2월 울람은 텔러가 앞서 계산했던 삼중수소의 양이 턱없이 부족하다는 것을 알아냈다. "계산 결과에 의하면 텔러가 생각했던 모델은 터질 수 없는 것이었다"고 울람은 보고했다. 그는 삼중수소의 양을 증가시키고 다시 계산해 보았으나 텔러의 고전적인 슈퍼는 전연 가망이 없어 보였다. 울람은 4월 말경 그의 비관적인 결과를 노이만과 페르미와 토의하기 위하여 프린스턴을 방문했다. 세 사람은 오펜하이머와 상의했다. 울람은 오펜하이머가 열핵폭탄의 실현이 어렵다는 것을 알고는 차라리 반가워하고 있다고 느꼈다.

울람은 로스앨러모스로 돌아와 텔러에게 이 소식을 전했다. "그는 어제는 문자 그대로 화가 나서 얼굴이 하얗게 변했지만 오늘은 상당히 가라앉는 것 같다"고 울람은 노이만에게 이야기했다. 텔러는 처음에는 계산 결과를 믿으려 하지 않았다. 그는 울람이 다시 계산해 본 저의가 무엇인지 궁금해 했다. 공식적인 원자력 위원회의 기록에 의하면 노이만이 텔러에게 삼중수소의 양을 변경시킨 것은 건설적인 의도였다는 것을 설명해 주고 나서 텔러의 오해가 풀릴 수 있었다. 사실은 울람도 처음부터 슈퍼의 개발을 찬성해 왔다.

슈퍼 문제는 예정대로 6월부터 에니악을 사용하여 계산되기 시작했다. 결과는 울람과 에베렛이 발견했던 사실을 확인해 주었다. 계산 과정에서 초기에 불꽃이 타오르기 시작하는 대신에 전체가 서서히 식기 시작했다. 며칠마다 노이만이 전화로 결과를 알려왔다. 그는 "고드름이 생기고 있다"고 낙심하여 말하곤 했다. 여름 동안 로스앨러모스를 방문하고 있는 페르미가 울람과 같이 슈퍼 문제의 다음 단계인 초기 열핵반응이 확산되는 과정을 손으로 계산하기 시작했다. 이것이 열핵폭발 기술의 기본적인 것이지만 텔러의 설계는 작동되지 않는 것으로 판명됐다. 슈퍼는 단순히 설계 자체가 잘못된 것이라고 베테가 설명했다.

울람의 계산 결과는 텔러가 1949년 가을 긴급과제로 개발하여야 된다고 주장했던 수소 폭탄 프로젝트가 아직 준비가 되지 않았다는 증거였다. 당시에는 계산기가 이용가능하지 않았기 때문에 1946년의 계산이 잘못됐다고 아무도 텔러를 책망하지는 않았다. 그러나 텔러 자신은 계산이 불완전한 것이라고 알고 있었음에도 불구하고 연구소뿐만 아니라 국가를 모험적인 계획으로 끌어들인 것에 대하여 로스앨러모스에서 책망을 받았다. 다른 한편으로는 1949년 10월 자문위원회와 기술적 회의론이 생각했던 것보다도 더 현실적인 것이었다는 것이 판명됐다.

"1950년 10월과 1951년 1월 사이, 텔러는 절망적이었다. …… 그는 고전적인 슈퍼를 구하기 위하여 복잡한 몇 개의 안을 내놓았지만, 아무것도 가망성이 있어 보이지 않았다. 그가 어떤 해결책도 갖고 있지 못하다는 것은 명백했다"고 베테는 설명을 계속했다. 그럼에도 불구하고 텔러는 물러날 생각이 없었다. 그는 연구소가 1년 반 정도의 시간을 전적으로 이 문제에 할애해 주기를 원했다. 그는 로스앨러모스에 이론가가 부족하고 그리고 상상력이 부족한 것이 애로사항이라고 주장했다. 만일 1951년 봄에 마셜 군도의 에니위톡(Eniwetok) 산호섬에서 실시하기로 계획된 열핵 가능성 조사를 위한 그린하우스(Greenhouse) 실험에서 수소 폭탄이 불가능하다는 것을 증명한다면, 로스앨러모스는 계속 연구하기에 충분할 만큼 강해질 것이라고 텔러는 결론을 내렸다. 만일 실험에서 가능하다고 판명된다면, 연구소는 계속해 나갈 만큼 충분히 강해지지 못할 것이다. 텔러의 평가는 로스앨러모스에서 별로 지지를 받지 못했다.

극심한 스트레스를 받으면 오히려 창조적으로 될 수 있다. 또한 한 문제에 오랫동안 익숙해지는 것도 창조적으로 될 수 있다. 1951년 2월에는 울람은 텔러에게 화가 났었고 그리고 텔러는 모든 사람들에게 화가 났었다. 결과는 새로운 것이었으며 전혀 예상치 못했던 발명이었다. 텔러조차도 기대하지 못했던 것이다. 베테가 설명했다. "새로운 개념은 이 계획과 가깝게 연관이 되어 있던 나에게도 1939년 분열현상의 발견이 물리학자들에게 놀라웠던 것만큼이나 놀라운 것이었다." 이 개념은 텔러-울람 구조라고 알려지게 됐다.

그 후 텔러는 여러 경우에서 울람의 공헌을 인정하거나 그의 주장을 수용하기를 거부했다. 울람은 텔러의 역할을 시종일관 인정했지만 은근히 자신의 생각이었다고 고집했다. 이론 연구부의 노드하임(Lothar Nordheim)이 1954년 《뉴욕 타임스》에 기고한 글은 "일반적인 원리는 텔러의 협력을 받아 스타니슬라브 울람 박사가 창안해 냈다. 그후 텔러가 그것을 기술적으로 실용적인 형태로 만들었다"고 주장했다. 텔러의 가장 관대한 인정은 1955년 그가 쓴 수필 『여러 사람들의 작품』에 나타나 있다. "몇 주가 지나자 두 가지 희망적인 징조가 나타났다. 한 가지는 울람이 제시한 상상력 있는 제안이었다. 다른 하나는 물리학자 드 호프만(Frederick de Hoffmann)의 세부 계산이었다." 과학적 윤리에도 어긋나게 계속 울람의 공헌을 인정하기를 꺼려하는 것은 이 문제의 역사적 위치에 그가 부여한 중요성을 암시해 준다. 그는 '수소 폭탄의 아버지'라고 불리는 것을 싫어했지만 1954년 그가 로스앨러모스를 떠났다가 돌아왔다 했던 것을 비유하여 부자관계를 주장했다.

내가 필요한 역할을 하고 그리고 자연에 맡겼다는 의미에서 내가 생물학적인 아버지라는 것은 사실이다. 그 후 어린애가 태어나야 한다. 어린애는 튼튼한 아이일 수도 있고 사산일 수도 있지만 그러나 태어나야 된다. 개념을 정립하는 과정은 결코 즐거움은 아니었다. 그것은 양측에 모두 어려움과 근심을 주었다.

베테는 이 관계를 익살맞은 말로 반대로 표현했다. "나는 울람을 수소 폭탄의 아버지 그리고 에드워드를 어머니라고 부르곤 했다. 왜냐하면 텔러가 한동안 임신하고 있었기 때문이다."
텔러-울람 수소 폭탄의 작동원리는 1983년 로스앨러모스 창립 40주년의 공식적인 출판물을 통해 발표됐다.

최초의 메가톤급 수소 폭탄은 물리적으로 다른 핵물질을 압축시키고 점화시키기 위하여 1차 핵장치에서 방출되는 엑스선을 이용한다. 시간에 따라 변하는 방사선원이 2차 핵장치와 관계되는 과정을 복사수송이라고 부른다.

스태니스로 울람의 기본적인 공헌은 대부분의 에너지를 엑스선으로 방출하는 분열화구의 초기 전개과정을 자세히 살펴보고 얻은 아이디어이다. 광속으로 전파되는 엑스선은 어떤 충격파보다도 먼저 퍼져 나간다. 고전적인 슈퍼와 다른 초기 설계들은 분열 폭발 과정

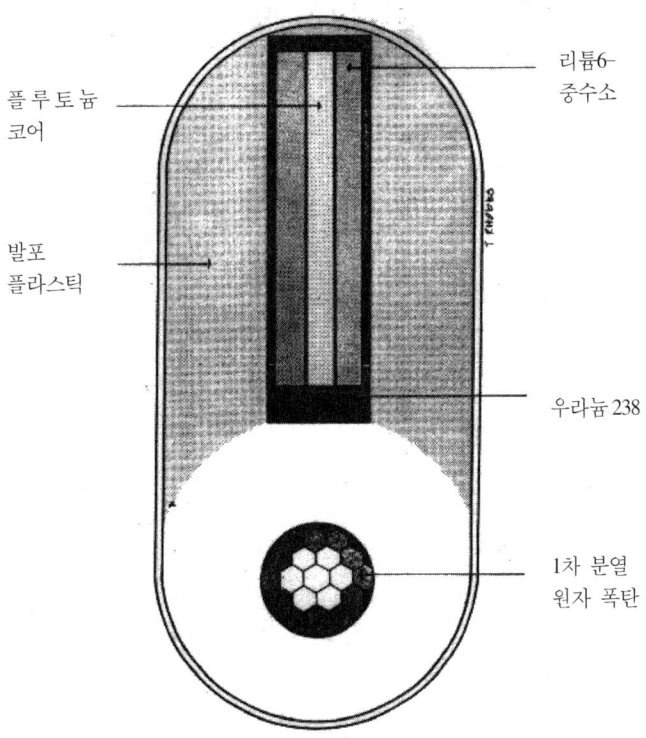

에서 열핵반응 물질을 유체 동력학적으로 가열하기 위하여 구 속에 또 다른 구를 집어 넣었다. 그러므로 열핵반응이 시작되기도 전에 폭발로 모든 물질이 흩어져 버리게 됐다. 울람은 열핵반응 물질이 1차 분열 폭탄과 물리적으로 떨어져 있다면 분열폭발에 의한 충격파가 모든 것을 흩어지게 하기 전에 막대한 양의 엑스선이 열핵반응을 시작시킬 수 있으리라는 것을 갑자기 깨닫게 됐다.

    울람과 텔러는 울람의 아이디어를 발전시키기 시작했다. 1차 분열폭발에서 나오는 엑스선은 열핵반응 물질을 직접 가열할 수는 있지만(마이크로 웨이브가 오븐 속의 음식을 가열시키는 것과 똑같다) 융합반응이 더 잘 일어날 수 있도록 고밀도로 압축시키지는 못한다. 여기에는 또 다른 물질이 필요하게 된다. 보통 사용되는 플라스틱이 이 목적에 적합한 것으로 판명됐다. 원통형 열핵물질을 둘러싸고 있는 플라스틱에 많은 양의 엑스선이 쏟아지면 순간적으로 가열되어 뜨거운 이온화된 가스로 기화하여 폭발적으로 고폭약이 만들어낼 수 있는 압력보다 수천 배나 더 큰 압력으로 팽창하게 된다. 오늘날에는 축구공보다도 더 크지 않은 1차 분열폭탄이 진공상태의 원통형 케이스의 한쪽 편에 설치된다. 다른 쪽에는 원통형 열핵반응 물질이 플라스틱에 쌓여있다. 플라스틱으로 구조물을 만드는 것은 고폭약 렌즈를 만드는 것보다 훨씬 단순하다. 엑스선이 동시에 모든 플라스틱을 기화시켜 발생되는 원통형 속의 내폭현상은 어느 방향에서나 압력이 동일하므로 아름다운 완전한 대칭을 이루게 된다.

비밀 보안이 허용하는 범위내에서 재구성해 보면 여기까지가 울람이 처음으로 생각해 냈고 그리고 텔러가 실용화시킨 것이다. 그러나 이것은 기술적 돌파구였음에 틀림없지만 발명의 끝은 아니었다. 플라스틱의 내폭으로 더 많은 열과 더 큰 압력은 얻었지만, 대규모 열핵반응을 진행시킬 수 있도록 충분히 오래 지속되지는 않는다. 열핵반응은 이중수소와 삼중수소 같이 가벼운 원자들을 충분히 가열시켜 그들의 운동속도가 높아지면 핵의 전기적 장벽을 뚫고 침투하여 서로 융합하여 헬륨 원자핵을 만드는 과정이다. 이런 과정은 열과 압력을 필요로 하지만 임계질량은 필요하지 않다. 융합이 일단 시작되면 이 반응에서 방출되는 결합에너지(이중수소와 삼중수소의 경우 $17.6\,MeV$)는 또 다른 원자들의 융합에 이용될 수 있다. 그러므로 융합반응 무기는 연료를 많이 쌓아 놓기만 하면 불이 더 커질 수 있는 것처럼 임의로 크게 만들 수 있다. 그러나 처음에 잘 시작되어야 한다. 울람과 텔러가 처음에 제안한 것은 이 일을 해내기에 아직 충분한 것이 되지 못했다. "1951년 3월 9일, 텔러와 울람은 새로운 개념의 절반을 포함하고 있는 비밀 논문을 발간했다"고 베테가 말했다.

베테는 계속해서 "한 달도 못되어 매우 중요한 나머지 절반의 개념이 텔러에게 떠올라 호프만이 예비 검증을 했다. 이것은 즉시 열핵 설계 프로그램의 주된 관심사가 됐다"고 설명했다. 새로운 개념의 후반부는 우라늄238로 만들어진 케이스의 중심축에 플루토늄 코어를 집어 넣는 것이다. 이제 플라스틱 기체에 의한 압력은 열핵반응 물질뿐만 아니라 플루토늄도 임계 질량 이상으로 압축하게 되므로 추가적으로 거대한 양의 열과 압력이 발생하여 열핵반응은 대규모로 일어나게 된다. 열핵반응에서 방출되는 고에너지 중성자들은 우라늄238 케이스 자체를 분열시킨다. 이 분열에서 방출되는 중성자(이 중성자들은 Li^6D(리튬 6-중수소)와 반응하여 삼중수소를 만들어낸다)들은 열핵반응 물질을 연소시키는 데 다시 이용된다. 이런 설계를 통상 분열-융합-분열이라고 부른다. 로버트 오펜하이머는 텔러-울람의 발명을 '기술적으로 …… 달콤한 것'이라고 불렀다.

누구보다도 프린스턴 고등연구원 원장은 이 발명을 기술적 돌파구라고 환영했다. "오펜하이머 박사는 이 새로운 접근방법을 지지했다. 그리고 이런 방법이 1949년 수소 폭탄에 관한 토의 당시 알려져 있었다면 그는 결코 반대하지 않았을 것이라고 말했다는 것을 나는 알고 있었다"라고 텔러는 증언했다.

1951년, 로스앨러모스의 열핵반응 연구는 급속히 진전되고 있었으나, 이때쯤 텔러와 다른 사람들과의 관계는 되돌이킬 수 없는 상황까지 악화됐다. (삼 년 후, 재판이 진행되는 기간 중에, 오펜하이머는 헝가리 물리학자가 세계정부의 제안자적인 입장에서 적극적인 무기 개발자로 방향을 바꾸는 증언을 하는 것을 듣고 노란색 메모지에 무엇인가 기록했다. 텔러는 그가 상처 받은 젊은 시절 헝가리의 혁명과 반혁명의 경험까지 되돌아가서 이야기했다. "유화주의자들과 같이 일할 수 없으므로 나는 파시스트와 일하겠다…….") 1952년, 로렌스의 지지와 미 국방성의 후원으로 텔러는 버클리에서 내륙으로 50마일 떨어진 리버모어(Livermore) 계곡에 제2의 무기 연구소를 세웠다. 로스앨러모스는 최초의 실험적인 열핵장치(수소 폭탄) 마이크(Mike)를 개발하기로 했다.

텔러는 1952년 11월 1일 마이크 실험에 참석하지 않기로 했다. 그는 새로운 연구소를 만드는 일에 바빴을 뿐만 아니라 참석한다 해도 환영받지 못할 것 같이 느껴졌다. 마이크에는 액체 삼중수소와 이중수소가 사용됐다. 이 액체들은 극저온 상태로 보관되어야 하므로 냉각 설비가 필요했다. 이 복잡한 장치는 무게가 65톤이나 됐으며 작은 섬에 있는 실험동 건물을 완전히 차지했다.

그럼에도 불구하고 텔러는 버클리 대학교 지질학과 건물 지하실에 있는 지진계를 이용하여 시험결과를 알아볼 수 있는 방법을 고안해 냈다. 리버모어 연구소의 소장 직무 대행 허버트 요크가 단파 수신기를 가지고 마이크 실험의 데이터 전송 전파를 수신했다. 폭발이 일어나는 순간을 허버트가 텔러에게 전화로 알려주었다. 두 물리학자는 폭발에 의한 지진파가 태평양을 건너 북 캘리포니아까지 전파되는 데 필요한 시간(약 15분)을 계산했다. 텔러가 그날을 기억했다.

나는 지진계를 바라보고 있었다. 매분마다 시간을 표시하는 신호가 지진계의 기록에 나타나고 있었다. 마침내 예정된 시간이 되자 폭발의 충격 같이 보이는 진동이 나타나기 시작했다. 밝은 점이 불규칙하게 춤추기 시작했다. 내 손에 쥐어 있던 연필만 떨고 있는 것이 아니었다.

마이크의 위력은 2~3메가톤으로 예상됐었다. 그러나 설계자들이 모든 면에서 최대의 위력을 발휘할 수 있도록 세심한 준비를 했으므로 실험 결과는 리틀보이보다 1,000배나 더 강력한 10.4메가톤으로 판명됐다. "이것은 시브스(그리스의 도시국가)의 재액이다"라고 오펜하이머는 H-폭탄에 대하여 불평했다. 이제 재액은 모습을 갖추었다.

실험은 비밀리에 수행됐고 또한 보안 장교가 암호 전문을 작성하는데 시간이 걸렸으므로 그 결과는 아직 로스앨러모스에 보고되지 못했다. 텔러는 제작자들보다도 먼저 결과를 알고 있었으므로 허버트에게 전보로 로스앨러모스에 알려주도록 했다. 전보 내용은 간단했다. "아들을 낳았다."

레오나 마셜은 "화구의 지름이 3마일이나 됐다"라고 기록했다. 관측자들은 40마일 이상 떨어진 거리에서 수백만 갤런의 바닷물이 수증기로 변하여 거대한 비눗방울처럼 부풀어 오르는 것을 볼 수 있었다. 수증기가 사라지자 폭탄 건물이 있던 섬 전체가 기화해서 사라져 버려 아무것도 남아 있지 않았다. 폭탄이 있던 자리에는 지름이 2마일 그리고 깊이가 반 마일이나 되는 거대한 웅덩이가 파여져 있었다.

소련은 1953년 8월 소량의 수소 성분을 집어넣은 장치를 폭발시켰다. 위력은 수백 킬로톤으로 당시 미국이 시험했던 가장 큰 분열폭탄의 절반 정도였다. "이것은 진짜 수소 폭탄이 아니었다. 내가 소련 실험의 낙진을 분석하는 위원회의 의장이였기 때문에 잘 알고 있었다"라고 베테가 설명했다.

　무게가 65톤이나 되는 마이크는 전쟁에 사용하기에는 너무 크고 무거운 것이었다. 설계자들은 열핵반응에 관한 자료를 측정하기 위하여 액체 중수와 삼중수소를 사용했다. 운반 가능한 수소 폭탄에는 리튬 이중수소 분말이 열핵반응 물질로 사용될 수 있다. 리튬은 동위원소 Li^6의 형태로 자연 리튬 중에는 7.4퍼센트 정도 함유되어 있으며 쉽게 분리될 수 있다. 분열반응에서 방출된 중성자들은 리튬6으로부터 순간적으로 삼중수소를 만들어 내고 이들은 다시 이중수소와 융합하여 헬륨 원자핵을 만든다. 이 폭탄의 실험은 1954년 봄에 실시됐으며, 15메가톤의 위력을 나타냈다. 이것이 비행기로 운반할 수 있는 최초의 수소 폭탄이었다. 소련은 1955년 11월 23일 항공기 투하 수폭 실험을 실시했다.

　보어가 1943년 로스앨러모스에 도착했을 때 "그것이 충분히 큰 것입니까?"라고 첫 질문을 했다고 오펜하이머가 기록했다. 보어는 폭탄이 전쟁을 끝낼 수 있을 만큼 충분히 큰 것인가 그리고 위력이 충분히 커서 인류가 죽음을 뛰어넘어 좀 더 개방되고 인도적인 세계로 가는 길을 발견하도록 도전할 수 있는 것인가 하는 것을 의미했다. "나는 그것이 그렇게 큰 것이었는지는 몰랐다." 오펜하이머는 계속해서 "그것은 마침내 충분히 커졌다"라고 말했다. 그전에도 그랬을 수 있지만 하여튼 1955년 이후 폭탄은 이 세계에 본질적인 변화를 가져왔다. 오펜하이머는 1946년 초 로스앨러모스를 떠나는 이임사에서 이 변화를 간명한 표현으로 나타냈다. "전쟁을 처참한 것으로 만들기 위해서는 원자무기는 필요 없습니다. …… 인류가 평화, 지속하는 평화를 원하게 하는 데도 원자무기는 필요 없습니다. 그러나 원자 폭탄은 우리를 정신적으로 압박하는 것이었습니다. 그것은 미래의 전쟁을 견디어 낼 수 없는 것으로 만들었습니다. 그것은 우리를 산등성이까지 남아 있는 마지막 몇 걸음을 인도했습니다. 그 너머는 다른 나라입니다."

길 엘리엇이 쓴 『20세기 사자의 책』이 이런 변화에 대한 좋은 안내자이다. 엘리엇은 독창성이 있는 스코틀랜드 작가로 런던에 살고 있다. 가장 피를 많이 흘린 20세기에 인간이 만들어낸 포학한 행위로 얼마나 많은 사람들이 죽었는가 하는 생각이 그에게 떠올랐다. 그는 역사학자 또는 통계학자들은 군인들 이외에는 별 관심을 갖지 않았다는 것을 알게 됐다. 군인들을 포함하여 약 1억 명이 죽은 것으로 추산됐다. 그는 이 사람들을 죽은 자의 나라의 국민이라고 불렀다.

우리는 죽은 자의 나라에 대하여 사회 측정 기술이 초기 단계에 있었던 50년 전에 산 사람들의 나라에 대하여 알 수 있었던 것만큼은 알고 있다. 인구는 약 1억 명 정도이다. 적정한 인구조사는 실시되지 못했지만 표본조사에 의한 최근의 추산에 의하면 1억 1000만 명쯤 된다. 꽤 큰 현대국가 정도의 규모이다. 그것은 미국과 같이 국적을 초월한 20세기의 국가이다. 이 국가의 실질적인 성장은 1914년부터 시작됐다. 20년대 초까지 인구는 이천만 명에 도달했고, 다음 20년 동안 꾸준히 증가하여 제2차 세계대전이 시작될 때에는 거의 4000만 명에 달했다. 1945년 이후 성장률은 급격히 감소했다. 이것은 확장능력이 거대하게 증가됐기 때문에 수반된 현상이다.

엘리엇은 계속해서 이 무언의 국가가 어떻게 형성됐는지, 즉 살인 방법에 대하여 조사했다. 그는 하드웨어를 포함하여 알려지지 않은 무기들을 찾아냈다── 대포, 전투용 소화기, 대량 살상용 소화기, 공중폭탄, 게토(유대인 거주지역), 수용소, 포위공격, 점령, 이주, 기근, 봉쇄. 엘리엇은 무기들의 뒷면에 있는 좀 더 기본적이고 악의적인 현상들을 만났다. 전쟁 기계는 수십 년에 걸쳐 총력전 기계로 발전되어 왔고 그리고 이것은 때때로 가지각색으로 총체적 죽음의 지역을 만들었다── 베르됭(프랑스 요새지로 제1차 세계대전 때의 격전지), 레닌그라드, 아우슈비츠, 히로시마.

가장 간단하고, 능률적이고, 저렴하며, 준엄한 총체적 죽음의 기계장치는 핵무기이다. 그러므로 1945년 이후 핵무기가 이 분야를 주도해 왔다. "이 모든 것으로부터 우리가 배워야 할 교훈과 전쟁 중에 우리가 배운 무서운 일은 …… 마음만 먹으면 사람을 죽이는 일이 얼마나 쉬운가 하는 것이다"라고 래비가 말했다. 현대 과학의 자원을 사람을 죽이는 문제로 돌릴 때 그들이 얼마나 죽음에 대하여 취약한가 하는 것을 깨닫게 된다.

총체적 죽음을 부분적으로 만들어낼 수 있는 총력전 기계에서 인간세계를 불태우고, 폭파하고 그리고 독살할 수 있는 전면적인 죽음의 기계로 바뀜은 오펜하이머가 이미 예상했던 변화이다. 엘리엇이 상세하게 설명했다.

    20세기의 사람이 만들어낸 1억 정도의 죽음은 지난 세기에 질병과 전염병에 의한 죽음의 규모와 좀 더 직접적으로 비교가 되는 것이다. 실제로 사람이 만들어낸 죽음은 천명을 다하지 못한 급작스런 죽음의 거의 대부분을 대체했다.
    이것이 헤겔(Hegel)이 양적인 변화가 충분히 크다면 질적인 변화를 가져올 수 있다고 말했을 때 그가 의미했던 변화이다. 만일 우리가 현재의 죽음의 총계를 강대국이 보유하고 있는 무기들에 내재된 죽음의 규모와 연결시킨다면 이 특별한 변화의 질은 명백해진다. 핵전략가들은 수억의 죽음과 전 국가의 파괴 그리고 전인류의 파괴 가능성까지도 이야기하고 있다.

효율이 떨어지는 기계는 죽은 자의 국가를 형성하는 데 약 30년 가량 걸렸다. 핵 기계는 이것을 반 시간 이내에 만들어 낼 수 있다. 핵 기계는 죽은 자의 도시 또는 국가뿐만 아니라 죽은 자의 세계를 만들어낼 수 있다(핵겨울이라고 알려진 광범위한 재앙에 대한 연구 결과가 나오기 전에, 세계 보건기구는 1982년 발표에서 주요 핵전쟁으로 지구상의 인구의 절반인 20억 명이 죽게 될 것이라고 추정했다). 여기서 엘리엇은 다음과 같이 추론했다.

만일 도덕성이 개인 사이의 관계 또는 개인과 사회 사이의 관계를 말하는 것이라면, 개인과 사회의 계속적인 생존 문제보다도 더 근본적인 도덕 문제는 있을 수 없다. 인간이 만든 죽음의 규모는 우리 시대의 중대한 진상임은 물론 가장 중요한 교훈이다.

이것이 우리가 말하는 총체적 죽음이 자본주의 대 공산주의 또는 민주국가 대 경찰국가의 문제가 아니라는 것을 확인해 주고 있지만, 어떻게 하여 우리가 천길 낭떠러지의 아슬아슬한 가장자리에 서게 됐는가 하는 것은 설명해 주지 못한다. 엘리엇이 제1차 세계대전에 관한 토의에서 해답의 줄거리를 제공해 주고 있다. "무엇보다도 두드러지게 나타나는 것은, 전쟁 전이나, 전쟁 중이나 그리고 그 후에도 사람이 만들어낸 그리고 기계가 만들어낸 새로운 (조직적인) 죽음에 저항할 수 있을 만큼 충분히 강한, 살아 있는 유기적인 구조(예를 들면 교회, 정당, 관습, 법률적 기구 등)가 사회에 없었다"

는 사실을 엘리엇이 관찰했다.

전쟁은 구식이다. 전통적인 전쟁은 생물학적으로 과잉상태이고 비교적 힘이 없는 인구의 한 소집단인 젊은 남성들을 최대의 위험에 노출시켰다. 이것은 어떤 경우에는 재생의 이점을 베풀기도 했다. 대량 학살은 드문 일이 아니었다. 구약성서에서는 정기적인 그들의 대학살이 이야기되고 있다. 제국들의 역사는 대학살로 가득차 있다.

세계 전쟁은 규모에 있어서 뿐만 아니라 본질적인 조직에 있어서도 제한적인 옛날의 전쟁과는 달랐다. 총체적 죽음은 시간적인 면과 일관적인 작업성에서 대량 학살과 다르다. 이 두 가지 죽음은 모두 독특하게 현대적인 과정에서 출현했다. 민족국가들은 자신을 보호하고 야망을 채우기 위하여 응용과학과 산업기술을 이용했다.

비록 세계를 지배하고 있긴 하지만, 민족국가는 정통성의 긴 역사를 보유하지 못하고 있다. 정치학자 엘리 케도우리(Eile Kedourie)가 쓴 바와 같이 "자신의 정부를 가지기에 적당한 인구집단의 단위를 결정하기 위한 기준을 제공하는 듯이 보이는, 유럽에서 발명된 주의"인 민족주의는 18세기와 19세기에 걸쳐 발전됐다. ……이 주의는 인류가 자연적으로 국가들로 나누어졌다고 주장한다. 그 국가들은 확인될 수 있는 어떤 특성을 갖고 있으므로 단 한 가지 합법적인 형태의 정부는 국민의 자치 정부이다.

이 주의의 최소한도의 승리는 이런 주장이 받아들여지고 그리고 자명한 것으로 생각됐다는 것이 아니고, 민족주의에 의하여 18세기 말까지는 가져보지 못한 의미를 가진 바로 국가라는 단어가 부여됐다는 것이다. 이 생각들은 서방의 정치적 수사학에서 완전히 받아들여졌으며 전세계에서 사용하고 있다. 그러나 이제 자연스러워 보이는 것도 한때는 논증, 설득 그리고 여러 가지 증거가 필요한 익숙치 않은 것이었다. 단순하고 명백해 보이는 것이 정말로 모호하고 그리고 부자연스럽다. 상황의 결과는 이제 잊혀졌고 그리고 선입관은 학문적인 것이 됐다. 형이상학적 시스템의 잔재는 때로는 불일치하고 모순되기조차 한다.

민족주의는 계급제도의 봉건적인 조직과는 근본적으로 달랐다. 그것은 사회의 모든 구성원들에게 안전을 제공했고 강력한 감정에 둘러 싸이게 했으며 환영하는 군중 속으로 그들을 흡수해 버렸다. 왕이나 귀족이 아니라 온 국민이 그것의 필수불가결한 정치 조직원이다. 민족주의의 발명으로 정치적 자유가 증진됐다. 그러나 상보적으로 "그것의 본질적 성질은 다른 사람들을 제외시키는 것이다. ……그것은 형제애의 모든 공동체와 단순히 강 저편에 살게된 착한 친구들로부터 절연할 수조차도 있다"라고 경제학자 바바라 와드(Barbara Ward)가 관찰했다.

민족주의가 국가의 권력을 얻는 데 성공했을 때 (그 과정에서 권력을 확대시키며) 긴장을 증폭시켰다. 전국민은 그들의 국가적 대의를 위해 정치적으로 그리고 감정적으로 투자했다. 그러나 외국인들은 더욱더 멀어진 이방인이 됐다. 다른 사람들은 별개임이 더욱 더 굳게 됐다. 그렇게 확실히 나누어진 국가들——그들은 본질 자체에 의하여 분리됐다고 믿고 있다——사이에는 위협적인 무법상태의 넘을 수 없는 간격이 벌어졌다. 이 틈새를 메운다는 것은 최선의 상황에서도 어려운 일이었고 그리고 교회가 전에 그랬던 것과 같이 중재할 수 있는 계급 제도의 권위도 남아 있지 않았다. 국제 관계에서 최악의 경우가 가장 가능성 있는 것으로 간주됐다.

그 다음에 산업기술과 응용과학이 민족국가의 국력을 거대하게 키워 놓았다. 그리고 초연이 사라졌을 때 죽은 자의 도시들과 국가들이 점차 나타나 보이기 시작했다. 바바라 와드의 관찰에 의하면 "사람들이 한번 본성을 잃어버리면 정상적으로는 우리의 사회적 관습을 사용하여 억제할 수 있는 증오와 열정과 격노의 전율에 한계가 없는 것처럼 보인다. 속박에서 풀린 민족주의는 억제 수단을 제거해 버린다."

엘리엇의 연구는 새로운 죽음의 조직에 저항할 수 있을 만큼 충분히 강하고 살아 있는 유기적 구조를 발견할 수 없었다는 것을 암시한다. 왜냐하면 국가 전체가 연루되어 있었기 때문이다. 민족국가 그 자체가 죽음의 조직이었다. 민간인들을 공격할 메커니즘이 만들어지기만 하면 반드시 민간인들에 대한 공격이 뒤따랐다. 적은 모든 반대편 시민들의 법인체에 지나지 않는 적대 국가였다. 각각의 개인들은 군복을 입었든지 또는 안 입었든지, 나이 또는 성별에 관계 없이 개인적으로 적이었다.

그러나 민족국가만이 현대가 시작되는 초기에 발명된 새로운 정치적인 시스템은 아니었다. 민족국가가 진화해 온 두 세기에 걸쳐 과학 공화국도 평행하게 발전되어 왔다. 개방에 기초를 두고 그 범위는 국제적인 과학은 그 주권을 더 큰 시스템이 흥미를 갖고 있지 않은 관측가능한 자연현상에만 제한하므로 민족국가의 한가운데에서도 생존했다. 이 제한된 범위 안에서 어둠을 밝히고, 병자를 낫게 하고, 군중을 먹여살리는 등 굉장히 성공적이었다. 그리고 마침내 핵에너지의 방출로 과학은 자신이 속해 있는 정치체제와 정면으로 대결하게 됐다. 1945년 과학은 민족국가 그 자체에 도전하기에 충분히 강한, 최초의 살아 있는 유기적인 구조가 됐다.

1945년 이래 계속되어 오고 더 커져온 과학과 민족국가 사이의 상충은 전통적인 형태의 정치적 대립과는 다르다. 보어는 설명하기 위하여 자기 시대의 정치인들을 방문했지만 퉁명스러움 대신에 외교적인 자세를 취했다. 그는 핵무기의 출현으로 세계는 전쟁으로 해결할 수 없는 전혀 새로운 상황에 처하게 된다고 설명했다. 이 상황은 정치인들이 같이 앉아서 상호 안전을 위하여 협상하여 해결될 수 있다. 만일 그들이 그렇게 했다면, 양측 모두에게 의심은 있었지만, 피할 수 없는 협상의 결론은 개방된 세계였을 것임이 틀림없다. 윈스턴 처칠과 프랭클린 루스벨트에게 보어의 시나리오는 위험스럽게도 천진난만한 것으로 보였다. 과학 공화국의 대변인으로서의 그의 역할에서 보어는 위험한 소식을 확실히 전했지만 그는 결코 천진난만했던 것은 아니다. 그는 과학이 정치가들에게 그들의 정치적 시스템을 파괴할 자연의 힘의 통제수단을 넘겨주려 하고 있다고 경고하고 있었다.

  과학이 숨겨져 있는 것을 찾아내고 그리고 증명해 낸 폭탄은 역설적으로 민족국가들을 무방비 상태로 만들고 그리고 파괴할 것이다. 이런 작고, 값싸고 그리고 모두 불태워 죽이는 무기에 대항할 아무런 확실한 방어수단도 없다. 가장 두꺼운 차폐(전투기에서 별들의 전쟁(Star Wars)까지)일지라도, 단지 폭탄과 기만장치 그리고 운반 시스템을 증가시키는 방법으로 뚫고 통과할 수 있다. 폭탄으로부터 단 한 가지 안전을 보장할 수 있는 것은 정치적인 것이다. 국가의 주권을 감소시켜 그것에 수반된 폭력을 약화시키고 안전을 증가시킬 수 있는 개방된 세계를 향한 협상이다.

  협상의 거절 결과는 잠정적인 독점이지만 곧 뒤이어 군비경쟁이 따를 것이다. 오펜하이머도 때로는 세계 정부와 혼동했던 정처 없는 그 길은 보어의 개방된 세계보다 훨씬 더 현실적인 것 같아 보였다. 그래서 국가들은 그 길을 선호했고 그리고 선택했다. 폭탄은 방어장벽이 될 수 있다. 그러나 장벽이 단계적으로 그리고 새로운 무기체계에 대하여 시험될 때까지는 영리한 사람들이나 위협적인 적들이 요새 밑을 파고든다든지 또는 빙 둘러서 침투하는 길을 찾아내지 못할 것이라는 것을 누가 증명할 수 있겠는가? 핵무기들은 또한 산업과 이익일 수도 있고 계속되는 직업일 수도 있다. 그들은 성채를 안전하게 할 수도 있다. 그들은 귀여운 자식들을 전쟁에 내보내지 않아도 되게 한다. 더 중요한 것은 그들은 대전을 억지하고 그리고 정치적 현상을 영구적인 것으로 유지시킨다. 민족국가는 주권이 손상되지 않고 영존 속으로 흘러 나갈 수 있다.

그 길을 따라가는 동안은 그럴 것 같이 보였다. 아직도 많은 사람들은 그렇게 생각하고 있다. 그러나 군비경쟁이 주권의 보증자가 되는 대신에 어리석은 것으로 판명됐다. 비록 강대국들은 대량 살상 무기로 가득 차 있지만, 오늘날 서로 완전히 취약한 상태에서, 그들의 계속적인 생존을 상호 그리고 이성적인 자제에 전적으로 의존하며, 그들의 주권은 철저하게 타협적인 것이 되어있다. 그들은 군사적 야망을 별로 결정적인 결과도 얻어내지 못하는 제삼국들의 충돌을 통해서만 행사하면서 대결하고 있다. 힘의 축적의 마지막 단어인 폭탄은 국가 주권을 집중 포격하여 망쳐버렸다.

보어는 협상 또는 군비경쟁 중 어떤 것을 택하든지 그 결과는 민족국가의 권리의 상실이 될 것이 틀림없다고 강조했다. 개방된 세계로 가는 협상은 좀 더 참아낼 수 있고 그리고 평화적이며, 폭탄의 현실성을 인정하는 국제적 합의가 민족국가를 대체하게 할 것이다. 대신에 군비경쟁은 죽음의 기계가 민족국가, 우리와 우리 적들의 생명 그리고 나머지 인간 세계의 대부분을 파괴하게 만들 것이다. 강대국들이 스스로 무장한, 히로시마에서보다 백만 배 이상의 파괴력을 지닌 무기들은 경보장치를 통하여 함께 발사장치에 연결되어 있다. 그런데 인간이 만든 어떤 장치도 완벽한 것은 없고 또한 앞으로도 없을 것이다. 양편은 상대편의 실수의 인질이 되어 있다. 시계는 똑딱거리며 시간은 흘러가고 사고는 발생된다. 핵전쟁은 협상과 마찬가지로 확실히 민족국가를 철폐시킬 것이지만, 그러나 살아 있는 개방된 세계 대신에 죽은 세계, 완전히 닫혀진 세계로 만들어 버릴 것이다.

때때로 과학이 핵 딜레마를 불러왔다고 비난을 받는다. 이런 비난은 전언과 전달자를 혼동한 결과이다. 오토 한과 스트라스만이 핵분열을 발명한 것이 아니다. 그들은 단지 그것을 발견했을 뿐이다. 핵분열은 영겁의 세월 동안 거기에 있어 왔고, 누군가가 나사를 돌려주기를 기다리고 있었던 것이다. 만일 폭탄이 잔인한 것 같아 보이고 그리고 과학자들이 그것을 탄생시킨 범죄를 저질렀다면, 하드웨어를 가지고 파괴하고 1억 명의 인명을 박탈한 제1차 세계대전과 제2차 세계대전을 중지하고 단념하라고 확신시킬 수 있는 그 어떤 것이라도 있었는가 생각해 보자. 이와는 반대로, 그것은 강대국들이 국가의 이익을 추구하기 위한 일련의 계획적인 선택의 결과였다.

만일 군비경쟁이 과학이 만들어낸 것이 아니라면(과학자들과 과학의 발견을 응용하는 사람들이 도왔을 수는 있지만), 민족국가와 계속되는 갈등 속에서 과학 공화국은 무엇으로 무장하고 있는가?

이전의 갈등의 견지에서 보면 이상하게도 과학의 매우 효과적인 무장은 개방에 기초를 둔 과학적 원리이다. 과학은 그것의 발견들을 자유로이 공유함으로써—오펜하이머의 표현으로는 "세계를 통제하고 그리고 그것의 능력과 가치에 따라 세계를 다룰 수 있는 가장 위대한 가능한 힘을 마음대로 인류에게 넘겨 줌으로써"——살아 있는 세계를 시체들의 죽음의 세계로 바꿀 준비를 할 수 있다는 것을 스스로 폭로한 민족국가의 독점주의와 싸운다. 세계를 개조하기 위한 개방의 희망 속에 있는 깊은 신뢰는 심연에 빠지려는 순간일지라도 분발하게 해야 한다. 민족국가와 대립되어 있는 과학은 개방된 세계가 공인된 폭력 없이 어떻게 기능을 발휘할 수 있는가를 보여준다. 이런 뜻 깊은 정중함의 유효성은 과학이 반드시 민족국가 그 자체내에서 운용되어야 하기 때문에 현재에는 불명료하게 가려져 있다. 돌아서서 지난 반세기를 되돌아보면, 1945년 이래 그것의 능력을 확인할 수 있다. 과학은 세계 대전을 방지했으며 이 자체가 굉장한 구원이다.

만일 이제 군비경쟁이 이 구원을 프라이팬에서 뛰어나와 불 속으로 떨어지는 것처럼 보이게 만든다면, 과학은 그것이 발견한 사실들과 그리고 가능성을 가지고 민족국가에 계속 대항할 것이다. 가혹함이 어떤 수준이든지 간에 핵겨울이 이런 가능성 중의 하나이다. 오존층의 파괴는 또 다른 가능성이다. 핵전쟁 후 전염병이 만연하고 식량 수송체계의 파괴로 인한 대량 아사는 또 다른 가능성이 될 것이다. 민족국가는 핵이 전쟁을 망쳐 버렸다는 사실을 이해했을 수도 있다. 계속되는 군비경쟁은 불행히도 국가주의의 독점체제와 국제적 대결이 이제는 자살행위라는 것을 아직도 이해하지 못한다는 사실을 보여준다. 이해에 새로운 공헌——더 많은 지식이 인류에게 제공됨——은 고집불통이고 잠재적인 대량 학살적 무지를 허물어뜨릴 것이 틀림없다. 추가적인 지식은 확실히 계속해서 나타날 것이다. 그것은 대량군비가 축복이 되지 못한다는 것을 증명할 것이다.

변화는 가능한 것이다. 헨리 스팀슨같이 소련이 먼저 변하기를 원하는 미국인들은 그 목적을 평화적으로만 추구할 수 있다는 것을 인식해야 된다. 소련은 전쟁 억지력을 미국과 똑같이 위험하게 통제한다. 그리고 애국자들에게는 국민의 안전 국가는 성스러운 민주주의가 시작된 곳이 아니라는 것을 상기시켜 줄 필요가 있다. 미국 혁명은 보어의 개방된 세계와 같은 미래를 예견했다. 부분적인 이유는 혁명의 주체자들과 과학공화국의 창설자들이 같은 합리적 사상의 공동체로부터 결론을 끌어냈기 때문이다. 1945년 이후 미국이 변화해 간 국민의 안전국가는 미국인들의 민주적 선견의 부정이다——다양성을 의심하는, 비밀의, 호전적인, 배타적인, 획일적인, 편집병 환자. "민족주의는 보편주의자들의 믿음에 대한 미국의 테제와 러시아의 안티테제 모두를 정복했다"라고 바바라 와드는 썼다. "모든 인류의 운명의 혁명적인 개념에 근거한 두 개의 위대한 연합된 실험은 역사상 가장 강력한 두 개의 민족국가와 같이 끝났다." 그러나 다른 국가들은 그들의 호전성을 경감시키고 생명을 잃지 않고 야망을 진정시켰다. 스웨덴은 한때 유럽의 두통거리였다. 그들은 양보했다. 쿵엘브의 텅빈 성이 그것을 증명한다. 이제는 명예롭게 그리고 평화스럽게 국가들 속에서 지내고 있다.

선택은 드러났으므로 변화는 가능하다. 변화는 총체적 죽음에 대한 단 한 가지 대안이다. 인간 세계를 파괴하든지 또는 좀 더 협동적인 공동체로 변해가든지 조건들은 이미 되돌이킬 수 없게 설정됐다. 현재에 해야될 일은 죽음의 기계를 해체해 버리기 시작하는 것이다. 죽음을 공들여 만들어 오는 데 낭비했던 부유하고 지적인 사람들의 에너지는 생명을 존중하는 일에 돌려질 필요가 있다.

보어의 상보성에 대한 위대한 통찰력은 변화의 전망에 희망을 불러올 수 있다. 죽음의 기계가 가지는 자살적인 파괴력은 그것을 해체해야 되는 충분한 이유가 된다. 그러나 그 길은 이제 부득이 더 멀어졌지만 처음부터 가망이 있어왔던 것처럼 아직도 가망이 있다. 협상으로 공인된 폭력을 멀리하는 것은 협상으로 개방된 세계를 향하여 나아가는 것과 동일하다. 이런 세계에서 민주주의는 아무것도 두려워할 것이 없다.

사실 협상은 부분적으로는 필요에 의하여, 부분적으로는 실수에 의하여 이미 진행되고 있다. 미국과 영국이 비밀리에 핵무기를 제작하고 그리고 세계를 갑자기 깜짝 놀라게 하기로 결정했을 때, 그래서 결국에는 교착상태에 빠진 소련과의 군비 경쟁을 촉발시켰을 때 협상은 시작됐다. 미국이 핵을 독점했던 짧은 수년 동안 선제 공격 전쟁을 참았을 때, 새로운 운반체계가 방어를 불가능하게 하며 국가의 주권이 훼손됐을 때, 국가들이 항공기의 영공 침범을 묵인하고 그리고 인공위성이 그들의 신성 불가침한 영토를 정찰했을 때 협상은 계속됐다. 매번 대결이 분별 있게 물러나는 결과가 되든지, 전면 또는 막후 해결에 이를 때마다 습관과 전통 속에서 협상은 다듬어졌다. 모든 나라의 보통 사람들이 핵세계에서는 그들의 국가 지도자들이, 아무리 많은 조세와 통제를 강요한다 해도, 시민들이 정치적 권위를 부여해 주는 대신 최소한도로 요구한 그들의 목숨을 보호해 줄 수 없다는 것을 이해하게 되자 협상은 진전되고 있다.

사람이 만든 죽음을 모든 나라의 국민들이 평화적으로 협력하여 통제할 수 있게 된 생물학적 죽음과 비교하여 생각해 보기 위하여, 핵무기를 악성의 변종 전염병으로 분류해 보는 일이 유용할 수도 있다. 엘리엇은 이 비교를 생산적으로 이끌어냈다.

우리 사회는 생명의 돌봄과 보존에 헌신한다. …… 보건 관계자들이 때 아닌 죽음은 인간과 신 사이의 문제가 아니라 사람과 사회와의 문제라고 결정했을 때 일반 국민의 죽음은 19세기에 처음으로 문명화된 사람들의 문제라고 인식됐다. 유아 사망률과 풍토병이 사회적 책임 문제가 됐다. 그 이후 그리고 그런 이유로 수백만 명의 생명이 구해졌다. 그들은 우연히 또는 호의로 구해진 것이 아니다. 인간의 생명은 인정된 위생학과 의학적 치료의 실시에 의하여, 생활 환경의 개선과 인간관계의 지도에 의하여 자연으로부터 세심하게 보호됐다. 사망률 통계는 죽음의 원인 중 특별한 관심이 필요한 분야를 밝혀줄지 모르므로 계속적으로 조사됐다. 이러한 업무들의 성공 때문에 발전된 사회에서 일반 국민의 병에 의한 죽음이 한때는 미미하고 중요치 않게 생각되던, 사람이 만들어낸 죽음에 추월당했다.
정치인들이 매우 놀란 목소리로 우리 시대를 생명을 구하기 위하여 크게 노력하고 그리고 그것을 파괴하기 위하여 거대한 정력을 쏟는 시대라고 특징지울 때, 그들은 인간 정신의 신비스런 역설을 지적하고 있다는 느낌을 받고 있는 것처럼 보인다. 여기에는 패러독스나 신비는 없다. 그 차이는 한 분야의 일반 국민의 죽음은 이성의 힘에 의하여 맞부딪혀 싸워 안전하게 한 것이고 다른 하나는 그렇게 하지 못한 것이다. 공중보건의 개척자들은 자연이나 또 사람들을 변화시킨 것이 아니라, 사람과 자연의 어떤 측면과의 밀접한 관계를 조절해 주어 이 관계가 방심하지 않는 그리고 건강한 관계 중의 하나가 되도록 한 것이다. 그렇게 하는 데 있어서 그들은 자연과 대립하는 것은 죄 받을 일이라고 믿고 있는 사람들의 의심스러운 반대에 대항하여 경쟁하고 그리고 투쟁하여야 했다. 그런데 그 질병과 전염병들은 사람 자신의 어떤 죄스러운 것의 결과였다.

이성의 힘으로 생물학적 죽음의 기계를 안전한 것으로 바꾸고자 노력할 것을 제안했던 공중보건의 개척자들은 처음에는 오늘날 많은 사려 깊은 시민들이 사람이 만든 죽음의 기계를 안전하게 하는 일의 크기를 느끼고 있는 것과 같이 해야될 일의 크기에 절망을 느꼈을 것이다. 그들은 고집했고 그리고 승리했다.

보어의 개방된 세계는 이미 협의됐고 그리고 생물학적 죽음의 기계에 대항하여 설치됐다. 아무도 더 이상 질병을 정치적 문제로 생각하고 있지 않으며 단지 현대의 원시인들만 그것을 신의 판단으로 생각하고 있다. 세계보건기구(WHO)가 지구상에서 천연두를 박멸시키기 위하여 1960년대와 1970년대에 걸쳐 노력할 때(이 계획은 소련이 먼저 시작했다) 미국과 소련은 제삼세계가 관련된 이 운동의 비용을 공동으로 부담했다. 소련은 확장주의라고 비난을 받지 않았으며, 미국도 제국주의라는 비난을 받지 않았다. WHO 종사자들은 여러 나라에서 참가해 온 사람들이었으며 대개는 환영을 받았다. 그들이 이 병의 확산을 막고 박멸시킬 수 있다는 것을 보여주기 시작하자 그들은 열광적인 지역사회의 후원을 얻었다. "천연두의 박멸은 의학 역사상 하나의 주요 이정표를 세웠다"라고 이 운동의 지도자인 미국인 의사 헨더슨(Donald A. Henderson)은 마지막 운동 단계에서 기록했다. "그것은 세계의 정부들이 공동의 목적을 위하여 국제기구에 참여할 때 무엇을 달성할 수 있는가 하는 것을 실증해 줄 것이다." 그것은 보여주었다. 인류 역사에서 가장 피해가 크고 그리고 두려웠던 자연적인 악역이 사라졌다. 인류의 위대한 승리이다.

사람이 만든 죽음이 생물학적 죽음보다 명백히 훨씬 더 다루기 힘들다. 힘의 축적보다는 인간의 행복에 헌신하는 비무장 과학공화국이 민족국가들이 스스로를 파괴하기 전에 변화를 위하여 무장하도록 강요할 수 있을지는 두고보아야 할 일이다. 언제라도 사고나 오산에 의하여 지구가 멸망할 수도 있지만, 1945년 이래 우리를 삼켜버린 세계 전쟁이 일어나지 않았다는 것은 세계를 활짝 열어젖히는 일이 잘 시작되고 있다는 잠정적인 보증이다. 핵무기들의 확산과 강대국들이 얻을 수 없는 우세를 위하여 그들의 경제력을 소진하고 있는 것이 얼마나 우리가 전통적 형태의 통제에 분별 없이 강력하게 매달리고 있다는 것을 보여준다.

1957년 봄, 전 원자력 위원회 의장 고든 딘(Gordon Dean)이 오펜하이머에게 헨리 키신저(Henry Kissinger)의 새로운 책『핵무기와 외교정책』에 대한 논평을 요구했다. 오펜하이머의 논평은 다음과 같았다.

> 물론 키신저가 정책수립과 전략문제를 19세기 국가들의 투쟁에 비유해서 국력이란 관점에서 생각하는 것은 옳은 일이다. 그렇지만 세계에는 깊은 것들이 널리 퍼져 있어서 나는 조만간 그렇게 계획된 모든 노력들이 허를 찔릴 것이라는 인상을 갖고 있다. 이것은 오늘 일어나지 않을 것이며, 소련의 힘이 계속되고 변하지 않는 한 쉽게 일어나지 않을 것이다. 그럼에도 불구하고, 나는 조만간 우리의 문화 속에 초국가적 공동사회가 세계의 정치적 구조에서 현저한 역할을 하기 시작할 것이라고 생각한다. 그리고 국가들의 힘의 행사에까지도 영향을 미칠 것이다.

우리의 문화 속에 있는 뛰어난 초국가적 공동사회는 과학이다. 20세기 초반에 핵에너지의 방출로 이 공화국은 단호하게 민족국가의 힘에 도전했다. 대결은 계속되고 있고 치명적인 위험 속에 풀 수 없게 뒤엉켜 있다. 그러나 그것은 적어도 더없는 행복의 희미한 가능성을 제공하고 있다.

우리 앞에 여전히 열려 있는 또 다른 나라는 보어의 개방된 세계이다.

미주리 주 캔자스 시티
1981~1986

문신행

1965년 서울대학교 물리학과를 졸업하고 미국 캘리포니아 대학교(리버사이드)에서 이학 박사 학위를 받았다. 국방과학연구소 책임연구원, 천문우주과학연구소(현 한국천문연구원) 소장 및 한국항공우주연구소 우주사업단장을 역임하였다. 1988년에 국민훈장 목련장을 수상했다. 번역서로 『어떻게 달을 여행할까?』, 『X선 검출기』가 있다.

원자 폭탄 만들기 2

1판 1쇄 펴냄 • 2003년 3월 17일
1판 8쇄 펴냄 • 2023년 9월 15일

지은이 • 리처드 로즈
옮긴이 • 문신행
펴낸이 • 박상준
펴낸곳 • (주)사이언스북스

출판등록 1997. 3. 24. (제16-1444호)
(06027) 서울특별시 강남구 도산대로1길 62
대표전화 515-2000 팩시밀리 515-2007
편집부 517-4263 팩시밀리 514-2329
www.sciencebooks.co.kr

한국어 판 ⓒ (주)사이언스북스, 2003. Printed in Seoul, Korea

ISBN 978-89-8371-918-8 04420
ISBN 978-89-8371-916-4 (전2권)